Mechanical Safety Facilities Engineering

기계안전 설비공학

김의수 지음

도서출판 동화기술

머리말

산업체 안전을 위협하는 대상으로는 위험성을 가지고 있는 그 대상 자체에 관심을 두고 주로 가스, 화학물질, 독성물질 등을 이야기 하지만 이런 물질의 경우도 결국 용기, 탱크, 배관 등의 기계설비에 저장되어 있든지 또는 게이지, 지시계, 스위치 등의 기계장치에 의해 취급되므로 기계설비안전과 별도로 대상 물질의 안전을 생각할 수는 없다. 예를 들어, 화학물질 누출 및 폭발 등의 안전사고는 대상물질이 화학물질이긴 하나 이 물질을 저장하고 취급하는 건 기계설비 및 장치이지 실제 화학물질 자체의 반응폭주로 인한 발생빈도는 매우 드물며 대부분이 기계설비의 이상상태 및 손상에 기인하기에 취급자의 산업별 기계설비에 관한 이해는 사고조사 및 예방에 있어 가장 기본이 되는 매우 중요한 부분이라 할 수 있다. 건설기계로 인한 건설안전사고 또한 위와 같은 맥락에서 기계설비안전과 동떨어져 생각할 수 없다.

이처럼 안전사고조사 및 안전관리를 위해서는 관련 기계설비에 관한 장치와 구조, 구동 메커니즘 등을 이해하는 것이 매우 중요하나 기존의 기계설비를 다루는 전문서적은 기계설비 중 주로 공작 및 생산기계에만 초점을 맞추고 있다 보니 매우 협소한 기계안전 관련 지식을 전달하고 있다. 안전과 밀접한 관계를 가지고 있는 기계설비에서 기인되는 사고, 기계설비로 인한 예방 관점에서는 다루어야할 설비의 종류가 다수임에도 불구하고 다양한 종류의 기계설비와 이와 관련된 인한 안전사고에 관해 종합적으로 언급하고 있는 서적이 부족함으로 인해 결국 졸업 후 해당 분야에서 별도의 서적을 구해 이에 관한 지식을 습득하고 있는 실정이다.

특히, 소방, 경찰 등의 안전사고 조사를 직접 담당하는 행정 및 사법 기관 조사관들과 실제 산업체 안전을 담당하고 있는 안전관리인의 경우에는 안전 예방을 위한 설비 이외에도 각종 산업별 기본 기계의 사고 및 구동 메커니즘에 관한 내용을 반드시 숙지하여야 할 필요가 있음으로 종합적으로 기계설비를 다루는 서적을 통한 관련 지식의 습득은 필수라 할 수 있다. 이와 같은 관점에서 본 서적은 안전인들에게 기계설비 관련 종합적인 전문 지식을 전달하고 기계설비 전반에 관한 안전지식 함양에 도움이 되기 위해 총 13장으로 실제 산업현장 및 실생활에서 취급하는 가스설비, 건설설비, 계측설비, 공작기계, 공조냉동설비, 방호장치, 소방설비, 신재생에너지설비, 운반설비, 원자력발전설비, 자동화설비, 화력발전설비, 화학플랜트설비 등으로 항목을 나누어 챕터를 구성하고 챕터별로 관련 그림과 사진을 많이 삽입하여 집필하는데 노력하였다.

머리말

본 저자는 국립과학수사연구원, 삼성전자, LG전자 등에서 공정엔지니어 및 기계설비 관련사고 조사관 등의 실제 경험을 바탕으로 우선 다양한 유형의 기계설비에 관해 설비의 기본 개념 및 분류별 특징 등을 소개한 후 설비별 장치 및 구조, 작동 메커니즘을 학습시키고 마지막으로 관련 설비에서 발생할 수 있는 안전사고 및 재해의 유형, 사고를 예방할 수 있는 위험방지 기술, 유사 재해 방지 대책에 관해 본 서적에 최대한 담아 기술하는데 노력함으로써 기존 설비 관련 전문서적과의 차별화를 도모하였다.

본 서적을 집필하는데 기계설비 관련 국내외 문헌, 관련 기관 내 공유 자료, 언론 보도 자료, 인터넷 자료 등을 일부 활용하였으며 이에 관해 저자들에게 감사드리며, 원고 집필을 위해 자료 발췌 등에 힘써 준 한국교통대학교 안전공학과 학생들과 원고 정리를 위해 노력해 준 기계안전공학연구실 학생들에게 감사드리고, 마지막으로 책의 출판을 위해 물심양면 도와준 아내와 도서출판 동화기술 직원분들께 감사드리오며, 본 서적을 통해 국내외 공학도 및 특히 안전인들이 기계설비 안전을 이해하는데 많은 도움이 되길 소망해 본다.

충주캠 테크노관에서

저자 김의수 올림

목차

1 가스설비

2 건설기계

3 계측설비

4 공작기계

5 공조냉동설비

9 운반설비

10 원자력발전설비

11 자동화설비

12 화력발전설비

13 화학플랜트설비

Part 1

가스설비

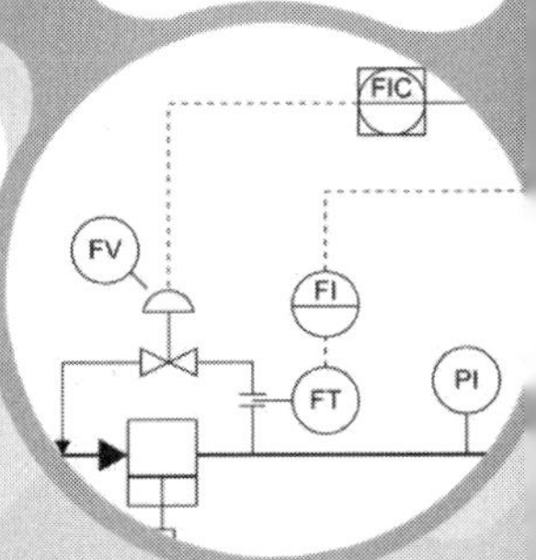

1 설비 개요

우선 가스설비에 대한 언급 전에 가스에 대한 이해가 필요한데 가스란 본래 물질의 3태 중 하나인 기체를 지칭하나 일반적으로는 화산이나 온천에서 분출하는 가스, 산이나 해상에서 발생하는 연무, 신체의 소화기 내에서 발효하는 가스 등도 가스라고 말한다. 넓은 뜻으로는 기체의 총칭으로 쓰이고 공업적으로는 연료로 사용되는 가스를 말한다. 가스는 통상적으로 취급하는 상태, 즉 물리적인 상태에 따라서 압축가스・액화가스・용해가스의 3가지 종류로 분류하고 가스의 성질에 따라서 가연성가스, 조연성가스, 불연성가스로 분류하며 인체에 유해한 위험성 여부에 따른 독성・비독성가스로 분류되기도 한다.

가스설비란 가스를 공급하는 여러 가지 설비를 말하며 크게 도시가스설비, LPG 가스설비, 일반가스설비로 나누며 가스설비의 구성요소로는 가스배관, 가스미터기 등이 있다. 가스배관은 수송관, 배급관, 공급관 및 지관이 있는데 가스제조공장에서 가스저장탱크까지를 수송관이라 하고 도로 밑에 매립해놓은 배관을 배급관, 도로에서 주택까지 배관을 공급관, 미터기에서 가스입구까지를 지관이라 한다. 가스미터기는 가스의 사용량을 조사하는데 사용하며 건식과 습식이 있다.

1.1 가스의 분류

(1) 물리적 상태에 따른 분류

1) 압축가스

압축가스는 비점(끓는점)이 낮기 때문에 상온에서 압축하여 액화하기 어려운 가스를 보통 상온에서 액화하지 않을 정도로 압축한 고압가스를 말하며 35°C의 온도에서 압력 1 MPa 이상이 되는 가스를 가리킨다. 용접・인공호흡・실험 등에 쓰이는 압축산소나 고온가열에 쓰이는 압축수소 등이 있으며 이 밖에 압축질소・압축공기 등이 있다.

2) 액화가스

액화가스는 35°C의 온도에서 압력 0.2 MPa 이상이 되는 가스로서 상온에서 압축하면 비점이 다른 가스에 비해 높아 압력을 가하면 쉽게 액화하는 가스이다. 액화가스의 종류로는 프로판, 염소, 암모니아, 탄산가스, 산화에틸렌 등이 있다.

3) 용해가스

용해가스는 매우 특별한 경우로서 압축하면 분해, 폭발하는 성질 때문에 단독으로 압축하지 못하고 용기에 다공물질의 고체를 충전한 다음 아세톤과 같은 용제를 주입하여 이것에 아세틸렌을 기체 상태로 압축한 것을 말하고 아세틸렌을 예로 들 수 있다.

(2) 연소의 성질에 따른 분류

1) 가연성가스

가연성가스란 공기(산소)와 일정량 혼합되어 있는 경우 점화원에 의해 점화되어 연소 및 폭발이 일어나는 가스이다. 가연성가스의 종류에는 아세트알데히드, 아세틸렌, 암모니아, 수소, 일산화탄소, 메탄 등이 있으며 하한이 낮을수록 상한과 하한의 폭이 클수록 위험한 가스이다. 가연성가스는 산소와 같은 조연성가스가 있어야 연소나 폭발로 이어질 수 있다. 따라서 순수한 천연가스나 LP가스는 점화원이 있어도 연소나 폭발이 일어나지 않는다. 그러나 이러한 가연성가스들도 조연성가스와 적당히 혼합되면 연소, 폭발이 일어날 수 있는데 이 범위를 연소범위 또는 연소한계라고 한다. 이 범위는 공기와 가연성가스의 혼합물 중의 가연선 가스의 부피(용량)%로 표시되고 연소할 수 있는 가장 높은 농도 범위를 상한이라 하며 최저 농도를 하한이라 한다. 가연성가스의 연소범위를 보면 다음과 같다.

표 1 가스의 연소범위

가스명	연소범위(용량 %)		가스명	폭발범위(용량 %)	
	하한	상한		하한	상한
프로판	2.1	9.5	메탄	5	15
부탄	1.8	8.4	일산화탄소	12.5	74
수소	4	75	황화수소	4.3	45
아세틸렌	2.5	81	시안화수소	6	41
암모니아	15	28	산화에틸렌	3.0	80

2) 조연성가스

조연성가스는 산소, 공기 등과 같이 다른 가연성물질과 혼합되었을 때 폭발이나 연소가 일어날 수 있도록 도움을 주는 가스를 말한다.

3) 불연성가스

불연성가스는 질소, 아르곤, 탄산가스 등이며 그 특징을 보면 스스로 연소하지 못하며 다른 물질을 연소시키는 성질도 갖지 않는 연소와는 무관한 가스다.

(3) 독성에 따른 분류

1) 독성가스

공기 중에 일정량 존재하면 인체에 유해한 가스, 허용농도가 200 ppm 이하인 가스로서 염소, 암모니아, 일산화탄소 등 31종이 있다.

2) 비독성가스

비독성가스 공기 중에 어떤 농도 이상 존재하여도 유해하지 않는 가스로서 산소, 수소 등이 있다.

1.2 가스공급방식의 분류

공급방식은 수송 및 공급압력에 따라 분류되는데 저압공급방식, 중압공급방식 및 고압공급방식이 있다.

(1) 수송압력

1) 저압공급방식

도시가스사에서 직접수요가의 사용압력으로 공급하는 방식으로 저압이란 1 kg/cm^2 미만의 가스압력을 말하는데 일반적으로 저압공급이란 공급규정에 정해진 최고 압력(2.5 kg/cm^2) 이하로 지역정압기로 압력을 낮추어 공급하는 것을 말한다. 저압공급은 공급량이 적고 공급지역이 좁은 소규모 지역에 적합하다.

2) 중압공급방식

생산기지의 배관설비나 도시가스사에서 중앙으로 송출하여 공급지역내 배치한 지역 정압기에 의해 저압으로 정압하여 수요가에게 공급하는 방식으로 중압 B (0.1 MPa 이상, 0.3 MPa 미만)에서 저압으로 공급하는 방식과 중압 A(0.3 MPa 이상, 1 MPa 미만)에서 중압 B, 다시 저압으로 정압하여 공급하는 방식이 있다. 중압공급은 공급량이 많거나 공급까지 거리가 길어 저압공급에서는 배관비가 비싸질 경우에 채용된다. 가스홀더를 수요지 가까이에 설치하여 야간에 가스홀더에 저장해두고 주간에 가스홀더에서 저압 또는 중압공급을 하는 방법도 널리 실시되고 있는데 이 경우에는 공급의 안정성이 높아질 뿐 아니라 피크 시에 압송량을 늘릴 필요가 없으므로 압송기 및 중압배관비를 절약할 수 있다.

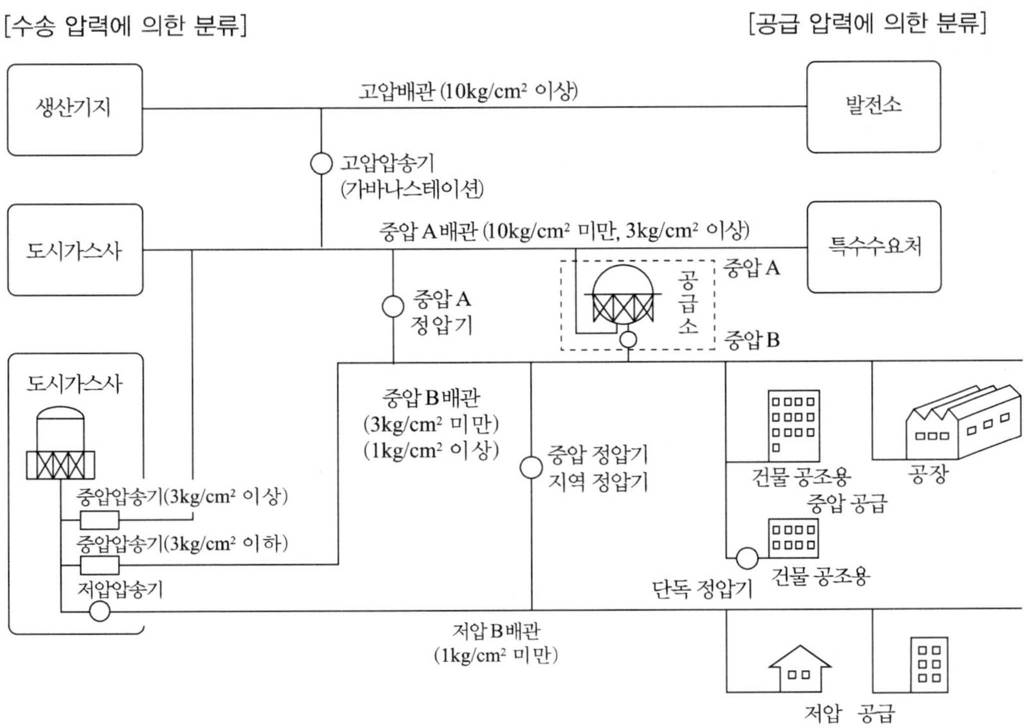

그림 1-1 가스공급형태

3) 고압공급방식

생산기지에서 고압가스를 고압정압기를 이용해 중압A로, 중압A를 중압정압기를 이용해 중압B로 감압하고 지역정압기를 통해 저압으로 정압을 하여 수요가로 공급을 하는 방식이다. 고압공급방식은 공급범위가 넓고 대량의 가스를 멀리 수송하는 경우에 적합하고 배관의 건설비용이 절약되는 장점이 있다.

(2) 공급압력

1) 저압공급

저압, 중압, 고압공급방식에 관계없이 대부분의 소비기기로의 공급압력은 규정압력 내의 저압이고 일반적으로 저압배관을 통해 공급된다.

2) 중압공급

빌딩의 냉・난방기나 공업용 보일러 등 가스 소비기기로 소요되는 압력이 규정상 정해진 압력을 넘기기 위해 중압으로 직접 공급하는 경우를 중압공급이라고 한다. 또한 소요가부지 내의 정압기를 설치하여 중압에서 중간압(규정압력 이상 1 kg/cm^2 미만)까지 감압을 하여 공급하는 방법도 많이 사용된다. 이 경우에 중압공급과 구별을 위해 중간압공급이라고 부르기도 한다.

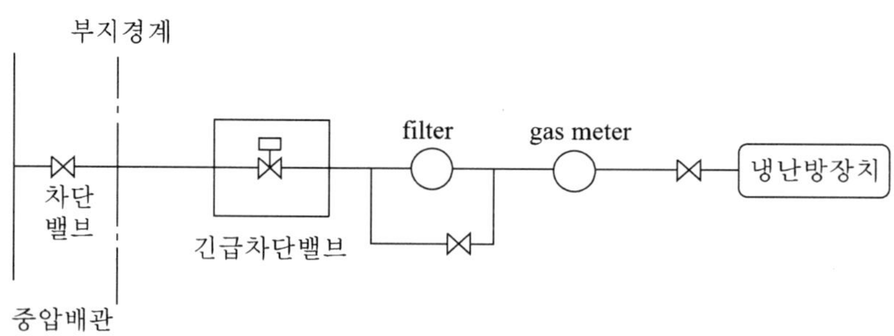

그림 1-2 중압공급

3) 중간압공급

일반적으로 건물 내에 도입되는 관은 하나를 원칙으로 하지만 업무용 빌딩 등에서 대용량의 냉온수기용에는 중압공급을 하고 일반기구에는 저압공급을 하며 사용형태에 따라 다른 방식을 사용한다.

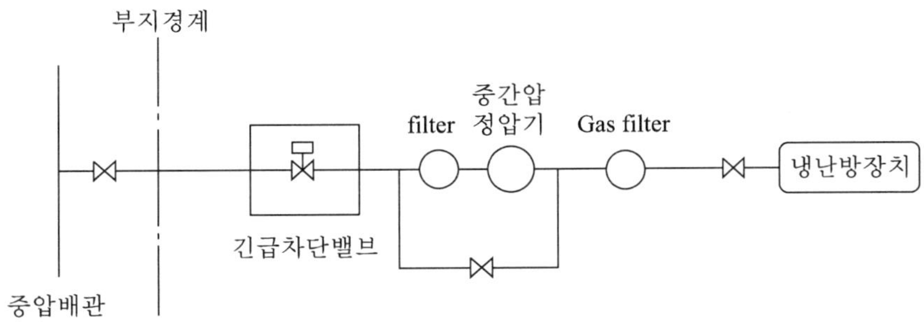

그림 1-3 중간압공급

2 설비별 장치 구성

가스설비는 제조설비(제조 또는 발생설비, 정제설비 등), 공급설비(홀더, 압송기, 정압기, 배관, 가스계량기, 가스전 등) 및 소비설비(접속구, 기구, 기타 기구의 부속설비 등)로 구별되며 계통도는 그림 1-4와 같다.

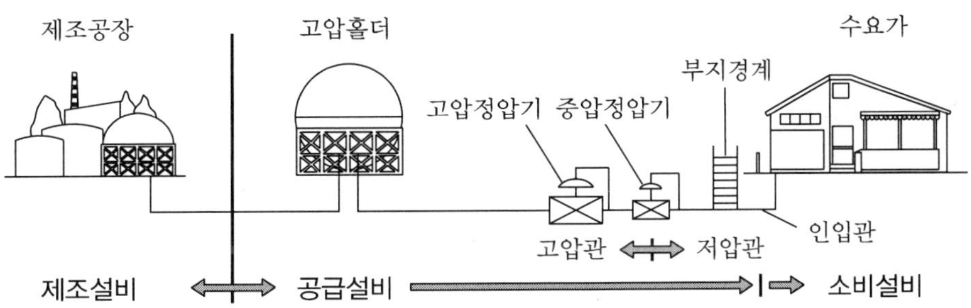

그림 1-4 가스설비의 구성

(1) 배관

공장에서 생산된 가스는 고압 또는 중압으로 송출되며 정압기를 거쳐 중압, 저압으로 서서히 감압되어 가스 소비처에 공급된다. 배관이 부설되는 장소와 관내 압력의 정도에 따라서 본관, 공급관, 사용자 공급관 및 내관으로 구분된다.

(2) 본관

도시가스 제조공장의 부지경계로부터 정압기까지의 배관으로, 도로에 평행으로 부설되며 그 중 80 A 이하의 관을 지관이라 한다.

(3) 공급관

본관(또는 지관)에서 분기되어 수요가의 전용 또는 소유하는 토지와 도로와의 경계선까지의 배관으로 다음 항목의 것을 말한다.

① 공동주택, 오피스텔, 콘도미니엄 그 밖에 안전관리를 위하여 산업자원부장관이 필요하다고 인정하여 정하는 건축물(이하 "공동주택 등"이라 한다)에 가스를 공급하는 경우에는 정압기에서 가스사용자가 구분하여 소유하거나 점유하는 건축물의 외벽에 설치하는 계량기의 전단밸브까지에 이르는 배관

② 공동주택 등 외의 건축물 등에 가스를 공급하는 경우에는 정압기에서 가스사용자가 소유하거나 점유하고 있는 토지의 경계까지에 이르는 배관

③ 가스 도매사업의 경우에는 정압기에서 일반 도시가스 사업자에 가스공급 시설이나 대량 수요자의 가스 사용시설까지에 이르는 배관

(4) 사용자 공급관

상기 (3) ①번의 규정에 의한 공급관 중 가스사용자가 소유하거나 점유하고 있는 토지의 경계에서 가스사용자가 구분하여 소유하거나 점유하는 건축물의 외벽에 설치된 계량기의 전단밸브까지에 이르는 배관을 일컫는다.

(5) 가스홀더

가스 발생량과 소비량과의 평형을 유지하기 위해 가스를 저장하는 것이다. 소비량의 변동에 대해 일반적으로는 일일 발생량의 20~40%가 저장된다. 저압식과 고압식으로 나누어지고 저압식에는 유수식과 무수식, 고압식에는 원통형과 구형이 있다. 탱크는 강판이나 철근 콘크리트제로 지하 또는 지상에 건설된다. 가스 도입 장치, 안전장치, 수분 제거 장치, 밸브 등은 규격에 따라 정해져 있다.

(6) 정압기

정압기(Governor)는 "압력을 조정하는 기기" 또는 "고압의 가스를 소요압력으로 감압하는 데 쓰이는 기구"로 정의되고 있으며 통상적으로 정압기란 압력조정기능, 즉 가스의 공급압력을 일정하게 유지시켜주는 단일기기이다. 정압기의 종류로는 한 지역의 경계를 기준으로 1차 압력을 받아 감압하여 다수의 가정집에 저압으로 도시가스를 공급하는 장치인 지역정압기와 업무용 빌딩 등 대용량으로 단독 설치되어 1차 압력을 감압하여 가스를 공급하는 단독정압기가 있다.

(7) 가스계량기

가스관 속을 통하는 가스량을 적산 표시하는 계량기를 말한다. 일반적으로 실측식과 추측식으로 분류되며 실측식으로는 주로 건식 가스 미터와 습식 가스 미터가 사용되고 있다. 이외 소형 대유량의 것으로 루츠식 유량계, 오벌 유량계 등이 공업용 또는 가스 회사의 기본 미터로 사용되고 있다.

실측식은 일정한 체적을 가진 용기가 몇 번 작동되었나를 측정하여 사용량을 산출해내는 방식이며 일반적인 가정용 계량기는 계량기내에 합성고무로 만든 격막을 사용하므로 막식 가스계량기라고도 부른다. 구성요소는 케이스, 내 기계 지시장치로 구별된다. 회전식(루트식)계량기는 누에고치 형상의 로터가 맞물려 회전함에 따라 사용량이 계량되는 구조이다. 습식계량기는 용량이 일정한 주머니 속에 가스를 받아 가득 찬 다음 배출하고 그 회수를 용량단위로 환산하여 외부에는 숫자로 표시되도록 하는 방법으로 계량실로의 가스배출은 밸브와 막의 연동작용에 의하며 그 작동에 필요한 동력은 출입구의 압력차이다. 습식계량기는 수조안에 로터가 들어있는 형식으로 정도는 높으나 능력에 비하여 외형이 크고 관리가 복잡하므로 주로 기준기로 쓰인다.

① 건식 가스계량기

기밀확보를 위해 액체를 사용하고 있지 않으므로 건식이라 하고, 도시 가스의 가정용 미터가 이 형식이다. 일정 용적까지 팽창할 수 있는 2개의 용기에 번갈아 가며 기체를 가득 채우고 전환했던 횟수를 통해 유량을 구하는 계측기이다.

② 습식 가스계량기

내부액면이 일정한 계량통이 1회전하는 동안 흡입과 배출하는 가스량은 일정하기 때문에 그때의 회전수를 산출해서 가스량을 측정하며 정확한 계량을 할 수 있기 때문에 기준기로 이용되거나 가스발열량 및 대기압에 가까운 압력을 가진 기체의 유량 측정에 사용된다. 4실로 구분된 회전 드럼을 가지며 케이스 속에는 드럼의 중심보다 조금 위까지 기밀용 물이 차 있다.

추측식은 가스의 유량과 일정관계를 가진 임펠러(Impeller)와 같은 기구의 회전수를 측정하여 사용량을 산출하는 방식이다.

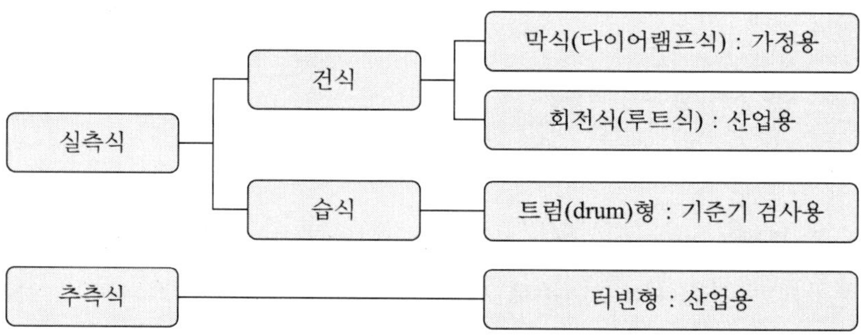

그림 1-5 가스계량기 분류

(8) 가스밸브

가스밸브는 가스사업자가 채용하는 제품이나 지정하는 제품을 사용하는 것이 원칙이다. 사용하는 연소기구에 따라서 종류, 구경 등을 선택하여야한다. 일반적으로 스프링 안전기구가 붙어 있는 호스콕크를 고무호스에 연결하여 사용한다. 벗겨지는 회수가 비교적 높은 것에는 콘센트 안전기구가 부착된 호스콕크를 사용한다. 가스전의 종류에는 호스콕크형, 박스콕크형 및 콕크형 등 3종류가 있다.

3 장치별 구조 및 원리

3.1 제조설비

(1) LNG 기화장치

해수식 기화기(Open Rack Vaporizer)는 LNG 기화설비의 주류를 이루고 있는 것으로 해수를 가열원으로 하기 때문에 해상수송형의 LNG수입기지에 적합하다. 이 기화기는 다수의 Fin Tube로 된 판넬과 판넬의 양 측면에 해수를 Film상으로 유하시키는 것을 목적으로 한 것 등을 지지하는 가교와 해수를 위한 필요배관으로 구성된다. 이 기화기는 운전시 빙결되는 않는다는 특징이 있고 해수 측을 오픈한 것은 경제성이 높고 보수 및 점검이 용이하다는 장점이 있다.

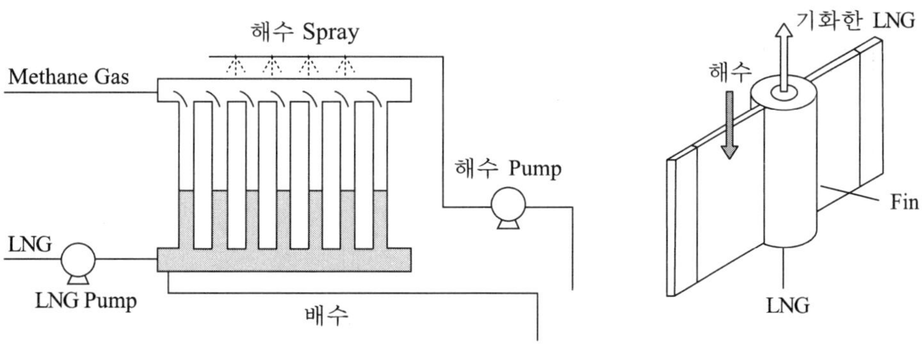

그림 1-6 Open Rack Vaporizer

고압연소식 기화기(Submerged Combustion Vaporizer)는 첨두부하저감(Peak Shaving) 플랜트의 대표적인 설비로 많이 사용되고 있으며 수중연소기술을 이용한 것이다. 펌프 등 다른 에너지원이 필요 없다는 것이 특징이며 기화기 본체 등이 크기가 작으며 초기부하에 대응 능력이 뛰어나고 부하변동에 대한 대응능력이 우수하다.

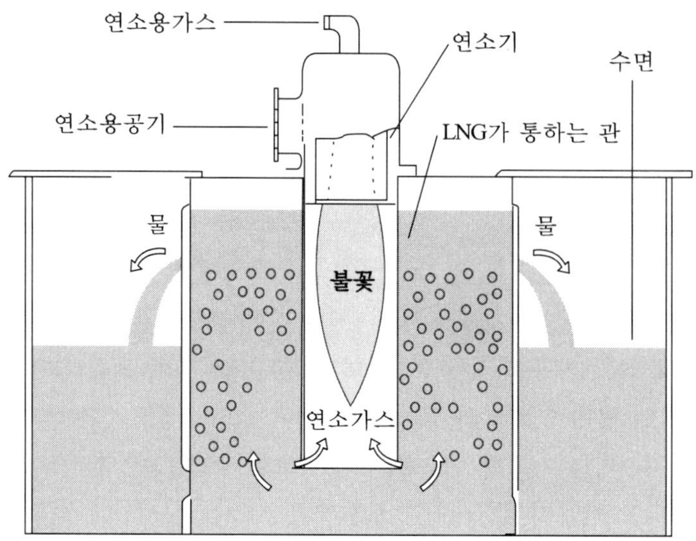

그림 1-7 Submerged Combustion Vaporizer

(2) LPG 기화장치

1) 자연기화장치

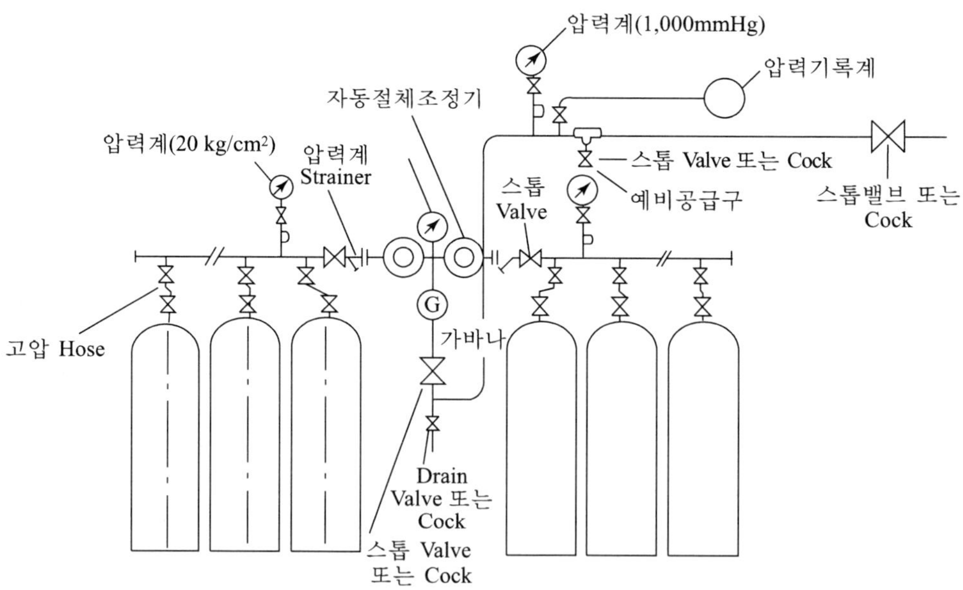

그림 1-8 자연기화방식에 의한 가스 발생설비

자동절체장치, 조정기, 집합장치, Header 등으로 구성되어 있으며 이 발생장치에 연결된 용기 내의 LPG(액)은 대기온도에 의해 자연기화하고 연결관과 집합장치를 거쳐 조정기에서 감압이 되어서 일정압력으로 공급된다. 장치의 규모는 50 kg들이 용기가 양쪽으로 50개 정도까지가 일반적이다.

2) 강제기화장치

온수 또는 열매체액으로 LPG를 가열하고 강제적으로 기화시키는 설비로 여러 가지 형식, 구조가 사용되고 있지만 작동원리에 의해 분류하면 크게 가온감압방식과 감압가온방식으로 구분할 수 있다.

① 가온－감압방식

가장 일반적으로 사용되는 방식으로 열교환기에 LPG를 보내고 그곳에서 기화된 가스를 LPG용 조절기에 의해 감압하여 공급하는 방식이다. 열교환기의 형식과 가온방식 등에는 여러 가지가 있지만 대표적인 온수순환식의 작동원리를 살펴보면, 그림 1-9에서 보듯 열교환부는 LPG가 기화하는 A부분과 이 주위에 열을 공급하기 위해 온수가 투입되는 B부분으로 구성되고 온수로부터 증발잠열을 얻고 기화가 행해진다.

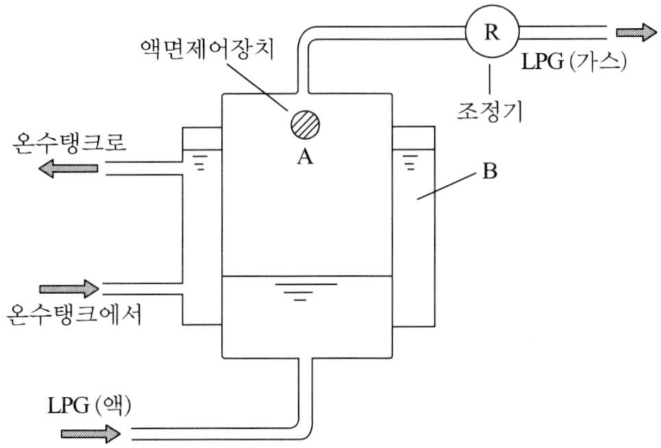

그림 1-9 가온－감압방식(온수순환식)

② 감압－가온방식

액상의 LPG를 액체조정기 또는 팽창밸브를 통하여 감압분출되어 열교환기에 도입되며 대기 또는 온수 등으로 가온하고 기화를 하는 방식이다.

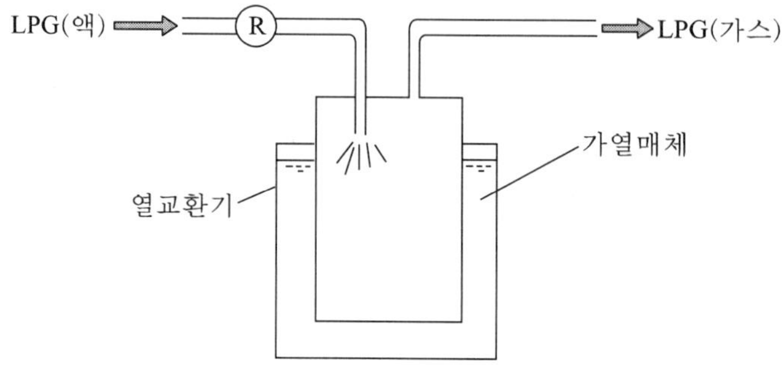

그림 1-10 감압－가온방식

(3) 냉각탑

나프타, LPG 등을 원료로 하는 가스 중에는 불순물이 거의 함유되어 있지 않기 때문에 정제설비는 냉각, 탈수공정만 하는 경우가 많다. 가스의 냉각에는 일반적으로 냉각탑이 사용되고 냉각탑에는 살수 노즐을 설치하여 냉각수를 균일하게 살수를 한다. 냉각탑 내부에는 충진물이 충진되어 있는데 충진물은 가스, 냉각수와 유효한 접촉을 하고 가스의 냉각, 세척효과를 높이는 작용을 한다.

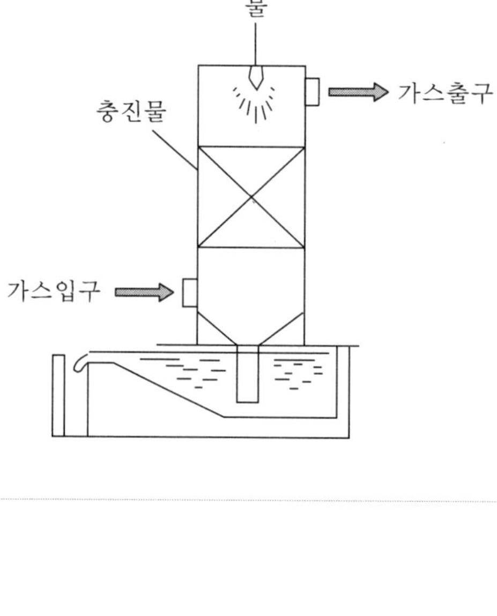

그림 1-11 냉각탑

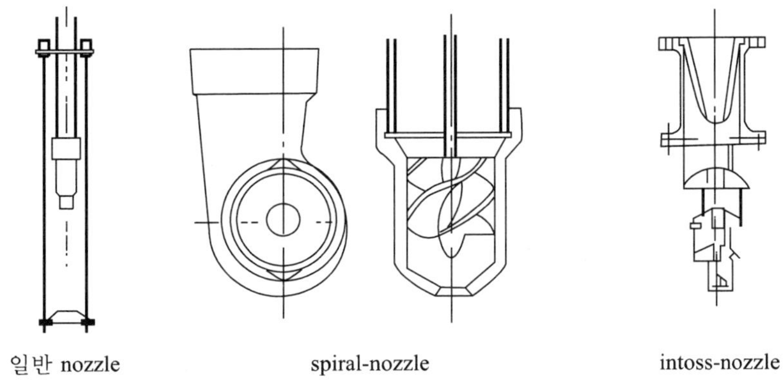

그림 1-12 냉각수 Spray Nozzle

(4) 증류탑

증류탑은 분별증류를 이용하여 원유를 분리하는데 분별 증류란 끓는점이 다른 화합물을 가열하여 비점이 낮은 것부터 높은 것을 분리하는 과정을 말하는 것으로 이런 과정을 배치식으로도 할 수 있는데 연속적으로 할 수 있는 장치가 증류탑이다. 증류탑에서는 증류를 위해 원료가 탑 중앙 또는 상부에서 일정 온도로 유입된다. 탑에 들어간 원료는 부분 기화되면서 탑을 상승하여 각 Tray 또는 Packing에서 액과 혼합되고 그 액과 같은 비점의 성분은 그 단에서 액화되어 하단으로 내려가게 된다. Tray에서 액화되지 않은 저 비점 성

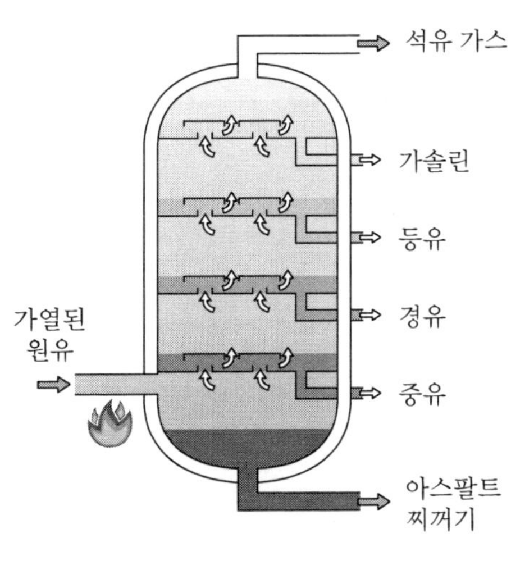

그림 1-13 증류탑

분은 Gas상태로 상부의 Tray로 올라가서 그 위의 액과 접촉한다. 이와 같이 기/액 접촉을 반복하면서 최저비점성분은 탑의 최상부에 Gas상으로 도달하게 된다. 최상부에서 액화되는 액체를 환류시켜 탑의 열평형과 정류 효과를 높인다. 탑에 공급된 원료 중 액체는 입구부에서 바로 탑 하부에 설치되어 있는 Tray에 낙하되어 아래 방향에서의 Gas와 접촉하여 액체 중의 일부 휘발성분은 기화하여 Tray에서 정류되며 상단의 액체는 아래 방향에서의 Gas와 접촉하면서 Downcomer를 지나 탑의 최하부에 도달하여 탑 저액 배출구를 통해 밖으로 나가게 된다.

3.2 공급설비

(1) 홀더(저장탱크)

탱크는 원통형탱크와 구형탱크가 있는데 원통형탱크는 지상 혹은 지하에 설치되며 각종 밸브류, 계기류 및 안전장치가 부착되고 탱크의 상단에는 탱크 내부압력이 규정압력 이상으로 될 때 작동하는 안전밸브가 설치되어 있다. 구형 저장탱크는 강재를 필요로 한 형태로 프레스가공 한 것을 구형으로 용접해서 조립하여 수평중심에 부착시킨 원통형의 지주로 받치고 있다.

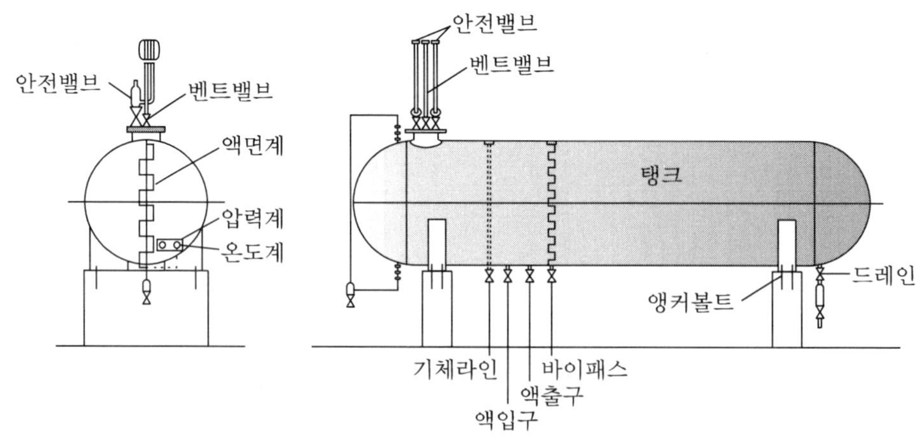

그림 1-14 지상형 저장탱크

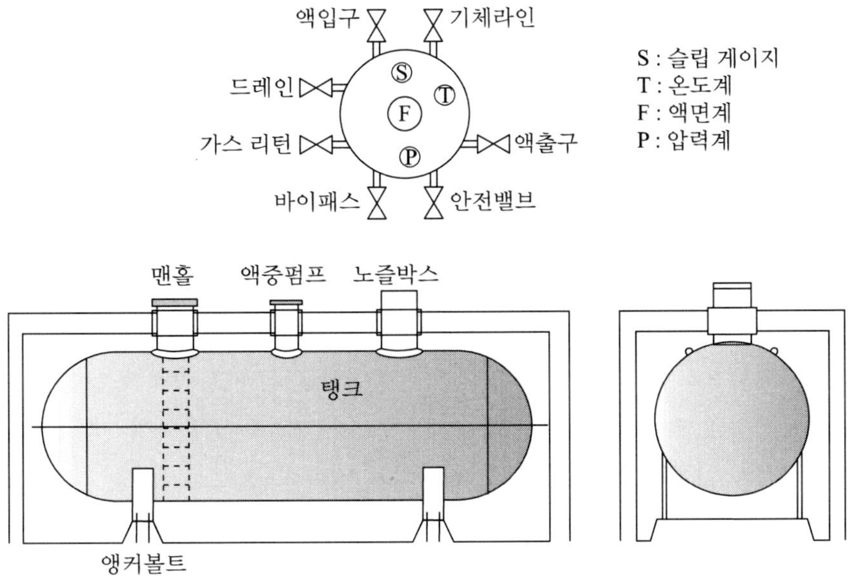

그림 1-15 지하형 저장탱크

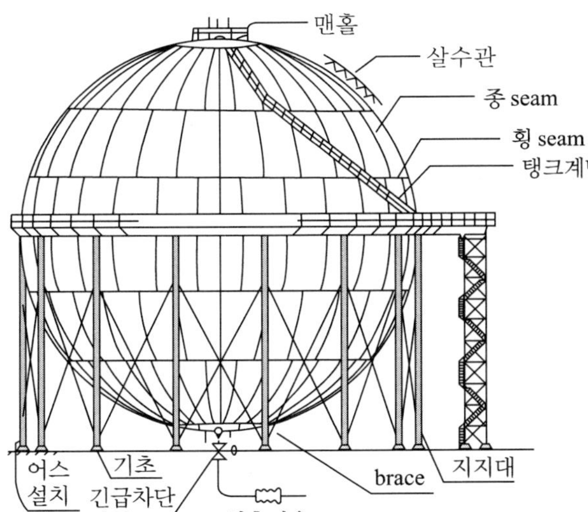

그림 1-16 구형가스홀더

(2) 압송기

1) 압축기

압축기는 현재 액화 천연가스(LNG)에 많이 쓰인다. LNG의 압축기는 인수기지에 많이 설치되어 운전되고 있는데 증발가스 압축기라는 것을 사용한다. LNG 하역과정에서의 저장탱크에 임계상태로 저장되므로 저장 중에도 항상 액화천연가스가 기화하여 증발가스가 발생된다. 이렇게 발생된 가스에 의하여 탱크내압이 올라가지 않도록 하기 위하여 발생된 증발가스를 빼내어야 하며 이를 폐기하지 않고 공급가스관으로 회수하기 위하여 100~200 mmbar의 압력으로부터 공급관의 압력까지 승압하는 설비를 증발가스 압축기라 한다. 우리나라 인수기지의 증발가스 압축기는 저온 가스를 그대로 압축하며 피스톤 왕복식 형식을 취하고 있다. 압축기에는 왕복식과 원심식이 있다.

① 왕복식 압축기

가스를 실린더 내에 흡입하고 실린더 내부의 피스톤이 왕복운동을 하는 것에 의해 가스를 압축한다. 압력이 높아지면 압축에 의해 온도가 상승하기 때문에 다단압축 시 중간냉각기를 사용한다.

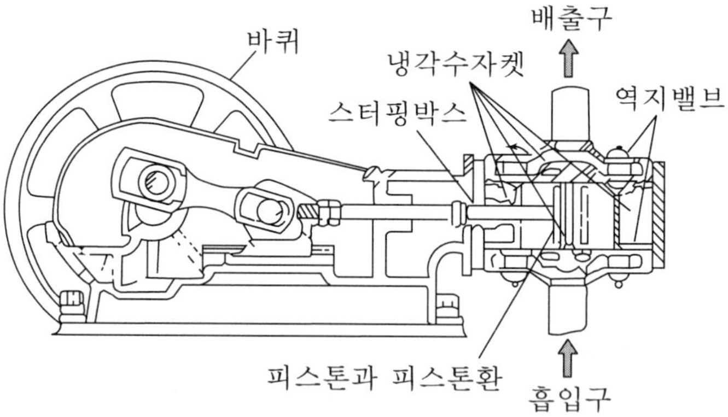

그림 1-19 왕복식 압축기의 구조

② 원심식 압축기

가스를 고속 회전하는 임펠러 내에 통과시켜 그 원심력에 의해 압송하는 장치로서 압력상승 및 소요동력은 흡입가스의 비중량에 비례한다.

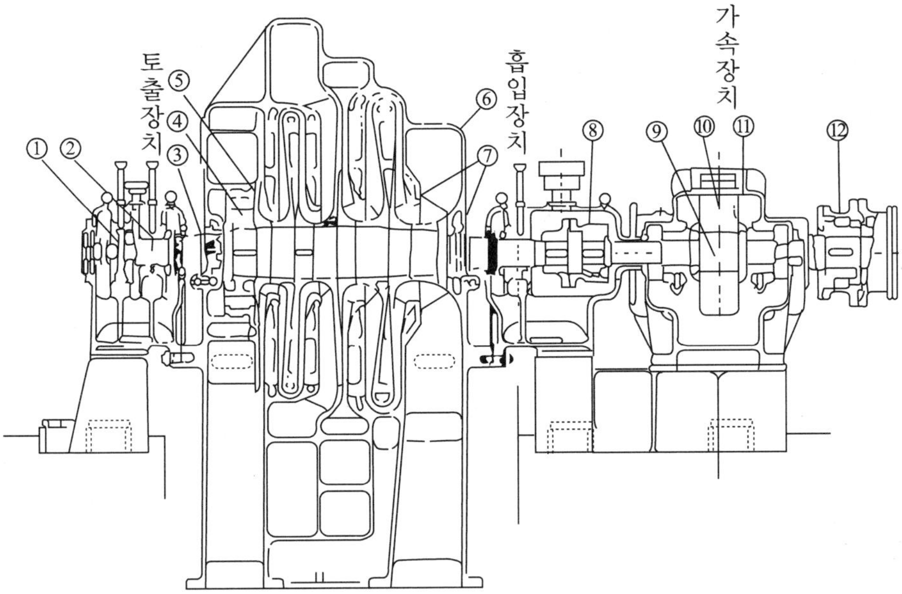

그림 1-20 원심식 압축기의 구조

2) 펌프

① 비용적식 펌프

날개차의 회전에 의하여 액에 압력과 속도를 주고 동체를 통과하는 사이에 그 속도에너지를 가능한 한 높은 효율의 압력에너지로 변환하여 낮은 곳에서 높은 곳으로 혹은 저압의 장소에서 고압의 장소에 액송한다. 크게 소용돌이 펌프, 터빈 펌프, 축류 펌프로 나눌 수 있는데 소용돌이 펌프는 원심력의 작용에 의해 액의 압력을 얻는 것이고 터빈펌프는 일부는 원심력, 일부는 날개의 양력에 의해 압력을 일으키고 축류는 날개가 주는 양력에 의해 압력을 일으킨다.

② 용적식 펌프

실린더 내부에서 피스톤 혹은 플런저의 왕복에 의해 실린더 내용적을 확대 및 축소를 시키며 확대에 의하여 액을 흡입하고 축소에 의하여 액을 내보낸다. 액에 압력을 주는 펌프를 왕복펌프라고 하며 이런 종류의 펌프는 정확히 용량을 제어하거나 높은 유압을 발생하는 펌프에 적합하다. 회전펌프는 축의 회전에 의해 액을 입구에서 출구로 밀어내는 것을 말한다.

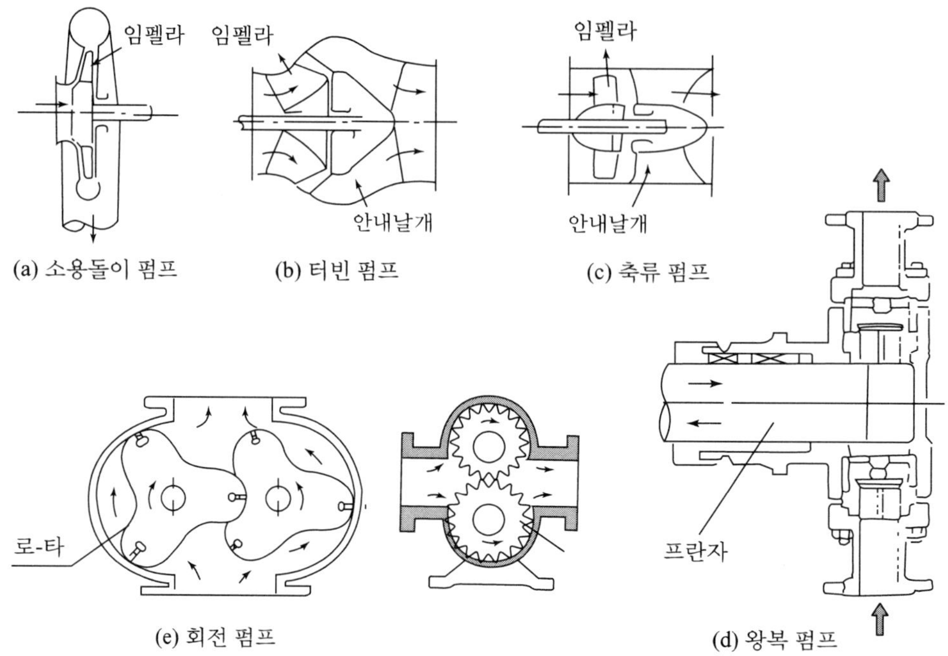

그림 1-21 펌프 원리도

3) 조정기

가스의 공급 압력을 일정압으로 제어 유지하는 감압 밸브의 일종으로 그림 1-22와 같이 압력 조정은 스프링을 통해서 이루어진다. 가스 압력 조정기의 입구측 가스 공급 압력이 너무 높으면 다이어프램이 위로 밀어 올려지고 동시에 밸브가 당겨 올려져 밸브의 개도가 좁아지며, 이로 인해 가스 유량이 감소함으로써 출구측의 가스 압력이 낮아진다. 역으로 입구측의 가스 압력이 너무 낮을 때는 역의 동작을 한다. 이와 같이 가스 연소 기기에는 항상 일정 범위 내의 압력으로 가스가 공급되어 안전이 확보되고 있다. 설정압력(출구 측의 가스 압력)을 변경할 경우는 조정 나사의 위치를 변경하면 된다.

(3) 정압기

정압기는 1차 압력 및 부하유량의 변동에 관계없이 2차 압력을 일정하게 유지하는 기능을 갖고 있는 압력조절밸브의 일종으로 2차 압력을 감지해 압력의 변동을 메인벨브에 전달하는 다이어프램, 조정해야 할 압력을 설정하는 스프링, 가스의 유량을 열림에 의해 직

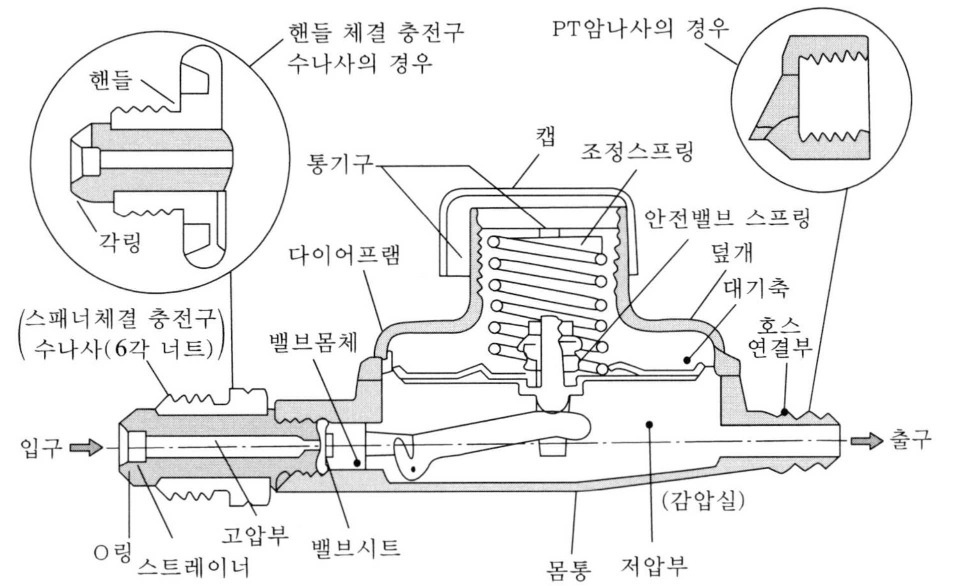

그림 1-22 조정기 각부의 명칭

접 조정할 수 있는 메인벨브로 구성되어 있다. 정압기를 작동원리에 따라 분류하면 직동식과 파일럿(pilot)식이 있고 파일럿식에는 구동압력이 증대하면 개도가 증대하는 로딩(loading)식과 구동압력이 증대하면 개도가 감소하는 언로딩(unloading)식이 있는데 작동원리를 살펴보면 다음과 같다.

1) 직동식 정압기

① 설정압력이 유지될 때

다이아프램에 걸리는 2차 압력과 스프링의 힘이 평형상태를 유지하면서 메인밸브는 움직이지 않고 일정량의 가스가 메인밸브를 경유하여 2차측으로 가스를 공급한다.

② 2차측 압력이 설정 압력보다 높을 때

2차측 가스 수요량이 감소하여 2차측 압력이 설정압력 이상으로 상승하지만 이때 다이아프램을 들어 올리는 힘이 증가하여 스프링의 힘에 움직여 가스의 유량을 제한하므로 2차측 압력을 설정압력이 유지되도록 작동한다.

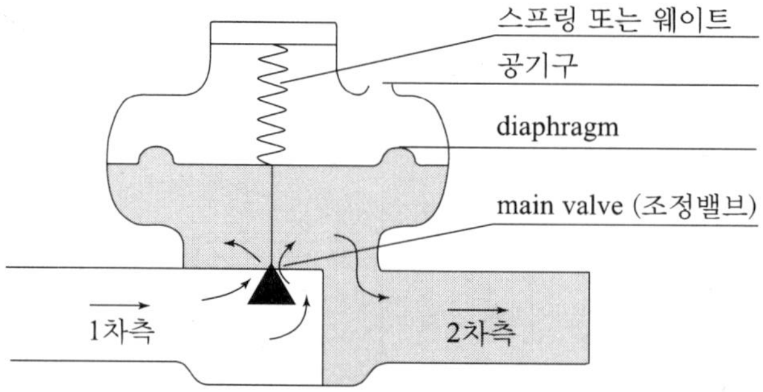

그림 1-23 정압기의 기본구조(직동식 정압기)

③ 2차 측압력이 설정압력보다 낮을 때

2차 측의 사용량이 증가하고 2차 측압력이 설정압력 이하로 떨어질 경우 스프링의 힘이 다이아프램을 받치고 있는 힘보다 커서 다이아프램에 연결된 메인밸브를 열리게 하여 가스의 유량이 증가하게 되며 2차 측압력을 설정압력으로 유지되도록 작동한다.

2) 파일럿식 정압기

① 파일럿 로딩형 정압기

수축기와 파일럿 정압기의 작용에 의하여 메인 정압기의 구동압력을 조절하여 메인밸브의 개도를 제어한다.

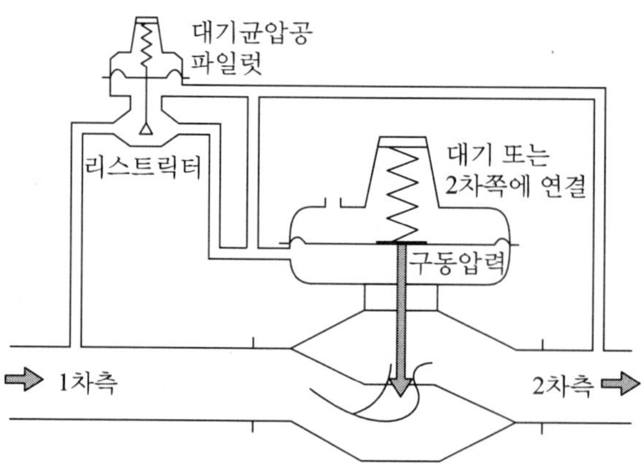

그림 1-24 파일럿 로딩형 정압기

② 파일럿 언로딩형 정압기

1차측의 중압을 수축기(restrictor)와 파일럿 정압기의 작용에 의하여 조절하여 구동 압력으로 이용한 것이다.

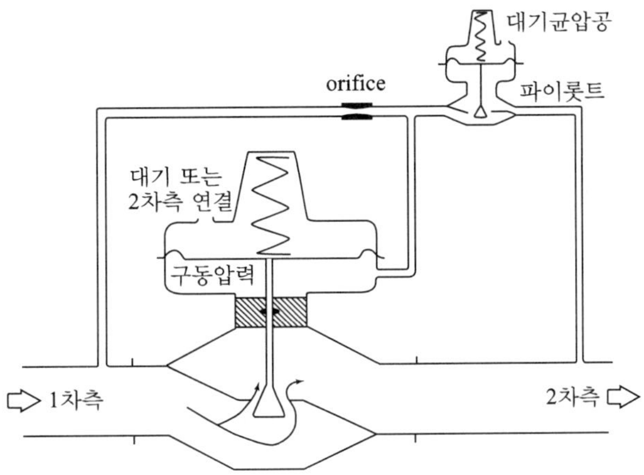

그림 1-25 파일럿 언로딩형 정압기

(4) 가스미터

1) 습식 가스미터

고정된 원통 내에 반쯤 물에 잠기고 몇 개로 구분된 회전 드럼인 내원통이 있어서 가스가액 봉입실로 들어가면 가스압력에 의해 드럼을 회전시켜 가스를 상부로 밀어 올린다. 즉, 내부액면이 일정한 계량통이 1회전하는 동안 흡입과 배출하는 가스량은 일정하기 때문에 그 때의 회전수를 산출해서 가스량을 측정하며 정확한 계량을 할 수 있기 때문에 기준기로 이용되고 가스발열량 측정에도 사용한다.

2) 루트식 가스미터

대표적인 회전식 가스미터로 2개의 땅콩형 회전자와 케이스로 구성되어 있으며 2개의 회전자가 맞물려 입구와 출구의 가스압력차에 의하여 회전하면서 일정하게 가스가 송출된다. 고속회전이 가능하기 때문에 소형으로 사용한다.

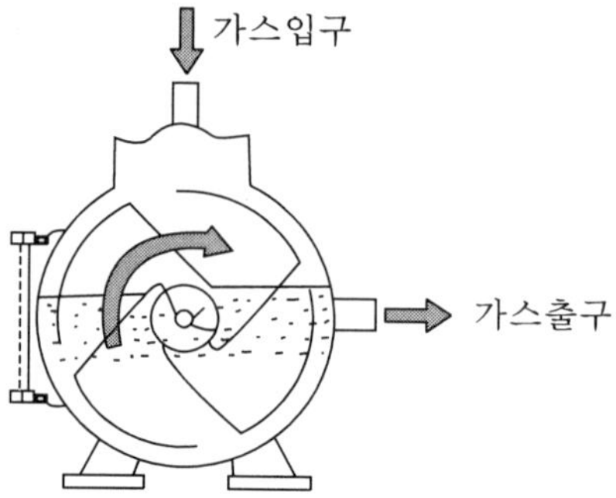

그림 1-26 습식 가스미터

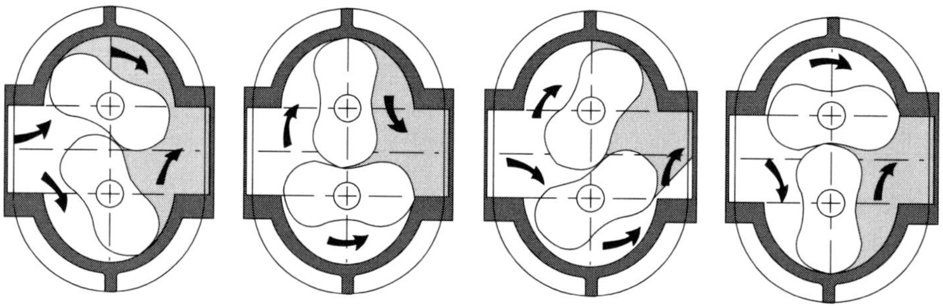

그림 1-27 루트식 가스미터

3) 막식 가스미터

일반적으로 가정용 및 상업용 등의 저압용으로 널리 사용되고 있는 대표적인 건식 계량기이다. 가스를 일정 용량의 주머니 안에 넣어 가득 채우게 한 후 배출하는데 그 회수를 용량단위로 환산하여 나타낸다. 일반적으로 2개의 막을 사용하여 교대로 가스를 충만, 배출할 수 있으며 계량실에는 계량식 밸브장치, 크랭크축 등의 연동장치 및 지시기수가 있다. 가스가 계량실에 도입되고 배출되는 것은 막의 차압에 의해서 생기는 밸브와 막의 연동작용에 의해서 이루어진다.

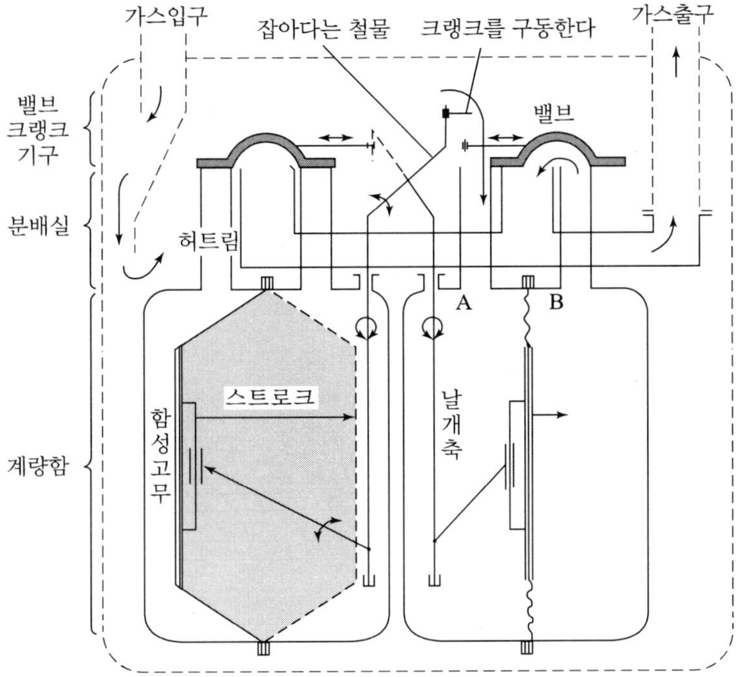

그림 1-28 막식 가스메타

(5) 밸브

1) 플러그 밸브

플러그 밸브는 코크와 같이 원추형 밸브의 마개를 90회 돌려서 개폐하는 구조다. 본체 및 플러그에 각각 유구가 있어 회전을 부드럽게 할 수 있다. 가스관 중의 먼지 등의 불순물에 의한 차단효과의 저하가 발생하지 않기 때문에 주로 중압관에 사용된다.

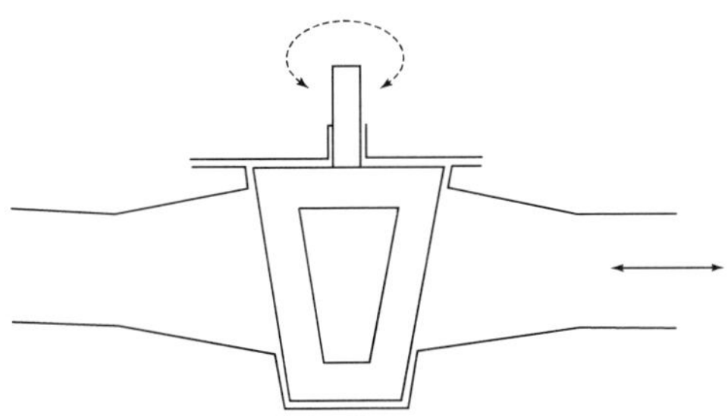

그림 1-29 Plug Valve

2) 게이트 밸브

밸브 축의 회전에 의해 가스의 흐름과 직각방향인 밸브판이 직선운동을 하는 밸브로서 밸브가 전부 열렸을 때 저항이 작고 서서히 개폐하므로 충격을 일으키는 일이 적다는 특징이 있다.

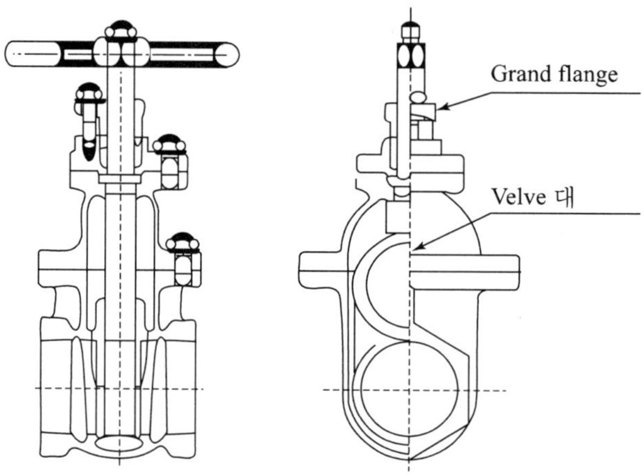

그림 1-30 Gate Valve

3) 글로브 밸브

밸브의 축을 돌리면 원통모양의 글로브가 위 아래로 움직여 밸브의 개폐를 하는 장치이다. 이 밸브는 밀폐 성능이 좋아 유량조정이 용이한 점이 있지만 압력의 손실이 크다.

4) 버터플라이 밸브

원판상의 열림판을 회전시킴으로써 개폐하는 밸브로 나비형 밸브라고도 불리며 유량의 조절이 용이하고 밸브의 열림과 유량이 비례한다는 이점이 있다. 구조가 간단해서 다른 밸브에 비해 비용이 저렴하다.

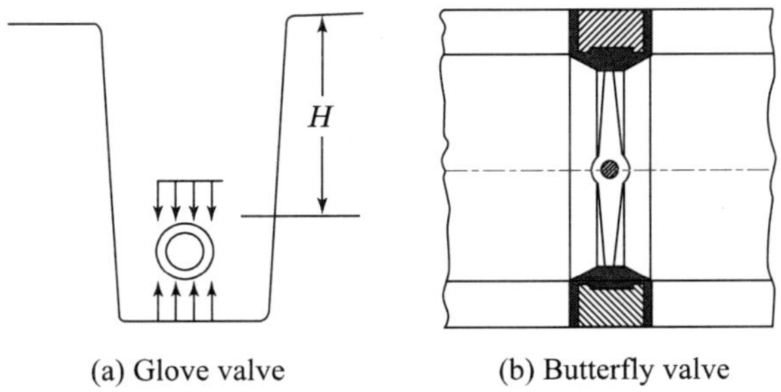

그림 1-31 Butterfly Valve

5) 볼 밸브

볼에 구멍이 있는 모양으로 회전을 통해 개폐를 하는데 볼과 밸브의 본체와의 접촉면의 윤활성이 밸브의 성능을 좌우한다. 이 밸브는 흐름의 방향을 바꾸지 않고 배관의 내경과 유로면적을 같게 하기 때문에 압력손실이 적다.

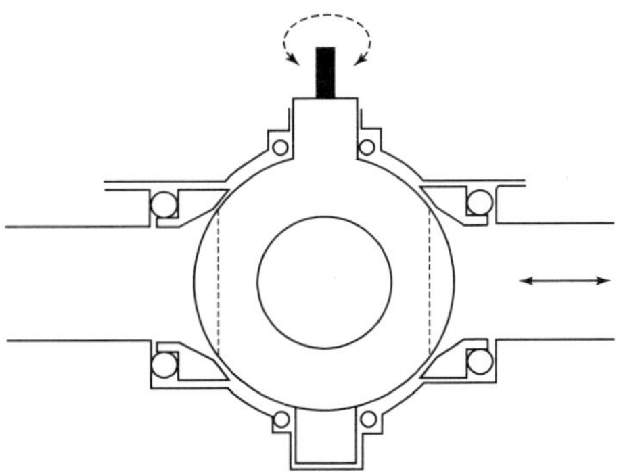

그림 1-32 Ball Valve

3.3 소비설비

1) 가스용기

가스용기는 기체나 액체를 저장, 운반할 때 사용되는 완전 밀폐가 가능한 용기이다. 내부는 높은 압력으로 되어 있는 것이 많아 철강 등의 금속으로 튼튼하게 만들어져 있다.

2) 압력조정기

연소기와 연결하여 사용하고 연소기의 사용압력에 맞추어 압력을 조정하는 역할을 한다. 연소기의 사용압력과 최대 가스사용량에 적합한 규격의 것을 사용하여야 하는데 최대 가스사용량의 1.5배 이상이면 사용상 지장이 없다.

3) 배관

건축물의 외벽 근처나 환기가 잘되는 곳에 설치되고 매몰시키는 부분은 스테인리스강관, 가스용 금속플렉시블호스 같은 내식성 재료가 이용된다. 벽을 따라 설치된 배관은 관경이 13 mm 미만인 관은 1 m마다, 13～32 mm인 관은 2 m마다, 33 mm 이상인 관은 3 m마다 고정장치를 설치하여야 한다.

4) 중간밸브(퓨즈콕)

배관에 흐르는 가스를 차단하거나 공급해주는 장치로서 배관과 호스 연결부에 설치되고 연소기를 설치한 실내에 조작하기 쉬운 곳에 설치된다.

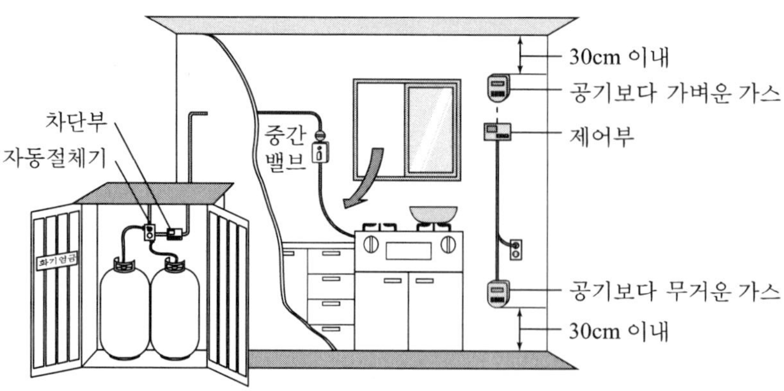

그림 1-33 소비시설 구조

4 설비관련 규정

산업통상자원부 공고 제2014-510호의 도시가스사업법 기준번호 KGS FU551 "도시가스 사용시설의 시설·기술·검사 기준" 중 가스설비 설치관련 내용을 발췌하여 요약하면 다음과 같다.

(1) 가스설비 설치

가스사용시설에는 그 가스 사용시설의 안전의 확보와 정상작동을 위하여 지하공급차단밸브, 압력조정기, 가스계량기, 중간밸브, 호스 등 필요한 설비와 장치를 다음기준에 적합하게 설치한다.

(2) 지하공급 차단밸브

지하층에 설치된 가스사용시설에는 지상에서 가스의 공급을 용이하게 차단시킬 수 있는 장치를 설치한다. 다만, 지하층에 설치된 가스 사용시설의 외벽으로부터 50 m 이내에 그 지하실에 가스공급을 지상에서 차단할 수 있는 장치가 있거나 다음 기준 중 어느 하나에 적합할 경우에는 제외할 수 있다.

1) 특정가스 사용시설 내에 설치된 지상차단장치 중 해당 지하 가스사용시설의 차단이 가능하나 다른 용도로 겸용 사용하는 지상차단장치(단독사용자정압기 입·출구 밸브 등)인 경우 가스사용 시설의 외벽으로부터 50 m 이내에 설치되어 있는 경우
2) 가스공급시설에 속하는 지상에 설치된 차단장치(매몰형, 맨홀형 또는 노출형 밸브)가 다음 기준을 모두 만족하는 경우
   ① 담장 등 기타 장애물로 인하여 비상시 용이한 가스차단에 방해를 받지 않는 곳에 위치할 것
   ② 지상차단장치가 지하 가스사용시설의 외벽으로부터 50 m 이내에 위치할 것
   ③ 다음의 "지상 가스차단장치 사용 동의(확인)서"에 따라 도시가스사업자의 동의와 사용자의 확인이 있고 이 동의(확인)서를 기술검토(부득이할 경우 완성검사)시 제출할 것

④ 도시가스사에서 사용자(사용자 변경 시 포함)에게 비상시 지상 차단장치 사용법에 대하여 교육을 실시할 것

3) 지하 가스사용시설 설치실의 외벽으로부터 50 m 이내의 지상에 설치된 압력조정기 전·후단 밸브로 지하 가스사용시설의 차단이 가능할 경우

(3) 압력조정기 설치

압력조정기는 다음 기준에 적합한 장소에 설치한다.

1) 압력조정기는 실외에 설치한다. 다만, 부득이하게 실내에 설치할 경우에는 환기가 양호한 장소에 설치한다.
2) 빗물 등이 조정기에 들어가지 않고 직사광선을 받지 않는 장소에 설치한다. 다만, 격납상자에 설치하는 경우에는 그러하지 아니할 수 있다.

압력조정기는 다음기준에 따라 설치한다.

1) 배관내의 스케일, 먼지 등을 제거한 후 설치한다.
2) 배관의 비틀림 또는 조정기의 중량 등에 의하여 배관에 유해한 영향이 없도록 설치한다.
3) 조정기 입구쪽에 스트레이너 또는 필터가 부착된 조정기를 설치한다. 다만, 압력조정기 입구 쪽에 인접한 정압기에 스트레이너 또는 필터가 부착된 경우에는 그러하지 아니하다
4) 릴리프식 안전장치가 내장된 조정기를 건축물 내에 설치하는 경우에는 가스방출구를 실외의 안전한 장소에 설치한다.
5) 지면으로부터 1.6 m 이상 2 m 이내에 설치한다. 다만, 격납상자에 설치하는 경우에는 그러하지 아니할 수 있다.
6) 제조회사의 설치설명서 등에 따라 설치한다.

(4) 계량기 설치

가스계량기의 설치장소는 다음 기준에 따라 설치한다.

1) 가스계량기는 검침·교체·유지관리 및 계량이 용이하고 환기가 양호하도록 다음의 어느 하나의 조치를 한 장소에 설치하되, 직사광선 또는 빗물을 받을 우려가 있는 곳에 설치하는 경우에는 보호상자 안에 설치한다.
   ① 가스계량기를 설치한 실내의 상부(공기보다 무거운 가스의 경우 하부)에 50 cm^2 이상 환기구(철망 등을 부착할 때는 철망 등이 차지하는 면적을 뺀 면적) 등을 설치한 장소
   ② 가스계량기를 설치한 실내에 기계환기설비를 설치한 장소
   ③ 가스누출 자동차단장치를 설치하여 가스누출 시 경보를 울리고 가스계량기 전단에서 가스가 차단될 수 있도록 조치한 장소
   ④ 환기가 가능한 창문 등(개방 시 환기면적이 100 cm^2 이상에 한한다)이 설치된 장소
2) 주택에 설치하는 가스계량기는 가스사용자가 구분하여 소유하거나 점유하는 건축물의 외벽에 설치한다. 다만 실외에서 가스사용량을 검침할 수 있는 경우에는 그러하지 아니한다.
3) 가스계량기(30 m^3/h 미만에 한한다)의 설치높이는 바닥으로부터 1.6 m 이상 2.0 m 이내에 수직·수평으로 설치하고 밴드·보호가대 등 고정장치로 고정한다. 다만, 보호상자 내에 설치, 기계실에 설치, 보일러실(가정에 설치된 보일러 실은 제외한다)에 설치 또는 문이 달린 파이프 덕트(Pipe Shaft, Pipe Duct)내에 설치하는 경우 바닥으로부터 2.0 m 이내 설치한다.
4) 가스계량기와 전기계량기 및 전기개폐기와의 거리는 60 cm 이상, 굴뚝(단열조치를 하지 않은 경우에 한하며 밀폐형 강제 급·배기식 보일러(FF식 보일러)의 2중구조의 배기통은 '단열조치가 된 굴뚝'으로 보아 제외한다)·전기점멸기 및 전기접속기와의 거리는 30 cm 이상, 절연조치를 하지 않은 전선과의 거리는 15 cm 이상의 거리를 유지한다.
5) 4)에서 전기설비와 가스계량기와의 이격거리 적용 시에는 각 설비의 외면 간의 거리를 기준으로 한다.

(5) 중간밸브 설치

연소기가 설치된 곳에는 조작하기 쉬운 위치에 배관용 밸브를 다음 기준에 따라 설치한다.

1) 가스사용시설에는 연소기 각각에 대하여 퓨즈콕 등을 설치한다. 다만, 연소기가 배관(가스용 금속플렉시블호스를 포함한다)에 연결된 경우 또는 가스소비량이 19,400 kcal/h을 초과하거나 사용압력이 3.3 kPa을 초과하는 연소기가 연결된 배관(가스용금속플렉시블호스를 포함한다)에는 배관용 밸브를 설치할 수 있다.
2) 배관이 분기되는 경우에는 주배관에 배관용밸브를 설치한다.
3) 2개 이상의 실로 분기되는 경우에는 각 실의 주배관마다 배관용 밸브를 설치한다.

(6) 호스설치

1) 호스의 길이는 연소기까지 3 m 이내로 하되, 호스는 T형으로 연결하지 아니한다.
2) 배관용 호스와 중간밸브 등 및 연소기와의 접촉부분은 호스밴드 등으로 견고하게 조인다.
3) 호스가 열로 인해 손상을 받을 우려가 있는 경우에는 열로 인해 손상을 받지 않도록 조치한다.
4) 빌트인(Built-in) 연소기는 연소기와 호스 연결부분에서의 누출을 확인할 수 있도록 설치하되, 확인할 수 없는 경우에는 호스 단면적 이상의 점검구를 연소기와 호스 연결부 부근에 설치하거나 다음 중 어느 하나에 해당하는 가스누출 확인장치를 설치한다.
   ① 다기능가스안전계량기(「액화석유가스의 안전관리 및 사업법 시행규칙」 별표 4 제11호에 따른 것을 말한다)
   ② 가스누출 확인 퓨즈콕(가스기술기준위원회 의결을 거쳐 산업통상자원부장관의 승인을 받은 특정상세기준으로 정한 것을 말한다)
   ③ 가스누출 확인 배관용 밸브(가스기술기준위원회 의결을 거쳐 산업통상자원부장관의 승인을 받은 특정상세기준으로 정한 것을 말한다)
   ④ 점검구 대신으로 누출 점검이 가능한 것으로써 한국가스안전공사의 제품검사 또는 성능인증을 받은 제품
5) 빌트인(Built-in) 연소기의 호스는 뒤틀리거나 처지지 않도록 고정장치로 고정한다.

5 설비관련 사고사례

1) 대구 지하철 폭발사고

① 개요

1995년 4월 28일 ○○시 ○○구 ○○동 상인네거리에서 일어난 대형 참사로 대구 도시철도 1호선 상인역 공사 현장에서 도시가스 폭발 사고가 발생했다. 인근 대구백화점 상인점 신축 공사장에서 지반을 다지기 위한 천공작업 중 그 부근을 지나던 지름 100 mm의 가스관을 파손해 이 가스관으로부터 새어 나온 가스가 하수관을 타고 지하철 공사장으로 흘러들어 폭발사고가 발생하였으며 이 사고로 인하여 사망 102명, 부상 117명 등 220여 명의 사상자를 냈다.

② 사고내용

지하철 1호선 공사장에서 30 m 떨어진 대구 백화점 신축 공사를 위해 지반공사를 하던 공사업체의 인부가 75 mm 구멍 31개를 굴착 중 실수로 가스배관에 구멍을 뚫어 가스가 누출되었다. 이 때 누출된 가스가 하수관을 통해 지하철 공사장으로 유입 후 체류되어 있다가 폭발을 일으켰다. 폭발 후 50 m에 달하는 불기둥이 솟아오르고 400 m에 달하는 건설 현장이 무너져 내렸다.

그림 1-34 대구 지하철 폭발사고

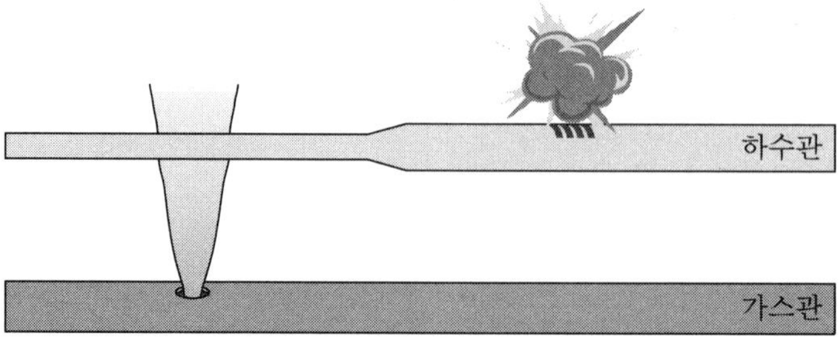

그림 1-35 대구 지하철 폭발사고원인

③ 사고원인

대백프라자 신축공사를 맡은 표준개발 측의 뒤늦은 신고와 대구 도시가스 측의 뒤늦은 사후 대처로 대형 사고가 났다는 점은 한국에서 발생하는 대형 참사의 기본적인 형태를 보여주고 있다. 표준개발 측에서는 가스관 파손 이후 30분이 지나서야 대구 도시가스에 신고를 했으며 대구 도시가스 측은 또 30분이 지나서야 사고 현장 주변의 밸브를 일일이 수동으로 잠그러 출동하는 어처구니없는 대처를 보여주었다. 국내 도시 지하 내 파이프나 전선 등이 제대로 정비 및 관리가 되지 않음에도 불구하고 안전의식 결여로 인해 발생한 사고라고 할 수 있다.

「도시가스사업법」에 의하면 가스배관은 지하 1 m 이상 깊게 매설하도록 규정하고 있으나 상인동 가스폭발사고의 경우에는 가스관이 불과 지하 30 cm에 묻혀 있었으며, 또한 지하철 공사장과 같은 대형공사장에서 지하굴착작업을 할 경우에는 해당지역에 가스관을 매설한 가스회사와 연락해 가스관, 상수도관 등 지하매설물의 위치를 도면으로 정확히 확인한 후 공사를 하도록 되어 있으나 실제적으로 공사관계자들이 제대로 확인 하지 않고 공사를 시행한 것으로 나타났다. 또한 관할관청의 담당자들도 현장관리에 소홀하여 안전조치를 원칙대로 실시하지 않아 대형 재난으로 이어졌다.

④ 사고피해

사건 현장이 학교 근처인데다 등교 시간이라는 점 때문에 학생 사상자가 많이 나왔다. 유품으로 피 묻은 책가방, 불에 탄 교과서가 많아 보는 이들을 안타깝게 했다. 근처 영남중학교 학생들의 피해가 컸는데 사망자 중 42명이 영남중학교 학생이다. 그나마 영남중학교를 제외한 나머지 인근 중학교들은 그 날이 금요일이라서 모두 소풍을 나간 덕분에 피해가 적었다.

⑤ 안전대책

이 사건 직후 공사현장에서 가스검지기 휴대가 의무화 되었는데, 이것은 공사 도중 가스관을 건드려 가스관이 파열되는 것을 방지하기 위한 제도이다. 하지만 가스관이 공사할 때 외의 경우에도 가스관 파열 가능성이 있기 때문에 일정 거리마다 가스 검지기를 설치하여 최대한 빨리 누설을 인지할 필요가 있으나 가스 검지기를 설치하기 위한 비용이 많이 든다는 점에서 한계가 있다.

2) 서울 당산동 도시가스 누출사고

① 사고개요

2013년 1월 31일 ○○시 ○○구 ○○동에서 일어난 가스누출사고로서 이 사고로 인해 맨홀 내부에서 점검 작업을 하던 협력업체 직원 2명이 각각 사망, 중상을 입었다.

② 사고내용

서울도시가스 협력업체 직원 3명 중 2명이 당산역에 한 웨딩홀 앞에 있던 맨홀뚜껑을 열고 밸브박스 안으로 들어가 도시가스 중압 150 A 볼밸브에 대하여 보수작업을 하던 중 도시가스가 누출되어 순식간에 질식하였다. 다른 한 명의 직원이

그림 1-36 당산동 가스누출사고

맨홀뚜껑 위로 가스냄새가 올라오는 느낌을 받고 119와 서울도시가스사에 신고를 했지만 한 명은 끝내 사망을 하였다. 다행히 긴급 출동한 서울도시가스측이 특정시설 10개여소에 가스공급을 중단하는 등 신속한 조치를 통해 2차 사고를 막을 수 있었다.

③ 사고원인

밸브박스 안에 들어가서 작업을 하던 직원들 모두 마스크나 산소호흡기와 같은 안전장구를 착용하지 않았던 것이 밝혀졌고 밀폐된 공간에서 작업을 할 때 실내에 확산되지 않도록 분진이나 유해가스를 옥외로 배출하는 국소배기장치도 가동되지 않은 것이 문제가 되었다.

④ 안전대책

이러한 사고와 비슷한 경우의 사고들은 대부분 안전불감증에 의한 경우가 많은데 안전불감증으로 인해 제대로 된 장비를 착용하지 않고 작업을 하거나 필요한 장치를 가동하지 않고 작업을 해서 사고가 나는 경우가 많다. 따라서 이러한 작업을 하는 작업자들에 대한 안전교육을 강화하거나 사고가 발생하기 전에 미리 위험요인을 점검하여 제거하는 것이 중요하다.

6 설비 안전현안

현재 가스 설비의 경우 안전 규정이 정해져 있어 안전에 취약한 부분은 많이 보완되어 있는 상황이다. 근래의 사고들을 살펴보면 가스 설비로 인해 발생한 사고보다 인재로 인한 사고가 많이 발생하고 있다. 현재의 가스 설비 안전 현안을 살펴보면 내진 설계 기준의 미흡을 문제점으로 들 수 있다. 가스 공급 시설의 내진 설계 기준은 현재 상당히 취약하다고 할 수 있다. 2016년 경주 대지진을 보면 알 수 있듯이 국내도 이제 더 이상 지진에서 안전 국가라고 할 수 없는 상태로 이는 국내 2017년 상반기까지 국내 지진 현황을 보면, 지진 규모 2.0 이상의 지진 발생 횟수가 100여회 인 것으로 보아 국내도 지진으로부터 안전지대가 아닌 것을 알 수 있다. 2016년 경주 지진을 통해 알 수 있듯이 국내에도 내진 설계 기준 강화 등 지진에 대한 예비 책이 필요한 상황이다. 하지만 국내 가스시설의 내진 설계는 상당히 미흡한 상황이다. 2017년 2월 감사원 가스안전시설 안전 및 관리 실태 보고서에 따르면, 가스 공급 시설의 90% 이상이 내진설계가 제대로 이뤄지지 않았다는 감사 결과가 나왔다. 특히 가스 공급시설은 내진설계 기준 적용 대상에 해당하지 않아 해당 건축물 4,939개 가운데 91.7%에 달하는 4,530개 시설에 내진설계가 이뤄지지 않았거나 내진설계가 이뤄졌는지 확인할 수 없는 상황이다. 특히 도시가스를 공급하는 과정에 압력을 조절해주는 정압기실의 경우 4,171개 모두 내진설계가 이뤄지지 않았다. 감사원은 이들 가운데 17개 시설에 대해 예비평가를 실시한 결과, 8개가 적정 내진성능 보다 기준이 낮은 '내진 2등급'으로 조사돼 6.0～6.5의 지진이 발생하는 경우 붕괴하거나 심각한 피해를 볼 수 있다고 지적했다. 또한 국회 정기 보고서에 따르면 도시가스 시설 49.2%, 압력용기(5 m 이상) 37.2%, 고압가스(5톤 이상), 액화석유가스(3톤 이상) 저장탱크 32.5%가 지진에 취약하다는 보고서가 제출되었다. 이처럼 국내 가스시설의 지진 설계가 미흡한 원인은 현행 건축법에 있다. 현행 건축법 제48조 등에 따르면 건축물의 층수가 3층 이상인 건축물에 의무적으로 내진 설계가 적용되게 하고 있다. 하지만 가스공급시설 건축물의 경우 대부분 1층으로 되어 있어 위의 법에 따른 내진 설계 대상 규모에 해당되지 않는다.

1. 다음 중 분류의 기준이 다른 가스는?

① 압축가스 ② 액화가스
③ 용해가스 ④ 독성가스

2. 가스계량기의 분류 중 실측형식에 포함되지 않는 것은?

① 막식 ② 드럼형
③ 터빈형 ④ 회전식

3. 밸브에 대한 설명으로 틀린 것은?

① 게이트 밸브 : 밸브가 전부 열렸을 때 유동저항이 작다.
② 플러그 밸브 : 마개를 90회 돌려서 개폐한다.
③ 글로브 밸브 : 유량조정이 용이하고 압력손실이 적다.
④ 버터플라이 밸브 : 밸브의 열림과 유량이 비례한다.
⑤ 볼 밸브 : 배관의 내경과 유로면적이 같다.

4. 가스전의 종류가 아닌 것은?

① 호스콕크형 ② 스프링콕크형
③ 콕크형 ④ 박스콕크형

5. 가스설비 중 역할이 다른 것은?

① 기화기 ② 홀더
③ 압송기 ④ 가스계량기

6. LNG 기화설비의 주류를 이루고 있는 것으로 해수를 가열원으로 하기 때문에 해상수송형의 LNG수입기지에 적합한 것은?

7. 2개의 땅콩형 회전자와 케이스로 구성되어 있으며, 2개의 회전자가 맞물려 입구와 출구의 가스압력차에 의하여 회전하면서 일정하게 가스가 송출되는 회전식 가스미터는?

문제정답

1. ④
2. ③
3. ③
4. ②
5. ①
6. Open Rack Vaporizer
7. 루트식 가스계량기

Part 2

건설기계

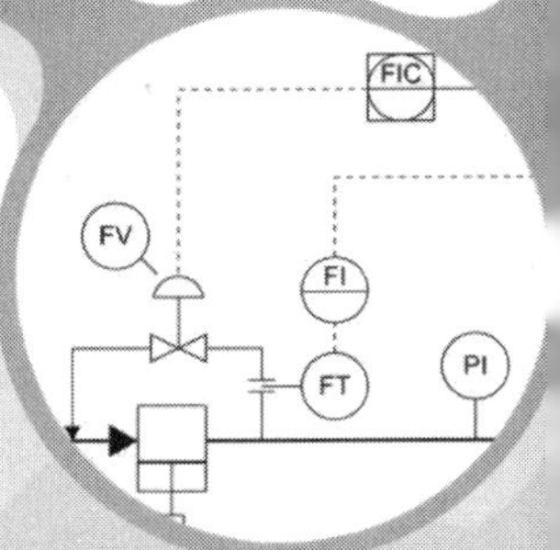

1 설비 개요

건설기계(Construction machinery)란 건설공사에 사용되는 기계의 총칭이다. 건설기계 관리법에서 건설기계란 '건설공사에서 사용할 수 있는 대통령령으로 정한 것(불도저 등 27종)'으로 정의하고 있다. 또한 27종에는 해당하지 않지만 산업안전보건법 제34조 안전인증, 제36조 안전검사 대상 중 고소작업대, 건설 작업용 리프트, 곤돌라 등을 포함하여 건설기계의 범위에 추가할 수 있다. 건설기계는 각종 건설공사 현장이나 토목공사 현장과 같은 건설공사에서 인력으로 해내기 어려운 작업을 기계적으로 수행할 수 있도록 제작된 부하 작업기계로서 작업의 효율성과 공기단축, 공사비용절감 등의 측면에서 필수적인 공사 장비이다.

2 설비 분류

(1) 굴삭기

굴착기는 토목, 건축, 건설 현장에서 땅을 파는 굴착작업, 토사를 운반하는 적재작업, 건물을 해체하는 파쇄작업, 지면을 정리하는 정지작업 등의 작업을 행하는 건설기계로서 장비의 이동 역할을 하는 주행체와 주행체에 탑재되어 360도 회전하는 상부 선회체 및 작업장치로 구성되어 있다. 굴착기는 주행체의 주행방식에 따라 무한궤도식 크롤러 굴착기와 타이어식 휠 굴착기로 구분된다. 크롤러 굴착기는 휠 굴착기에 비해 작업이 안정적이며 작업 생산성이 높기 때문에 장비 중량 1톤부터 100톤 이상의 초대형에 이르기까지 각 작업 현장에 폭 넓게 사용되며 휠 굴착기는 크롤러 굴착기에 비해 타이어 지지 방식으로 인해 작업 시 안정성은 떨어지나 도로 주행이 가능하여 운반 트레일러 없이 작업장 이동이 가능하고 작업과 이동을 빈번하게 요구하는 작업 현장에 주로 사용된다. 또한 굴착기는 토사와 암석의 상태, 작업의 종류 및 용도에 따라 적절한 작업 장치를 장착하여 사용할 수 있다. 일반 굴착 및 토사 운반을 위한 버켓(Bucket), 단단한 지면, 암석 등의 파쇄를 위한

그림 2-1 굴삭기

브레이커, 건물의 해체 및 파쇄에 사용하는 크러셔 등이 굴착기에 주로 사용되는 작업 장치이다.

(2) 도저

많은 양의 흙, 모래, 자갈 등을 밀어내어 공사에 쓰이는 금속 날이 장착된 무한궤도 트랙터이다. 뭉쳐있는 빽빽한 물질을 부드럽게 하기 위한 발톱같이 생긴 톱이 달려 있는 것이 보통이다. 불도저라는 용어는 건설 장비에 자주 쓰였으나 정확히 말해서 이 용어는 도저 블레이드 트랙터에 국한된다. 무한궤도식 트랙터의 앞쪽에 블레이드(blade)라고 불리는 배토판을 부착시키고 이것을 유압 또는 케이블(강삭)로 위・아래를 조절하고 스스로 움직이면서 흙을 굴착하고 동시에 흙을 밀어 내어 지면을 고른다.

그림 2-2 도저

(3) 기중기

동력을 사용하여 하물을 달아 올리고 상하·전후·좌우로 운반하는 기계 또는 기계 장치를 말한다. 크롤라식 또는 휠 식으로 강재의 지주 및 선회장치를 가진 것이 건설기계에 해당하며, 궤도(레일)식인 것은 제외한다. 기중기는 그 용도나 형식에 따라 트럭식(도로형) 크레인, 크롤라식 크레인, 러프테레인 크레인, 올테레인 크레인 등으로 구분할 수 있으며, 노선 상을 이동하는 철도크레인, 수상을 이동하는 플로우팅 크레인도 이동식 기중기에 속한다. 기중기의 운동으로는 화물을 달아서 올리는(내리는) 권상(권하), 레일을 따라 트롤리가 이동하는 횡행, 수직축을 중심으로 하여 지브 등이 회전하는 선회, 기중기의 지브가 그 지브를 중심으로 하여 상하로 운동하는 기복, 달아 올린 하물을 그 높이를 바꾸지 않고 지브의 기둥 쪽으로 끌어당기거나 밀어내는 인입 등이 있다.

그림 2-3 기중기

(4) 항타 및 항발기

항타 및 항발기는 붐에 파일을 때리는 부속장치를 붙여서 드롭 해머나 디젤 해머로 강관파일이나 콘크리트파일을 때려 넣는데 사용된다. 규격은 원동기 장치를 가진 것으로 해머 또는 뽑는 장치의 중량이 0.5톤 이상인 것을 건설기계라 한다. 항타기는 기초공사시 교주항타, 기중박기, 말목항타, I빔 및 H빔의 항타작업에 효과적이다. 종류로는 에너지 공급방식에 따라 드롭 해머, 증기 또는 압축공기 해머, 디젤 또는 가솔린 해머, 진동 항타기 등으로 분류한다.

그림 2-4 항타 및 항발기

(5) 타워크레인

항만 하역용이나 고층 건축용으로 발달하여 조선소의 선대와 안벽 등에 설치하고 초고층 빌딩이나 아파트 건설현장에서 많이 사용되는 기계로서 꼭대기 부분의 모양에 따라 지브형(jib type)과 해머 헤드형(hammer head type)으로 나눈다. 지브(팔 모양으로 돌출된 것) 형은 탑 꼭대기에 회전 프레임을 설치하고 지브를 붙여 회전운동이나 트롤리(trolley)의 직선운동으로써 화물을 끌어올리거나 내리는 작업을 한다. 해머 헤드형은 탑 꼭대기에 선회 프레임을 설치하고 여기에 좌우 평형하도록 붐(boom)을 장치한 것으로서 하중의 이동이 수평으로 이루어진다.

보통 용량을 달아 올림 하중으로 나타내고 소형은 3 t 미만, 중형은 5 t 미만, 대형은 5 t 이상으로 나눈다. 작업 범위는 30 m 이상이 대부분이며 자립고(Free Standing)는 타워의 강도로 정해지는데 18~30 m 범위가 많다. 데릭 크레인에 비하여 지주와 지지 케이블이 필요 없으며 인접시설 등에 장해가 없는 상태로 360도 회전할 수 있다는 장점이 있다. 작업 범위가 넓고 작업 능력도 다른 크레인에 비하여 2배에 이른다. 설치할 때에는 해당 작업을 마친 뒤에 기계를 해체할 방법을 고려하여야 한다. 사용에 있어서는 '타워크레인의 방호조치에 관한 기술지침'에 따라 정격하중의 105% 이하에서 작동되는 과부하방지장치를 부착하여야 한다. 또 권과방지장치 · 하강제한장치 · 선회제한장치 · 주행제한장치 · 기복제한장치 · 로프 이완 방지장치 · 지브 텔레스코핑 제한장치 등의 운동제한장치와 상승 · 하강 · 기복의 속도를 제한하는 성능제한장치를 부착하여야 한다.

그림 2-5 타워크레인

3 설비별 장치 구성

(1) 굴삭기

굴삭기의 구조는 작업장치, 상부회전체, 하부주행체 등 3등분으로 구성되며 상부회전체의 앞부분은 핀에 의해 붐과 작업장치가 연결되어 있고 하부는 선회베어링에 의해 연결되어 있다. 상부회전체의 왼쪽에는 조종실, 오른쪽에는 연료 탱크와 오일탱크, 뒤쪽에는 엔진과 펌프가 설치되어 있다. 굴삭기의 작업 장치는 붐(boom), 암(arm), 버킷(bucket) 등으로 구성되며 3~4개의 유압식 실린더에 의해 작동된다.

1) 붐(boom)

붐은 강판을 용접한 상자 형으로 상부 회전체의 프레임에 푸트 핀을 통하여 설치되어 있으며 상부 회전체 프레임에 1~2개 유압 실린더와 함께 설치된다. 붐 실린더에는 슬로 리턴 밸브가 있어 오일의 흐름을 제한하여 붐의 하강 속도를 조절하고 있다.

2) 암(arm)

암은 붐과 버킷 사이에 설치되며 버킷이 굴착 작용을 하게 하는 부분이다. 일반적으로 1~2개의 유압 실린더에 의해 작동된다.

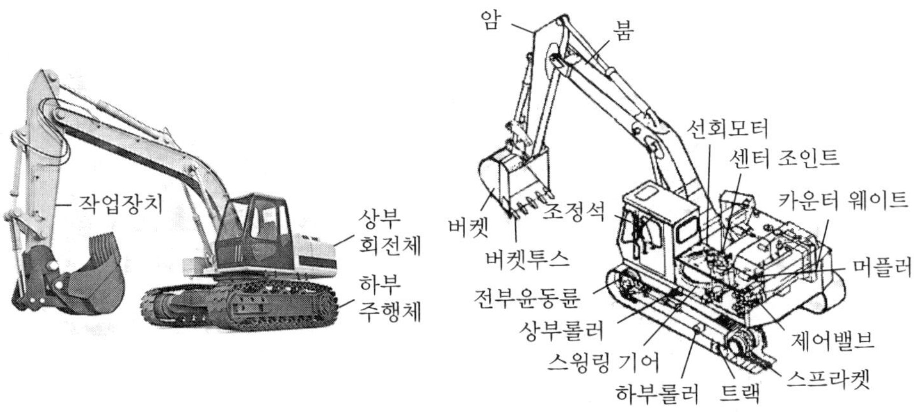

그림 2-6 굴삭기 구조

3) 버킷(bucket)

버킷은 직접 작업을 하는 부분으로 강판으로 제작되어 있다. 버킷의 용량은 1회 담을 수 있는 용량을 m^3로 표시하며 버킷의 굴착력을 높이기 위해 투스를 부착한다.

(2) 도저

도저는 트랙터에 블레이드를 부착하고 10~100 m 이내의 작업거리에서 송토, 굴토 등을 할 수 있는 형태로 되어있는 건설기계로, 작업장치는 블레이드, 리퍼, 유압실린더 등으로 구성된다.

1) 블레이드

토공판의 일종으로 토사를 굴착하여 밀면서 운반하는 강철제의 판이며 부착하는 각도에 따라 스트레이트·앵글·틸트 등이 있다.

2) 리퍼

단단한 흙이나 연약한 암석을 파내는 갈고리 모양의 기계이다.

3) 유압실린더

유압에 의해 피스톤 또는 플런저(Plunger)를 왕복 직선 운동시켜 기계적인 일을 하게 하는 장치이다.

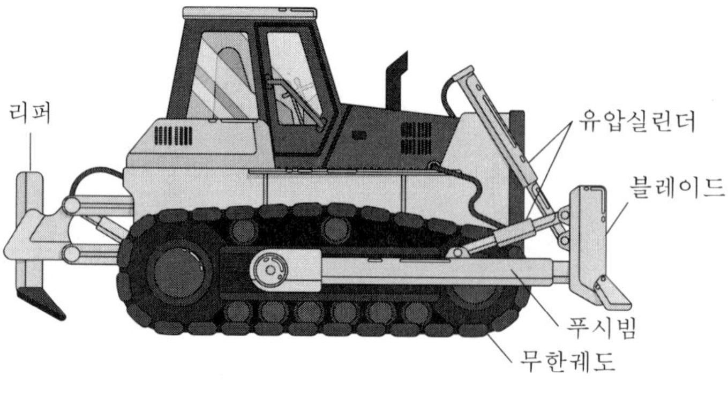

그림 2-7 도저

(3) 이동식크레인

이동식크레인은 크게 철구조물 및 유압기능품으로 구성되어 있다. 이동식크레인에 소요되는 동력은 차량의 P.T.O (Power Take Off)로부터 인출하게 된다. P.T.O 기어를 넣으면 유압펌프가 구동하고, 이에 따라 고압의 유압유가 발생된다. 발생된 고압의 유압유는 제어밸브를 통하여 작동장치를 작동하고 오일탱크로 돌아간다.

1) 붐(BOOM)

사람의 팔과 같은 역할을 하며, 유압실린더와 와이어에 의해 인출/인입하고 붐 끝단에 후크(HOOK)가 부착되어 있다.

2) 포스트(POST)

사람의 허리상부 몸통과 같은 역할을 하며 붐, 윈치, 데릭실린더가 부착 되어 있는 장치로 포스트 하부에 링 기어가 설치되어 선회동작을 한다.

3) 프레임(FRAME)

사람의 허리하부 몸통과 같은 역할을 하며 프레임은 크레인을 차량에 고정시켜 주며 포

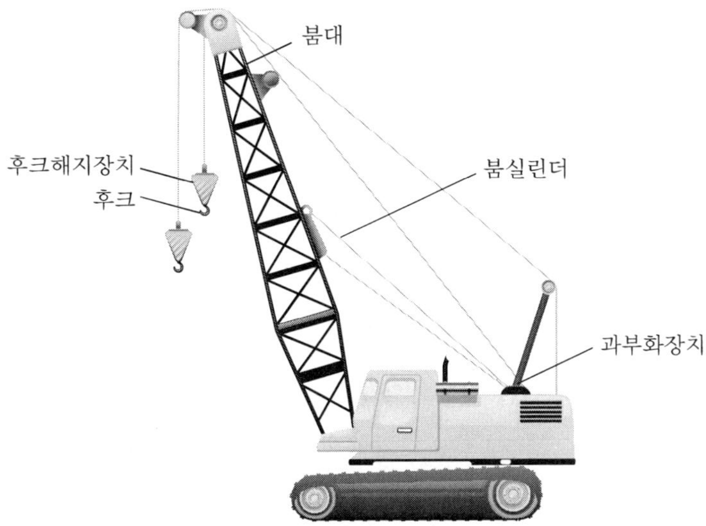

그림 2-8 이동식크레인 장치구성

스트와 조립되어 크레인을 선회시키는 장치로서 선회베어링, 로터리 조인트, 조작세트 등으로 구성되며 아웃트리거를 지지한다.

4) 아웃트리거

사람의 다리와 같이 지지대 역할을 하며 프레이에 고정되어 크레인 작업 시 전복 방지와 차량 샤시의 보호를 위해 크레인을 지지한다.

5) P.T.O (Power Take Off)

엔진의 회전동력을 유압 펌프로 연결하고 힘을 전환하는 장치로서 실제적인 동력전달을 맡게 된다.

6) 훅(HOOK)

사람의 손과 같은 역할을 하며 윈치와 와이어로프로 연결되어 하중물을 걸고 상승, 하강작업을 한다.

7) 데릭실린더

붐을 올리거나(상승) 내리는(하강) 역할을 한다.

8) 윈치

유압 모터로 구동하며 드럼을 회전시켜 와이어로프를 감고 푸는 작업을 통해 인양물을 상승, 하강시키는 작업을 한다.

(4) 타워크레인

1) 기초(Base)

타워크레인의 하단부와 지면을 일체화시키기 위한 부위이며, 기초앵커(Basic Anchor)를 매설하여 기초마스트(Basic Mast)를 고정하게 된다. 이러한 기초 앵커를 매립하여 일체화(Fixed) 기초는 타워크레인 기종마다 그 형태가 다르며 각 기종마다 철근 배근 및 형태가 세부화 되어 있으므로 사전 검토가 필요하다.

2) 기초 마스트(Basic Mast)

타워크레인의 기초앵커(Basic Anchor)와 일반 마스트(Mast)를 연결하는 기초마스트(Basic Mast)는 일반 마스트(Mast)보다 보통 2~3배 이상 길이가 길다.

3) 마스트(Mast)

타워크레인을 지지해 주는 기둥 역할을 하는 구조물로서 한 부재의 단위 길이가 약 3~5 m인 마스트를 핀 또는 연결볼트로 연결시켜 나가면서 설치 높이를 높일 수 있다. 마스트는 대부분 고장력강의 재질을 사용한 앵글 또는 박스타입의 용접구조이거나 또는 개방형 앵글과 H-Beam을 사용하는 경우도 있다.

4) 텔레스코핑 케이지(Telescoping Cage) 및 5) 유압상승장치

끼워 넣는다는 의미의 텔레스코핑 케이지는 유압실린더와 유압모터를 이용한 유압구동 상승장치로서 마스트의 높이를 높일 때 사용된다. 유압실린더를 몇 차례 작동하여 실린더 스트로크(Stroke)에 의해 확보되는 공간, 즉 운전실 아래쪽에 빈 공간에 새로운 마스트를 끼워 넣어 높이를 높이게 된다.

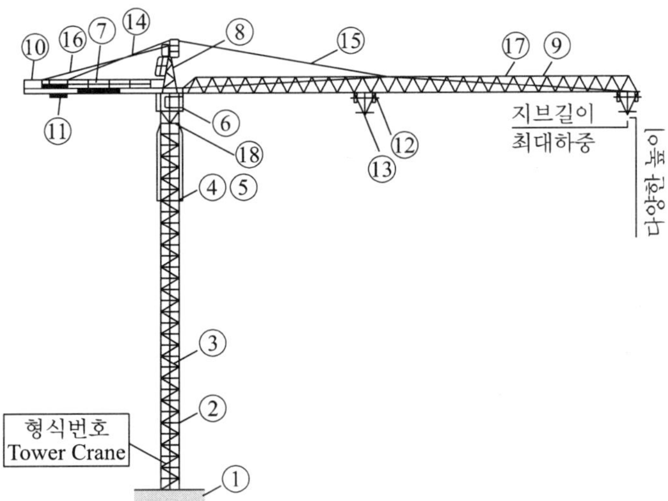

그림 2-9 타워크레인 장치구성

6) 운전실

선회장치의 상부, 메인 지브의 바로 하부에 작업위치 및 선회반경 표시판이 잘 보이는 위치에 설치된다. 운전실 및 출입문은 견고한 구조로 되어 있고 최근에는 실내에 지시계(Indicator) 및 냉난방 장치가 구비되어 있다.

7) 카운터 지브

타워크레인 전, 후방의 균형 유지를 위해 메인지브의 반대편에 설치되는 지브로서 균형추와 윈치를 사용한 권상장치가 설치된다.

8) 타워 헤드(Tower head)

메인 지브(Main Jib)와 카운터 지브(Count Jib)와의 연결바(Tie Bar)를 상호 지탱해 주기 위한 목적으로 설치되며 트러스 또는 A자형 구조로 되어 있다.

9) 메인 지브(Main Jib)

선회축을 중심으로 한 외팔보 형태의 구조물로서 지브의 길이, 즉 선회반경에 따라 권상용량이 결정된다. 풍하중 및 중량의 감소를 위해 트러스 구조로 되어 있으며 트러스 내부에 트롤리 로프 안내를 위한 보조 풀리와 트롤리 윈치 점검을 위해 보도판이 설치된다.

10) 권상장치(Hoist Unit)

권상장치는 권상모터, 감속기, 드럼 등으로 구성되며, 권상모터에서 후크까지의 상하작용을 유도한다.

11) 카운터 웨이트(Counter Weight)

활차 등을 써서 로프로 물건을 매달아 올리는 기계나 장치에서 매다는 짐 등과의 중량 균형을 잡아 구동력의 절감이나 조작의 안정을 위해 설치되는 평형추를 말한다.

12) 트롤리(Trolley)

메인지브를 오가며 상하작업을 위한 선회 반경을 결정한다.

13) 후크(Hook)

트롤리에서 내려진 와이어로프와 양중재를 연결하기 위한 고리이다.

14) 카운트 지브 연결바(Tie Bar)

메인 지브와 카운터 지브를 지지하면서 각기 타워 헤드에 연결해주는 바(Bar)로서 구조 기능상 매우 중요할 뿐만 아니라 인장력이 크게 작용하는 부재이다.

4 장치별 구조 및 원리

(1) 상부회전체

상부 회전체는 프레임 위에 엔진, 유압 펌프, 조종석, 스윙 장치, 제어 밸브 등이 설치되며 앞쪽에는 붐이 설치되어있고 아래쪽은 스윙 볼 레이스에 연결되어 360도 선회가 가능하다.

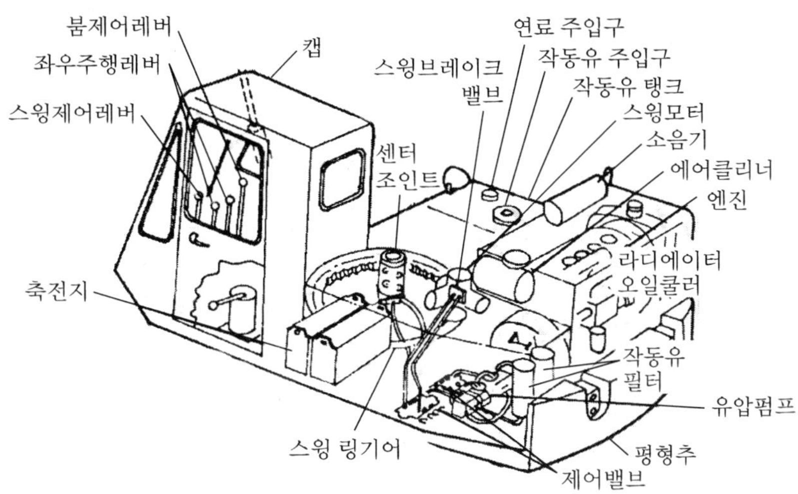

그림 2-10 상부회전체

1) 평형추(Counter Weight)

작업할 때 뒷부분에 하중을 주어 굴삭기의 전도, 전복사고를 방지하고 임계 하중을 크게 하기 위해 부착한다..

2) 제어 밸브

유압 펌프, 유압 실린더, 유압모터에 들어가는 작동유의 흐름을 조절 하는 장치이다. 압력제어 밸브, 유량 제어 밸브, 발향 제어 밸브로 구성되어 있다. 압력 제어 밸브는 유압을 일정하게 유지시키고 적당한 압력으로 감압을 하며 일정한 유압을 액추에이터 즉, 유압모터와 유압 실린더로 보내는 역할을 수행한다.

① 압력제어 밸브(Relief valve)

유압 회로 내의 작동유의 압력을 조절하여 일의 크기를 결정하는 밸브이다. 유압에 의해 스프링이 줄어들었다 늘어났다 반복하며 통과하는 유량을 조절해 압력을 조정하는 장치이다. 과잉 압력이 되면 작동유의 일부 또는 전량을 복귀측으로 토출시켜 압력을 낮추어 유압장치의 안전과 출력의 조정을 겸하고 있다.

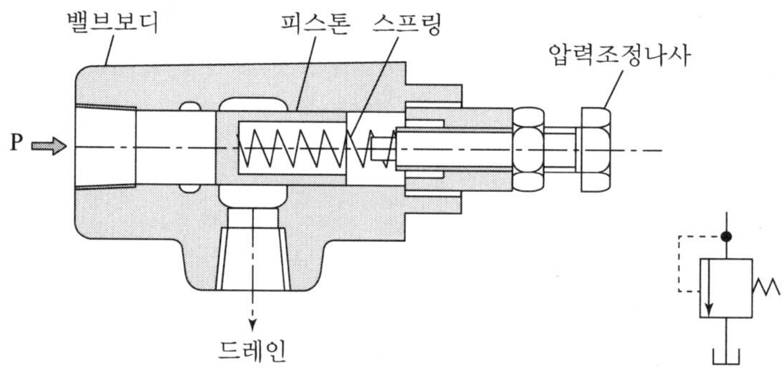

그림 2-11 압력 제어 밸브

② 유량 제어 밸브

유압 회로 내 작동유의 유량을 변화시키기 위해 사용하는 밸브이다. 유량 제어 밸브에는 스로틀 밸브가 있다. 이 밸브는 점도가 변화하여도 유량이 그다지 변하지 않도록 하기 위해 설치한 것이다. 즉, 흐름의 단면적을 감소시키고 관로 또는 작동유 통로 내에 저항을 지니도록 한다. 스로틀 밸브의 스로틀을 열어 작동유의 유량과 유압을 조절한다.

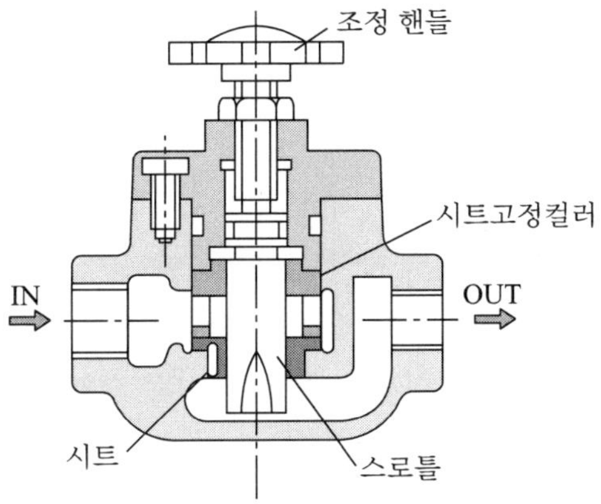

그림 2-12 유량 제어 밸브

③ 방향 제어 밸브

유압 펌프에서 보내진 작동유의 흐름방향을 바꾸거나 정지시켜서 액추에이터 일의 방향을 변화 시키거나 정지시키기 위한 제어 밸브이다. 구조면에서 분류하면 볼이나 피스톤을 시트에 붙였다 떼었다 하는 포핏 형과 스풀을 축 방향으로 미끄럼 운동시키는 슬라이드 스풀 형이 있다.

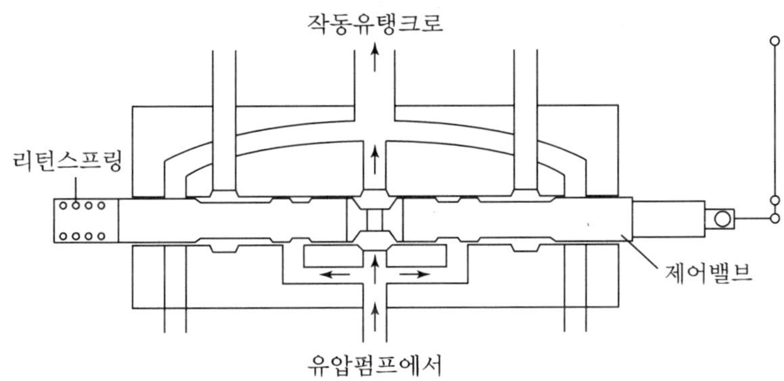

그림 2-13 방향 제어 밸브

3) 스윙 장치

스윙 모터, 스윙 피니언, 스윙 링 기어, 스윙 볼 레이스 등으로 구성되며 스윙 모터는 360도 선회가 가능하게 돌아가는 힘을 발생시키는 모터이고 스윙 감속 기어는 하부 추진체의 프레임에 볼트로 고정되며 스윙 모터의 회전속도를 감속시켜 상부 회전체의 회전력을 크게 하고 상부회전체의 고속 작동으로 인한 스윙 모터, 감속 기어, 링 기어 등의 마멸 및 파손을 방지하는 작용을 한다. 스윙 볼 레이스와 링 기어 사이에는 볼 베어링이나 롤러 베어링이 들어 있어 상부 회전체와 하부 추진체가 자유롭게 360도 스윙할 수 있게 한다. 이 베어링에 그리스(윤활유)를 250시간마다 주유하여야 한다. 이 베어링이 마멸되면 상부 회전체와 하부 주행 장치 사이에서 상하 요동이 발생하여 스윙 피니언과 링 기어의 물림이 불량하게 되어 기어가 파손되는 경우가 있다. 그리고 스윙 피니언과 링 기어가 맞물리면서 상부 회전체가 360도 선회가 가능해진다. 이 양기어가 마멸되면 상부 회전체가 스윙을 하다가 정지할 때와 스윙을 시작할 때 충격이 발생하며 기어 때리는 소리가 나면서 피니언 및 링 기어가 파손되는 경우가 발생한다. 또 스윙을 하다가 정지할 때 상부 회전체가 즉시 정지하지 못하고 좌우 요동이 발생하며 심하면 버킷을 정 위치에 정지시키기가 곤란해진다. 피니언과 링 기어의 물림 방식에는 피니언이 링 기어의 바깥쪽에서 물리는 형식과 링 기어 안쪽에서 물리는 형식이 있으며 링 기어 안쪽에서 물리는 방식이 먼지나 이물질의 침입이 적어 기어의 수명이 길어지는 장점이 있으나 정비 작업이 어렵다.

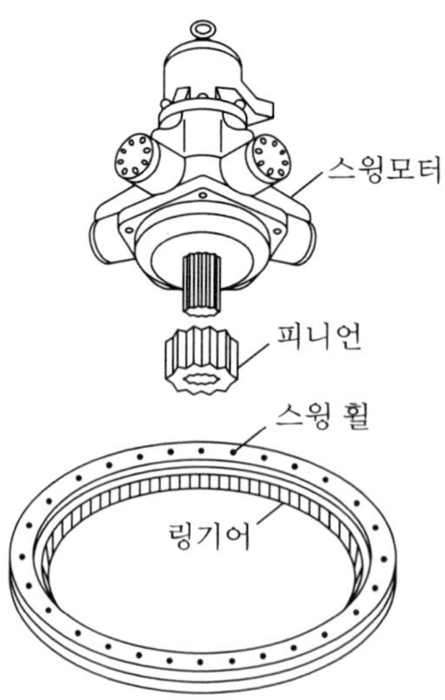

그림 2-14 스윙장치

(2) 하부 주행체

1) 센터 조인트

상부 회전체의 중심부에 설치되어 있으며 상부 회전체의 유압펌프에서 유압유를 받아 하부 주행 장치(주행 모터)로 공급해 주는 부품이다. 또 이 조인트는 상부 회전체가 회전하더라도 호스, 파이프 등이 꼬이지 않고 원활히 송유한다. 구조는 보디, 배럴, 스핀들, O링, 백업 링 등으로 되어있고 배럴은 상부 회전체에 고정되어 있으며 스핀들은 하부 주행 장치에 고정되어 있다. 센터 조인트의 O링은 다른 방향으로 유압유를 이동시키고 역류하는 것을 차단해주는 역할을 한다. O링이 파손되거나 변형이 되면 직진 주행이 안 되거나 주행 불능이 된다.

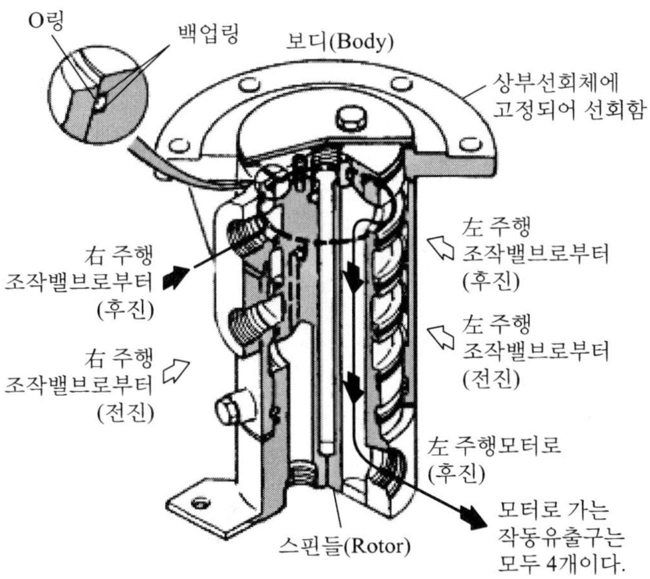

그림 2-15 센터조인트

2) 주행모터

센터 조인트로부터 유압을 받아 회전하면서 감속기어, 스프로킷 및 트랙을 회전시켜 주행하도록 하는 역할을 한다. 주행모터는 양쪽 트랙을 회전시키기 위해 각각 한 쪽에 1개씩 설치하며 기능은 주행과 조향이다. 주행 감속기어는 주행 모터의 회전속도를 감속하여 견인력을 증대시켜 모터의 동력을 스프로킷으로 전달하는 기어이다. 견인력은 차량을 움직이는 동력이 되는 힘을 말한다.

3) 트랙

슈, 링크, 핀, 부싱으로 구성이 되며, 슈는 링크에 볼트와 너트로 고정되고 링크 사이에는 부싱과 핀을 끼워서 연결한다. 트랙은 프론트 아이들러, 상, 하부 롤러, 스프로킷에 감겨 스프로킷으로부터 동력을 받아서 구동된다. 아이들러는 장력 스프링에 결합되어 있어서 장력 스프링에서 장력을 받아 트랙이 느슨해지는 것을 방지하고 앞 쪽의 롤러 역할을 한다. 스프로킷은 뒤쪽에서 동력을 담당하는 톱니바퀴이고 주행 감속기어의 동력을 트랙으로 전달해 주는 기능을 한다. 상, 하부 롤러는 돌아가면서 트랙을 움직이는 역할을 한다.

① 상부롤러

상부 롤러는 프론트 아이들러와 스프로킷 사이에 1~2개가 설치되어 트랙이 밑으로 처지지 않도록 받쳐주며 트랙의 회전을 바르게 유지하는 일을 한다.

② 하부롤러

하부 롤러는 트랙 프레임에 4~7개 정도가 설치되며 도저의 전체 중량을 지지하고 전체중량을 트랙에 균등하게 분배 해주며 트랙의 회전 위치를 바르게 유지한다.

③ 프론트 아이들러

프론트 아이들러는 트랙 프레임의 앞쪽에 설치되며 프레임 위에서 미끄럼 운동할 수 있는 요크(yoke)에 의해서 장착되어 있다. 기능은 트랙의 진로를 조정하면서 트랙을 유도하며 진행 방향을 유도한다.

④ 스프로켓

회전축에 고정되어 체인의 각 마디 사이에 끼워져 맞물려서 회전함으로써 동력을 전달하는 전동용 기계요소. 체인 기어라고도 한다. 큰 동력을 미끄러짐 현상 없이 확실하게 먼 거리까지 전달할 수 있으나 체인과 스프로킷의 마찰에 의해 진동과 소음이 큰 단점이 있다.

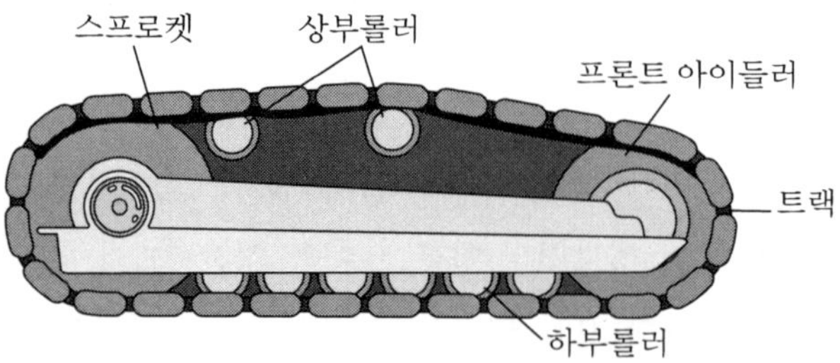

그림 2-16 트랙

(3) 유압펌프

유압펌프는 전동기나 엔진 등에 의하여 얻어진 기계적 에너지를 받아서 기름에 압력과 유량의 유체 에너지를 주어 유압 모터나 실린더를 작동시키는 유압 장치의 기본 동력이다. 펌프에는 정 용량형 펌프(1회전당의 토출량을 변동할 수 없는 펌프)와 가변 용량형 펌프(1회전당의 토출량을 변동할 수 있는 펌프)가 있으나 일반적으로 정 용량형 펌프가 사용되고 있다. 정 용량형은 밀폐된 유실의 용량 변화에 의해 기름을 흡입, 토출하며 흡입과 토출쪽은 격리되어 있어서 부하가 변동하여 펌프의 토출 압력이 변화하여도 펌프의 토출량은 거의 일정하여 유압 장치에 적합하다.

1) 기어펌프

① 외접식 기어펌프

2개의 기어가 케이싱 안에서 맞물려서 회전하며 맞물림 부분이 떨어질 때 공간이 생겨서 기름이 흡입되고 기어 사이에 기름이 가득 차서 케이싱 내면을 따라 토출쪽으로 운반한다.

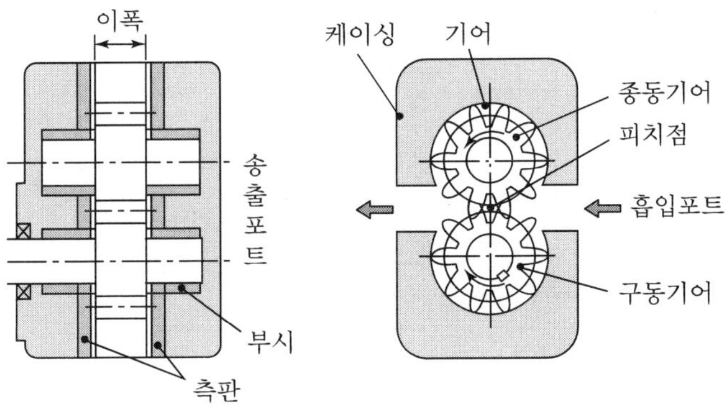

그림 2-17 외접형 기어펌프의 작동원리

② 내접식 기어펌프

외접식과 같은 원리이나 2개의 기어가 내접하면서 맞물리는 구조이며, 초승달 모양의 간막이 판이 달려있다.

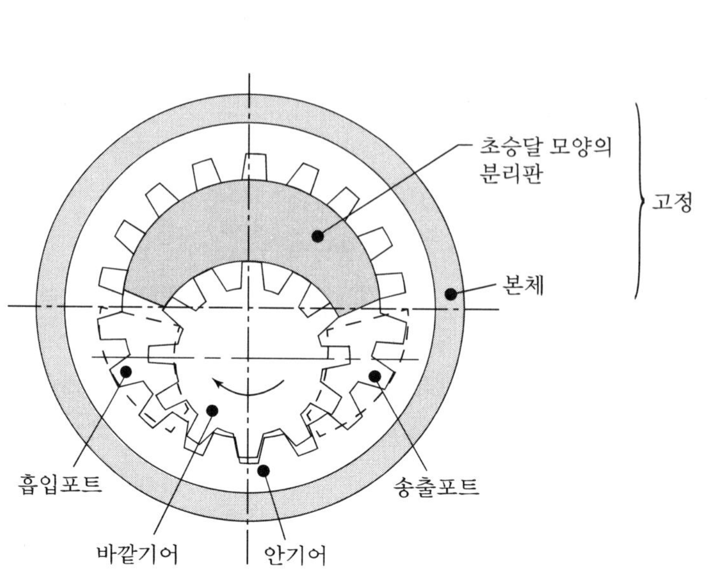

그림 2-18 내접형 기어펌프(분리판이 있는 경우)

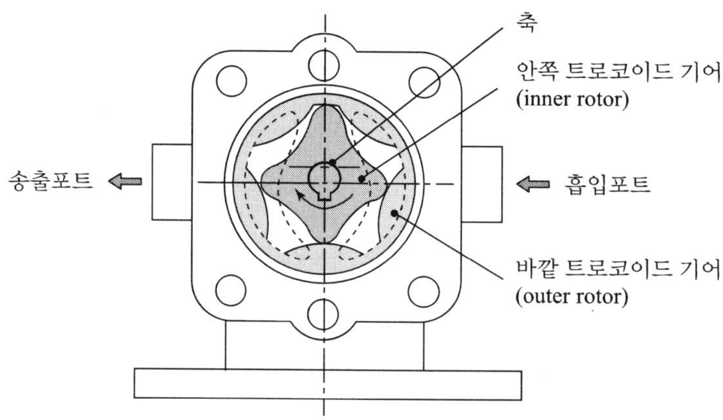

그림 2-19 내접형 기어펌프(분리판이 없는 경우)

2) 베인펌프

베인펌프는 구동축과 결합되어 회전하는 로터에 반지름 방향으로 홈을 파고 파인 홈에 베인을 넣어 원활하게 미끄럼 운동이 되도록 한 구조이고 베인의 수는 8~12매가 일반적이다.

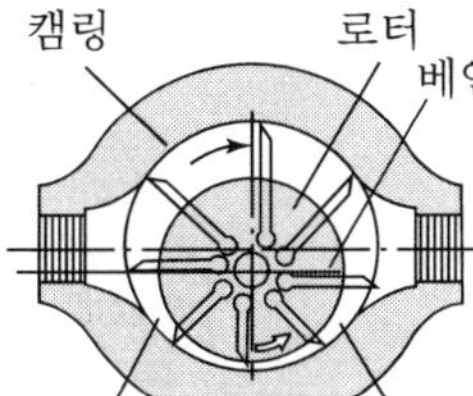

그림 2-20 베인펌프의 작동원리

① 일정 용량형 베인펌프

일정 용량형 베인펌프에는 압력평형형 베인펌프가 있는데 압력평형형 베인펌프는 로터가 회전하면 로터의 홈에 들어있는 베인이 원심력에 의해 캠링의 안쪽 면까지 밀려나오고 베인은 캠링의 안쪽 면을 따라 회전하면서 미끄럼운동을 한다.

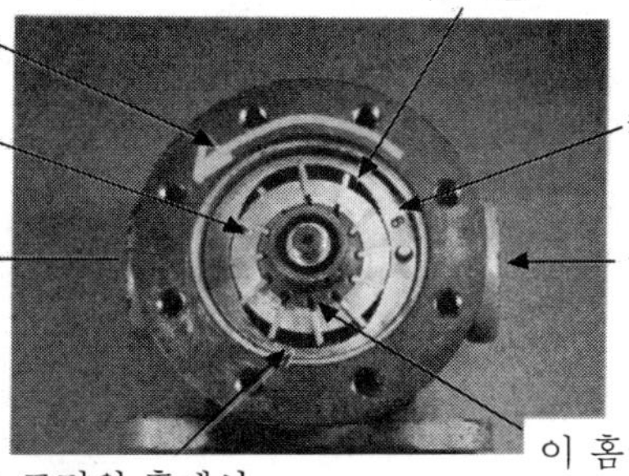

그림 2-21 압력평형형 베인펌프의 사진

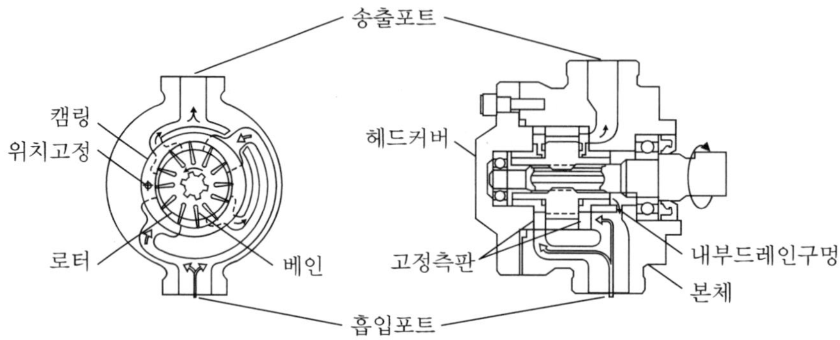

그림 2-22 압력평형형 베인펌프

② 가변 용량형 베인펌프

고정 용량형 펌프 캠링에 비해 내면은 진원이다. 따라서 무부하시에는 스프링 힘에 의하여 로터에 캠링을 편심시켜서 유실의 용적을 변화시킨다. 토출 압력이 설정된 값에 도달하면 자동적으로 토출량은 0에 가까워지고 그 이상 압력 상승은 일어나지 않으며 링의 편심량 변동으로 토출량도 조절할 수 있다. 동력절감, 유온 상승의 감소, 릴리프 밸브의 불필요 등의 우수한 점이 있으나 구조면에서 소음, 진동이 약간 크고 압력 평형형이 아니므로 축 받침용 베어링의 수명이 짧아지는 등의 단점이 있다.

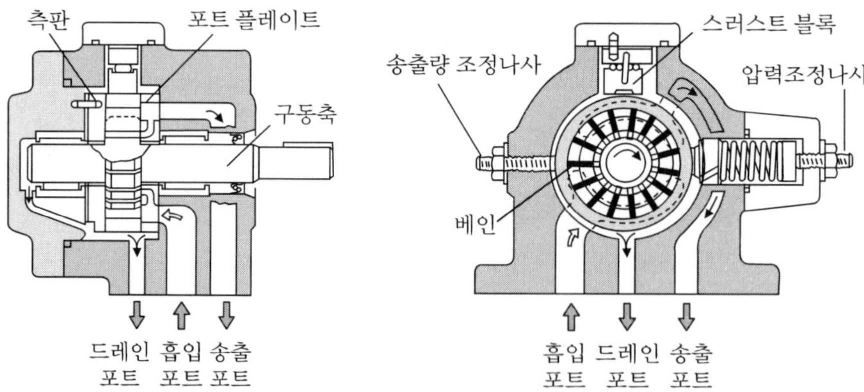

그림 2-23 가변 용량형 베인펌프

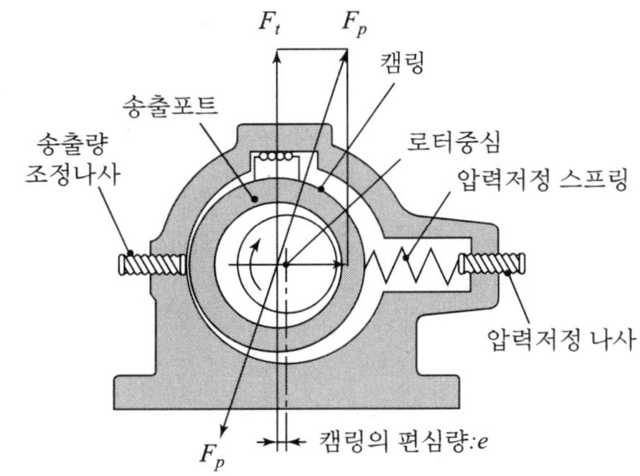

그림 2-24 가변용량형 베인펌프의 작동

3) 피스톤 펌프

① 레이디얼 피스톤 펌프

실린더 블록이 회전하면 피스톤 헤드는 케이싱 안의 로터의 작용에 의하여 행정이 된다. 피스톤이 행정하는 곳에서는 기름이 고정된 밸브축의 구멍을 통하여 피스톤의 밑바닥에 들어가며 안쪽으로 행정하는 곳에서 밸브 구멍을 통하여 토출된다.

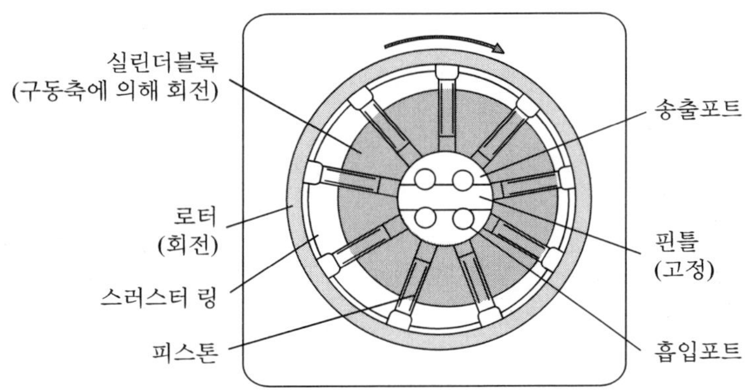

그림 2-25 레이디얼 피스톤 펌프의 작동

② 액시얼형 피스톤 펌프

㉠ 사판식

경사판과 피스톤 헤드 부분이 스프링에 의하여 항상 닿아 있으므로 구동축을 회전시키면서 경사판에 의해 피스톤이 왕복 운동을 하게 된다. 피스톤이 왕복운동을 하면 체크 밸브에 의해 흡입과 토출을 하게 된다. 사판의 기울기 α에 의하여 피스톤의 스트로크(행정)가 달라진다.

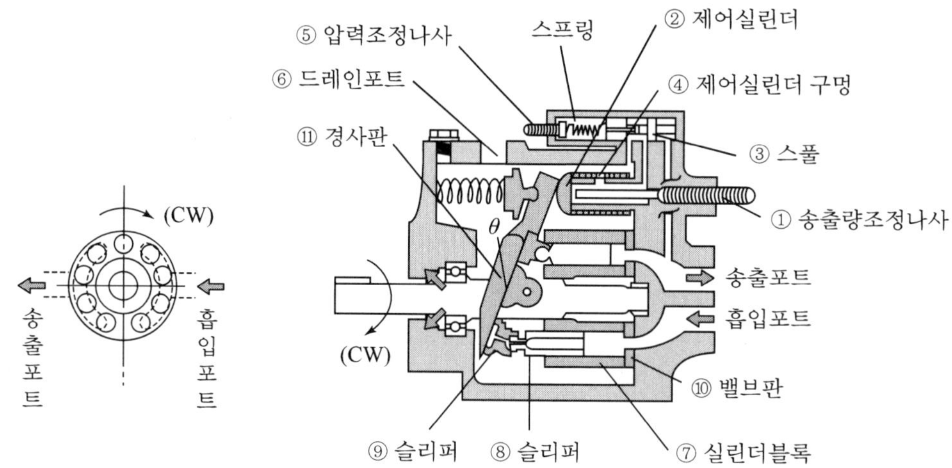

그림 2-26 경사판식 액시얼 피스톤 펌프의 작동

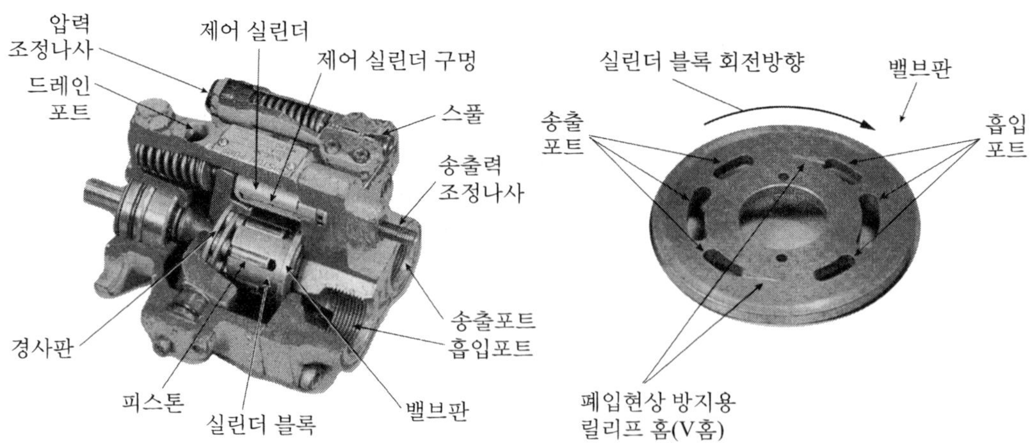

그림 2-27 경사판식 액시얼 피스톤 펌프의 단면 구조와 밸브판

㉡ 사축식

축쪽의 구동 플랜지와 실린더 블록은 피스톤 및 연결봉의 구상이음(ball joint)으로 연결되어 있으므로 축과 함께 실린더 블록은 회전한다. 기울기 α에 의하여 피스톤의 스트로크(행정)가 달라진다.

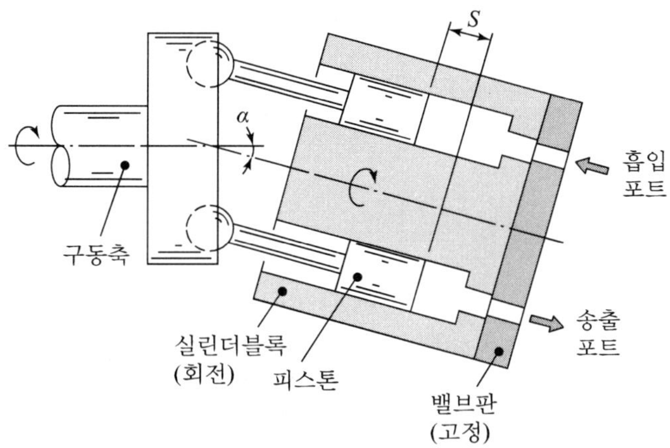

그림 2-28 경사축식 액시얼 피스톤 펌프의 작동

③ 왕복형 피스톤 펌프

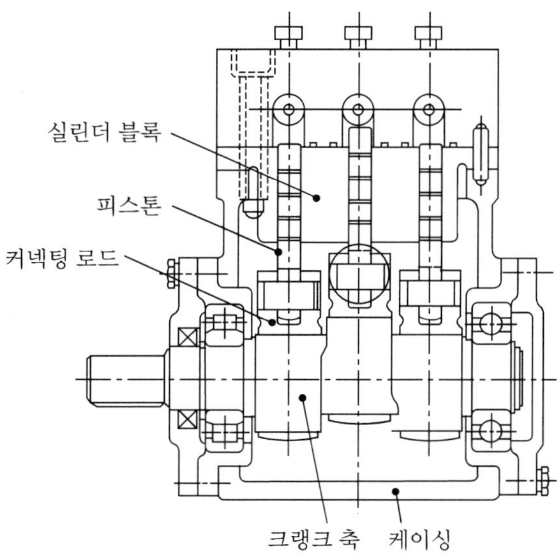

그림 2-29 왕복형 피스톤 펌프 작동

3연 왕복형 피스톤 펌프로 크랭크축이 회전하면 실린더 블록에 삽입되어있던 피스톤이 120°의 위상각을 가지면서 왕복운동을 한다. 왕복형은 구조가 복잡하고 대형이며 체크밸브를 사용해서 유압모터로는 사용하지 않는다. 피스톤의 수가 적기 때문에 고압을 발생할 때 맥동이 큰 단점이 있다.

④ 나사 펌프

축 방향으로 작동유가 흘러 흡입과 송출의 작업을 하며 외접기어펌프의 기어가 비틀어져 축 방향으로 길게 된 것으로 보면 된다. 유압펌프 중에서 작동유의 흐름에 가장 무리가 없고 맥동과 소음이 작은 특징이 있다.

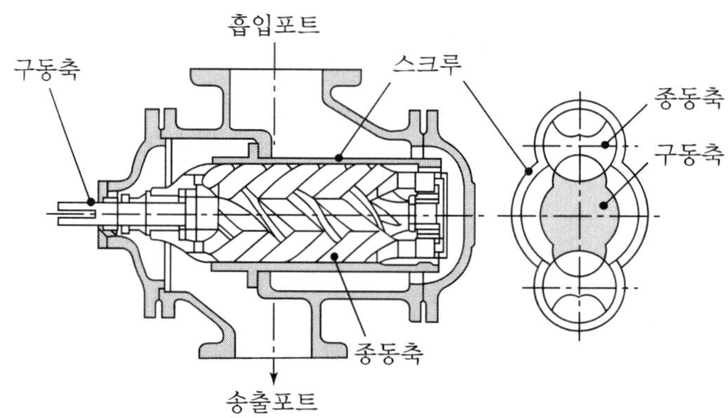

그림 2-30 나사 펌프의 작동

5 설비관련 규정

국가법령정보센터에 나와 있는 국토교통부령 제7호 건설기계 안전기준에 관한 규칙을 참조하면 된다.

6 설비관련 사고사례

1) 타워크레인 붕괴사고

① 사고개요

2014년 1월 23일 오전 11시 경 세종시 아파트 공사 현장에서 작업 팀이 타워크레인(HT380, 14 ton) 인상작업을 완료한 후 턴테이블과 마스트를 연결한 보조핀을 메인 핀으로 교체하는 과정에서 타워크레인 본체가 균형을 잃고 카운터지브 방향으로 붕괴되며 그 충격으로 텔레스코핑 케이지가 지상으로 낙하, 작업자 2명이 약 30 m 높이에서 추락하여 중상을 입었다.

그림 2-31 세종시 타워크레인 사고

② 사고발생상황

그림 2-31과 같이 마스트 부재 4개소 중 카운터지브 방향 쪽 후면 2개소에 마스트 핀을 끼운 후 메인, 지브 방향 쪽 전면 2개소에 마스트 핀 끼움 작업을 하는데 지브방향이 옆으로 틀어져 있어 마스트 핀 체결 작업의 용이성을 위해 텔레스코핑 케이지를 아래로 내려놓는 작업이 필요했고 이를 위해 텔레스코핑 케이지와

마스트상부 피봇 조인트의 고정된 케이지 핀 4개를 모두 분리하였다. 이때 무게 균형이 유지되지 않았거나 흔들린 상태에서 카운터 지브쪽 핀 고정 2개소가 힌지 역할을 하면서 텔레스코핑 케이지가 하강 중 가이드롤러의 보조 핀이 빠져 상부 구조가 카운터지브 방향으로 회전하면서 사고가 발생하였다.

③ 사고원인

연장설치 중 타워크레인 상부구조의 균형이 유지되지 않은 상태에서 턴테이블 피봇 조인트와 최상부 마스트가 연결 핀으로 고정되기 전에 턴테이블 피봇 조인트와 텔레스코핑 케이지의 연결 핀을 제거한 것이 문제가 되었고 타워크레인 밸런스용 균형 웨이트 미사용과 핀 홀 조정 시 레버 블록의 미사용 또한 문제가 되었다.

④ 재해예방대책

턴테이블과 최상단 마스트 핀 체결 시 안전수칙 준수하고 균형추 사용을 통해 타워크레인이 균형을 유지할 수 있게 해야 한다. 또한 핀이 잘 삽입되지 않을 경우 레버블록을 사용하고 유압실린더를 조작해서 핀 홀을 조절하는 것은 금지해야 하며 매뉴얼에 의한 작업방법 및 작업순서를 준수해야 한다.

2) 굴삭기 협착사고

① 사고개요

2005년 12월 30일 11시 30분 경 부산시 기장군 소재 ○○건설(주) ○○지구 대지조성 및 도시기반 시설공사 현장에서 피해자가 도로신설구간 측량작업 중 후진하는 굴삭기에 충돌하는 사망재해가 발생하였다.

② 재해발생상황

사고 현장은 대지조성 및 도시기반 시설공사현장으로 도로신설 구간 작업을 위해 피해자는 측량보조기사와 1개조로 신설도로 측량작업을 실시했다. 피해자가 측량보조기사에게 약 30 m 가량 떨어져 주차되어 있던 차량에서 측량장비를 가져오라고 지시하고 정차되어 있던 굴삭기(0.6 m^3) 후면에서 대기하고 있던 중 이동을 위해 갑자기 후진하던 굴삭기에 깔려 사망하였다.

그림 2-32 굴삭기 협착사고 상황

③ 사고원인

굴삭기 등 차량계 건설기계를 사용하여 작업할 때에는 건설기계에 접촉되지 않도록 출입을 금지하여야 하나 미실시하였고 굴삭기 작업 시 굴삭기에 접촉되어 근로자에게 위험이 미칠 우려가 있음에도 불구하고 유도자를 배치하지 않았던 것이 문제가 되었다.

④ 안전대책

굴삭기 등 차량계 건설기계를 사용하여 작업할 때에는 운전 중인 당해 차량계 건설기계 접촉 위험이 없도록 위험 반경 내 근로자 출입 통제하고 굴삭기를 안전하게 유도할 수 있는 유도자를 배치하여 건설기계에 접촉되지 않도록 조치하여야 한다.

1. 굴삭기의 방호장치로서 알맞지 않은 것은?
① 운전석 안전레버 ② 커플러 안전핀
③ 양수 조작식 버튼 ④ 후크해지장치

2. 굴삭기의 작업 장치 중 버킷의 종류로 알맞은 것은?
① 브레이커 ② 아이들러
③ 스프로킷 ④ 스윙 모터

3. 다음 중 지게차의 안전장치가 아닌 것은?
① 경광등 ② 룸미러
③ 주행연동 안전벨트 ④ 마스트

4. 다음 중 크레인의 구성장치가 아닌 것은?
① 마스트 ② 포크
③ 지브 ④ 운전실

5. 지게차 제작상 특성에 대하여 옳지 않은 것은?
① 전륜구동 ② 후륜조향방법
③ 평형장치 ④ 조향 핸들

6. 굴삭기 상부회전체의 유압펌프에서 유압유를 받아 하부주행체로 공급해주는 부품의 명칭은 무엇인가?

7. 크레인의 이것은 유압실린더를 몇 차례 작동하여 실린더 스트로크(Stroke)에 의해 확보되는 공간, 즉 운전실 아래쪽에 빈 공간에 새로운 마스트를 끼워 넣어 높이를 높이게 된다. 마스트의 높이를 높일 때 사용되는 이것은 무엇인가?

문제정답

1. ③
2. ①
3. ④
4. ②
5. ④
6. 센터 조인트
7. 텔레스코핑 케이지

Part 3

계측설비

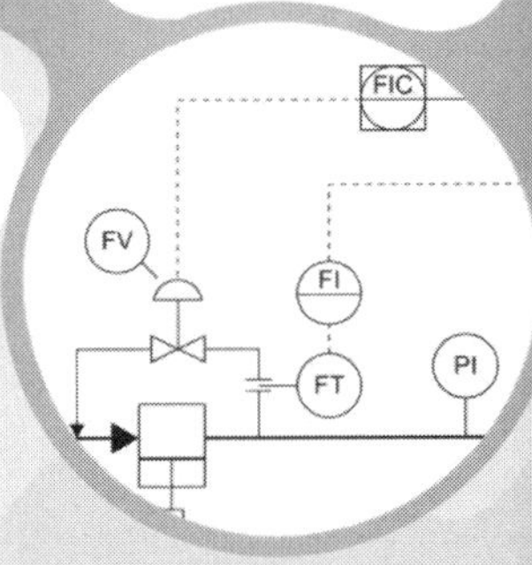

1 설비 개요

계측이란 물리적 변수에 특정한 수치를 부여하는 것이며 그러한 물리적 변수가 곧 측정 변수가 된다. 계측기기는 측정을 한 변수의 정량화에 사용을 한다. 인간의 감각은 물리적 변수들의 다른 정도를 감지하고 인식하는 데에 한계가 있고 감지된 변수에 특정 수치를 매기는 것이 어렵기 때문에 계측기기는 이러한 제한된 인간의 능력을 확장시키는 데 사용된다. 또한 측정하고자 하는 목적에 따라 적합한 계측기를 선택하여 사용하여야 한다. 일반 프로세스에서는 작업 조건의 안정화, 작업의 고효율화, 작업 인원의 절감, 안전 위생 관리를 위해 여러 가지 공업량을 측정하는 계측과 제어를 하고 있다. 일반적으로 공업용으로 사용되는 계기는 온도계, 유량계, 압력계, 액면계, 습도계, 가스분석계, 자동제어장치 등이 있으며 그 종류도 매우 다양하다. 계측기기로서 실험실용 측정기나 휴대용 계기와는 다르게 상시 측정치를 기록하거나 지시하여 자동 제어를 가능하게 해준다.

계측기는 일반적으로 검출부, 전달부 및 수신부로 이루어져 있다. 검출부는 정보원으로부터 정보를 전달부나 수신부로 전달하기 위한 신호로 변환하는 역할을, 전달부는 검출부에서 받은 입력 신호를 수신부에 전달하는데 더 편리한 신호로 변환하거나 크기를 조절하는 역할을, 수신부는 검출부나 전달부의 출력신호를 받아 지시, 기록하는 역할을 한다.

2 설비 분류

여기서는 주로 공업용으로 사용되는 계측설비에 대한 내용을 다루도록 한다.

2.1 유량계

기체 또는 액체의 유량을 측정하는 계기로서 배관 내의 흐르는 유체 혹은 기체를 측정하는 기기로 펌프 후단에 연결이 되어 펌프를 통해 관내의 얼마만큼의 양이 전송되는지를 확인할 수 있고 측정원리나 측정유체와의 에너지 관계, 측정량, 검출부 구조 등에 따라 분류할 수 있다.

(1) 차압식 유량계

유량계의 50%를 차지할 정도로 많이 쓰이는 유량계로서 기본적인 원리는 압력강하가 유량율의 제곱에 비례하는 것이다. 따라서 물리적으로 차압을 만들고 그 압력차를 측정하여 플로트의 변위를 통해 전기 신호로 변환하여서 유량을 산출한다. 비교적 광범위한 온도, 압력에 있어서 액체, 기체, 증기의 유량 측정이 가능하다.

1) 오리피스 구조

범용적으로 가장 많이 사용되는 유량계 구조로서 임의의 구멍을 낸 판을 유체가 흐르는 관에 집어넣어 차압을 만들어 유량을 측정한다.

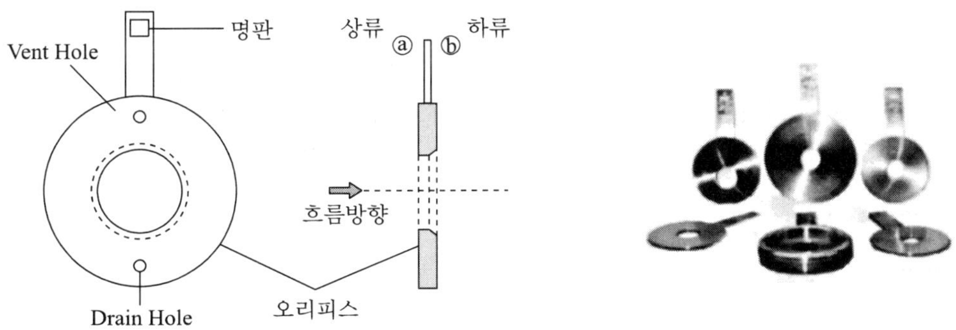

그림 3-1 오리피스 구조

2) 플로우 노즐 구조

플로우 노즐은 압력손실이 오리피스보다 적고 고온, 고압의 증기나 보일러의 급수배관 같은 유속이 빠른 장소에서 오리피스 구조보다 기계적인 강도가 세기 때문에 사용한다. 또한 엣지의 마모로 발생하는 오차를 줄이기 위하여 사용한다.

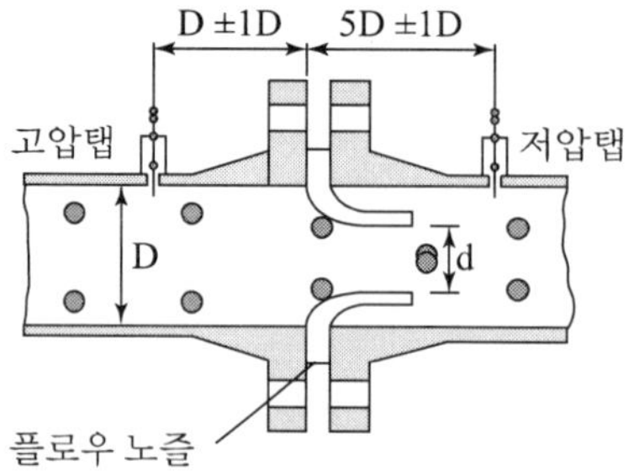

그림 3-2 플로우 노즐 구조

3) 벤츄리관 구조

벤츄리관은 단면적이 가늘어지는 유체 유입구 부분과 배관 단면적이 일정한 원주 모양의 측정부 및 유속을 감소시켜 압력을 회복시키는 유체 출구부로 되어 있다. 오리피스에 비해 압력손실이 상당히 적고 고형물 유체의 경우 침전물이 고이지 않는다. 또 엣지가 없어 내구성이 길다.

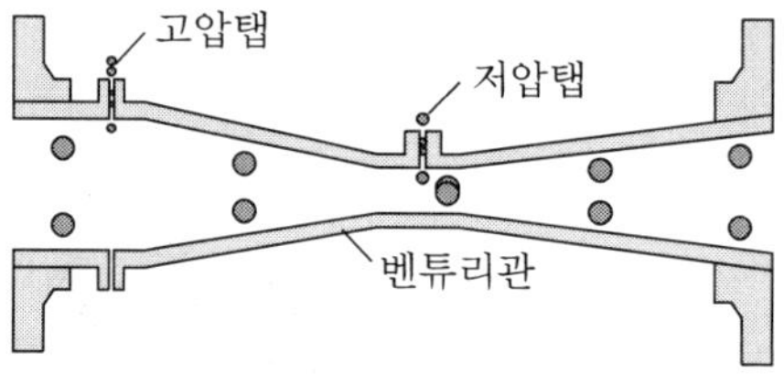

그림 3-3 벤튜리관 구조

(2) 면적식 유량계

유량의 대소에 따라 관로 내의 단면수축면적을 증감하여 항상 단면수축 전후의 압력차를 일정하게 하여 그 면적의 대소로 유량을 구하는 방식의 유량계로 일반적으로 유량을 판독할 수 있도록 테이퍼관에는 유리 등의 투명한 재질을 사용하지만 측정하는 유체의 온도조건이나 화학적 성질에 따라서 재료를 선택해야 한다. 고온고압의 유체에 대해서는 금속 테이퍼관을 사용해야만 되지만 부표를 눈으로 볼 수 없기 때문에 자기결합에 의해 부표의 위치를 외부로 꺼내고 전기신호나 공기압력 신호로 변환하는 것도 있다. 면적식 유량계는 구조가 매우 간단하기 때문에 공업적인 유량측정에 널리 사용되고 있다.

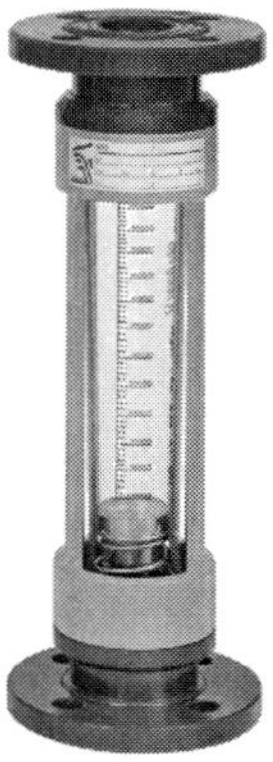

그림 3-4 면적식 유량계

그림 3-5 용적식 유량계

(3) 용적식 유량계

타 유량계에 비해 직접적으로 측정하는 유량계로서 유량계 내부의 운동자가 흐르고 있는 유체 자체가 가지고 있는 힘에 의하여 운동을 하고 계량실과 운동자에 따라 주기적으로 이미 부피를 잘 알고 있는 어떤 공간을 구성하여 이 공간의 충반, 배출이라는 주기를 반복적으로 측정, 즉 운동자의 회전수를 측정하여 유체의 부피를 측정한다. 따라서 회전수당 공간으로부터 배출되는 부피를 잘 알고 있으면 부피 유량을 정확하게 측정할 수 있다.

(4) 터빈 유량계

관로 속에 놓인 날개의 회전을 계수하는 방식의 유량계로 가벼운 날개를 회전마찰을 무시할 수 있는 베어링으로 지지하고 유체의 흐름에 의해서 생기는 회전을 적산하여 유량을 구한다. 날개의 회전속도가 유속에 비례하게 설계되어 있다. 날개의 회전은 관의 바깥쪽에 놓인 전자적인 픽업에 의하여 검출된다. 유량계의 날개 주위에 있는 슈라우드 링(shroud ring)은 자성체로 된 띠 모양의 링으로서, 날개의 수보다 조밀한 일정간격으로 구멍이 뚫려 있어서 발진주파수를 높여 분해율을 높이는 역할을 하고 있다. 측정 정밀도는 일반적으로 ±0.2~0.5%이고 구경에 따라 큰 유량까지 측정할 수 있다. 넓은 온도범위에서 사용할 수 있고 블렌딩 시스템이나 석유류의 거래용 등에 중요한 유량계이다. 유체의 점성도가 높아지면 층류영역에서는 점성의 영향이 나타나기 때문에 비교적 점성이 낮은 유체에 적합하다.

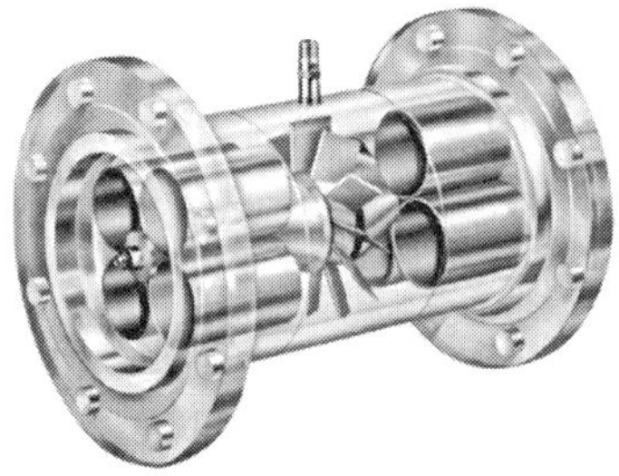

그림 3-6 터빈 유량계

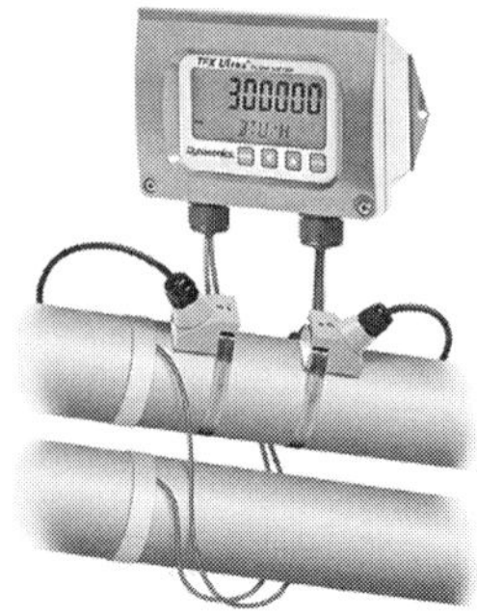

그림 3-7 초음파 유량계

(5) 초음파 유량계

초음파 유량계는 음파가 유체 속에서 흐름방향으로 흐를 때와 흐름의 반대방향으로 흐를 때의 속도 차이를 이용하여 유체의 속도를 측정하는 장치이다.

(6) 전자식 유량계

전자유도를 이용한 유량계를 말한다. 비자성관과 직교하는 자계를 만들고 관내에 도전성의 액체를 흘려보내면 전자유도에 의해 양쪽과 직교하는 전극으로 유속에 비례하는 기전력이 발생한다. 이 기전력을 이용해 유량을 측정하는 것으로 원격 측정이 가능하다. 관내의 압력손실이 없고 온도, 압력, 점도 등에 관계가 없으며 고형물이 혼입하여도 측정할 수 있다. 또한 부식성 유체에도 사용할 수 있다. 단, 도전성이 있는 유체이어야 한다.

그림 3-8 전자식 유량계

2.2 액면계

용기 속의 액면 위치를 지시하는 장치로 여러 종류가 있으나 주로 게이지글라스, 플로트식 액면계, 정압식 액면계 등이 비교적 널리 사용되고 있다. 게이지글라스는 똑바로 세운 유리관의 상·하단을 용기에 연통시켜서 액면을 밖에서 직접 볼 수 있게 한 것이다. 이것에 대해 플로트식은 액면에 띄운 부표의 위치를 눈금판에 표시하고 정압식은 용기의 밑바닥에 걸리는 액체압을 측정해서 액면의 높이를 간접적으로 구하는 액면계이다. 모두 화학공업 등에 널리 사용하고 있으며 단순히 액면의 높이를 알 뿐만 아니라 액면의 자동조정장치와 조합하는 경우가 많다. 또한 용기의 한쪽에 방사선원을 두고 그 반대쪽에 검출기를 설치하여 방사선원에서 방출된 γ선의 액에 의한 흡수도에서 액면의 위치를 아는 방법도 사용된다. 특히 밀폐된 용기 내의 액체, 예를 들면 맹독액체나 용광로 내의 용융선철량을 바깥에서 측정하는 데 사용된다.

그림 3-9 액면계

(1) 직접식 측정방법

① 유리관식 액면계

탱크의 액면과 같은 높은 외부 유리관에 나타나므로 유리관 액면의 높이를 측정하고 대체로 개방된 액체용 탱크에 사용한다.

② 검척식 액면계

검척봉(막대)으로 직접 액면의 높이를 측정하고 개방 탱크나 자동차 엔진 오일용 막대에 사용한다.

③ 플로트식 액면계

액면에 부표의 부력으로 측정하고 액면 경보용 등으로 사용한다.

④ 편위식 액면계

부자의 길이에 대한 부력으로부터 액면을 측정하고 고압 진동탱크 액면 측정에 사용한다.

표 3-1 액면계의 종류

명칭	측정원리	측정범위 (m)	정도	온도한계 (℃)	압력한계 (kg/cm^2)	특징, 용도
게이지글라스 방식	연동관과자	0.5～2	±1 mm	500	350	현장레벨 지시계
검척식	자	0.5～10	±2 mm	상온	대기압	개방탱크 측정
차압식	액압에 의한 차압 변화	0.1～50	±0.4～±1	120	420	공업프로세스용으로 많이 사용
부자식	부자의 부력과 정작력 맞춤	0.5～50	±3～±5	90	대기압	고정도 탱크 저장량의 관리용
디스프레이스 멘트식	부자의 부력과 토르크튜브의 맞춤	0.2～3	±2%	450	30	차압식에 비해 다용도 사용
사운딩식	추와자 (간자측정)	3～50	±100 mm	상온	대기압	자이로딩의 분립체의 레벨측정
초음파식	초음파의 반사 시간계측	0.1～25	±0.5%	120	10	전파부분의 물리적변동의영향
정전용량식	정전용량의 변화	0.5～20	±1 mm ～±3%	170	70	액체, 분립체의 레벨측정
방사선식	방사선의 투과,산란현상	0.01～5	±0.05%	무제한(비 접촉)		법적규제와 특수 레벨 측정
마이크로 훼이브식	마이크로훼이브의 반사 시간 계측	1～30		투과창의 강도에 의함		고가탱크, 석유탱크, 고로 등

(2) 간접식 측정방법

① 압력식 액면계
액면의 높이에 따른 압력을 측정하여 표시하고 고압 밀폐탱크 측정에 사용한다.

② 퍼지식 액면계
탱크에 파이프를 삽입하고 파이프에 공기를 주입하여 압력을 통해 높이를 재는 방법을 사용하며 부식성이 강하거나 점도가 높은 액체에 사용한다.

③ 방사선식 액면계
방사선 세기의 변화를 측정하고 고온, 고압의 액체를 측정하는데 쓰거나 고점도 부식성 액체를 측정하는데 사용한다.

④ 초음파식 액면계
탱크 밑에서 초음파를 발사하여 초음파가 되돌아오는 시간을 측정하여 액면의 높이를 구하고 주로 액면 제어용으로 사용한다.

⑤ 정전용량식 액면계
검출 프로브를 액 중에 넣어 측정하고 유전율이 온도에 따라 변화되는 곳에는 사용이 불가능하다.

2.3 압력계

막힌 보일러, 압력용기 등 공업용 기기 내부 기물 내의 액체 또는 기체의 압력 또는 중력으로 인해 생긴 압력을 계산하는 계기를 말한다. 보일러 등의 내부 증기압력 등을 도모하는 것을 말하며 일반적으로 부르동관 형식의 압력계가 사용되고 있다. 부르동관 내에 직접 증기가 들어가거나 해서 고온이 되면 어긋나기 쉽기 때문에 사이폰(siphon)관을 보일러와 압력계 사이에 부착하여 그 속에 있는 물을 채워서 80°C 이상의 온도가 되지 않도록 하고 있다. 압력계의 눈금은 최고사용압력의 1.5～3배의 것이 아니면 안 되지만, 통상은 2배 정도의 것을 선정하면 된다. 또, 최고사용압력의 정밀도는 적색으로 표시하고 상용압력을 다른 색채(예를 들면 녹색)를 사용해 표시해 두면 된다. 온수보일러에는 압력계 대신에 수고계가 부착되는 것이 통상이다.

(1) 액주식 압력계

일반적으로 투명 유리관 내부에 액체를 충진시키고 미지의 압력을 가했을 때 관내부액의 위치가 변화하고 이 변환된 액의 위치를 측정함으로써 압력을 구하는 압력계이다. 이 압력계는 측정하려는 액주의 높이를 측정함으로서 합력을 측정하는 것이다. 구조가 간단하고 정도도 높아서 많이 사용하며 또한 압력계의 기준으로 사용하기도 한다. 종류로는 U자 관형 압력계, 단관형 압력계, 경사관형 압력계가 있다.

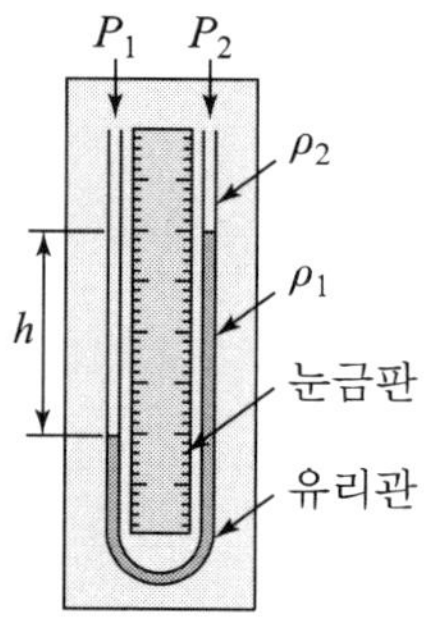

그림 3-10 U자 관형 압력계

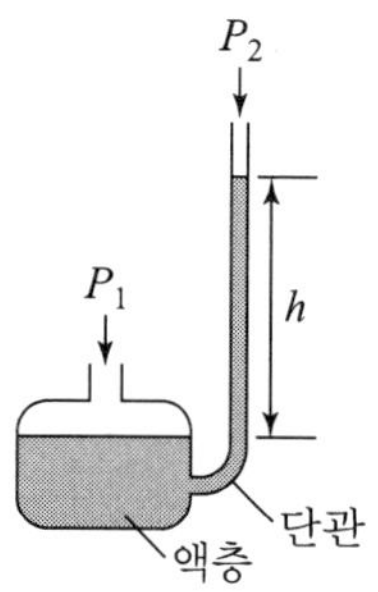

그림 3-11 단관형 압력계

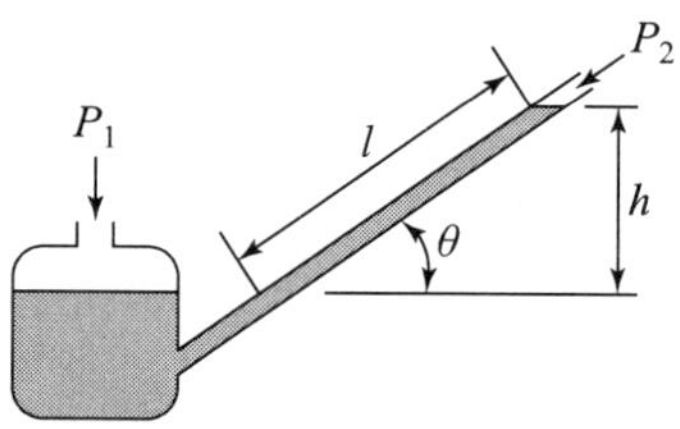

그림 3-12 경사관형 압력계

(2) 탄성식 압력계

탄성식 압력계는 수압부에 탄성체를 사용해서 측정하고자 하는 압력을 가했을 때 가해진 압력에 비례하는 단위 압력당의 변형량을 아는 상태에서, 이에 대응된 변형량만을 측정함으로써 압력을 구하는 방법이다. 탄성변형을 압력계에 이용되는 것으로 부르동관, 다이아프램, 벨로스 등이 있으며 이와 같은 수압소자를 이용하고 압력계 제작 시 압력변화에 따른 극히 미세한 탄성변형을 일반적으로 링크기구, 레바, 피니언 등의 기계적 구조로서 확대하여 지시, 기록, 전송, 전기적변환 등을 행하며 이러한 의미에서 탄성식 압력계는 기계적인 압력계로 2차 압력계이다. 부르동관형 압력계는 단면형상의 굽은관으로서 한쪽 끝은 고정하고 다른 한쪽은 자유단으로 되어 있다. 관 내부로 압력을 도입하면 관의 곡율 반경이 변하고 자유단이 직선으로 움직이면서 압력에 비례한 변위가 생기게 된다. 이 변위를 기어를 이용하여 확대 지시를 하게 된다. 미압을 측정하는 경우에는 깊은 파형의 주름을 가진 주름상자와 같은 벨로스를 이용하여 주름상자의 내부 또는 외부에 압력을 가하고 벨로스의 미세한 변위를 이용하여 압력을 측정한다. 측정대상의 유체가 부식성 유체, 고점도 유체, 슬러리 등에 주로 사용된다. 부르동관 전단에 보호용 다이어프램을 설치하고 내부에 봉입액을 주입하여 부르동관에 압력을 전달하여 압력을 측정한다.

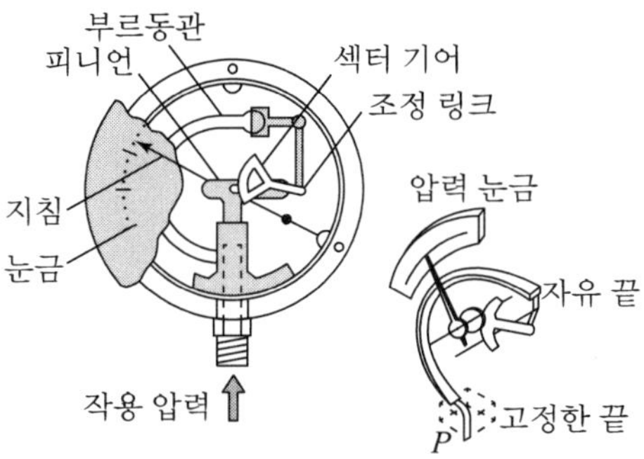

그림 3-13 부르동관형 압력계

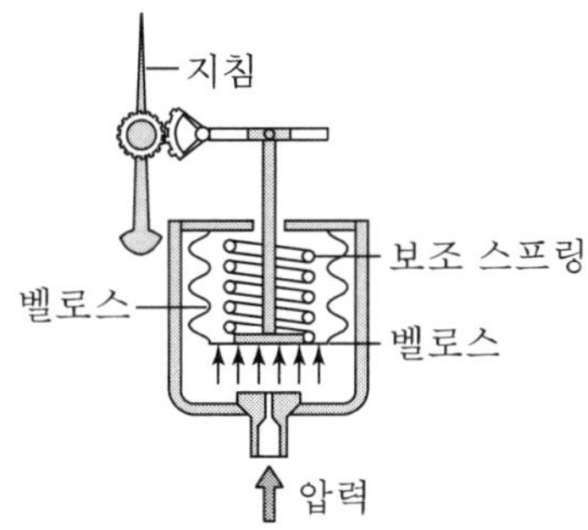

그림 3-14 벨로스식 압력계

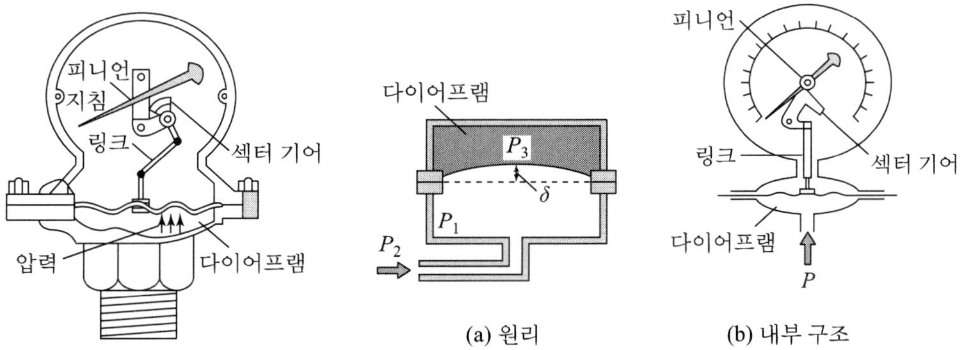

(a) 원리 (b) 내부 구조

그림 3-15 다이어프램식 압력계

(3) 전기식 압력계

금속 저항선은 외력에 의해 신축, 즉 그 단면적과 길이가 변화함으로써 전기저항이 변하게 된다. 이 효과를 이용한 것이 금속저항선 스트레인 게이지이다. 반도체 스트레인 게이지는 반도체 단결정으로부터 일반적인 다이아몬드 절단 또는 초음파 절단을 통해, 축길이 1.2～12 mm, 폭 0.1～0.125 mm, 두께 0.01～0.0125 mm의 광축에 대해서 정출시킨 것이다. 즉, 게르마늄 및 실리콘 반도체에 존재하는 피에조저항효과를 이용한 벌크 게이지와 실리콘을 적당한 내열성의 베이스 상에 박막상으로 진공 증착시켜 사용하는 2종류가 있다. 반도체형 스트레인 게이지를 저항선을 이용한 스트레인 게이지와 비교해 보면, 장점으로는 게이지율이 50～70배 정도 높고 게이지율을 ± 값으로 얻을 수 있다. 단점으로는 저항 온도계수가 크고 변형의 폭이 좁으며 작은 반경의 곡면에 접착시키기가 곤란하다.

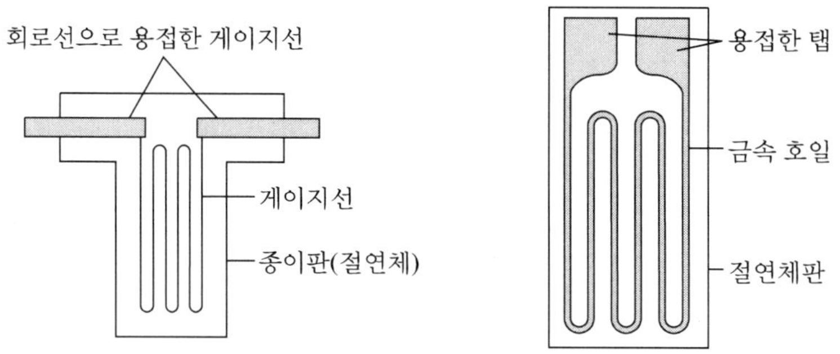

그림 3-16 금속 스트레인 게이지

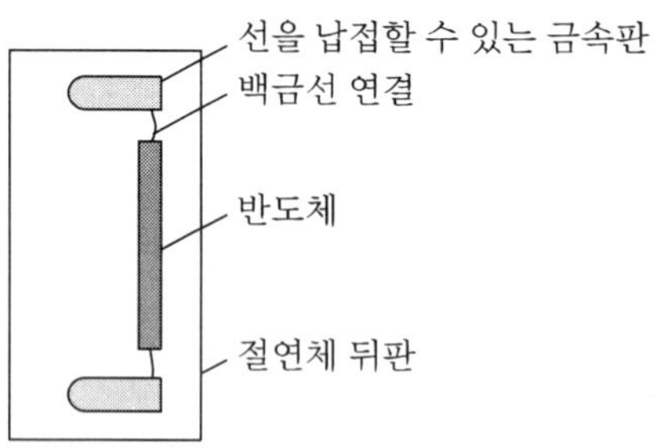

그림 3-17 반도체 스트레인 게이지

2.4 온도계

온도계는 온도를 측정하는 데 사용되는 기구이다. 온도를 재는 원리는 주로 온도의 변화에 따른 액체 물질의 열팽창, 즉 부피 변화를 이용한다.

(1) 적외선 온도계

적외선 온도계는 물체에서 방출되는 적외선 에너지를 전기적인 신호로 바꾸어 온도를 측정한다. 접촉하기 힘든 부위, 이동하거나 회전, 진동하는 물체, 강한 전기장 안에 있는 물체, 온도 변화가 급격한 물체 등의 온도를 신속하고 정확하게 측정할 수 있다.

(2) 저항 온도계

저항 온도계는 물질의 전기 저항이 온도에 따라 변하는 성질을 이용하여 저항을 측정하여 온도를 알아내는 온도계다. 저항체로서는 절연체의 테두리에 감은 백금 저항체(측정범위 −260~630°C)・니켈 저항체(측정범위 −50~300°C)・구리 저항체(측정범위 0~150°C)와 같은 금속선을 사용하거나 반도체를 갖가지 형태로 성형한 서미스터를 사용한다. 서미스터는 금속선과 반대로 온도가 증가됨에 따라 저항이 감소되지만 금속선에 비해서 온도에 따른 저항의 변화가 크고 소형으로 만들 수 있는 장점이 있다.

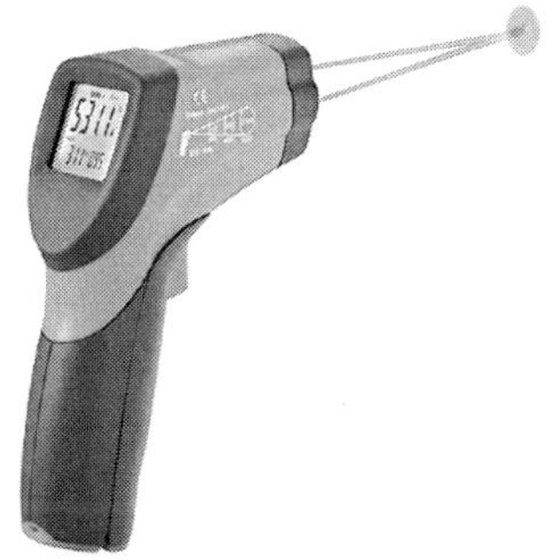

그림 3-18 적외선 온도계

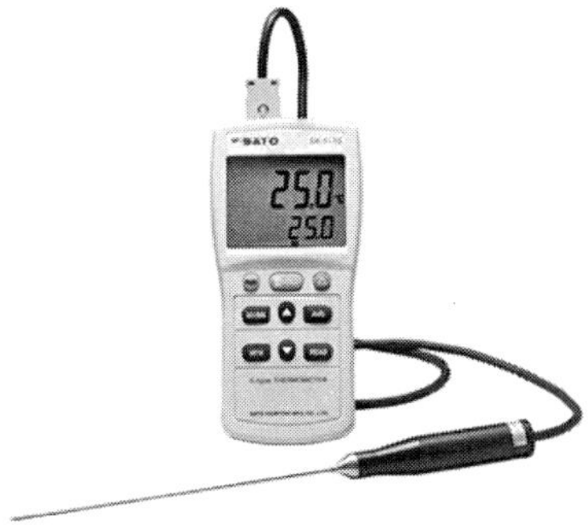

그림 3-19 저항 온도계

(3) 열전대 온도계

열전대 온도계는 열기전력을 발생시킬 목적으로 2종류의 도체의 한 끝을 전기적으로 접촉한 것으로서 온도의 변화에 따라 전압이 미세하게 변화하는 것을 전압계로 측정하여 전압을 온도로 변환하여 나타낸다. 보통 동 콘스탄탄이나 아르멜 또는 크로멜을 사용한다.

(4) 바이메탈 온도계

바이메탈 온도계는 열팽창 계수가 다른 두 물질(일반적으로 황동과 니켈강의 합금 사용)을 붙여 그에 따라 휘어지는 정도가 달라지는 것을 이용한 온도계이다. 주로 30~300°C 사이의 온도를 측정하고 특히 공업 분야에서 사용된다.

그림 3-20 열전대 온도계

그림 3-21 바이메탈 온도계

3 장치별 구조 및 원리

3.1 유량계

(1) 차압식 유량계

오리피스판 전후의 압력 분포면이 원형인 수평배관의 중심에 동심원인 구멍이 있는 평판 형태의 조임기구를 흐름에 직각으로 설치한다. 유체가 비압축성으로 점도의 영향이 없는 유체이며 흐름은 정상적인 흐름으로 관로 내를 가득 차서 흐르고 있다면 조임의 상류단면과 하류의 흐름이 좁혀진 단면 사이에는 베르누이 방정식과 연속방정식이 성립한다. 그러나 실제 유량은 유체의 마찰, 수축부의 불일치 등 이상적인 가정조건들과 차이가 있기 때문에 실제유량을 얻기 위해서는 유출계수라는 개념을 도입하여야 한다.

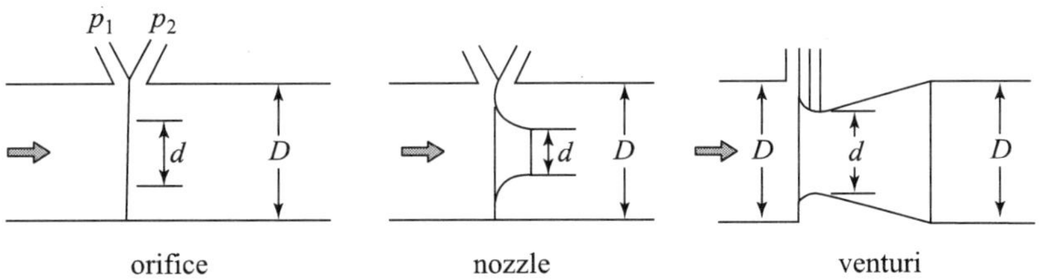

그림 3-22 차압식 유량계

(2) 면적식 유량계

수직으로 설치된 상부가 개방된 테이퍼관 또는 압축기구를 갖는 직관과 그 내부를 자유롭게 상하로 움직이는 플로트(가동부)로 구성된다. 이 유량계를 통하여 아래 부분으로부터 유체가 유입되면 흐름은 플로트에 의하여 압축되며 그 전후에 차압이 발생한다. 플로트는 이 차압에 따른 상승력을 받아 상승하는데 테이퍼관은 위쪽으로 이동함에 따라 유통 단면적은 커지고 그 상승력은 점점 감소하며 플로트의 부력을 뺀 유효중량과 평형을 유지하는 위치에서 정지하게 된다. 이때 플로트의 상승높이에 따라 결정되는 유통 면적과 유량은 비례관계에 있으므로 이 위치를 검출함으로써 유량을 구할 수 있다.

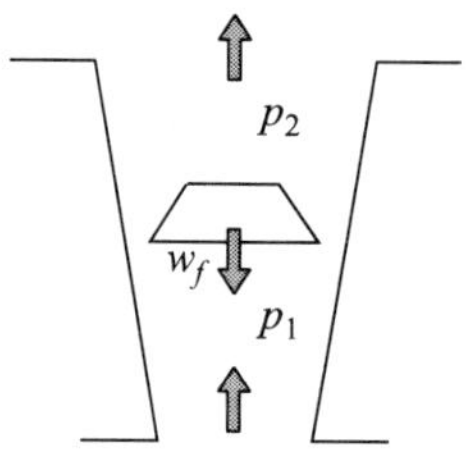

그림 3-23 rotameter

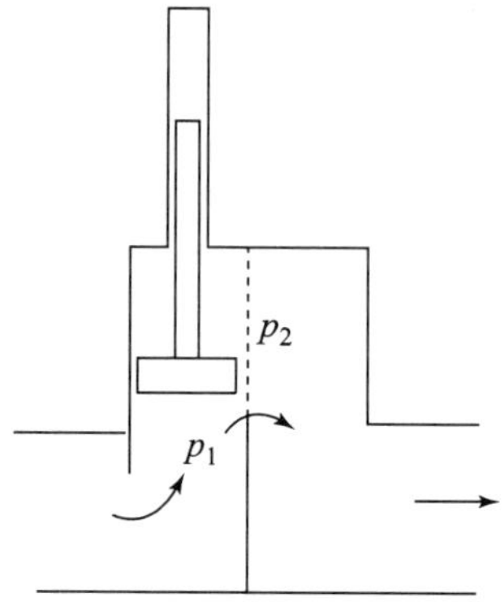

그림 3-24 piston 면적유량계

(3) 용적식 유량계

케이스 내에 삽입된 2개의 타원형 회전자(=오발기어)에는 톱니가 가공되어 있어 서로 맞물려 회전하는 톱니바퀴식으로 되어 있다. 회전자는 유체의 압력차에 의하여 화살표 방향으로 회전하고 케이스와 회전자 사이에 형성된 반달 모양의 공간에 가득 차있는 유체를 배출하게 된다. 회전자가 1회전하는 동안 배출되는 양은 반달 공간부피의 4배이기 때문에

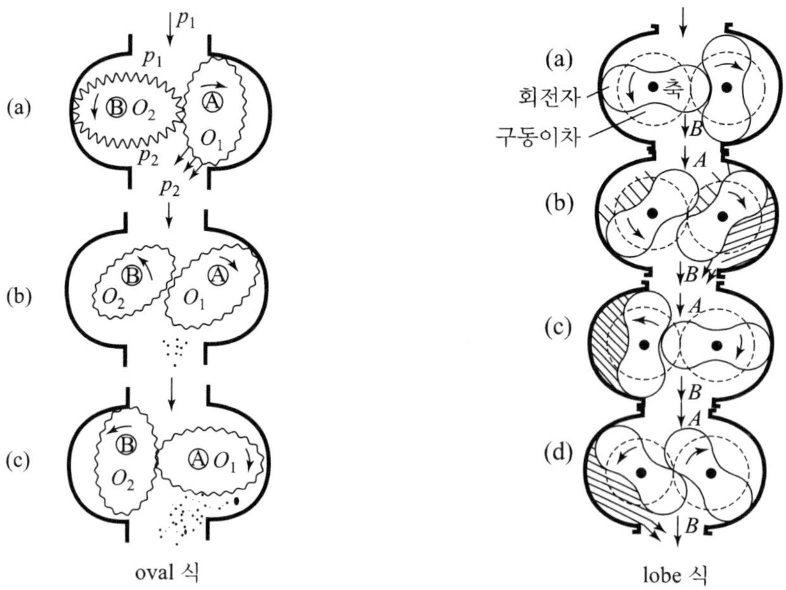

그림 3-25 회전자형 유량계

회전자 측의 회전수를 알면 통과된 부피를 알 수 있다. 이 회전자가 1회전하는 동안에 배출하는 양을 토출량이라고 부른다. 이 방식은 유체의 물성(밀도, 점도 등)이나 유속분포의 영향이 적기 때문에 작은 유량의 측정에 유리하다.

(4) 터빈식 유량계

터빈식 유량계는 여러 개의 날개가 달린 회전축 또는 프로펠라가 베어링과 지지대에 의해 자유롭게 회전하도록 설계되어 있다. 유체가 유입되면 유체의 속도에 비례하여 회전축이 회전하며 각 날개의 끝이 측정점을 통과하면서 회전수가 측정되고 터빈 유량계로부터의 출력신호는 부피유량에 비례하는 주파수 신호이며 터빈유량계에 의하여 발생한 각 펄스신호는 측정된 액체의 부피에 해당된다. 일반적으로 유량은 적산형 계기에 의하여 전체 적산 유량으로 환산된다. 적산이 올바르게 되기 위해서는 각 펄스의 값은 필수적으로 일정하여야 하며 따라서, 터빈 유량계는 선형이어야 한다. 터빈 유량계는 일반적으로 선형 범위 내에서 사용된다. 또한 적산도 운전 범위의 일부인 선형 범위 내에서만 사용된다.

(5) 전자식 유량계

전자식 유량계는 페러데이의 전자유도법칙, 즉 도체가 자계 내에서 운동할 때 그 도체 내 자계방향 및 운동방향의 양 방향에 직각방향으로 기전력이 발생하고 그 크기는 자속밀도와 속도에 비례한다는 법칙에 의해 유량을 측정한다. 보통 공업용 전자 유량계에서는 내면이 절연된 원형 측정관(내경 : D)에 1대의 전극을 설치하고 이 전극방향에 수직방향으로 자계(자속밀도 : B)를 주도록 구성되어 있다. 전극방향, 자장방향에 수직으로 설치된 관로에 유체가 평균유속 V(m/s)로 흐를 때 전극 사이에는 아래의 신호 기전력 E (Volt)가 발생한다.

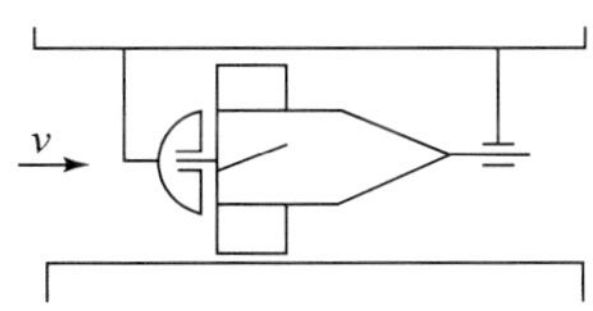

그림 3-26 turbine 유량계

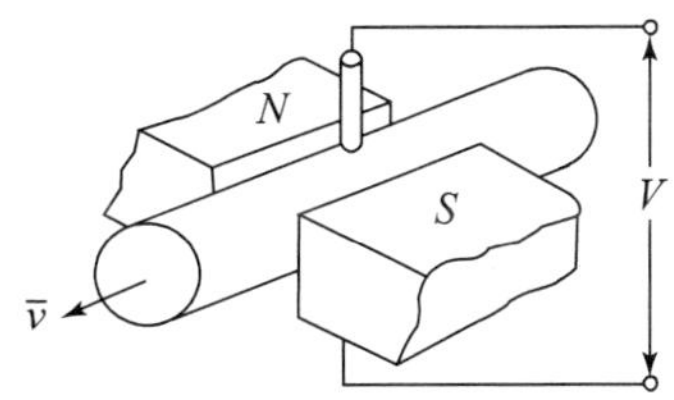

그림 3-27 전자 유량계

3.2 액면계

(1) 플로트식 액면계

테이프의 장력을 일정하게 유지하기 위하여 테이프의 한쪽 끝은 플로트에 연결되어 있고 다른 한쪽 끝은 카운터 웨이터(Counter Weight)에 연결되어 있다. 레벨 변화에 의한 플로트의 상하 운동은 카운터 웨이터의 상하 운동으로 연결되어 직접 판독이 가능한 계기판에 나타나며 따라서 레벨을 지시하게 된다. 표준 플로트로는 상부에 설치하게 설계된 실린더형이 있으며 측면 설치형으로 원형 또는 타원형이 있다. 고밀도의 물질 레벨 측정에는 작은 직경의 플로트가 사용되며 액체 경계면 감지나 저밀도의 물질 레벨 측정에는 큰 직경의 플로트가 사용된다.

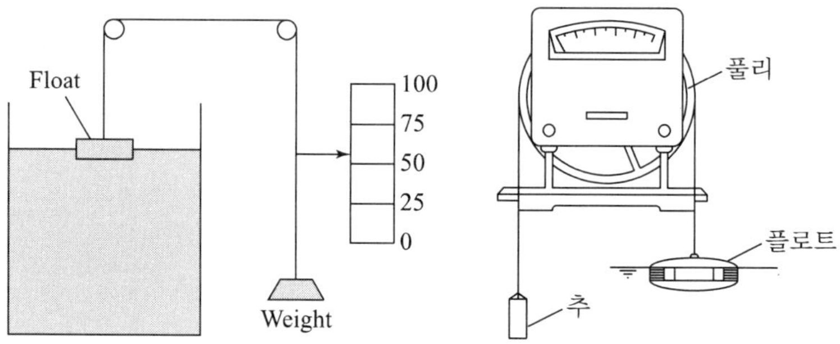

그림 3-28 플로트식 액면계 구조

(2) 차압식 액면계

차압식 액위계의 원리는 액 중의 임의의 점에 있어서 그 점에서부터 액면까지의 거리, 밀도, 중력가속도를 알고 있다면 압력에 따른 액면까지의 거리, 즉 액위를 아는 방법이다. 대상이 되는 탱크는 개방형, 밀폐형에 따라서 도압(導壓) 방법이 다르다.

(3) 거품관식 액면계

레벨 변화를 액압의 변화로서 측정하는 계기로 그림 3-30과 같이 액 중에 설치한 파이프에 미소 정유량의 유체(일반적으로 공기)를 흘려 관 끝으로부터 적은 기포를 나오게 하여 파이프의 배압을 측정하는 액면계를 거품관식 액면계라 한다.

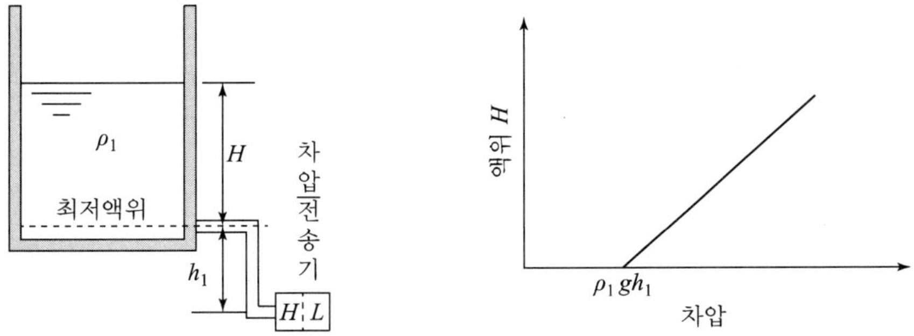

그림 3-29 차압식 액면계 구조

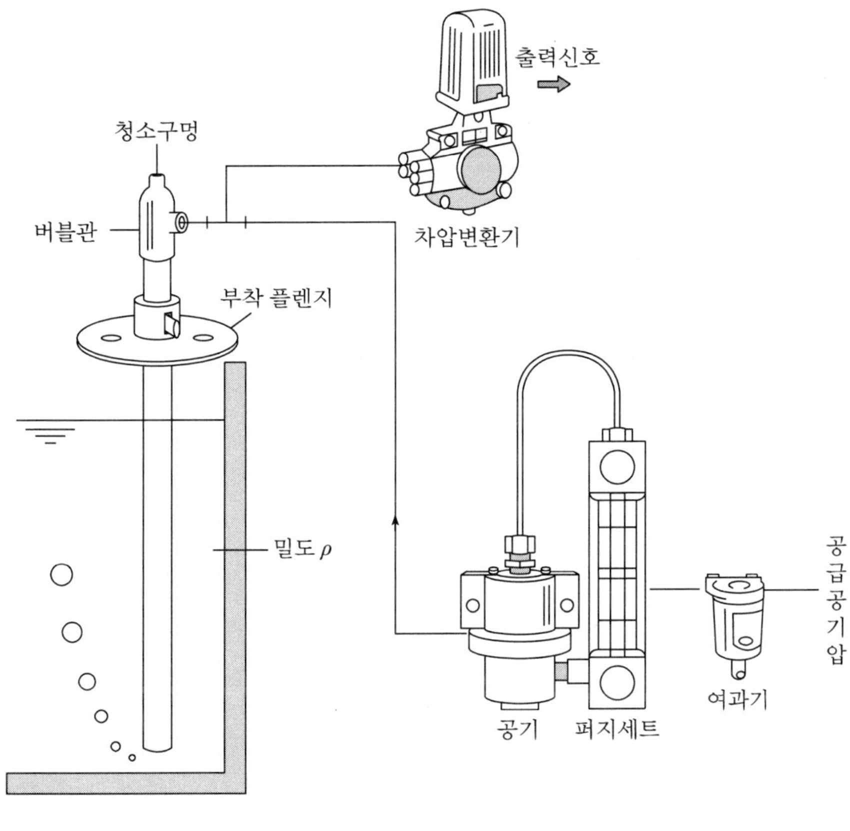

그림 3-30 거품관식 액면계 구조

3.3 압력계

(1) 액주식 압력계

일반적으로 투명 유리관을 이용하며 유리관 내부에 액체를 충진시키고 미지압력을 가할 때 유리관 내부 액체의 변화된 위치를 측정함으로써 압력을 구한다.

(2) 탄성식 압력계

수압부에 탄성체를 사용해서 측정하고자 하는 압력을 가했을 때 가해진 압력에 비례하는 단위합력당의 변형량을 아는 상태에서 이에 대응된 변형량만을 측정함으로써 압력을 구한다.

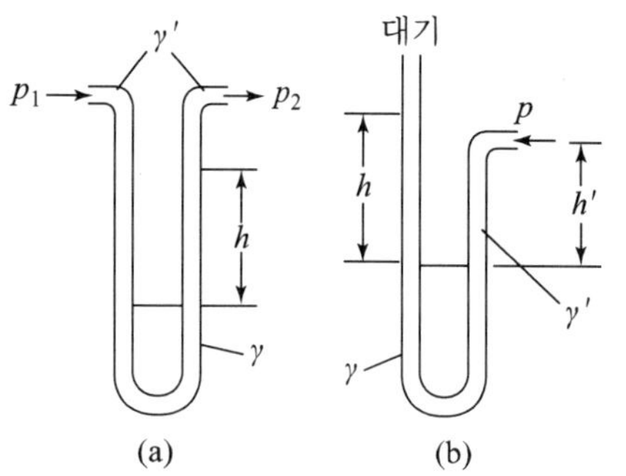

그림 3-31 U자관 압력계

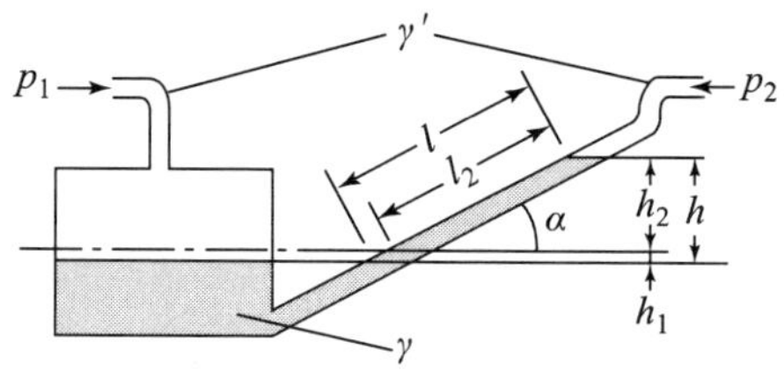

그림 3-32 경사관 압력계

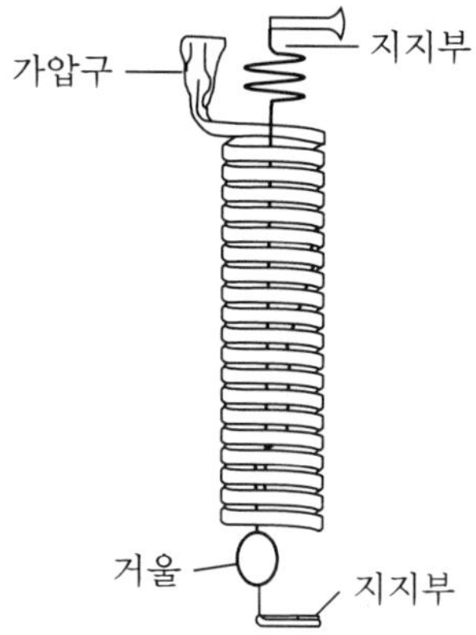

그림 3-33 석영 Bourdon 관체

3.4 온도계

(1) 저항 온도계

물체의 전기저항은 통상 온도에 따라 변하기 때문에 이 저항을 측정하면 온도의 변화를 알 수 있다. 저항 온도계는 이 원리를 이용하여 온도를 측정한다. 저항온도계에서는 백금을 저항체로 가장 많이 사용한다. 일반적인 백금 측온 저항체는 구경이 0.01~0.04 mm 정도의 백금선을 저항소자로 둘러싸고 보호관에 넣어 도선과 연결한다. 저항체로 백금선이 아닌 시스를 사용하는 온도계도 있다.

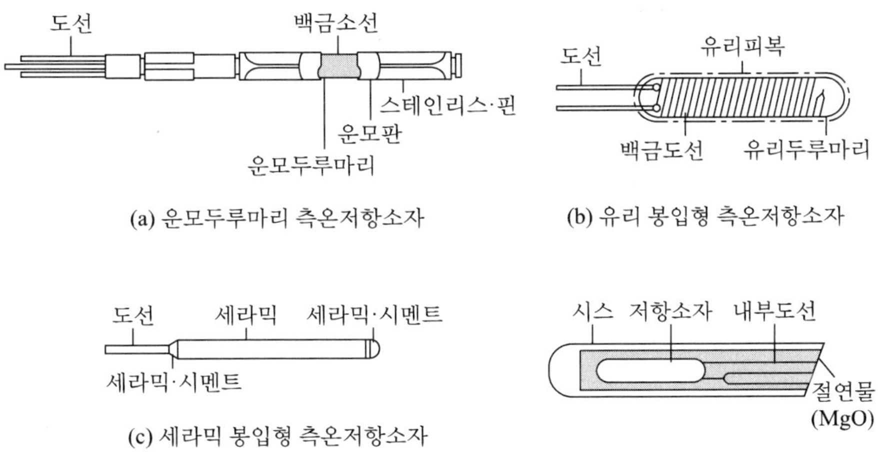

그림 3-34 저항 온도계 구조

(2) 열전대 온도계

열전대 온도계는 열전대, 보상도선, 온도전송기, 수신계기 등으로 구성되어 있다. 열전대는 소선 그대로 사용하기도 하지만 일반적으로 사용 환경으로부터 보호를 위해 보호관에 넣어 사용한다. 열전대 온도계는 열전효과에 의해 온도를 측정할 수 있는데 열전효과란 제벡효과, 펠티에효과, 톰슨효과의 세 가지 열과 전기의 상관현상을 총칭하는 말이다.

(3) 바이메탈 온도계

아날로그식 눈금이 케이스 안에 있고 팽창계수가 서로 다른 두 종류의 쌍금속판을 밀착시킨 바이메탈나선이 온도계 스템 내부에 설치되어 있다. 예를 들어, 구리와 인바(invar)를 재료로 만든 바이메탈인 경우 구리의 열팽창 계수가 인바보다 크기 때문에 나선의 간격이 점점 벌어지게 되고 벌어진 만큼 눈금지시계를 움직여 온도를 측정한다.

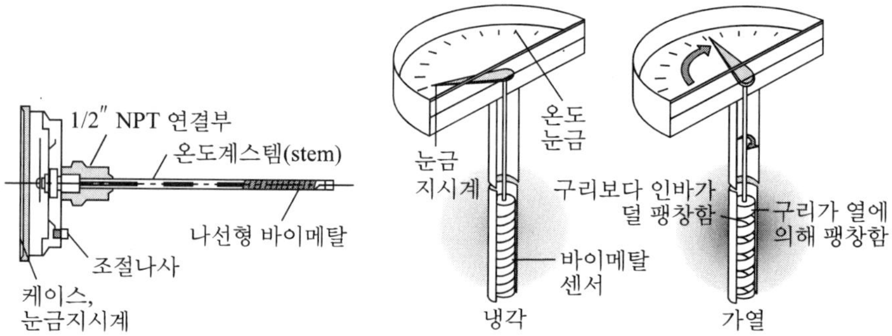

(a) 바이메탈 센서의 구조 (b) 바이메탈 센서가 냉각, 가열시 변화 원리

그림 3-35 바이메탈 온도계 구조

4 설비관련 규정

국가법령정보센터에 있는 산업안전보건기준에 관한 규칙 중 계측설비 관련 내용을 요약 정리하면 다음과 같다.

제53조(계측장치의 설치 등)

사업주는 터널 등의 건설작업을 할 때에 붕괴 등에 의하여 근로자가 위험해질 우려가 있는 경우 또는 법 제48조 제3항에 따른 유해·위험방지계획서 심사 시 계측시공을 지시받은 경우에는 그에 필요한 계측장치 등을 설치하여 위험을 방지하기 위한 조치를 하여야 한다.

제116조(압력방출장치)

① 사업주는 보일러의 안전한 가동을 위하여 보일러 규격에 맞는 압력방출장치를 1개 또는 2개 이상 설치하고 최고사용압력(설계압력 또는 최고허용압력을 말한다. 이하 같다) 이하에서 작동되도록 하여야 한다. 다만, 압력방출장치가 2개 이상 설치된 경우에는 최고사용압력 이하에서 1개가 작동되고, 다른 압력방출장치는 최고사용압력 1.05배 이하에서 작동되도록 부착하여야 한다.

② 제1항의 압력방출장치는 매년 1회 이상 「국가표준기본법」 제14조 제3항에 따라 산업통상자원부장관의 지정을 받은 국가교정업무 전담기관(이하 "국가교정기관"이라 한다)에서 교정을 받은 압력계를 이용하여 설정압력에서 압력방출장치가 적정하게 작동하는지를 검사한 후 납으로 봉인하여 사용하여야 한다. 다만, 영 제33조의6에 따른 공정안전보고서 제출 대상으로서 고용노동부장관이 실시하는 공정안전보고서 이행상태 평가결과가 우수한 사업장은 압력방출장치에 대하여 4년마다 1회 이상 설정압력에서 압력방출장치가 적정하게 작동하는지를 검사할 수 있다.

제117조(압력제한스위치)

사업주는 보일러의 과열을 방지하기 위하여 최고사용압력과 상용압력 사이에서 보일러의 버너 연소를 차단할 수 있도록 압력제한스위치를 부착하여 사용하여야 한다.

제118조(고저수위 조절장치)

사업주는 고저수위 조절장치의 동작 상태를 작업자가 쉽게 감시하도록 하기 위하여 고저수위지점을 알리는 경보등·경보음장치 등을 설치하여야 하며 자동으로 급수되거나 단수되도록 설치하여야 한다.

제527조(압력계)

① 사업주는 공기를 작업실로 보내는 밸브나 콕을 외부에 설치하는 경우에 그 장소에 작업실 내의 압력을 표시하는 압력계를 함께 설치하여야 한다.

② 사업주는 제1항에 따른 밸브나 콕을 내부에 설치하는 경우에 이를 조작하는 사람에게 휴대용 압력계를 지니도록 하여야 한다.

③ 사업주는 고압작업자에게 가압이나 감압을 하기 위한 밸브나 콕을 기압조절실 외부에 설치하는 경우에 그 장소에 기압조절실 내의 압력을 표시하는 압력계를 함께 설치하여야 한다.

④ 사업주는 제3항에 따른 밸브나 콕을 기압조절실 내부에 설치하는 경우에 이를 조작하는 사람에게 휴대용 압력계를 지니도록 하여야 한다.

⑤ 제1항부터 제4항까지의 규정에 따른 압력계는 한 눈금이 제곱센티미터당 0.2킬로그램 이하인 것이어야 한다.

⑥ 사업주는 잠수작업자에게 압축공기를 보내는 경우에 압력계를 설치하여야 한다.

5 설비관련 사고사례

1) 경북 울진 냉각수 누출사고

① 사고개요

2016년 12월 20일에 경북 울진 원전에서 냉각수가 누출되었던 사고로 당시 약 900 L의 냉각수가 격납 건물 내부로 누설되었다.

② 사고원인

수위계측기 배기구에 내장된 밴트볼(배기구 부품)의 표면이 부식되어 미세한 틈이 생겼고 그 사이로 냉각수가 누출되었는데 이 때 표면이 부식된 이유는 이 밴트볼이 부식에 강한 스테인리스 재질이 아닌 탄소강재질을 사용한 것이 원인이었다.

③ 사고 이후

한울원자력본부는 즉시 밴트볼을 스테인리스재질인 것으로 교체하였고 규제기관의 점검 하에 불시 방사능방재 전체훈련을 주기적으로 실시하였다.

그림 3-36 울진 냉각수 누출 사고

④ 안전대책

계측설비는 다른 부품 중에서도 내용물과 닿는 일이 많기에 적절한 부품을 사용하지 않으면 손상 및 파손 등의 문제를 일으킨다. 적절한 부품을 사용한다 해도 주기적인 관리와 교체가 필요하다.

2) 안성시 유량계 질산 누출 사고

① 사고개요

2017년 7월 10일에 안성에 있는 한 소독제 제조업체에서 보관탱크에 있던 질산이 누출되는 사고가 발생하였다.

② 사고원인

제조업체의 보관탱크에 설치 되어있는 유량계가 파손되어 질산이 누출되었다.

③ 사고 이후

사고 발생 직후 소방당국은 소방특수대응단과 119화학구조대 등 전문 소방인력 30여명을 현장에 급파해 중화제와 흡착포 등을 통해 누출된 질산의 대부분을 제거했다.

그림 3-37 안성시 질산누출 사고

3) 화성시 가스누출

① 사고개요

2011년 5월 24일에 화성시에 있는 한 가스관련 업체에서 사용시설에 대한 정기점검을 받는 도중 압력계 주위에서 다량의 가스가 누출되었다.

② 사고원인

압력계 체결 시 가해지는 가중한 힘에 의해 밸브가 균열이 생기거나, 테프론이 잘 감기지 않아 누출사고가 많이 발생되는데 이번 사례는 기밀시험 후 체결된 압력계 내부의 파손에 의해 다량의 가스가 누출되었다.

③ 사고이후

중간밸브로 차단하고 압력계를 교체하였으며 가스 공급자에 대한 안전교육 및 철저한 사후 점검절차가 수행되었다.

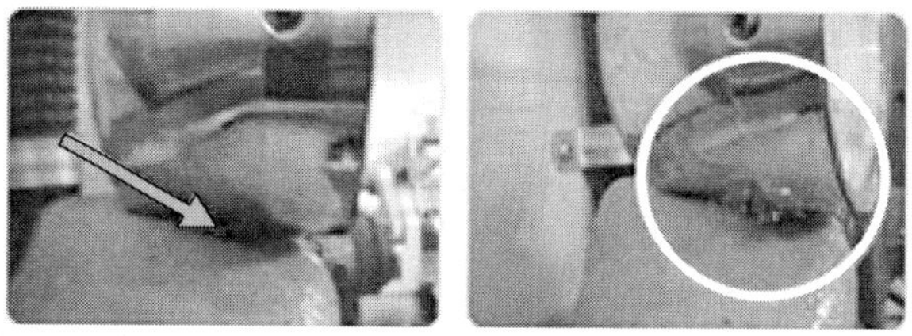

그림 3-38 가스누출 당시 압력계

6 설비 안전현안

계측설비의 결함 및 손상을 일으키는 대표적인 원인으로는 환경인자가 있다. 계측설비가 설치 운용되는 장소는 주로 대규모 산업의 현장으로 계측설비의 수명과 성능은 필연적으로 주변 환경의 영향을 받게 된다. 제어계측 설비의 설계단계에서 이러한 주변 환경의 영향을 고려하지만 복잡 다양해지는 산업설비와 현장에 일일이 대응하기에는 충분한 검토가 필요하다. 계측설비의 성능과 수명에 영향을 미치는 대표적인 인자로서는 온도와 습도가 있으며 이외에도 습분 및 염분 그리고 방사선과 진동 등도 있다.

(1) 온도의 영향

계측설비의 주요 구성품인 반도체 소자의 온도 영향은 이미 학계에 보고된 바 있다. 반도체 소자의 온도 영향으로 대표적인 것은 캐리어의 이동속도에 미치는 영향으로, 온도의 전자적인 영향은 소자의 고집적화에 따라 대단히 치명적인 영향을 미칠 수 있음을 암시하고 있다. 또한 온도의 급격한 변화는 전자소자들이 결집된 전자카드에 충격을 유발함은 물론 신호선 연결기구의 이완 및 변형에 따른 접촉 불량으로 계측설비의 기능상실을 유발한 사례가 다수 보고되고 있다. 이러한 온도 영향을 최소화하기 위해 미국 계기학회에서는 제어계측기 설치위치, 등급 및 위해 정도에 따른 온도와 상대습도 위치 조건을 권고하고 있다.

(2) 습도의 영향

계측설비 중 공기식 계측설비에 미치는 습도의 영향은 매우 크다. 즉, 미세한 공기 통로로 이루어진 공기식 제어 계측설비에 습분이 응축되면 전면기능상실로 발전되어 공장전체가 정지된 것이 다수 보고되고 있다. 또한 이에 못지않게 전자식 계측설비에 미치는 습도의 영향도 간과할 수 없으며 그 대표적인 예가 800~2,500 VDC의 고전압이 인가되는 방사화학용 제어 계측설비의 절연저하에 의한 신호상실 등을 들 수 있다. 이와 같은 직접적인 사례 외에도 습도의 영향은 여타의 환경인자와 함께 계측설비에 악영향을 초래하는 촉매로서의 역할이다. 즉, 전자제어카드나 설비에 먼지가 증착되어 있는 경우 상대습도가 높아지면 소자간 누전을 유발하기도 하며 유해 가스를 용해시켜 전자소자의 금속부위 부식을 촉발하여 전자제어설비의 수명이 결정적 요인으로 작용하게 된다. 이러한 습도의 영향을 최소화하기 위해 ISA에서는 상대습도 유지요건을 설정하고 있다.

(3) 습분 및 염분의 영향

계측기 내 외면에 응축되는 습분, 비, 외부에서 분무된 액체 및 최근에 널리 유통되는 세정 세척제의 살포 등에 의한 액체가 계측설비에 잔존하는 경우 설비의 부식을 촉발하게 된다. 휘발성을 갖는 솔벤트(Solvent)는 액체와 같이 제어 계측설비에 응축되면서 설비부식을 촉발한다. 분무되는 세정제는 안개와 같은 미세한 물방울로서 제어 계측 설비에 부착 응축되면서 설비 부식을 촉발한다. 염무는 계측설비를 구성하는 각종 소자의 금속부위

부식에 가장 치명적이다.

(4) 방사선 조사 영향

절연재가 기계적으로 특성이 변화하여 수축 경화되어 제어계측기 신호선 연결용 접속기에서의 고정사태가 느슨해지게 되고 이에 따라 잡음신호 차폐선이나 내부 신호선 등이 응력으로 절단되어 비정상 신호발생의 원인이 되고 또 주위의 조그만 진동 등에도 쉽게 균열을 일으키게 된다.

(5) 진동의 영향

진동은 기계적 충격으로 분류할 수 있는데, 이러한 기계적 충격에 의한 단기적인 효과는 구성 부품의 기계적 파손이외에도 전기적 접촉 불량 등을 유발하여 제어 전원 상실, 제어 신호 상실 및 계수식 계측설비의 통신장애 등을 야기하여 계측설비의 신뢰도를 저하시킨다.

1. 유량계에 대한 설명으로 옳은 것은?

   ① 용적식 유량계의 회전자가 1회전하는 동안 배출되는 양은 반달 공간부피의 2배이다.
   ② 용적식 유량계는 큰 유량을 측정하는데 사용된다.
   ③ 차압식 유량계 중 플로우 노즐 구조는 오리피스 구조보다 압력손실이 적다.
   ④ 전자식 유량계는 암페어 법칙을 이용해 유량을 구한다.

2. 온도계에 대한 설명으로 틀린 것은?

   ① 바이메탈 온도계는 두 금속의 전압차를 이용하여 온도를 구한다.
   ② 열전대 온도계는 열기전력을 발생시켜 온도를 구한다.
   ③ 적외선 온도계는 온도 변화의 측정이 어려운 장소에서 사용된다.
   ④ 니켈로 만든 저항 온도계는 −50∼300°C까지 측정이 가능하다.

3. 액면계 종류 중 압력한계가 다른 것은?

   ① 게이지글라스 방식　② 부자식
   ③ 검척식　④ 사운딩식

4. 액주식 압력계에 해당하지 않는 것은?

   ① 단관형 압력계　② U자 관형 압력계
   ③ 부르동관형 압력계　④ 경사관형 압력계

5. 일반적으로 투명 유리관을 이용하며 유리관 내부에 액체를 충전시키고 미지압력을 가할 때 유리관 내부 액체의 변화된 위치를 측정함으로써 압력을 구하는 압력계는 무엇인가?

6. 열팽창 계수가 다른 두 물질을 붙여 그에 따라 휘어지는 정도가 달라지는 것을 이용한 온도계로서 주로 30∼300℃ 사이의 온도를 측정하고 특히 공업 분야에서 사용되는 것은?

문제정답

1. ③
2. ①
3. ①
4. ③
5. 액주식 압력계
6. 바이메탈 온도계

Part

4

공작기계

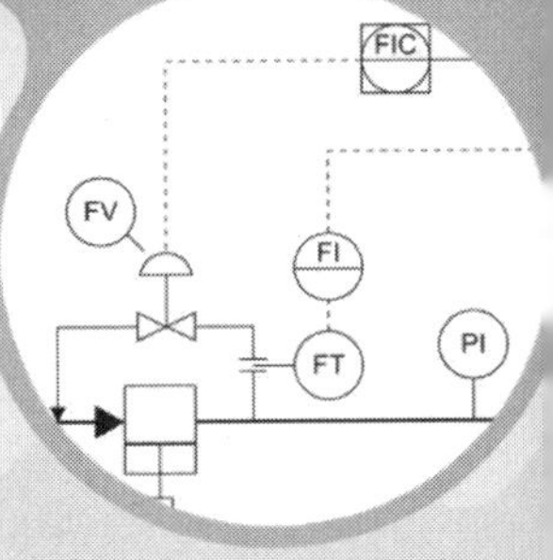

1 설비 개요

공작기계란 기계를 제작하기 위한 기계를 총칭하는 말로서 일반적으로는 금속 절삭 기계를 말한다. 금속 절삭 기계는 절삭 공구를 사용하여 금속의 절단, 절삭, 드릴링, 연삭 등을 하는 기계이며 선반은 대표적인 금속 절삭 기계이다. 또한 공작기계(Machine Tool)는 기계를 만드는 기계라고 불리며 기계를 만든다는 것은 기계의 부품을 만든다는 것이다. 공작기계는 다양한 제조방법 중에서 절삭가공과 소성가공에 이용되는 모든 기계를 의미한다. 절삭기계는 가공과정에서 칩(Chip)을 발생시키면서 불필요한 부분을 제거하여 소요의 형상으로 가공하는 기계이며 성형기계는 가공과정에서 소성에 의하여 금속의 형태를 변형시켜주는 기계이다. 국제규격(ISO)에서는 한 운동원에 의해서 작동하고 물리적, 화학적 또는 기타의 방법으로 성형해서 공작물을 생산하는 수작업을 하지 않는 기계라고 정의하고 있으며 한국산업규격(KS)에서는 공작기계에 대해 주로 금속 공작물을 절삭, 연삭 등에 의하여 불필요한 부분을 제거해내어 필요한 형상을 만드는 기계로 정의하고 있다. 국내 기계관련 분야에서 공작기계는 일반적으로 KS의 정의에 따르고, 그 중에서도 특히 금속절삭기계를 가리킨다.

1.1 공작기계의 기본운동

(1) 절삭운동

절삭할 때 칩의 길이의 방향으로 공구가 이동하는 운동으로 기계의 동력 대부분이 이 운동에 소비된다. 절삭속도는 절삭작용을 하는 공구와 공작물사이의 상대적인 속도를 말하고, 단위는 m/min으로 표시한다.

1) 회전운동과 직선운동의 결합에 의한 가공

① 선반가공 : 척에 고정한 공작물을 회전시키고 절삭공구를 전후, 좌우로 이동시키면서 가공한다.

② 밀링가공 : 주축에 고정된 절삭공구의 회전운동과 전후, 좌우, 상하로 움직이는 공작물의 상대적인 운동으로 가공한다.

③ 드릴링 : 절삭공구인 드릴이 회전운동과 위아래로의 직선운동을 하면서 가공한다.

2) 직선운동과 직선운동의 결합에 의한 가공

① 셰이퍼 : 공구를 고정해놓은 램이 좌우로 왕복운동하고 이에 직각방향으로 공작물이 운동하면서 가공되는 방식

3) 회전운동과 회전운동의 결합에 의한 가공

① 원통연삭 : 공작물과 공구인 숫돌이 모두 회전운동을 하면서 연삭가공하는 방식

4) 기타

① 전기적인 방전작용을 이용 : 고경도의 재료 또는 절삭공구로는 잘 깎이지 않는 재료를 가공하는 방법

② 화학적인 방법 : 도금의 원리를 역으로 사용하여 표면을 가공하는 방법

(2) 이송운동

절삭공구 또는 가공물이 절삭하려는 방향으로 움직이는 운동이며 절삭단면을 알맞게 조절하기 위한 목적으로 진행되는 운동이다. 일반적으로 다음과 같은 원칙이 있다.

① 1회의 이송량은 공구의 폭보다 작아야 한다.

② 이송운동의 방향은 절삭운동방향과 직각이며 가공면과는 평행 또는 직각으로 한다.

③ 이송운동은 절삭운동과는 일정한 관계가 있고 규칙적으로 진행한다.

이송속도는 회전 절삭운동할 때는 한번 회전할 때에 대한 이송량(mm/rev)으로 하고 직선 절삭운동을 할 때는 한번 왕복운동마다의 이송량(mm/stroke)으로 하는데 이를 보통 피드라 한다.

(3) 위치조정운동

능률적인 작업을 위하여 공작물과 공구간의 절삭조건에 따른 절삭의 깊이 조정하고 시간을 단축할 수 있도록 다음과 같이 위치를 조정한다.

① 기계의 운동중심과 가공위치 사이의 거리조정

② 이송을 시작하는 위치와 끝점의 위치조정

③ 절삭의 깊이와 이송위치의 조정

1.2 공작기계의 특성

(1) 공작 정밀도(precision)

공작 정밀도는 공작기계로 가공된 공작물의 치수가 정확한 정도를 말한다. 즉, 가공면이 매끄럽고 치수가 정확하며 기하학적으로 올바른 형상을 갖고 있는 제품을 말한다. 가공 중에 발생하는 진동은 가공물의 치수 및 다듬질 표면을 불량하게 하는 원인이 된다. 따라서 공작기계의 정밀도를 높게 하려면 정적 및 동적 하중에 대한 변형을 적게 하고 고유 진동에 대한 대책으로서 정강성 및 동강성을 크게 해야 한다.

(2) 생산성(productivity)

재료를 가공 변환시켜 필요한 제품 또는 부품으로 제작하여 가치를 부여하는 것을 생산이라고 한다. 공작기계는 기계적 효율도 중요하지만 생산 능력의 기준이 되는 가공 능률이 더욱 중요하다. 가공능률은 단위 시간당 절삭된 칩의 양으로 표시하며 공작기계의 따라서 근본적인 차이가 있다. 또한 공구 및 가공물의 재질에 따라서도 크게 다르다. 공작기계를 가공할 때 필요한 시간은 다음 3종으로 구분한다.

① 유효 절삭 시간 : 공구가 가공물을 실제 절삭하는 유효 절삭 시간이다.
② 준비 시간 : 가공물을 설치하는데 필요한 시간, 공구의 고정 및 조정, 치수 측정, 주축 및 피이드 변환 등에 필요한 준비 시간이다.
③ 유휴 시간 : 기계의 고장, 수리 조건 등으로 사용할 수 없는 시간이다.

(3) 유연성(flexivility)

공작기계는 공작물의 종류, 형상, 크기 및 공작 정밀도 등에 따라서 공작기계의 규격이 정해진다. 일반적으로 유연성이 크면 이용 범위가 넓어지나 생산 능률이 저하되므로 용도에 따라서 유연성의 범위를 정한다. 범용 공작기계와 같이 기계에서 할 작업 내용을 예측하기 어려운 것은 유연성을 크게 하고 가공할 제품이 처음부터 결정된 것은 전용 공작기계를 사용함으로써 유연성을 줄일 수 있다.

2 설비 분류

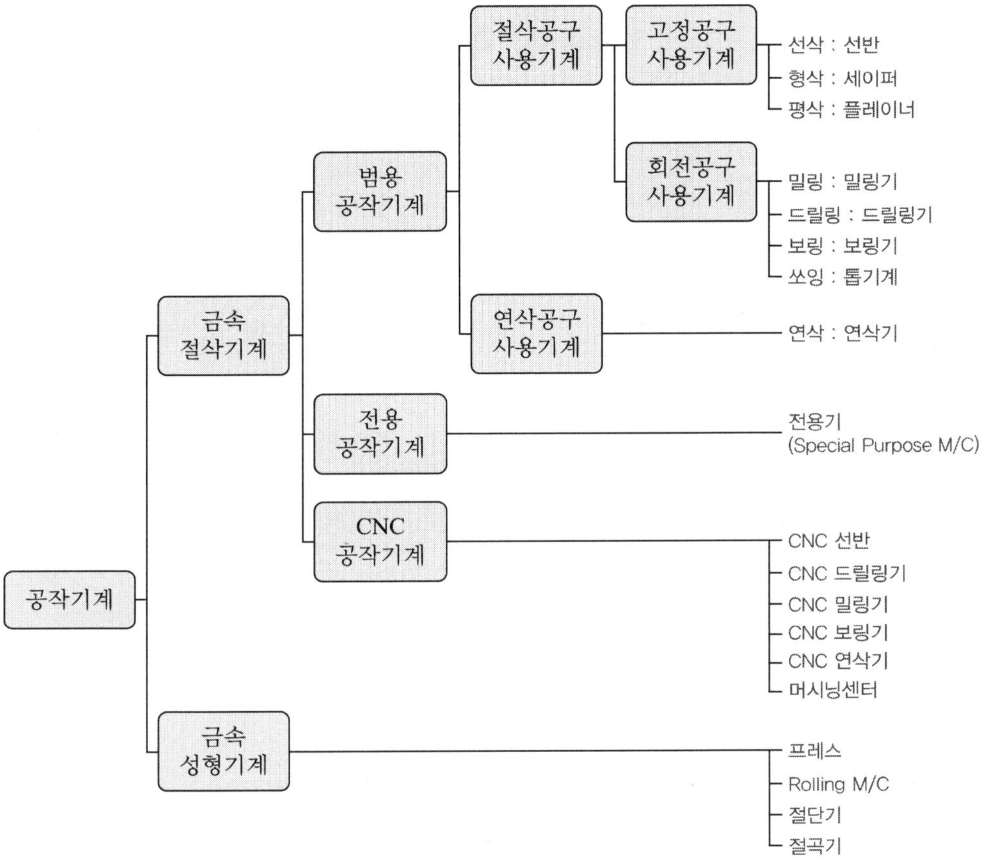

그림 4-1 공작기계의 분류

2.1 금속절삭기계

(1) 범용 공작기계(General Purpose Machine Tools)

보통선반, 밀링머신, 드릴링머신, 셰이퍼, 플레이너, 슬로터, 연삭기 등과 같이 특징은 없으나 기능이 다양하고 용도가 보편적인 공작기계를 말한다. 높은 수준의 정밀도를 요구하지 않는 일반적인 목적의 소량생산에 적합하다.

1) 선반

절삭할 소재를 회전시키며 고정된 바이트(깎는 공구)로 깎거나 파내는 가공을 하는 공작기계이다. 깎이는 재료가 회전하기 때문에 가공품은 원통이나 원뿔, 접시 모양 등 회전축에 대해서 대칭형이 된다. 선반은 주축 끝단에 부착된 척에 가공물을 고정하여 회전시키고 공구대에 설치된 바이트로 절삭 깊이와 이송을 주어 가공물을 주로 원통형으로 절삭하는 공작기계로서 가장 많이 이용되고 있다.

그림 4-2 선반

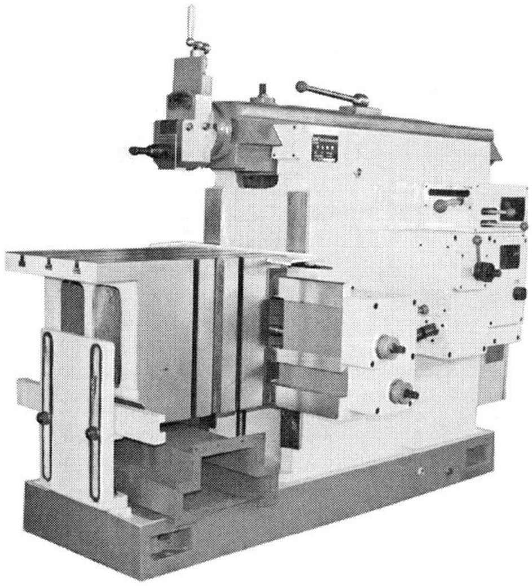

그림 4-3 셰이퍼

2) 셰이퍼(shaper)

왕복운동을 하는 절삭공구(커터)에 의해 주로 평면절삭을 하는 공작기계이다. 절삭공구는 왕복운동을 하는 램에 장치되고 공작물은 상하·좌우로 움직이는 새들에 장치된 테이블 위에 고정한다. 새들의 움직임에 따라 임의의 단면 모양인 평면을 절삭할 수가 있다. 램이 왕복운동을 할 때 실제 절삭작업은 갈 때뿐이고 돌아올 때는 절삭작업을 수행하지 않는다. 따라서 능률을 올리기 위해 갈 때는 천천히 움직이지만 돌아올 때는 빨리 오게 하는 급속귀환 운동기구가 설치되어 있다. 최근에는 밀링머신의 발달로 셰이퍼의 사용이 감소되어 공구의 제작이나 소량 생산 공장에서 사용되고 있다.

3) 플레이너(planer)

셰이퍼 등으로는 절삭할 수 없는 큰 것의 절삭에 사용되는 평면절삭용 공작기계이다. 평삭기・평삭반이라고도 한다. 아래쪽에 기다랗고 큰 베드가 있고 그 습동 홈에 따라 가공물을 고정해 놓은 테이블이 왕복운동을 한다. 바이트는 크로스레일 위를 이동하는 공구대에 장치되어 가로(전후)로 이송되지만 기둥 아래에도 장치할 수 있어 가공물의 측면절삭도 할 수 있다. 테이블을 왕복 운동시키는 구동방식은 테이블 아랫면에 장치된 래크에 맞물리는 기어 축을 전동기로 정역 회전시키는 것과 래크대신 피스톤을 장치하고 베드에 장치한 실린더 속으로 기름을 보내어 유압기구로 구동하는 것 등이 있다.

셰이퍼, 슬로터 및 플레이너가 평면을 가공한다는 데에는 공통점을 갖고 있으나, 셰이퍼와 슬로터에서는 소형물을 가공하여 공작물에 이송을 주고, 플레이너에서는 대형물을 가공하고 공구에 이송을 준다. 공구의 이송은 귀환 행정 때에 주며 여러 가지 기준면 및 안내면이 될 평면 가공에 주로 사용된다, 플레이너 가공의 종류와 절삭 방법은 셰이퍼의 경우와 거의 같으나 셰이퍼에 비하여 큰 공작물을 가공하는데 쓰이는 점이 다르다.

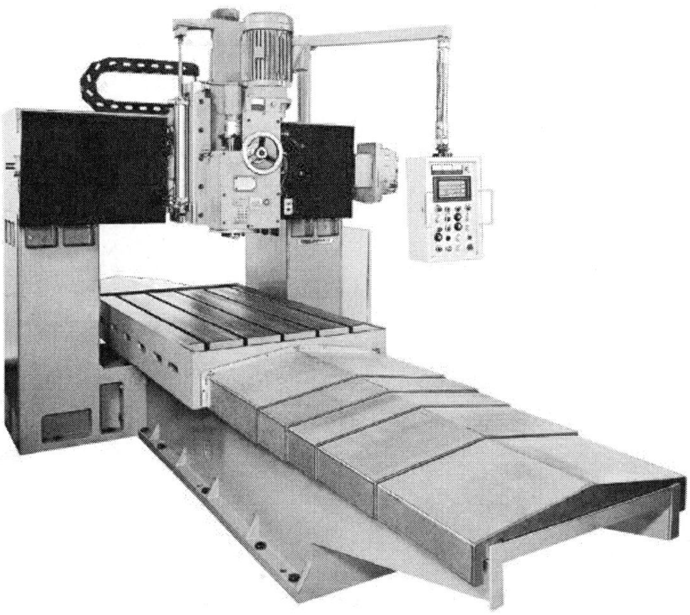

그림 4-4 플레이너

4) 밀링머신(milling machine)

밀링머신이란 주축에 밀링 커터라는 공구를 고정하여 회전시킨 상태에서 테이블 위의 일감에 절삭 깊이와 이송을 주어 절삭하는 공작기계이다. 주로 평면이나 홈, 경사진 면을 가공한다. 그리고 불규칙하고 복잡한 면이나 드릴의 홈, 기어의 치형도 가공하는 등 복잡한 형태의 기계 부품을 생산하여 기계 산업에서 많이 사용되고 있다. 현재 밀링 커터의 재질과 가공 기술이 발전하여 생산 능률이 향상되고 정밀도가 높아져 가공 분야가 넓어졌다. 이러한 가공을 통해 생산되는 대표적인 제품으로는 터빈 블레이드, 스마트 폰 케이스 그리고 항공기 부품 등이 있다. 밀링머신의 크기를 표시하는 방법은 여러 가지의 규정이 있으나 밀링머신의 크기는 일반적으로 호칭 번호로 그 크기를 표시한다.

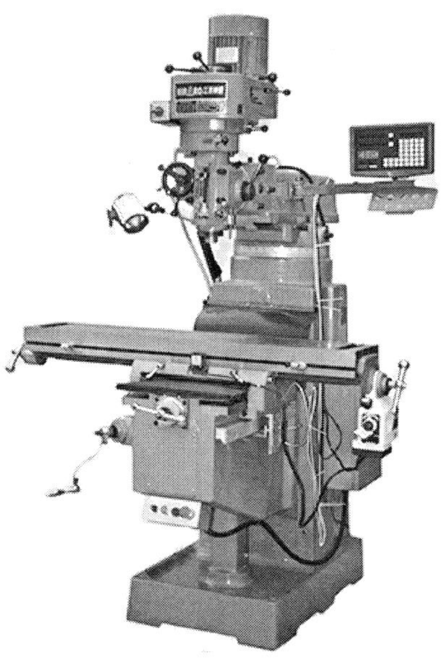

그림 4-5 밀링머신

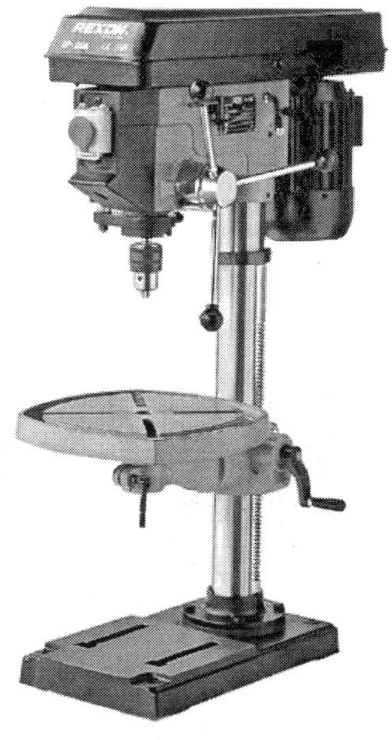

그림 4-6 드릴링머신

5) 드릴링머신(drilling machine)

전동기에 의해 회전하는 축에 드릴과 같은 절삭 공구를 고정시키고 회전시키면서 수직 운동을 하여 구멍을 뚫을 때 사용하는 공작 기계로서 크기나 작업 형태에 따라 핸드 드릴링머신, 직립 드릴링머신, 레이디얼 드릴링머신, 탁상 드릴링머신, 평 드릴링머신, 다축 드릴링머신 등 여러 가지 종류가 있다. 드릴링머신을 사용하여 가장 많이 하는 중요한 작업은 드릴로 구멍을 뚫는 드릴링, 드릴로 뚫은 구멍을 리머로 정밀하게 다듬질하는 리밍, 드릴로 뚫은 구멍을 넓히는 보링, 구멍의 안쪽에 암나사를 깎는 나사내기, 볼트나 나사를 박을 경우 머리 부분이 표면 속에 묻히거나 올바른 자리를 갖게 하기 위해 더 깊이 절삭해 내려가는 스폿페이싱(spot facing), 카운터싱킹(counter sinking), 카운터보링(counter boring) 등이 있다.

6) 보링머신(boring machine)

기계가공에 있어서 이미 뚫려 있는 구멍을 둥글게 깎아 넓히는 작업을 주목적으로 하는 공작기계로 가공물을 테이블 또는 마룻바닥 위에 장치하고 보링용 공구를 회전시켜서 작업한다. 대형 또는 복잡한 모양의 물건에 여러 종류의 구멍을 가공하는 데 편리하다. 대부분의 보링머신 작업을 하는 흔히 쓰는 기계는 수평 보링머신 · 지그 보링머신 · 정밀 보링머신 등이 있다. 대량생산에 사용되는 전용기계는 다축 또는 특수한 구조로 되어 있으며 가공물을 회전시키는 선반 형식의 보링머신도 있다.

7) 톱기계(saw machine)

프레임에 부착된 상하 또는 좌우 2개의 톱차에 엔드리스(endless)의 띠톱을 걸어서 긴장시키고 한쪽의 톱차에 의해서 구동해서 가공물을 절단하는 기계로서 목재 가공용과 금속 가공용 등이 있다.

그림 4-7 보링머신

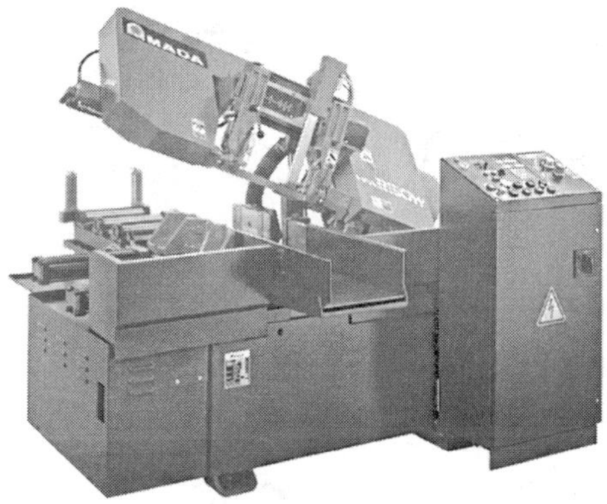

그림 4-8 톱기계

8) 연삭기

단단하고 미세한 입자를 결합하여 제작한 연삭숫돌을 고속으로 회전시켜 가공물의 원통면이나 평면을 극히 소량씩 가공하는 정밀 가공방법인 연삭을 하는 기계이다.

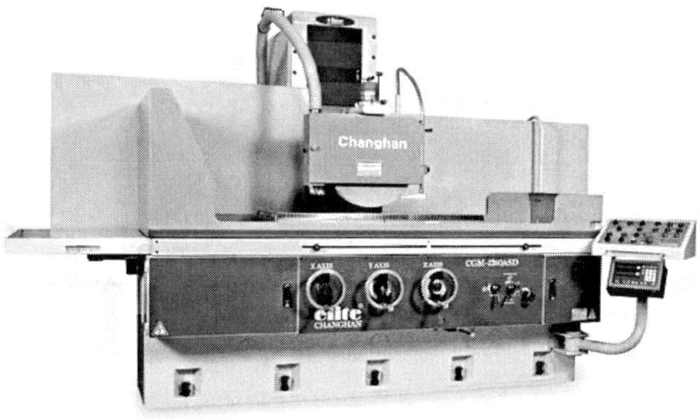

그림 4-9 연삭기

(2) 전용 공작기계(Special Purpose Machine Tools)

범용 공작기계의 기본원리를 이용하여 특정한 모양이나 치수의 제품을 대량생산 하는데 적합하도록 설계 및 제작된 공작기계로서 구조가 간단하고 조작이 용이하며 기계의 크기가 생산하려는 제품에 적합하도록 되어있다.

1) 싱글스테이션 기계(single stationary machine)

공작물을 1개소에 고정하고 한쪽 방향 또는 여러 방향으로부터 가공 유닛이 전진해서 한 공정의 가공만을 행하는 가장 간단한 기계이다.

2) 멀티스테이션 기계(multiple stationary machine)

1대의 기계에서 공작물의 처음 공정 가공이 끝나면, 자동적으로 다음 공정으로 보낸다. 2공정 이상의 가공을 연속적으로 행해 소정의 전 가공을 완료하는 전용 공작기계이다.

(3) NC 공작기계(Numerical Control Machine Tools)

범용 공작기계에 수치제어가공기술 개념을 도입한 수치제어장치(NC 또는 CNC Controller)를 부착하여 매우 높은 수준의 가공정밀도를 실현하고 자동가공이 가능하도록 한 공작기계이다. 종류로는 CNC 선반, CNC 드릴링기, CNC 밀링기, CNC 보링기, CNC 연삭기, 머시닝센터 등이 있다. 머시닝센터(machining center)는 보링머신, 밀링머신, 드릴링머신을 하나로 결합한 복합 공작기계로서 주축의 운동 방향에 따라 수직형 MC와 수평형 MC, 수직·수평형의 기종으로 구분할 수 있다. 머시닝센터의 운동은 직선, 회전, 주축 회전의 세 가지가 있으며 이들 운동은 수치제어(NC)서보와 NC스핀들에 의해 위치결정과 주축속도가 제어된다. 머시닝센터의 구성은 기계본체와 20~70개의 공구를 절삭조건에 맞게 자동으로 바꾸어주는 자동공구교환대(Automatic Tool Changer : ACT) 및 NC장치로 되어 있다. 단 한 번의 세팅으로 다축 및 다공정가공이 가능하므로 다품종 소량부품의 가공공정 자동화에 유리하다.

그림 4-10 머시닝센터

2.2 금속성형기계

재료에 외력을 가하여 여러 형태로 만드는 소성가공용 기계를 말한다.

1) 프레스(press)

2개 이상의 서로 대응하는 공구(금형, 전단날 등)를 사용하여 그 공구 사이에 금속 또는 비금속 등의 가공재를 놓고 공구가 가공재를 강한 힘으로 압축시켜 압축, 절단, 천공, 굽힘, 드로잉 등 가공을 하는 성형기계이다.

그림 4-11 프레스

2) 롤링머신

냉간가공 또는 열간가공에 의하여 전조 다이스 또는 전조 공구로 나사나 기어를 만든다.

그림 4-12 롤링머신

3) 절단기(knife)

리퍼라고도 하며 왕복동날에서는 수도와 함께 예취장치로 이뤄져 있다. 금속재료를 자르는데 사용되며 콤바인 등에서 탈곡 후의 짚을 절단하여 포장에 직접 살포하기 위하여 부착한 날을 말하기도 한다.

그림 4-13 절단기

4) 절곡기(bending machine)

금속판을 상하 형틀에 끼워 압력을 가하여 굽히는 기계이다. 형을 교체하여 여러 종류의 각도나 형상으로 굽힐 수 있으며 수동과 전동 형식으로 나눈다.

그림 4-14 절곡기

3 설비별 장치 구성

(1) 선반

1) 베드(bed)

다른 모든 중요 구성 요소들을 지지하는 역할을 한다. 베드는 골격이 있는 상자형의 주물로서 그 위에 주축대, 심압대, 왕복대 및 공작물 등을 지지하며 절삭 운동의 저항 및 안내 작용을 하는 구조로 되어 있다. 주축대의 회전 운동, 절삭력, 상부의 중량 등으로 인하여 진동 및 휨 등이 생기기 쉬운 관계로 충분한 강도가 필요하며 칩의 처리와 절삭유의 회수 등을 고려하여 그 형태를 결정한다. 베드의 형상은 산형(미국식), 수평형(영국식)이 대표적이다.

2) 왕복대(carriage)

바이트의 이송과 절입을 위한 이송 장치로 주축대와 심압대 중간에 위치하며 베드면 따라 주축 중심선 방향으로 이동하고 피이드와 위치 조정을 한다. 구성은 크게 새들(saddle), 가로방향 이송대, 복식 공구대, 에이프런(Apron) 등이 있다.

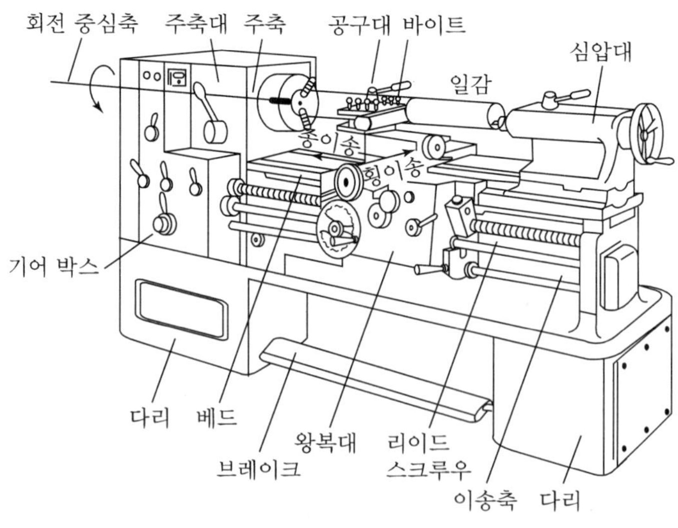

그림 4-15 선반의 구조

3) 심압대(tail stock)

주축대와 상대되는 베드 위에 있으며 센터 작업을 할 때 공작물을 지지하거나 드릴, 리머, 탭 등의 공구를 심압축의 테이퍼 구멍에 끼워서 작업을 하는 역할을 한다. 만약 베드와의 접촉이 정확하고 또한 고정이 제대로 안되면 가공물의 정밀도에 영향을 미친다.

4) 주축대(head stock)

가공물을 고정시켜 회전하고 회전수의 변경, 바이트를 자동 이송시키는 원동력 등을 전달하는 원천이 된다. 보통 주철로 된 박스 속의 중앙 위치에 주축이 있고 주축의 회전을 변속시키는 장치 및 왕복대에 이송을 변환시켜 주는 장치와 리이드 스크류에 동력을 전달하기 위한 기어 장치 등을 갖추고 있다. 주축의 내부는 중공으로 되어 있고 모스 테이퍼(morse taper)로 되어 있고 센터등을 끼울 수 있도록 되어 있다.

5) 이송 기구(feed mechanism)

에어프런 안에 장치되어 있으며 수동 이송을 위한 손잡이와 각종 레버가 달려있다. 자동 이송은 이송축과 에어프런 내부의 기어 장치에 의하고 나사절삭 이송은 리드 스크류의 회전을 하프 너트(half nut)로 왕복대에 전달해 이송시킨다.

6) 센터

공작물을 지지하는 부속 장치로 양질의 탄소강 또는 고속도강, 특수 공구강으로 만들며 열처리를 하여 경화한 것을 적당히 어닐링(annealing)하여 인성(thoughness)을 부여한 후 사용한다. 센터는 주축에 상입하여 사용하는 회전 센터(live center)와 심압대 축에 삽입하여 사용하는 정지 센터(dead center)가 있다. 보통 센터의 구멍은 모스 테이퍼(morse taper)로 되어 있으며 센터의 자루 부분의 테이퍼는 $\frac{1}{32} \sim \frac{1}{8}$ 정도이나 일반적으로 모스 테이퍼 $\frac{1}{20}$을 많이 사용한다.

(2) 셰이퍼

셰이퍼는 베이스, 칼럼, 램, 공구대, 테이블로 구성되며 상자형으로 된 칼럼은 베이스와 함께 램 및 테이블을 지지하고 있다. 램은 칼럼 상부의 안내면을 따라 절삭 귀환행정(작동)을 한다. 램의 구동장치는 크랭크식과 유압식 등이 있으며 절삭행정의 속도보다 귀환행정의 속도를 빠르게 할 수 있는 급속귀환장치(일종의 안전장치가 된 내장품)로 되어 있다. 공구대는 램의 끝단의 설치되어 있으며 선화대가 부착되어 공구대를 수평축에 대하여 임의각도로 경사시킬 수 있다. 테이블은 칼럼 전면의 안내면에 따라 상하로 이동되며 가로 크로스레일에 의하여 가로방향 이송이 가능하다. 셰이퍼는 바이트가 고정된 램이 왕복운동(절삭운동과 귀환운동)을 하여 평면(T홈, V홈, U홈) 가공을 한다.

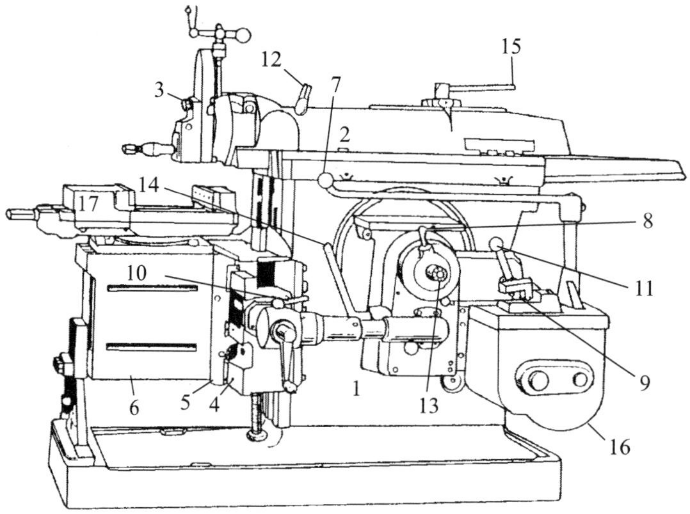

1. 직주(直柱 : pillar or column) 2. 램(ram) 3. 세이퍼 공구대(shaper head)
4. 횡주(橫柱 : cross rail) 5. 새들(saddle) 6. 테이블(table)
7. 기동(起動) 레버(starting lever) 8. 이송용(移送用) 레버(feed lever)
9. 변환 기어 레버(change gear lever) 10. 이송방향 조절 레버
11. 백기어 레버(back gear lever) 12. 램(ram) 위치 지정축(positioning shaft)
13. 스트로우크 조정장치 14. 램 고정용 레버
15. 기어상자(gear box) 16. 바이스(vise)

그림 4-16 크랭크 셰이퍼(crank shaper) 각부 명칭(Smith에 의함)

(3) 플레이너

플레이너는 공구대에 바이트가 고정되어있고 공구대와 연결되어 있는 크로스레일과 공작물이 올려져 있는 테이블이 왕복운동을 하면서 공작물을 가공하는 방식으로 베드양쪽에 칼럼이 달려있는 쌍주식과 한쪽에만 칼럼이 있는 단주식이 있는데 단주식은 쌍주식에 비해 보다 폭넓은 공작물을 가공할 수 있지만 쌍주식보다는 정밀도가 떨어진다.

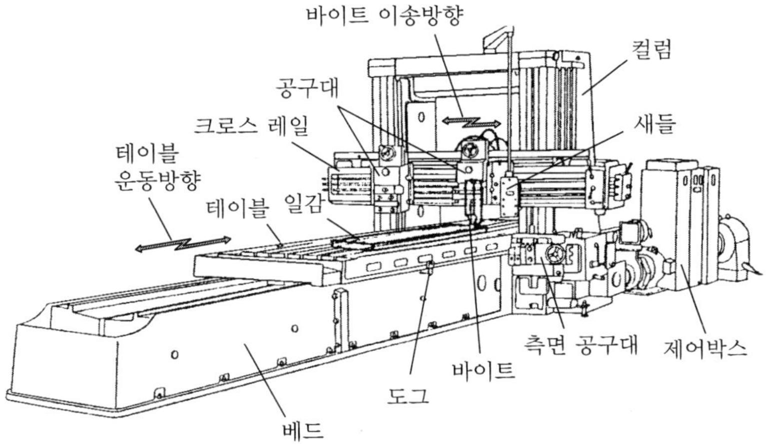

그림 4-17 대형 플레이너

(4) 밀링머신

밀링의 부속 장치 구성은 상부 설치 장치들, 밀링커터, 하부 설치 장치 등이 있다. 상부 설치 장치로는 오버암, 아버, 슬로팅장치 등이 있다.

1) 오버암

주축과 평행 방향으로 이동하며 아버가 굽히는 것을 방지하고 부속 장치를 지지하는 역할을 한다.

2) 아버

밀링머신의 주축의 테이퍼 구멍을 고정하고 타단은 아버 지지대에 의해 지지되는 봉을 말한다. 밀링커터를 주축단에 직접 압입하고 고정시키고 주축과 함께 회전한다. 아버 어댑터, 콜릿 등을 이용하여 설치한다.

3) 슬로팅장치

스핀들의 회전 운동을 수직 왕복 운동으로 변환시켜 주는 장치이다. 이 장치는 평면 위에서 임의의 각도로 경사시킬 수 있다.

4) 밀링커터

공작물을 직접적으로 깎는 장치를 말한다. 종류로는 플레인 밀링커터, 측면커터, 메탈 슬리팅 소, 총형커터, 각형커터, 정면커터, 엔드밀 등이 있다. 플레인 밀링커터는 원의 원주에 절삭 날을 가지며 날의 각은 15도에서 30도 사이이다. 가공을 할 때 받는 부하를 효율적으로 적게 걸리게 하여 두꺼운 홈가공을 할 때 쓰인다. 소비동력이 적고 가공면의 정도가 좋으나 추력이 작용하는 결점이 있다. 측면커터는 원주와 측면에 날이 있으며 단면 가공 및 평면 가공에 사용된다. 메탈 슬리팅 소(metal slitting saw)는 얇은 플레인 밀링커터이며 공작물과 공구가 닿지 않도록 여유를 두고 있으며 절단과 홈가공에 사용된다. 총형커터는 외주에 소요제품의 외형과 같은 곡선의 윤곽을 지니고 gear, cutter, reamer 등을 가공한다. 각형커터는 원추면에 절인을 갖고 있으며 각 절삭가공 등에 사용된다. 정면커터는 지름이 150 mm 정도이고 외주와 한쪽 단면 및 모서리에 절인이 있다. 페이스 밀 아버에 고정하여 넓은 평면가공에 사용한다. 엔드밀은 정면커터와 같이 외주와 단면에 절인이 있고 수직형 밀링머신에서 홈가공 및 곡면 가공 등에 사용된다.

5) 하부장치

하부 설치 장치로는 테이블, 새들, 니, 베이스, 밀링바이스, 원형테이블, 어댑터와 콜릿 등이 있다. 테이블은 공작물을 고정하고 좌우로 움직이는 장치이다, 밀링바이스나 그 밖의

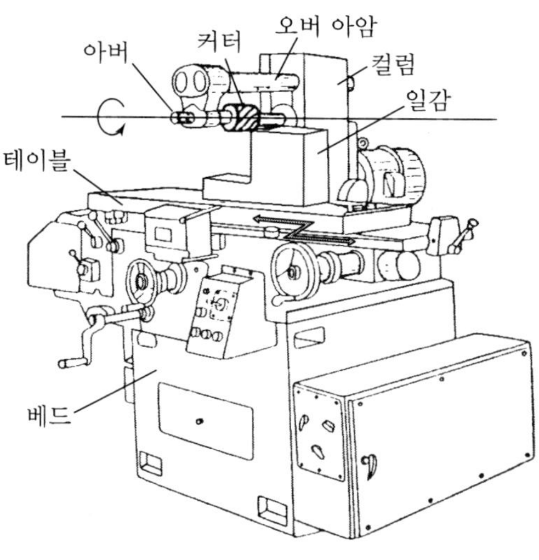

그림 4-18 수평 밀링머신

부속장치들은 T볼트로 고정한다. 새들은 전후로 이동하며 테이블을 조정 및 지지한다. 부속 장치로는 윤활장치와 테이블의 어미 나사 구동 기구를 속에 두고 있다. 니는 상하이동을 하며 새들과 테이블을 지지하고 테이블의 움직임을 조정하는 기구가 포함되어 있다. 베이스는 본체의 밑부분에 있어 앞쪽으로 뻗어 나와 있다. 밀링머신의 모든 부분을 안정되게 지지하는 역할을 하며 뒤쪽에는 절삭유를 저장하도록 되어있다. 또한 베이스와 니 사이에 잭 스크루를 지지하고 있어 니의 상하 이송을 가능하도록 되어 있다. 밀링바이스는 공작물의 고정에 사용되는 것이며 T볼트를 이용하여 고정하고 소형 가공물을 고정하여 많이 사용된다. 원형테이블은 주로 수직 밀링머신에서 많이 사용되는 부속기구이다. 이 장치는 수동 이송 또는 자동 이송으로 회전시킬 수 있어 원형의 홈이나 바깥둘레 부분을 원형으로 깎는데 주로 쓰이고 원주를 등분할 수 있어 간단한 각도 분할에도 쓰인다. 어댑터와 콜릿은 밀링 커터의 고정 용구이다.

(5) 드릴링머신

드릴링머신은 기본적으로 베이스, 컬럼, 테이블, 헤드 및 주축으로 구성되어 있으며 형

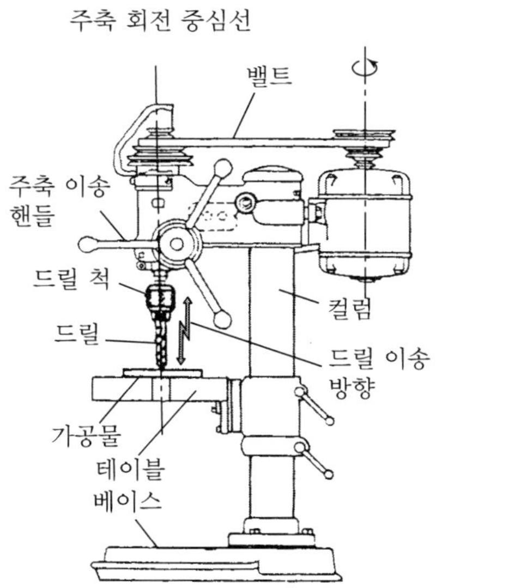

그림 4-19 벤치 드릴링머신

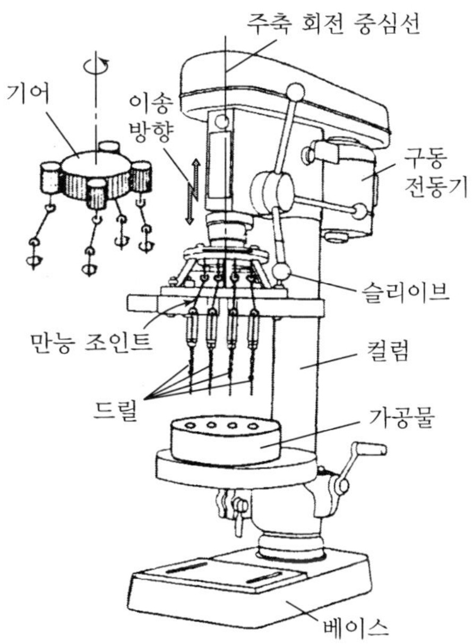

그림 4-20 다축 드릴링머신

상 및 용도에 따라서 분류할 수 있다. 드릴링머신은 전동기에 의해 회전하는 축에 드릴을 고정시키고 회전시키면서 수직운동을 하여 공작물에 구멍을 뚫는 작업을 할 수 있고 드릴 부분에 쓰이는 바이트의 종류에 따라 가공의 종류가 달라진다.

(6) 연삭기

1) 테이블

테이블에는 눈금자가 부착되어 있으며, ±90°로 회전이 가능하다. 또한 ±90°로 회전되는 테이블과 360°로 회전되는 주축대를 복합하여 사용하면 길고 큰 가공물의 연삭 작업도 가능하다.

2) 연삭 숫돌

연삭 또는 연마에 쓰이는 숫돌이며 경도가 큰 숫돌 입자를 적당한 접착재로 접착 성형한 것이며 둥근 바퀴 모양의 숫돌이다.

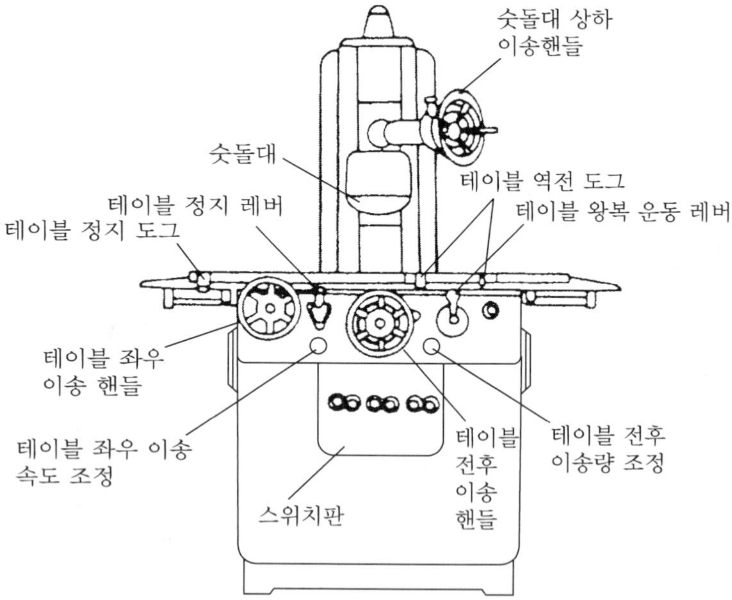

그림 4-21 평면 연삭기의 구조

3) 심압대

심압대는 주축대의 반대쪽 베드 위에 있으며 주축의 센터와 더불어 공작물의 오른쪽 끝을 센터로 지지하는 역할을 한다.

4) 주축대

선반의 왼쪽 끝에 고정되어 있는 동력을 전달하는 부분으로 그 속에 주축이 내장되어 있고 이에 센터를 끼워 심압대와 함께 공작물을 지지한다. 주축의 회전 속도 및 이송 속도를 조정하는 변환 장치가 갖추어져 있다.

5) 베드

기계, 장치 등을 바닥에 설치할 때 그 밑바닥의 튼튼한 기반으로 일반적으로 테이블 등을 안내하는 안내면을 구비하고 있다.

(7) 머시닝 센터

머시닝 센터의 기본 구조는 구동 모터, 주축대, 베드, 새들, 테이블, 컬럼, ATC, 강전 제어반, 조작판, 서보 기구 등으로 나눌 수 있다.

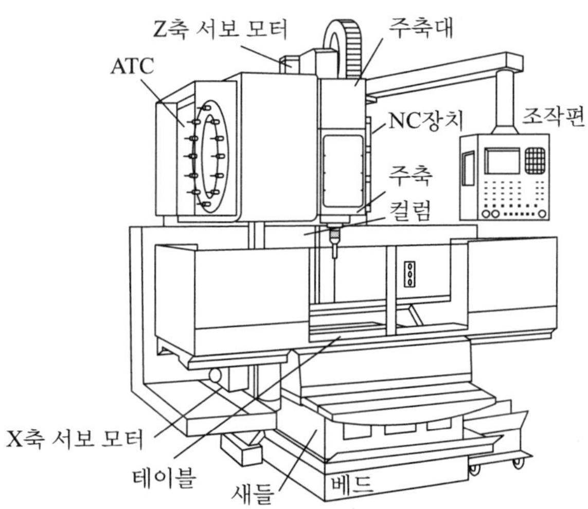

그림 4-22 머시닝 센터

1) 베드(bed)

베드는 고강성을 유지할 수 있도록 되어 있고, 슬라이드면은 마찰 저항이 극히 적은 안내면으로 구성되어 있다.

2) 컬럼(column)

컬럼은 베드 위에 부착되어 있으며 스핀들 헤드를 지지하고 안내해 주는 역할을 하고 있다.

3) 주축대(spindle head)

주축대의 내부에는 주축 모터와 풀리(pulley)가 V벨트로 연결되어 주축을 회전시키며 주축의 구멍은 테이퍼로 되어 있어 공구를 클램핑(clamping)했을 때 주축의 중심과 공구의 중심이 정확히 일치되도록 되어 있다.

4) 테이블(table)과 새들(saddle)

테이블은 새들 위에 배치되어 있으며 새들은 베드 위에서 안내면의 중앙에 배치된 볼 나사(ball screw)에 의해 구동된다.

5) 이송용 박스

이송용 박스는 베드 전면, 컬럼 상면, 새들 우측면의 3면에 배치되어 있다. 각 박스에는 이송용 AC 서보 모터(servo motor)가 부착되어 있어 볼 나사를 구동한다.

6) 조작판

CRT 조작판은 NC선반과 비슷하며 기계를 수동 조작하는 기계 조작판으로 구성되어 있다.

7) 자동공구교환장치(ATC)

주축에 고정되어 있는 공구와 다음 가공에 사용될 공구를 자동으로 교환하는 장치이다. ATC는 기계의 크기에 따라 형식이 다른 것이 있으며(터릿형, 저장형 등) 장착할 수 있는 공구의 수도 여러 개에서 수십 개까지 있다. 공구 호출 방식은 임의의 공구를 번호로 호출하여 교환할 수 있는 랜덤 방식과 배열순으로 주축에 장착하는 순차형 방식이 있다. 자동

공구 교환 장치(automatic tool changer)는 일반적으로 터릿형과 저장형의 두 가지 방식으로 나눌 수 있다.

① 터렛형

여러 개의 공구를 공구대에 직접 설치하고 공구대를 회전시킨 후, 직선적으로 이동하여 필요한 공구를 작업 위치로 이동시키는 방법이다. 이 방식은 교환 시간은 짧으나 공구끼리의 간섭을 피하기 위해 충분한 간격을 유지해야 하며 공구의 저장 개수가 제한적이다. 주로, CNC 선반이나 CNC 드릴링머신, 소형 머시닝 센터 등에서 많이 이용되고 있다.

② 저장형

주축으로부터 떨어진 위치에 여러 개의 공구를 저장하는 공구 보관 매거진을 두고 이 매거진에 내장되어 있는 공구를 교환 위치까지 이동시켜 교환 암 등을 사용해 주축에 있는 사용하던 공구와 교환하는 방식이다. 이 방식은 머시닝 센터나 다양한 종류의 부품을 가공하기 위해 많은 공구를 필요로 하는 CNC 공작기계에 많이 이용되고 있다.

8) 자동일감교환장치(APC)

머시닝 센터 등에 의해 가공되는 일감의 크기와 모양이 다양해지면 운반과 교체에 많은 문제가 있으며 1대의 공작기계로 한 종류 또는 여러 종류의 일감을 대량으로 가공할 때, 일감이 교체될 때마다 일감과 공구의 고정 및 위치 결정(setting)에 소요되는 시간이 많이 걸린다. 그러므로 기계의 정지 시간을 단축시키기 위하여 표준형 고정 지그를 공작기계의 테이블에 직접 부착해 사용하거나, 기계 밖에서 공작물을 고정 지그에 고정하고 고정 지그 전체를 운반해 공작기계의 테이블에 부착시켜 사용하면 편리하다.

9) 인덱스 테이블

머시닝 센터의 부가축으로 공작물을 각도만 분할시키는 기능이다. 원통의 공작물에 구멍을 뚫을 경우 부가축이 회전하여 구멍을 가공하는 형태의 기능을 수행하는 장치이다. 수평형 머시닝 센터의 경우 회전 테이블과 같은 역할을 하는 것이 인덱스 테이블이다.

10) 로터리 테이블

인덱스 테이블과 마찬가지로 부가축이지만 각도 분할 뿐 아니라 회전할 때 이송 속도를 명령하여 동시에 절삭 가공을 할 수 있다. 원통캠 가공이나 특수한 형상의 공작물을 편리하게 가공하는 것으로 1축 로터리 테이블과 2축 로터리 테이블 등이 있다.

11) 공작물 고정장치

공작물은 각종 고정 장치를 이용해서 테이블에 고정한다. 공작물의 고정 방법은 그 좋고 나쁜 상태에 따라 가공 정밀도나 가공 능률에 커다란 영향을 끼친다. 그래서 고정 장치는 공작물의 치수, 형상, 절삭 조건, 가공 방법 등을 고려해서 가장 적합한 것을 선택 또는 설계해야 한다. 고정 장치에서 중요한 것은 위치 결정 정밀도나 반복 정밀도이다. 종래에는 치공구(Jig) 등의 전용 고정 장치가 이용되었지만, 머시닝 센터처럼 로트 수가 적게 되면 여러 공작물에 두루 쓰기 위해 기계 바이스나 볼트·너트를 이용한 범용 고정 장치가 많이 이용되고 있다.

4 설비관련 규정

고용노동부 고시 제8호에 해당하는 공작기계 안전기준 일반에 관한 기술상의 지침 제1조부터 25조까지를 요약하여 정리하면 다음과 같다.

제2조(안전방호통칙)

제조자, 판매자, 관리자 및 작업자는 금속가공용 공작기계(이하 "공작기계"라 한다) 및 기계가공에 부수되는 안전방호장치 및 안전방호대책에 대한 조치를 포함하여 다음 사항에 대하여 유의해야 한다.

① 제조자, 판매자, 관리자 및 작업자는 공작기계 및 기계가공에 따른 상해를 방지하기 위하여 이 고시에 따른 적절한 조치를 강구하여야 한다.

② 공작기계의 외면(바깥 면)에 위험한 부분이 없어야 한다.

③ 전압, 유압 또는 공기압의 변동, 정전 그 밖의 이상 발생 시에 공작기계에 의한 위험을 방지하기 위하여 페일-세이프 등의 기능을 구비하고 있어야 한다.

④ 필요한 강도를 가져야 한다.
⑤ 인간공학적인 배려에 의하여 작업의 안전성을 확보하여야 한다.
⑥ 작업자 뿐 아니라 다른 사람에 대하여도 상해를 방지할 수 있도록 하여야 한다.
⑦ 정비가 용이하도록 하여야 한다.
⑧ 나사로 고정된 부품은 운전 중 시동 또는 제동 등의 충격에 의하여 헐거워지지 않도록 하여야 한다.
⑨ 직선운동부분 주위에 발생되는 틈새의 최소간격은 충분히 크기나 충분히 작게 하여 끼임을 방지함으로써 안전방호대책을 생략할 수 있다.
⑩ 누구라도 공작기계 및 기계 가공에 부수된 안전방호장치 및 안전방호대책의 효력을 정당한 이유 없이 상실시켜서는 아니된다.
⑪ 관리자는 작업자에 대하여 안전방호에 관한 교육훈련을 실시하여야 한다.
⑫ 관리자는 작업자 및 다른 사람에 대하여 안전방호에 관한 감독을 태만히 해서는 아니된다.
⑬ 작업자는 작업상 지켜야 할 규칙에 따라 작업하여야 한다.
⑭ 정비, 점검, 수리, 조정 등에 있어서 이미 설치된 안전방호장치 또는 안전방호 대책이 기능을 잃을 우려가 있을 경우에는 별도의 안전방호조치를 강구하여야 한다.
⑮ 정비, 점검, 수리, 조정 등의 작업 중에 부주의하게 운전이 개시되지 않도록 조치하여야 한다.
⑯ 정비, 점검, 수리, 조정 등을 실시한 후에는 안전방호장치 또는 안전방호대책이 그 기능을 회복하였는지 여부를 반드시 확인하여야 한다.
⑰ 개조, 개선을 실시한 경우에는 새로운 위험을 수반할 가능성이 있으므로 필요할 때에는 이것에 대한 안전방호장치 또는 안전방호대책을 강구하여야 한다.

제4조(동력차단장치)

① 공작기계에는 작업자가 그 작업위치를 이탈하지 않고도 조작할 수 있는 위치에 동력차단장치를 설치하여야 한다.
② 제1항의 동력차단장치는 쉽게 조작할 수 있어야 하며 접촉, 진동 등에 의하여 뜻하지 않게 공작기계가 가동할 우려가 없어야 한다.
③ 2명 이상의 작업자에 의하여 운전되는 공작기계는 모든 시동스위치를 동시에 누르지 않으면 작동되지 않아야 한다.

제5조(브레이크)

① 공작기계에는 동력을 차단시켰을 때 회전 중인 주축을 정지시키기 위한 브레이크를 설치하는 것이 바람직하다. 다만, 연삭기계의 숫돌축에 대해서는 그렇지 않다.

② 제1항의 브레이크는 다음 각 호에 정하는 바에 적합하여야 한다.

가. 주축이 최고속도에서 회전하고 있는 경우에는 빨리 정지시킬 수 있는 제동력을 구비하여야 한다.

나. 마찰관 라이닝, 전기자, 그 밖의 마모부품을 쉽게 확인 또는 교체할 수 있는 구조로 되어 있어야 한다.

제6조(덮개 등)

① 공작기계의 동력전달부분 등과 같이 접촉에 의하여 근로자에게 위험을 미칠 우려가 있는 부분 및 공작기계 운전 중에 가공물, 부품 등의 비례에 의하여 근로자에게 위험을 미칠 우려가 있는 부분에는 덮개를 설치하여야 한다.

② 제1항의 덮개는 다음에 정하는 바에 따라야 한다.

가. 확실한 방호기능을 구비하고 있어야 한다.

나. 장기간 사용에 견딜 수 있는 견고한 구조로 하여야 한다.

다. 공작기계의 청소, 주유, 수리 등의 정비작업(이하 "정비작업"이라 한다) 및 조정작업에 방해가 되지 않는 구조로 하여야 한다.

라. 공구를 사용치 않고는 제거하거나 열 수 없는 구조로 하여야 한다.

마. 원칙적으로 고정형으로 하여야 한다. 끼워맞춤형으로 할 때는 쉽고 견고하게 끼워 맞출 수 있어야 한다.

바. 접촉에 의하여 근로자에게 위험을 미칠 우려가 있는 날카로운 모서리, 돌기부 등이 없어야 한다.

사. 공작기계의 작동부분과의 틈새에 손과 같은 것이 끼어들지 못하도록 하여야 한다.

아. 개폐식의 덮개는 그 개폐를 공작기계의 운전과 가능한 한 연동되도록 하여야 한다.

③ 공작기계 회전부분 등의 고정구 등은 묻힘형으로 하거나 덮개를 설치하여야 한다.

제11조(오동작 등에 대한 안전장치)

공작기계에는 오동작 또는 운동부분의 오버런(OVERRUN)에 의한 위험을 방지하기 위하여 가능한 한, 전기적 연동장치 또는 이송정지용 리미트스위치, 그 밖의 안전장치를 설치하여야 한다.

제21조(안전방호물)

① 울, 덮개 등과 같이 위험점에 접근하거나 위험구역 안의 진입을 방지하기 위한 안전방호물(이하 "안전방호물"이라 한다.)의 구조 및 기능은 다음에 따른다.

가. 안전방호물은 작업 중에 발생하는 힘이나 환경조건에 충분히 견딜 만큼 완강하고 쉽

게 조정하거나 철거할 수 없는 구조로 하여야 한다.

나. 안전방호물에는 톱니모양 또는 예리한 모서리·돌기 등 위험부분이 있으면 아니된다. 또한, 안전방호물은 가능한 한 삽입부나 전단부를 갖고 있지 않아야 한다.

다. 안전방호물은 원칙적으로 고정식으로 하여야 한다.

라. 안전방호물을 통해서 공작물을 출입시킬 필요가 있을 경우에는, 안전방호물에 출입부를 설치한다. 출입부와 위험점 사이는 안전방호상 필요한 충분한 거리로 하고 공직물과 출입부 사이에는 말려들 위험이 없도록 그 치수에 주의하여야 한다. 경우에 따라서는 출입부의 위치와 크기를 조절할 수 있는 방식으로 한다.

마. 작업의 성질상 위험점에 접근하거나, 위험지역 안에 진입할 필요가 있을 경우에는 가능한 한 안전방호물을 여는 것과 기계의 정지와 연동시켜야 한다.

바. 관성에 의한 운동시간이 긴 기계의 안전방호는 위의 연동장치로서 운동장치를 확인할 때까지나 예상되는 관성운동기간 중이거나 또는 안전방호물을 열거나 동력을 끊음으로써 브레이크가 작동하여 가능한 한 관성운동을 빨리 정지시키는 등의 기능을 갖도록 하여야 한다.

사. 제5항의 경우에는 안전방호물을 설치하는 것이 적당하지 않을 경우에는 잡아끌거나, 누르거나, 만지거나, 또는 광선을 차단하는 등의 동작에 따라서 동력이 끊어지는 기능을 갖는 장치를 가능한 한 구비하여야 한다.

5 설비관련 사고사례

1) 선반 안전사고

① 재해개요

2017년 2월 충북 음성군 소재 롤러 생산 작업장에서 피해자가 범용 선반에 환봉을 장착하여 구동시킨 후 사포의 양 끝을 손으로 잡고 환봉의 표면을 연마 작업을 하던 중 면장갑이 환봉 표면에 감기면서 선반의 척에 머리를 부딪쳐 사망하였다.

그림 4-23 선반 충돌 사고

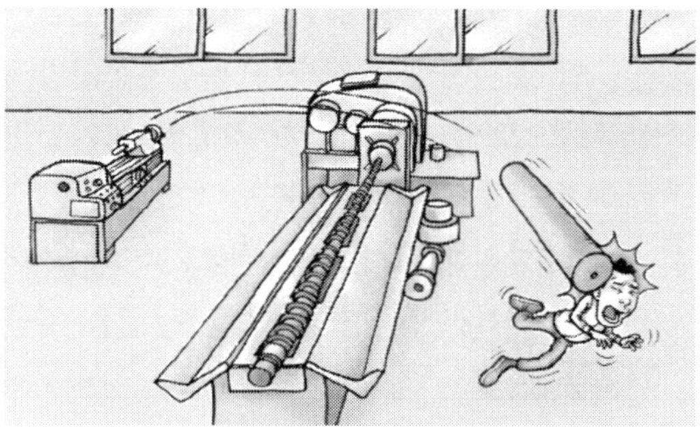

그림 4-24 로울러 충돌 사고

② 재해발생과정

선반을 이용하여 환봉의 직경을 감소시키기 위해 환봉 표면에 사포를 감아 양 끝을 손으로 잡고 환봉을 회전시키면서 연마 작업을 시작했고 환봉의 끝단부터 연마를 시작하여 중간부위까지 연마하던 중 왼손에 끼고 있던 면장갑이 환봉의 거친 표면에 걸려 아래쪽으로 감기면서 환봉에 안면부를 부딪쳤다. 그 후 회전하는 선반의 척에 머리를 수차례 부딪쳐 두부 손상을 입었다.

③ 재해발생원인

연마 작업 중 전용의 기계(연마용 벨트, 연삭기)가 아닌 선반을 사용하였다. 회전체를 취급할 때 면장갑을 착용하여 회전 가공물(환봉)의 거친 표면에 면장갑이 끼여 손이 말려 재해를 당했다. 또한 덮개 등 작업자 접촉 방지 조치를 하지 않아 재해자의 상해가 가중되었다.

④ 예방대책

예방 대책으로는 연마 작업 중 전용 연마 기계와 연마용 벨트를 사용하고 회전체 등을 취급할 때에 손에 밀착되는 장갑을 사용하여 손이 끼이는 사고를 방지해야 한다.

2) 로울러 안전사고

① 재해개요

2016년 10월 경남 김해시 소재 기계 제작·수리 사업장에서 피해자가 범용선반을 이용하여 로울러를 가공하던 중 로울러가 비래하여 머리에 맞아 사망한 재해이다.

② 재해발생과정

심압대는 선반 베드에 볼트형과 레버형 고정장치로 이중으로 고정하여 사용하여야 하나, 사고 당시 심압대는 레버형 고정장치만 사용되었고 레버형 고정장치도 완전히 고정되지 않고 반쯤 풀려있는 상태였다. 왕복대가 심압대에 부딪히기 전에 멈추게 하는 리미트 스위치 작동 블록도 제거되어 있었다. 또한 고무 로울러의 왼쪽 축이 연동척에 고정되고 오른쪽 축이 심압대와 분리된 상태에서 고속 회전하는 고무 로울러에 자중에 의한 강한 원심력이 작용하여 비래하는 사고가 발생하였다.

③ 재해발생원인

범용선반의 주축(척)에 장착되어 고속으로 회전하는 가공물 등으로부터 작업자를 보호하기 위한 방호가드(Guard)를 설치하지 않았다. 심압대 고정조치가 미흡하여 자동 이송중인 왕복대에 의해 공작물을 지지하고 있던 심압대가 밀리면서 긴 가공물이 회전하면서 비래하였다.

④ 재해 예방대책

고속으로 회전하는 가공물이 튕겨지거나 절단되어 절사편이 날아오는 등 작업자가 위험해질 우려가 있는 선반 가공작업 시 방호가드(Guard)를 설치하여 날아오는 가공물에 의한 위험방지조치를 하여야 한다. 또한 긴 가공물 가공 시 레버형 및 볼트형 고정장치로 심압대를 견고하게 고정하여 가공물이 심압대와 분리되지 않도록 하여야 하고 선반 작업 시 긴 가공물은 비래 방지를 위해 주축대의 척과 심압대 사이에 방진구를 설치한 후 작업을 수행하여야 한다. 그리고 왕복대가 심압대에 충돌하기 전에 멈출 수 있는 리미트 스위치 작동 블록을 적정 위치에 설치한 후 작업하여야 한다.

6 설비 안전현안

공작기계는 편리함과 생산성의 이점 때문에 여러 곳에서 사용되고 있지만, 생산성만을 강조하여 사용자의 안전을 고려하지 않은 채 제작, 설치된 공작 기계들이 많이 사용되고 있다. 또한 공작기계에 대한 이론과 실제 현장에서 사용하는 공작기계는 다를 수가 있기 때문에 아무리 이론을 잘 알고 있는 사람일지라도 직접 보고 다루어보지 않는 이상 기계에 대해서 완전히 안다고 할 수 없을 것이다. 현재로서는 교육과정 중에 공작기계에 대한 실습이나 현장학습 같은 경험을 얻기가 어렵고 지금 시중에 판매되고 있는 공작기계 관련 서적은 실제 안전교육과 부합되지 못한다는 문제점을 가지고 있다.

1. 다음 보기 중 공작기계의 특성 3요소가 아닌 것은?

① 공작정밀도 ② 생산성
③ 유연성 ④ 휴대성

2. 다음 보기 중 연삭숫돌의 3요소가 아닌 것은 ?

① 회전축 ② 결합제
③ 기공 ④ 입자

3. 다음 보기 중 공작기계의 3대 기본운동이 아닌 것은?

① 절삭운동 ② 진자운동
③ 이송운동 ④ 위치조정운동

4. 바이트를 회전축과 경사시켜 보내며 외면이나 내면을 깎는 절삭의 종류는?

① 외경절삭 ② 단면절삭
③ 테이퍼절삭 ④ 절삭작업

5. 다음 보기 중 금속절삭기계가 아닌 것은?

① 프레스 ② 선반
③ 밀링 ④ 연삭기

6. 밀링기계의 구성요소로써 밀링 회전 커터를 지지하는 장치는?

문제정답

1. ④
2. ①
3. ②
4. ③
5. ①
6. 아버

Part 5

공조냉동설비

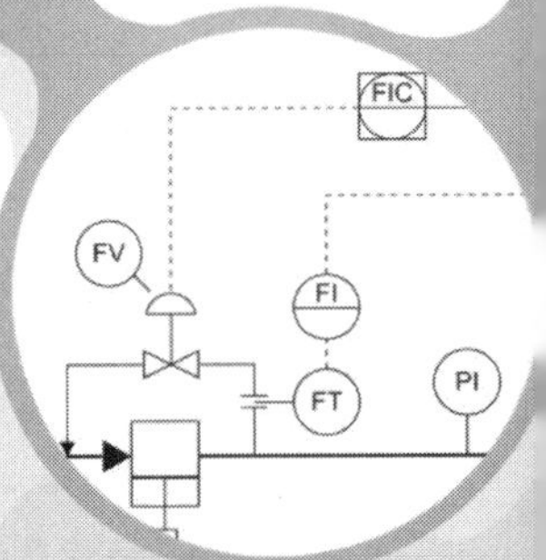

1 설비 개요

냉동과 공기조화는 서로 연관되어 있으나 각각 고유의 영역이 있다. 냉각과정인 냉동의 공기온도 주된 이용은 공기조화이다. 공기조화란 외기의 조건에 관계없이 실내 또는 특정 공간의 습도, 기류, 청정도등의 조건을 그 사용 목적에 따라 최적의 상태로 조절하여 유지하는 것을 말한다. 따라서 공기조화를 위해서는 단순하게 공기의 온도만을 조절하여 냉난방을 하는 것뿐만 아니라, 습도 및 기류의 조절이나 청정화를 동시에 이루어야 한다. 온도의 조절은 공기를 냉각(냉방)또는 가열(난방)함으로써 이루어지며 습도의 조절은 공기의 감습(제습) 또는 가습을 통하여 그리고 기류의 조절은 기류의 속도, 분포 및 기압을 조절함으로써 이루어진다. 또한 공기의 청정화는 공기 중 탄산가스(CO_2)농도의 조절이나 먼지, 세균, 냄새 및 그 외의 유해가스를 제거하는 프로세스로 구성된다. 그리고 최근에는 공기조화 설비의 대형화로 인하여 발생되는 소음이나 진동 방지 대책도 공기조화의 중요한 요소가 되고 있다. 공기조화에 필요한 이러한 기능들은 항상 함께 작동하고 있는 것은 아니다. 대부분의 주거시설에서 겨울에는 냉방과 제습의 기능을 시용하지 않고 여름에는 난방과 가습의 기능을 사용하지 않는다. 그러나 대형 상업시설에 설치된 공기조화기인 경우에는 연중 내내 이런 모든 기능을 동시에 제어할 수 있도록 하는 경우도 있다. 이런 경우에는 정교한 제어와 감지장치들이 필요하게 된다. 공기의 수분 함량을 정밀하게 제어하는 것은 매우 어려운 일이다. 따라서 항시 냉방과 난방 기능이 작동하는 경우라도 공정의 제어나 물품의 보관에 반드시 필요하다고 생각되는 경우를 제외하고는 일반적으로 겨울과 여름에는 습도 조절 기능을 사용하지 않는다. 공기의 청정화와 기류의 조절은 항상 필요하므로 실내가 비어 있는 동안을 제외하고는 항상 연속적으로 사용한다.

공기조화는 크게 보건용(또는 쾌적용) 공기조화와 산업용(또는 공업용) 공기조화로 분류한다. 보건용 공기조화(comfort air conditioning)는 실내 거주자를 대상으로 적합한 환경을 만들어주기 위한 공기조화로서, 인간의 쾌감이나 보건, 위생을 유지하여 노동의욕이나 생산능률을 향상시키는 것이 목적이며 사무실, 호텔, 병원, 백화점, 극장, 주택, 교통기관 등에 적용된다. 이러한 실내 공간에 대하여 법령이 정한 공기의 환경관리 기준과 이에 따른 설계조건은 표 5-1과 같다. 산업용 공기조화(industrial air conditioning)는 공장에서 생산되는 제품의 보관, 유지관리 또는 생산 공정에 관한 조건을 만족시켜 주기 위한 공기조화로서 제품의 생산성 향상, 보관된 제품의 균일한 품질 유지 등을 목적으로 한다. 적용범위로는 섬유, 인쇄, 양조, 제과, 제약, 사진, 전산실, 항온항습 분야 등과 같이 다양하다.

오늘날 산업이 다양화되면서 그 중요성이 증대하고 있으며 또한 적용범위도 더욱 넓어지고 있다.

▌표 5-1 실내 공간에 대한 공기의 환경관리 기준과 이에 따른 설계조건

구분	환경기준	설계조건
미세먼지(PM10)	150 $\mu g/m^3$ 이하	
일산화가스(CO)	10 ppm 이하	
이산화탄소(CO_2)	1,000 ppm 이하	
포름알데히드(HCHO)	120 $\mu g/m^3$	
상대습도	40% 이상 70% 이하	여름 50~60%, 겨울 40~50%
기류의 속도	0.5 m/s 이하	0.1~0.2 m/s
온도	17°C 이상 28°C 이하 냉방 시 내외기 온도차 7°C 이하	여름 25~27°C, 겨울 20~22°C

2 설비별 장치 구조

2.1 공기조화설비

(1) 열원설비

1) 냉동기

압축기, 응축기, 팽창 밸브, 증발기로 구성되며 외부에서 일을 하여 압축기를 운전하고 저온도의 물체로부터 열을 흡수하여 그것을 고온의 장소(물 또는 공기)에 버리는 작용을 하는 장치로서 순환하는 냉매는 증발기에서 열을 흡수하고 응축기에서 그 열을 방출한다.

2) 보일러

밀폐된 용기 내의 물 또는 열매를 연료의 연소열 또는 그 밖의 고온 가스 전열 등에 의

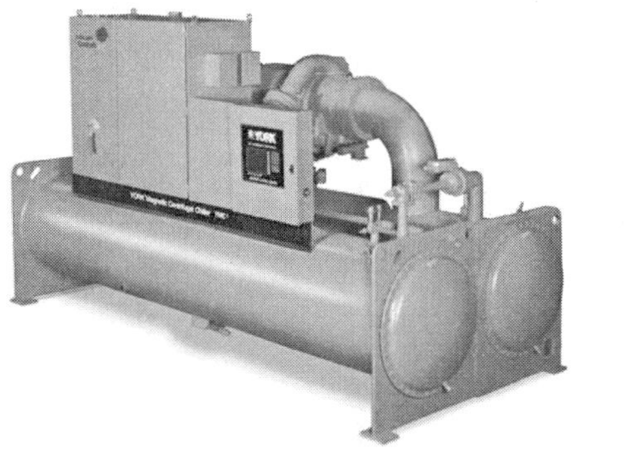

그림 5-1 냉동기

그림 5-2 보일러

해 대기압보다 높은 압력의 증기 또는 온수를 발생시켜서 다른 곳에 공급하는 장치로서 종류로는 증기보일러와 온수보일러가 있다.

(2) 공기조화기

1) 송풍기

송풍기는 주로 다익송풍기(일반적으로 시로코팬이라 한다)가 사용되고 있으나 고속덕트와 변풍량방식을 채택한 경우는 고정압용인 익형(air foil)송풍기의 사용이 증대되고 있다. 대용량의 급기가 필요한 경우에는 축류송풍기가 사용되기도 한다. 공기조화기에 내장되는 송풍기는 양흡입형을, 외장되는 경우는 편흡입형이 사용된다. 풍량제어를 위하여 흡입베인을 부착하는 경우도 있으며 축류형 송풍기에서는 날개의 취부 각도를 조절할 수 있는 가변피치송풍기가 사용된다. 송풍기 및 전동기의 결정은 소요풍량, 공기조화기내의 압력손실, 덕트 시스템의 압력손실에 의하여 결정된다.

2) 엘리미네이터

엘리미네이터는 냉각코일에서 응축된 응축수와 수가습을 하는 경우에 비산되는 것을 방지하는 장치이다. 풍속이 냉각코일의 전면에서 2.5 m/s 이하의 경우와 2.5 m/s 이상일 때 냉각코일의 직 후에 증기가습일 때에는 엘리미네이터를 설치하지 않을 수가 있다. 냉각감습 후 재열코일 전에 설치한다. 엘리미네이터의 재질은 아연도강판을 많이 사용한다.

그림 5-3 송풍기

그림 5-4 엘리미네이터

공기저항은 풍속이 2.5 m/s일 때 60 Pa 전후이고 3 m/s에서는 100 Pa에 상당한다. 일반 공기조화기의 냉각감습코일의 하류에 사용하는 엘리미네이터는 간격이 30 mm이며 3절형을 사용한다.

3) 가습기

가습기에는 수분무형과 증기분출형이 사용되고 있다. 수분무형은 기류 중에 온수를 분무하는 방법으로 하부에 수조를 설치하여 재순환하는 것과 급수관으로 직접 분무하는 방법이 있고 증기분출형은 강관에 구멍을 뚫어 증기를 분출하는 간단한 것과 분출증기를 재증발 시키거나 응축수를 드레인 처리 후 건조 상태에서 분출하는 것이 있다. 가습효율은 약 40%이므로 분무량은 가습량의 2~3배를 하여야 하고 습도는 전자밸브로 제어하는 것이 일반적이다.

그림 5-5 가습기

4) 가열코일

가열코일은 대부분 플레이트핀 코일형 열교환기를 사용하며 동관 또는 강관에 알루미늄 박판을 압착한 것이다. 열원은 온수 또는 증기이며 열원의 종류에 따라 가열코일의 제원이 결정된다. 온수코일은 냉각코일로도 겸용 가능하다. 증기를 열원으로 사용할 때에는 증기공급압력을 명확히 하여야 한다. 통상 2열을 사용하며 풍속이 열교환기의 전면에서 2.5 m/s일 때 공기저항은 약 25 Pa 정도이다. 특수한 공기조화기(항온항습장치 등)의 가열장치에서는 제어의 응답성 때문에 전기가열 코일을 사용하는 경우도 있다.

5) 냉각코일

냉각코일은 공기를 냉각하는 매체로 냉수를 사용하는 간접식(냉동기 등의 냉열원을 접속)과 냉매 등을 사용하는 직접팽창식(콘덴싱유닛과 접속)으로 구분된다. 냉각코일은 플레이트핀코일을 사용하며 통상 5～7°C의 냉수를 공급하여 공기를 냉각·감 습한다. 코일의 열수는 1～8열이 사용되고 보통은 6열 정도이며 이때의 공기저항은 풍속이 코일의 전면에서 2.5 m/s일 때 약 120 Pa 정도이다. 외기도입량이 많은 경우 10열을 사용하기도 한다. 공조용으로 사용하는 냉각코일의 핀 간격은 주로 3.5 mm가 이용된다.

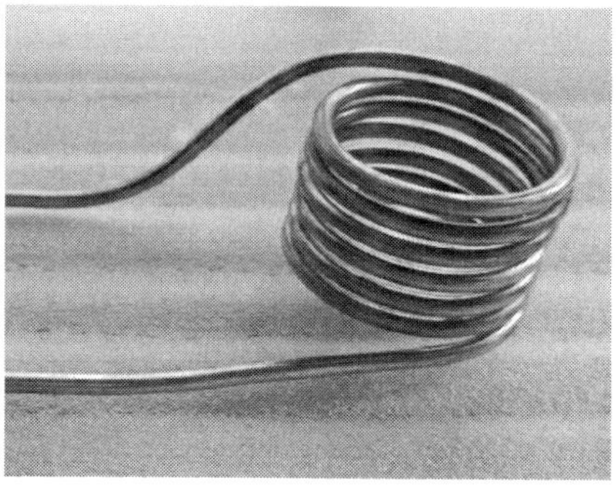

그림 5-6 가열코일

그림 5-7 냉각코일

6) 에어필터

에어필터는 건식여과의 유닛형필터를 많이 사용하고 있으며 자동권취형 롤필터도 사용되고 있다. 여재로는 유리섬유, 폴리에틸렌폼, 부직포 등이 많이 이용되고 있다. 공기압력 손실은 100 Pa 정도이다.

그림 5-8 에어필터

그림 5-9 케이싱

7) 케이싱

케이싱은 형강을 골조로 하고 강판을 절곡하여 조립한 구조이다. 강판은 내측에 단열재를 부착한다. 단열재는 표면처리한 유리섬유와 폴리우레탄폼 등이 사용된다. 바닥판에는 드레인팬을 만들어서 코일의 응축수와 가습 시에 증발되지 않은 물 등이 밖으로 유출되도록 한다. 드레인팬은 방식처리를 한다. 케이싱은 송풍기의 진동에 의한 소음이 발생하지 않도록 설치하여야 한다. 현장 조립할 경우에는 단열재가 삽입되어 있는 샌드위치 패널로 시공하기도 하며 초대형의 공조기는 콘크리트구조 등으로 건물구조의 일부를 사용하기도 한다. 케이싱 내부에는 필요한 곳에 점검구 등을 설치하여 관리에 편리하도록 하여야 한다.

(3) 열수송설비

1) 냉온수펌프

냉동기 또는 보일러 등에서 만든 냉수 또는 온수를 공기 조화기에 보내기 위한 공기 조화용 펌프로서 일반적인 순환펌프이다.

그림 5-10 냉온수펌프

2) 배관계통

① 냉각탑

일반적 빌딩이나 공장에서 건물 냉방에서 냉각수의 절약을 위해서 버리지 않고 한번 사용하여 온도 올라간 물을 냉각해서 다시 사용하게 되는데 이때 사용하는 장비가 냉각탑이다. 냉각을 위해 더운물을 찬 공기에 분사시키면 더운 물의 일부가 증발하는데 이 때 증발에 필요한 열을 빼앗아 수온을 내린다. 냉각탑은 이 현상을 이용하여 탑 위에서 물을 흘려보내고 밑에서 공기를 불어 넣도록 되어 있다.

② 차압유량 / 차압조절밸브

차압유량조절밸브는 아파트의 중앙난방・지역난방 SYSTEM에서 아파트 동별, 층별, Sub-Station별 등 각 구역별로 상이한 차압이 발생됨으로 유량의 불균형이 초래되어 효과적인 냉・난방이 어렵다. 이러한 유량의 불균형을 방지하고 적절한 유량을 분배하기 위하여 사용하는 밸브이다. 차압조절밸브는 냉・난방 설비의 밀폐 회로에서 공급관 및 환수관의 차압 또는 기기 전후의 차압을 일정하게 유지하여 배관 설비의 전체적인 안정을 시켜준다.

그림 5-11 냉각탑

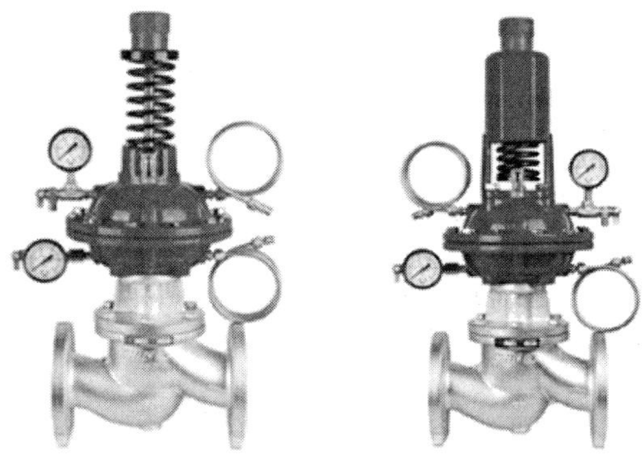

그림 5-12 차압밸브

2.2 냉동설비

(1) 저온저장고

1) 증발기

냉동의 목적을 직접 달성하는 곳이다. 냉매조절기(팽창밸브)로부터 넘어온 저온 저압의 냉매액은 피 냉각물체로부터 열을 흡수하여 기체냉매로 변화하여 압축기로 흡입되며 피 냉각물체는 냉매로부터 열을 뺏기게 되어 소정의 온도를 유지하게 된다. 증발기는 냉동의 목적을 달성하기 위해서 액체냉매가 증발하면 냉장고내의 공기가 냉각되면서 성애가 끼는데 주기적으로(시간, 압력, 온도) 제거를 해야 한다.

2) 사이트글라스

수액기와 팽창밸브 사이의 액관에 설치하며 냉매가스의 흐름을 육안으로 볼 수 있도록 한다. 그리고 냉매가스 중에 수분이 섞여 있는 것도 색깔로 확인할 수 있다.

그림 5-13 증발기

그림 5-14 사이트글라스

3) 전자밸브

수액기와 팽창밸브 사이에 설치하며 전기적인 동작에 의하여 밸브를 차단하여 냉매 흐름을 제어하는 역할을 한다. 압축기 한 대로써 여러 대의 증발기를 사용하는 경우 각각의 증발기전(팽창밸브전)에 설치하여 냉장고 내의 온도를 제어하는 역할을 한다. 증발기 내 제상작업이나 수리를 할 경우 전자밸브를 차단함으로써 저압측(증발기) 내에 냉매가스를 고압측에 보관할 때(pump down) 사용된다.

그림 5-15 전자밸브

그림 5-16 수액기

4) 수액기

수액기는 액체냉매의 저장 용기이고 보통 응축기의 하부에 설치되며 서비스 밸브가 있다. 수액기는 대부분 저압측부자형이나 온도식 또는 압력식 팽창밸브형 냉매조절기가 있는 냉동장치에 사용된다. 수액기는 펌프다운(pump down) 동안 냉매가 들어갈 충분한 공간을 제공해야 한다.

5) 응축기

압축기에서 토출된 고온고압의 냉매가스를 상온의 물이나 공기와 열교환을 시킴으로써 고온고압의 액체냉매로 응축시켜주는 역할을 한다. 외부온도가 너무 높거나 이물질 등으로 또는 환기가 잘 안 되는 곳에 응축기를 설치하면 응축온도와 압력상승으로 인하여 증발기에서의 효과를 볼 수 없다.

6) 유분리기

오일은 압축기의 여러 부분을 순환하면서 윤활작용을 한다. 그러나 압축 시 오일이 고온가스와 섞여 장치 내로 넘어간다. 그러면 오일 부족현상과 장치에 오일막이 형성되어 악영향을 끼치게 되는데 이러한 현상을 막기 위하여 압축기와 응축기 사이에 설치하여 오일을 압축기로 다시 회수시킨다.

그림 5-17 응축기

그림 5-18 유분리기

7) 압축기

저온저압의 냉매가스를 응축기에서 응축시키기 쉽게 하기 위하여 압력과 온도를 높여 주는 동시에, 냉동 사이클 내에서 냉매가스가 원활히 순환되도록 하는 장치이다.

8) 액분리기

증발기에서 미처 증발하지 못한 액체냉매를 분리하여 압축기로 액냉매가 유입되는 것을 방지한다.

그림 5-19 압축기

그림 5-10 액분리기

3 장치별 구조 및 원리

(1) 공기조화기

공기조화기는 필터, 코일, 송풍기 등으로 구성되어 있으며 필터부분에서 실내 공급공기 중 먼지 또는 오염가스, 병원균 등을 제거하고 냉각, 가열 코일을 이용하여 온도를 조절할 수 있다. 또한 이렇게 냉각 혹은 가열된 공기를 송풍기를 통해 실내로 공급하게 된다.

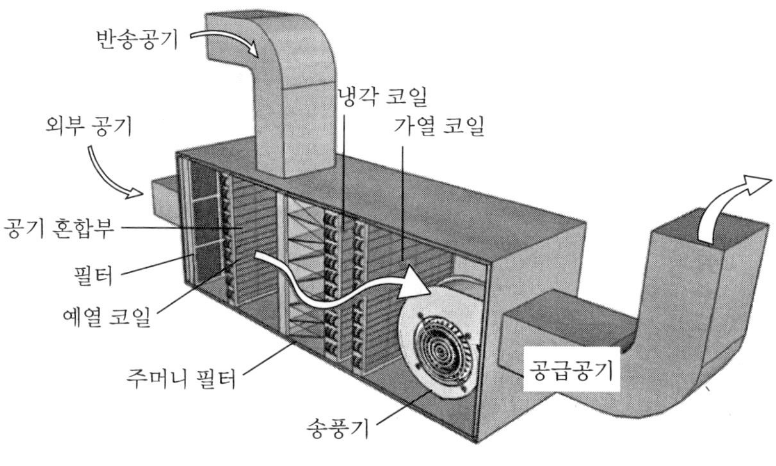

그림 5-21 공기조화기의 구조

(2) 냉동기

냉동기는 증발하기 쉬운 액체를 증발시켜 그 잠열을 이용하는 방법을 사용하는데 주요 부분으로는 압축기, 응축기, 팽창밸브, 증발기, 송풍기로 구성되며 냉동기 안에는 증발하기 쉬운 냉매가 봉입되어 있다.

1) 압축기

증발기 내의 냉매 압력은 낮은 상태로 유지시키고 냉매의 온도가 0°C가 되더라도 계속 증발하려는 성질을 갖고 있으며 상온에서도 쉽게 액화할 수 있는 압력까지 냉매를 흡입하여 압축시킨다. 압축기는 증발기에서 저압 기체로 된 냉매를 고압으로 압축하여 응축기

(Condenser)로 보내는 작용을 한다.

2) 응축기

냉매는 응축기 내에서 외기에 의해 기체로부터 액체로 변화한다. 압축기에서 나온 고온 고압가스는 외기에 의해 식혀져 액화되어 리시버 드라이어로 보내진다. 이때 응축기를 통하여 외기에 의해 방출된 열을 응축열이라 한다. 응축기는 압축기에서 들어온 고온, 고압의 기체 냉매를 대기로 열을 방출시켜 액체로 만드는 일종의 방열기이다. 높은 압력에도 견딜 수 있는 구조로 되어 있어야 하며 방출 열이 많을수록 좋다.

3) 팽창밸브

냉매액은 팽창 밸브에 의해서 증발되기 쉬운 상태까지 압력이 내려간다. 액화된 냉매를 증발기에 보내기 전에 증발하기 쉬운 상태로 압력을 낮추는 작용을 팽창이라 한다. 이 작용을 하는 팽창밸브는 감압작용과 동시에 냉매액의 유량도 조절한다. 팽창밸브는 증발기 입구에 설치되며 응축기와 건조기를 거친 고압의 냉매를 증발기에 저압으로 공급하며 증발기 내에서 기체로 변화된다. 이때 기화열에 의해 중발기가 저온이 되어 이것을 이용하여 냉방장치에 쓰이게 된다.

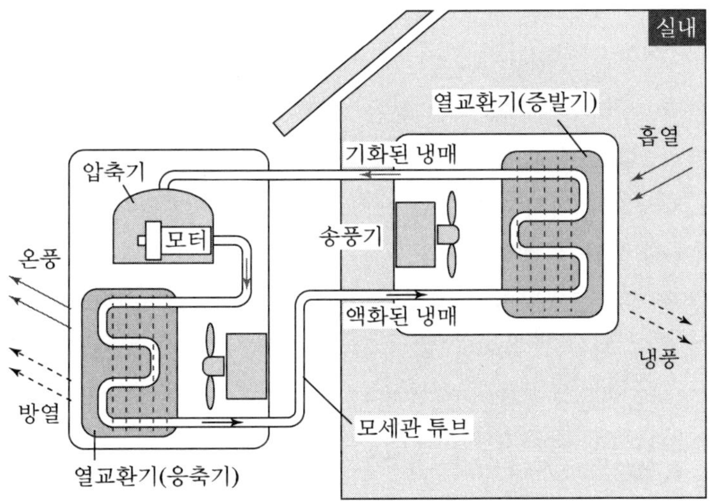

그림 5-22 냉동기의 구조

4) 증발기

냉매는 증발기 내부에서 액체로부터 기체로 변화한다. 이때 냉매는 증발 잠열을 필요로 하므로 증발기의 냉각된 주위의 공기(즉, 차실 내 공기)로부터 열을 흡수하게 된다. 그러므로 차실 내 공기를 펜에 의해서 순환시키며 차실의 온도를 떨어뜨리게 된다. 저온으로 된 증발기 주위를 공기가 통과하면서 낮은 온도로 열 교환을 가져오게 되고 낮은 온도의 공기를 차실 내로 강제 압송되어 쾌적한 온도를 유지하게 되는 것이다.

5) 송풍기

온화된 증발기에 공기를 불어넣을 수 있는 역할을 하는 것으로 대기 중의 공기, 또는 실내의 공기를 모터에 의해 팬(Fan)을 회전시켜 증발기 주위로 공기를 통과시킨다. 이때 고온 다습한 공기가 저온제습한 공기가 되어 실내로 유입됨으로써 쾌적한 환경을 유지한다.

(3) 냉각탑

냉동기의 응축용 냉각수를 재사용하기 위해 옥외 공기와 직접 접촉시켜 이 순환수를 냉각하기 위한 콤팩트한 케이싱에 수납된 열교환기로 케이싱 내에는 충전재, 팬, 엘리미네이터, 살수 장치, 수조를 갖추고 통풍은 압입식 또는 흡입식에 의해 강제적으로 행하여진다. 열교환 방식에 따라서 향류형, 직교류형, 병류형, 복합류형으로 분류된다. 열교환은 케이싱 내 물에 젖은 충전층 사이를 공기가 지날 때 살수된 물의 비말과 충전재의 수막면에 의해서 행하여진다. 냉각수에 사용하는 물은 거의 수돗물이며 충전 재료는 목재, 대나무, 염화 비닐, 폴리에스테르 수지, 금속의 박판, 석면판, 도관 등이 쓰인다. 공업용 냉각탑은 대형의 원통형, 파라볼라 회전형 등으로 탑 모양을 이루고 통풍은 기계력에 의하지 않고 온기의 굴뚝 작용에 의해서 행하여진다.

냉각탑의 기본원리는 증발잠열과 현열에 의한 열의 이동에 의한다. 즉, 물이 증발하면 주위에서 증발잠열을 빼앗아 주위를 냉각시키고 공기는 물의 온도차에 의한 현열(顯熱, sensible heat)로 냉각되는데 물의 체공시간을 최대한으로 늘리고 접촉면적을 최대화하며 풍량을 증대시켜 물과 공기의 접촉을 최대로 하여 많은 증발이 일어날 수 있게 설계하는 것이 중요하다.

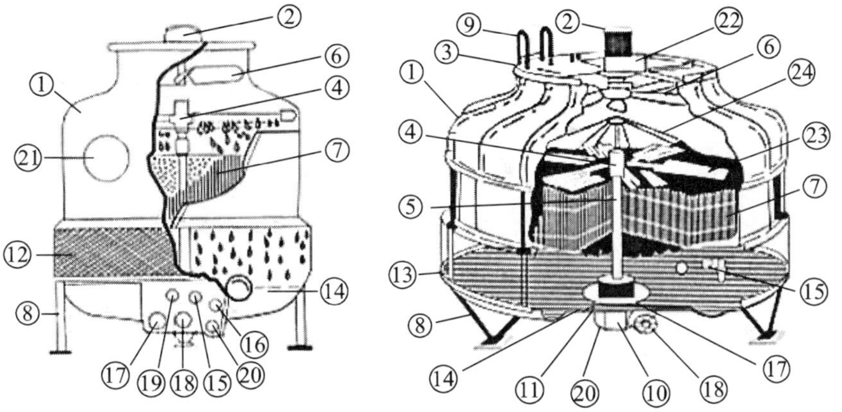

1. Casing
2. Fan-Moter
3. Moter 지지대
4. 살수기
5. 살수관
6. Fan
7. 충진재
8. 다리
9. 사다리
10. Suction Tank
11. Strainer
12. Louver(P.V.C망)
13. Casing
14. 하부구조
15. 자동급수관
16. 순환수출구
17. 순환수입구
18. 수동급수관
19. Drain
20. 점검창
21. 감속기
22. Eliminater
23. Turnbuckel
24. Stand Pipe

그림 5-23 냉각탑의 구조

1) 살수기

일반적으로 물을 뿌리는 장치로서 냉각탑의 상부에 설치되어 자동으로 물을 뿜는 역할을 한다.

2) 볼탑

여러 가지 탱크의 급수전에 부착되어 자동급수에 사용되며 레버 선단에 볼모양의 플로트가 있고 수면의 상하 변동에 의한 볼의 변위에 따라 레버 근원부의 밸브를 개폐한다.

그림 5-24 살수기

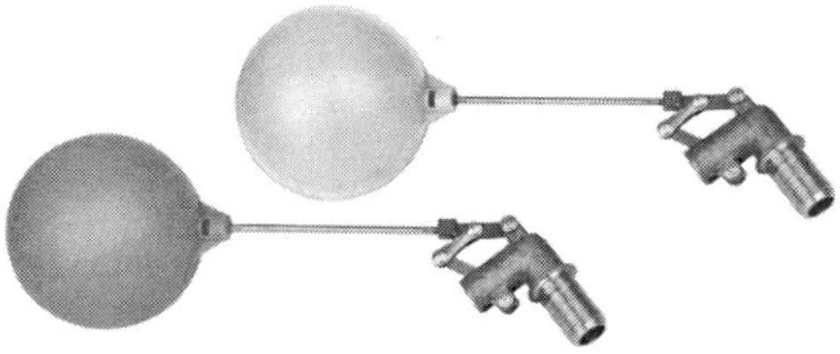

그림 5-25 볼탑

그림 5-26 루버

3) 루버

길고 가는 평판을 수평이나 수직 혹은 격자 모양으로 개구부의 앞면에 설치하여 직사광이나 비를 막고 통풍이나 환기를 목적으로 하며 공기 조화에서는 외기 흡입구·배기구 등에 이용되고 있다. 램프 아랫면에 부착하는 격자형 차광판으로 어느 범위 밖에서는 램프로부터의 직접 광을 차단하는 역할을 하며 고정식과 가동식이 있다.

4) Tower Casing Part

루버를 제외한 냉각탑의 측면부분을 말한다.

5) 노즐

압력 혹은 중력에 의해 물을 Fill에 고르게 분사하는 장치이다.

6) Fill Part

공기와 물의 열교환이 일어나는 냉각탑의 가장 중요한 부분으로 냉각탑의 효율과 직결되어 있으며 Fill의 열성능에 따라 냉각탑의 크기와 소요 동력의 크기가 결정된다.

7) Drift Eliminator Part

공기의 흐름에 실려 유출되는 물방울을 제거하는 장치로 흐르는 냉각탑에서 배출되는 공기 중에 물방울이 없도록 한다.

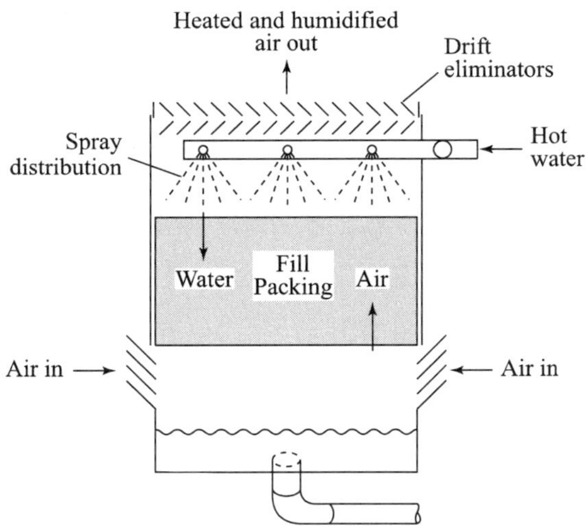

그림 5-27 냉각탑 개념도

8) Cold Water Basin

냉각탑의 하부에 위치하여 냉각수를 모으는 역할을 하며 탑의 중요한 기초로서의 역할을 한다.

냉각탑은 공업용과 공조용으로 구분되며 냉동기(흡수식, 전기식) 및 히트펌프의 응축열 제거를 위해 주위의 공기와 접촉시켜 물의 증발작용과 일부 자체 냉각작용에 의해 냉각시키는 장치로 증발이 주요 열교환 수단이므로 외기의 습도(습구온도)가 중요하다. 예를 들면, 외기온도가 40°C가 넘는 중동 지역이 30°C의 국내보다 냉각탑의 효과가 큰 이유는 습도가 낮기 때문이다. 냉각탑은 냉각수로 사용되어 데워진 물을 공기로 냉각하여 재사용시키는 비교적 단순한 기능의 열교환기이다. 물의 증발잠열을 이용하며 99%의 냉각수를 회수하는 수절약기기인 동시에 하천의 온도상승을 막는 환경자원보호기기이다. 공조시스템에서 냉방열의 흐름은 실내열부하가 중앙식 공기조화기 쿨링코일 → 냉수펌프라인 또는 직팽식 냉매라인 → 냉동기 응축기 → 냉각수펌프라인을 거쳐 냉각탑에서 대기로 최종 배출한다. 인체에 비유하면 피부 열배출 또는 배변기능과 같아서 냉각탑 열배출 기능의 성능은 열부하 흐름상의 모든 공조기기 에너지 소모와 직결되어 최대 에너지 절약기기로 볼 수 있다. 냉각매체가 외기이다. 대기는 항상 변화하여 열교환기 측면에서 불안정하다. 대기의 온도, 습도, 압력, 풍속, 풍향 및 기후를 포함한 공기가 냉각매체가 되어 열해석이 되어야 한다. 또한 대기오염 성분은 그대로 냉각수에 반영되므로 수질문제가 발생한다. 냉각탑은 실외에 노출되어 설치한다. 설치위치는 대부분 건물의 옥상이나 주변의 지상이 된다. 부피는 크고 일반인에게 노출되므로 외관미를 고려해야 하며 건축물과도 조화되어야 한다. 건축가는 스카이라인의 외관을 고려하거나 다른 사유로 펜스 등 냉각성능을 저하시키는 공기유동 장애물을 냉각탑 주변에 건설하므로 현장별로 동일하지 않은 문제가 발생하고 설계조건이 달라진다. 또한 지진, 풍압에 견디는 구조설계와 내후성을 만족해야 한다. 물의 증발잠열을 이용한다. 대기 온도보다 더 낮은 냉각수온을 얻는 원천기술이나 1% 정도의 증발량만큼 물을 계속 보급해야 한다.

냉각탑의 기본 원리는 물 자신의 증발을 이용하는 증발잠열과 열전달에 의한 물과 공기의 온도차를 이용하는 현열냉각의 두 가지 작용으로 이루어진다. 증발잠열에 의한 냉각이 75%이고 현열냉각이 25%로 증발식 냉각탑의 기본원리가 된다. 냉각탑에서 물을 냉각시키는 방법으로는 증발을 최대한 이용하는데 공기의 흐름이 물 표면에 가장 넓게, 가장 길게 접촉되도록 설계한다. 물의 체공시간을 늘리고 접촉 표면적을 최대화하고 풍량을 증대시켜 물과 공기의 접촉을 늘려 최대의 증발이 일어나도록 한다. 이는 한 여름 몸에 물을 뿌리고 바람을 불게 하면 더 빨리 시원해지는 원리와 같다.

4 설비관련 사고사례

공기조화냉동 설비 사고사례의 대다수는 냉각기의 용접, 용단에서 발생하는 비산불티들이 직접적인 발화원으로 작용하여 화재가 발생하는 사례와 환기 등의 기본적인 문제 혹은 작업 시작 전 가스 측정 미실시 등으로 인한 질식사고들이 대다수를 이룬다. 냉각탑은 요즘 산업계에서 환경적 제약, 수자원의 보존, 에너지 관리의 강화 및 안전에 수반되는 기술개발과 품질 향상이 시대적으로 중요시 되고 있다. 냉각탑은 가장 저렴한 운전에너지 비용으로 폐열을 효율적으로 제거할 수 있음은 물론 대기오염방지 기능과 용수의 재사용에 따른 수자원보존에도 일익을 담당하는 산업에 있어 없어서는 안 될 중요한 기계임이 틀림없다. 그러나 냉각탑은 많은 유익함을 주는 반면에 적지 않은 역효과와 부작용이 따를 수 있다. 예를 들어 시각적 공해인 백연과 기계적인 외장의 혐오감, 진동과 소음, 미생물과 세균의 서식지 제공, 세균을 전파시키고 주변시설에 습기의 역효과를 주는 비산, 오염된 용수 방출에 따른 수질오염, 외부에 노출되고 건물의 최상부에 설치되는 특징에 따른 재해 사고를 지적할 수 있다. 냉각탑은 인간생활과 산업 활동에 유익한 관계로 조화되어야 하며 수명기간 동안에 경제성, 품질 및 안전의 신뢰성이 냉각탑 기술개발과 사용자의 구입 선택에 지표가 되어야 한다. 그러므로 냉각탑의 안전대책은 냉각탑의 설치 및 보수공사와 운전과정에만 국한되지 않으며 내구성과 안정성이 고려된 설계, 유해요인 사전 제거, 조립 설치의 간편성, 부품수급의 신속성, 적절한 유지보수 대책 및 사용자의 철저한 안전관리 등 구매에서부터 폐기 처리에 이르기까지 전 과정에 안전대책이 적용되어야 된다. 냉각탑의 화재사고의 대다수는 내부식성과 경제성이 고려된 PVC소재의 합성수지 또는 목재로 사용하였기에 일어나며 건조상태에서 이들의 인화성 자재는 화재위험에 노출되며 냉각탑의 통풍구조는 굴뚝관 같은 기류 상승효과로 화재확산 정도를 급속히 진행시키므로 발화된 냉각탑은 진화가 거의 불가능하여 대개 전소하게 된다. 물론 냉각탑 자재는 난연성 자재를 사용하여 화재를 예방하려고 하고 있지만 용접불꽃으로 인한 인화와 팬 모터 과열로 인한 인화, 전기합선으로 인한 인화, 담뱃불로 인한 인화 등 여러 가지 방면으로 사고가 발생하고 있다. 냉각탑은 강력한 화염화산을 유발하는 자재와 통풍구조로 인해 화재의 확산위험도가 매우 크며 설치된 건물과 주변 시설에도 화재를 옮길 수 있는 잠재성을 가지고 있기 때문에 냉각탑의 설치 보수 등에 있어서 항상 주의를 가지고 작업을 하여야 한다.

1) 냉각탑 화재 사고(평택)

① 사고 개요

평택시 시청 옥상에 작은 냉각탑의 철거 작업 중 냉각탑이 폭발하였으나 인명피해가 없고 약 10여분 만에 진화된 사고이다.

② 사고 발생 시 상황

평택시청 옥상에 두명의 작업자가 냉각탑 철거 작업 중 냉각탑에서 흘러나온 가스와 그라인더가 만들어낸 비산불티가 직접적 점화원으로 작용하여 폭발이 발생하였다.

③ 재해 발생의 원인

그라인더에서 발생하는 비산 불티에 대한 방호장치가 없고 작업시작 전 냉매기의 가스를 전부 빼내지 않은 것이 주된 사고 요인으로 작용하였다.

그림 5-28 평택 냉각탑 화재사고

2) 냉각탑 화재사고(인천)

① 사고 개요

인천 부평 요양병원 옥상에서 설치된 냉각탑 교체 작업 중에 화재사고가 발생되었으며 인명피해는 없었고 10여 분만에 불길이 제압되었다.

② 사고 발생 시 상황

부평 요양병원 옥상에 냉각탑의 철거 작업 중이었으며 요양병원에는 약 30여명의 환자와 의료진들이 있었다.

③ 재해 발생의 원인

요양 병원 옥상 냉각탑 철거를 위해 산소 절단 작업을 하는 중 내부 필터에 불이 옮겨 붙어 화재가 발생하였다.

그림 5-29 인천 냉각탑 화재사고

3) 에어컨 실외기 폭발사고

① 사고 개요

(주)○○센추리 소속 근로자 3명이 경기도 화성시 소재 (주)□□에 설치된 에어컨(실외기)을 수리·점검하기 위하여 실외기 보강 용접작업 중 실외기 내의 고압가스가 점화원으로 추정되는 용접 불티에 의해 폭발하면서 1명이 사망하고 2명이 부상당하였다.

② 사고 발생 시 상황

사고당시 현장상황은 (주)○○센추리 소속의 직원 3명이 에어컨 수리·보수를 위하여 현장을 방문하였고 옥외 에어컨 실외기 보관장소 내의 실외기(1, 2, 3호기)에 화기작업인 산소－LPG 용접작업을 실시하였다. 재해자 1명이 소용기에 연결시킨 별도 호스를 분리하고 산소－LPG가스용기에 용접호스를 연결하여 호스에 부착된 용접 토치를 가지고 실외기 보관장소 내로 진입하였으며 폭발 분위기가 조성된 실외기내에서 용접 토치 불티로 추정되는 점화원에 의하여 갑자기 “펑” 하는 소리와 함께 실외기가 폭발하였다.

③ 재해 발생의 원인

사고 기인물인 실외기 내의 냉매 배관·용기 등에 폭발분위기가 조성된 상태에서 점화원으로 판단되는 용접 토치 불티에 의하여 폭발이 발생한 것으로 추정되었다.

그림 5-30 화성 실외기 폭발사고

1. 공조란 무엇의 줄임말인가?

① 공기조정 ② 공기조합
③ 공기조화 ④ 공기조절

2. 다음 중 저온・저압의 냉매가스를 고온・고압의 기체 상태로 만들어 보내는 역할을 하는 것은?

① 팽창밸브 ② 증발기
③ 압축기 ④ 응축기

3. 다음 중 대부분의 공조기에서 사용되는 방식으로 공조기 내의 냉수코일 또는 직팽코일을 이용하며, 통과 공기의 노점제어를 통해 제습하는 방식은?

① 압축감습 ② 흡수식감습
③ 흡착식감습 ④ 냉각감습

4. 압축기의 종류 중 대부분 밀폐형으로 제작되며, 최근의 가공기술 발달과 함께 활발히 개발되고 있으며, 압축효율이 높아 활용성이 다양한 압축기는?

① 로터리식 압축기 ② 스크롤식 압축기
③ 스크류식 압축기 ④ 순환식 압축기

5. 응축기의 방식 중 냉각수의 현열을 이용해서 냉매가스를 냉각 액화하는 것으로 물을 강제로 유동시켜 냉각 효과를 올리는 것과 물을 높은 장소에 올려서 냉각관 외면에 냉각수를 흘려 냉각하는 응축기는?

① 수냉식 응축기 ② 공랭식 응축기
③ 증발식 응축기 ④ 진공식 응축기

6. 증발기의 종류 중 건식과 만액식의 중간 정도의 장치이며 전열효과는 건식보다 좋으나 만액식에는 미치지 못하는 증발기는?

7. 프레온 냉매의 종류 중 분자 중에 염소를 포함하고 있으며 안정된 물질로서 성층권까지 확산하여 오존층을 파괴하며 지구온난화 계수도 대단히 높은 냉매는?

문제정답

1. ③
2. ③
3. ④
4. ②
5. ①
6. 반만액식 증발기
7. CFC (Chlorofluorocarbon) 염화불화탄소

Part
6

방호설비

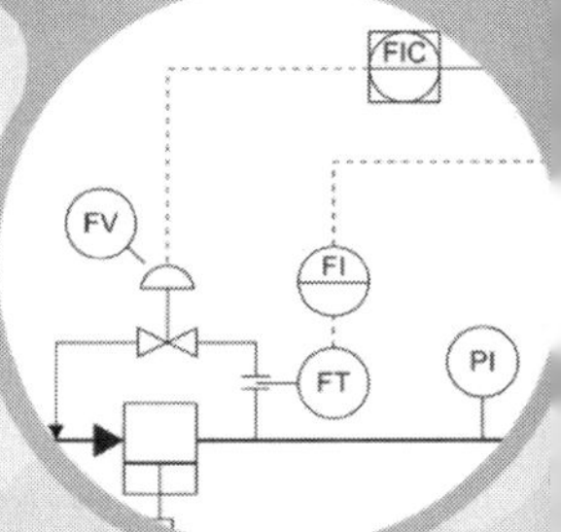

1 설비 개요

방호장치란 안전장치와 동의어로, 기계·기구 및 설비나 시설을 사용함에 있어서 이로 인해 작업자에게 상해를 입힐 우려가 있는 부분에 보호를 목적으로 하여 일시적 또는 영구적으로 설치하는 기계적·물리적 안전장치를 말하는 것이다. 따라서 방호장치는 제거, 설치, 조정이 가능하나 임의적인 것이어서는 안 되며 그 성능이 정확해야 한다. 방호장치가 될 수 있는 요건은 다음과 같다.

(1) 방호장치의 요건

1) 작업 방해의 제거

방호장치 때문에 작업에 방해가 되어서는 안 된다. 작업방해가 된다는 것은 불안전 행동의 원인을 주는 결과가 될 뿐만 아니라 생산성에도 영향을 주기 때문이다.

2) 작업점의 방호

방호장치는 작업자를 위험으로부터 보호하기 위한 것으로 위험한 작업 부분을 완전히 정확하게 방호해야 한다. 일부분이라도 노출되거나 틈을 주어서는 안 된다.

3) 외관상의 안전화

외관상으로 불안전한 설치나 모습은 작업자에게 심리적인 불안감을 줌으로써 불안전 행동의 원인이 된다.

4) 기계특성과 성능보장

방호장치는 당해 기계의 특성에 적합하지 않으면 제 성능을 발휘하지 못하며 또한 방호장치의 성능이 보장되지 않으면 방호장치로서의 제 기능을 다하지 못하게 된다.

(2) 방호장치의 필요성

전체 업무상 사고 중 산업기계에 의한 재해는 재해자 10명 중 3명꼴로 나타난다. 따라서 안전교육뿐만 아니라 기계 자체의 본질을 안전화하는 방법으로 방호장치가 필수적이다. 또한 이 방호장치의 안전화를 위한 이중 안전장치인 페일세이프(Fail safe)와 조작자의 부주의와 잘못에 의한 사고 발생을 방지하기 위한 방법인 풀루프트(Fool proof) 설계 또한 중요시되고 있다.

2 설비 분류

▌표 6-1 유해위험기계기구별 방호장치

번호	유해위험기계기구명		방호장치 종류
1	프레스 및 전단기		방호장치(광전자식, 양수조작식, 가드식, 손 쳐내기식, 수인식), 페달의 U자형 덮개, 자동 송급장치, 금형의 안전울
2	로울러기		급정지장치(손 조작식, 복부 조작식, 무릎 조작식), 울(가드), 안내 롤러
3	연삭기		덮개, 칩·비산방지장치(Shield)
4	양중기	크레인	과부하방지장치, 권과방지장치, 비상정지장치
		곤돌라	과부하방지장치, 권과방지장치, 제동장치
		리프트	과부하방지장치, 권과방지장치
		승강기	과부하방지장치, 조속기, 리미트 스위치, 완충기, 비상정지장치, 출입문 인터록 장치
5	목재가공용 둥근톱		반발 예방장치, 날 접촉 예방장치
6	동력식 수동대패기		날 접촉 예방장치
7	아세틸렌용접장치 가스집합용접장치		안전기(수봉식, 건식)
8	방폭용 전기기계기구		방폭구조 전기기계기구(내압, 압력, 유입 등)
9	교류아크용접기		자동전격방지기
10	압력용기(공기압축기 포함)		압력방출장치, 언로드밸브
11	보일러		압력방출장치, 압력제한스위치(온도제한스위치), 고저수위조절장치
12	산업용로봇		안전매트, 방호울
13	정전 및 활선작업에 필요한 절연용 기구		절연용 방호구, 활선작업용 기구
14	추락, 붕괴 등 위험방호가 필요한 가설기자재		비계, 파이프 서포터 등 노동부 장관이 정하는 가설기자재

2.1 소성가공용 방호장치

(1) 프레스 및 전단기

1) 광전자식 방호장치

슬라이드가 하강 중, 금형에 접근하는 손 등 신체의 일부를 감지해서 자동적으로 슬라이드를 정지시키는 안전장치를 말한다. 광전자식 안전장치는 투광기에서 광선을 항상 내보내고 수광기에서 이것을 받아서 작업자의 손 등 신체의 일부 또는 물체에 의해 광선이 차단되면 릴레이가 작동하여 프레스기계의 제어회로에 정지신호가 작동하여 슬라이드를 급정지시킨다. 또 광선을 차단하고 있으면 프레스의 조작용 푸시버튼을 누르고 있어도 클러치는 연결되지 않는다.

그림 6-1 광전자식 방호장치

2) 양수조작식 방호장치

푸시버튼 또는 조작레버를 금형의 위험한계로부터 안전거리 이상 떼어서 설치하고 양손으로 조작하는데 따라 손이나 신체 일부의 안전을 도모하는 안전장치를 말한다. 이 안전장치는 2개의 푸시버튼(push button) 또는 조작 레버를 양손으로 누르거나 당기는데 따라 전자력, 스프링 힘, 공기 압력 또는 인력으로 클러치를 연결해 슬라이드를 하강시키는 것이며 급정지기구를 구비한 양수조작식과 급정지기구가 없는 양수 기동식이 있다.

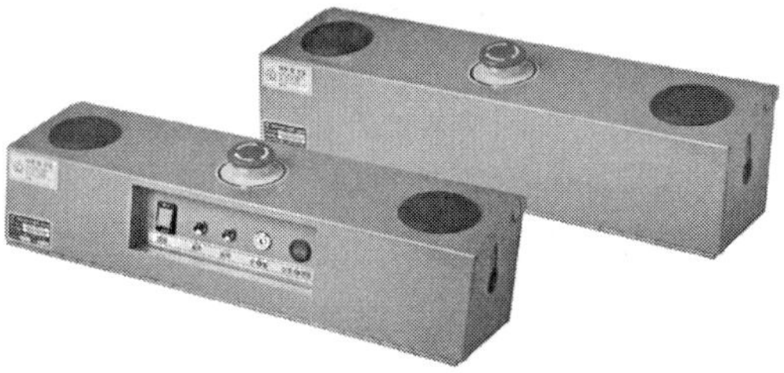

그림 6-2 양수조작식 방호장치

3) 가드식 방호장치

가드식 방호장치는 신체의 일부가 금형 안에 들어갔을 때에는 슬라이드가 하강하지 않고 슬라이드가 하강 중일 때는 금형 안에 손이 들어가지 않도록 되어 있는 것으로 하강식, 상승식, 횡슬라이드식 등이 있다. 이 방호장치는 구조가 간단하고 구멍이 크기 때문에 각종 크랭크 프레스에 사용된다. 슬라이드가 하강하기 전에 가드가 금형 앞면에 내려오게 되면 손이나 공작물이 가드의 하강을 방해할 경우에 슬라이드의 동작이 정지되도록 되어 있다. 그러나 이 장치는 가드의 파손이 없어야 하고 파손이 되면 빨리 교체해야 한다. 가드와 인터록의 상태를 확실히 정비하여 기계적 사고를 막아야 하며 볼트나 핀이 헐거워져 가드가 갑자기 하강될 위험 등을 고려하여야 한다.

그림 6-3 가드식 방호장치

4) 손쳐내기식 방호장치

손쳐내기식 방호장치는 슬라이드에 레버나 링크 혹은 캠을 사용해서 연결한 손쳐내기봉이 슬라이드의 하강에 의해 위험한계에 있는 손을 우로부터 좌, 또는 좌로부터 우로 쳐내는 것이다. 손쳐내기 봉은 그 길이 및 진폭을 조정할 수 있는 구조여야 하고 손쳐내기 판의 폭은 금형 크기의 1/2 이상으로 하여야 하며 높이는 행정 길이 이상으로 하여 손쳐내기 봉을 부착하여야 한다.

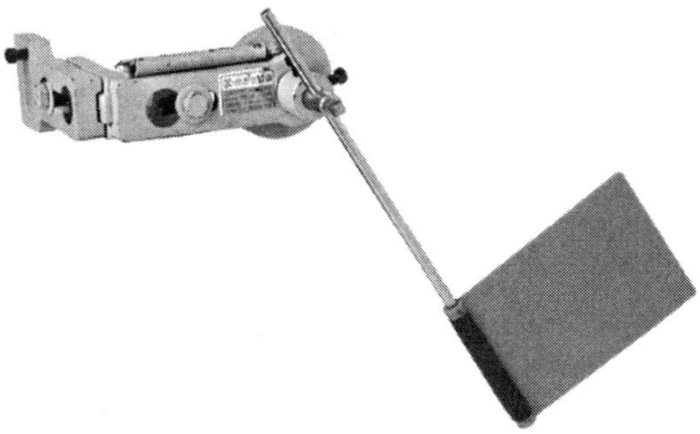

그림 6-4 손쳐내기식 방호장치

5) 수인식 방호장치

프레스 기계 안전장치의 하나이며 슬라이드 하강 운동에 따라 레버를 움직여 그 동작에 의해 작업자의 손에 장착한 끈을 후반으로 끌어당기는 기구이며 위험한계로부터 강제적으로 손을 끌어내는 장치를 말한다. 손에 장착하는 끈이 너무 길면 끈에 여유가 있어서 안전장치로서의 효과가 없어진다. 작업 중 양손에 끈이 묶여져 있어 부자유스럽지만 설치 및 장치는 간단하다. 확동클러치 부착 프레스나 마찰 클러치 부착 프레스에 채용이 가능하며 인력 프레스에도 적용할 수 있다. 단, spm (stroke per minute)이 120을 넘는 속도가 빠른 프레스에는 끌릴 때 충격이 크기 때문에 사용하는 것은 무리이다.

그림 6-5 수인식 방호장치

(2) 로울러기

1) 급정지장치

급정지장치는 급정지 조작부, 제동모터 등으로 구성되어 있으며 근로자의 신체 일부가 로울러 사이에 말려들어가거나 말려들어갈 우려가 있는 경우 급정지 조작부를 작동시켜 전원차단 및 브레이크를 작동하여 급정지하게 한다.

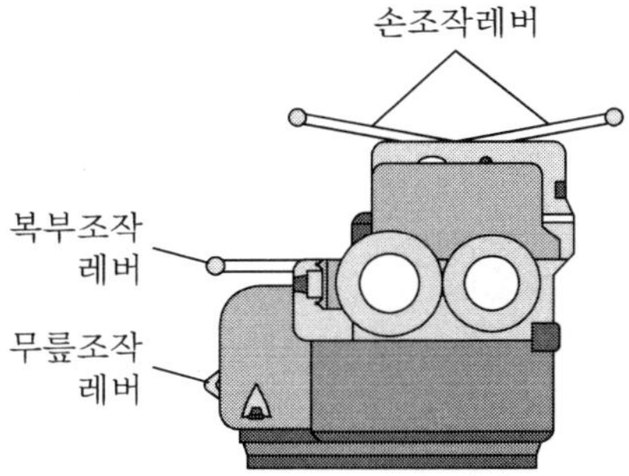

그림 6-6 급정지장치

2) 안전가드

원자재를 로울러기에 밀어 넣을 때, 손이 로울러기에 접촉하여 말려 들어가는 것을 방지하기 위한 접촉방지장치이다. 소형 로울러기는 로울러의 직경이 아주 작아서 작업자가 재료를 공급할 때 위험점으로부터 멀리 떨어질 수가 없기 때문에 일반 로울러기보다 훨씬 더 위험하기 때문에 손이 말려 들어가는 것을 방지하기 위한 접촉예방장치인 가드(울) 등을 반드시 설치하여야 한다.

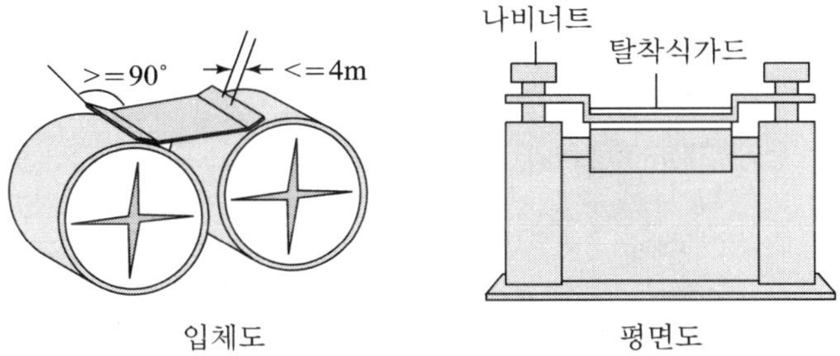

그림 6-7 안전가드(탈착식 가드)

2.2 산업기계용 방호장치

(1) 목재가공용 둥근톱(날 접촉 예방장치)

덮개의 하단이 송급되는 가공재의 상면에 항상 접하는 방식으로 가공재를 절단하지 않을 때는 덮개가 테이블까지 내려가 어떠한 경우에도 작업자의 손 등이 톱날에 접촉되는 것을 방지하도록 한 것이다.

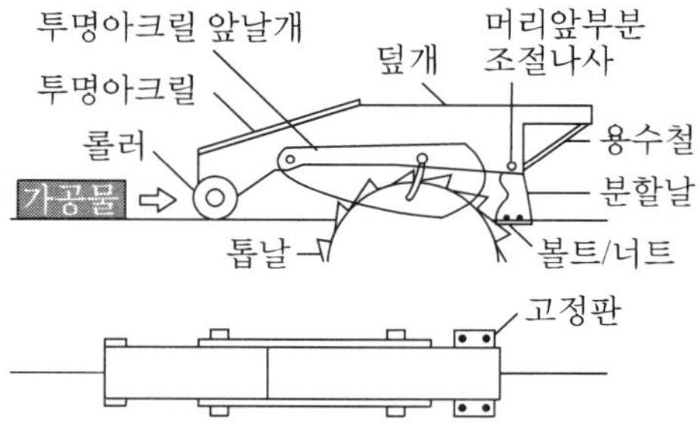

그림 6-8 날 접촉 예방장치

(2) 동력식 수동대패기(날 접촉 예방장치)

날 접촉 예방장치는 가공재의 폭에 따라서 필요한 경우마다 덮개의 위치를 조절하여 절삭에 필요한 대패날 부분만을 남기고 모두 덮는 구조이다. 따라서 덮개의 부착부는 조절나사를 설치하여 덮개와 가공재 송급쪽 테이블 면과의 사이에 손이 끼이지 않도록 8 mm 이하의 틈새를 유지하여야 한다.

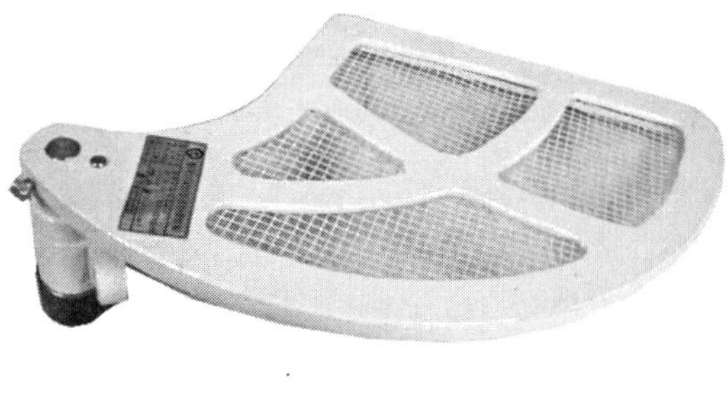

그림 6-9 날 접촉 예방장치

(3) 산업용로봇(안전매트, 방호울)

방호울을 설치하여 로봇이 작업하고 있는 공간에 접근하는 것을 방지하고 만약 작업자의 부주의로 로봇 근처에 접근할 수도 있기 때문에 로봇 주위에 안전매트를 설치하고 로봇의 팔이 움직이는 범위를 위험지역으로 설정하여 매트를 설치한다.

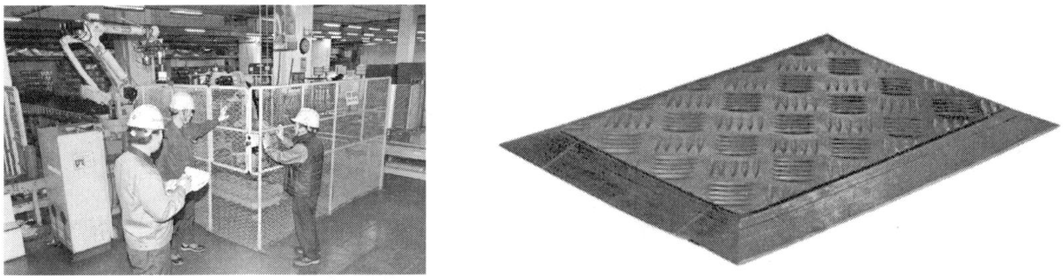

그림 6-10 산업용 로봇 방호장치

2.3 운반기계용 방호장치

(1) 과부하방지장치

기계설비에 허용 이상의 부하가 가해졌을 때에, 그 동작을 정지 또는 방지하기 위해 안전 쪽으로 작동시키는 장치를 말하며 대표적인 것으로는 지브 크레인의 정격 총 하중을 초과하는데 따른 전도·파괴를 미연에 방지하기 위한 안전장치이다.

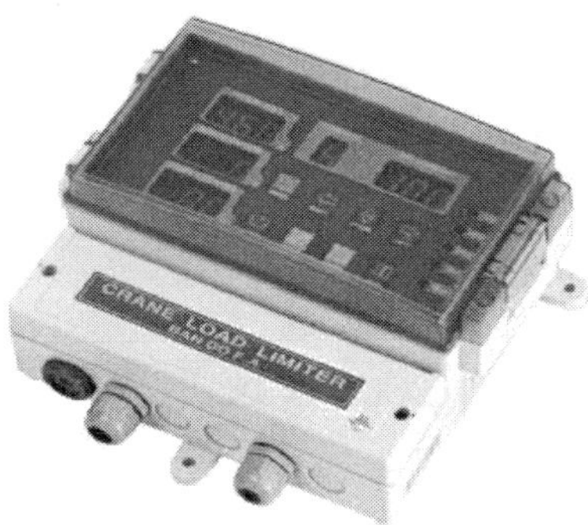

그림 6-11 과부하방지장치

(2) 권과방지장치

크레인, 이동식 크레인, 데릭에 설치된 권상용 와이어로프 또는 지브 등의 기복용 와이어로프의 권과를 방지하는 장치를 말하고 권과방지장치에는 리미트 스위치가 사용되며 드럼의 회전에 연동되어 권과를 방지하는 방식의 나사형 리미트 스위치, 캠형 리미트 스위치와 후크의 상승에 의해 직접 작동시키는 중추형 리미트 스위치가 있다.

그림 6-12 권과방지장치

(3) 조속기

전동기의 고장, 적재하중의 초과로 인한 과속 제어계의 이상 등으로 과속 발생기 정격 속도의 1.3배가 되면 조속기의 스위치가 동작하여 1차로 전동기의 입력 전원을 차단하고 2차로 전동기 브레이크를 작동시켜 운반카를 비상 정지 시키도록 하는 이상 속도 감지장치이다. 종류에는 롤 세이프티 형, 디스크형, 플라이볼 형이 있다.

2.4 용접장치용 방호장치

(1) 안전기

가스용접작업에 있어서 취관으로부터의 역화를 방지하기 위해서 사용되는 안전기는 건식안전기로 우회로식과 소결금속식과의 2가지 형식이 있다. 수봉식 안전기는 연소가스 도입부를 수봉식으로 하여 토치로부터의 역화, 산소의 역류 및 연소가스의 이상 압력 상승을 방지하는 기구이다.

그림 6-13 안전기

(2) 교류아크용접기용 자동전격방지기

교류아크용접기의 아크발생을 중단시킬 때 1초 이내에 당해 교류아크용접기의 2차측 무부하 전압을 자동적으로 25 V 이하로 바꿀 수 있는 방호장치로 부착한 용접기의 주회로를 제어하는 장치를 가지고 있어 용접봉의 조작에 따라 용접할 때에만 용접기의 주회로를 형성하고 그 외에는 용접기의 출력측의 무부하 전압을 저하시키도록 동작한다.

그림 6-14 교류아크용접기 방호장치

2.5 기타방호장치

(1) 방폭용 전기기계기구

방폭구조 전기기계기구는 방폭 전기 설비가 설치될 지역의 방폭등급 구분, 가스등 위험 물질의 발화 온도, 최대 안전틈새와 최소 점화 전류, 방폭 전기 설비의 최고표면온도, 방폭 전기 설비가 설치될 장소의 환경 조건을 고려해서 설치한다.

그림 6-15 방폭구조 전기기계기구

(2) 압력용기(압력방출장치, 언로드밸브)

과압으로 인한 폭발을 방지하기 위해 압력방출장치를 설치하여야 하며 이는 압력용기의 최고사용압력 이전에 작동되어야 한다. 또한 압력방출장치를 설치한 후에는 1년에 1회 이상 표준 압력계를 이용하여 토출압력을 시험한 후 납으로 봉인하여야 하며 1일 1회 이상 작동시험을 하는 등 성능이 유지되도록 항상 점검, 보수하여야 한다. 압력용기에 쓰이는 압력방출장치로서는 안전밸브, 파열판 및 릴리프 밸브 등이 있다. 공기압축기에는 압력방출장치 이외에 언로드밸브를 설치하여야 하며, 이는 공기탱크 내의 압력이 최고사용압력까지 달하면 공기탱크 내로의 압송을 정지하고 소정의 압력까지 강하하면 다시 압송 작업을 하도록 하는 밸브이고 공기탱크의 적합한 위치에 수직이 되게 설치하여야 한다.

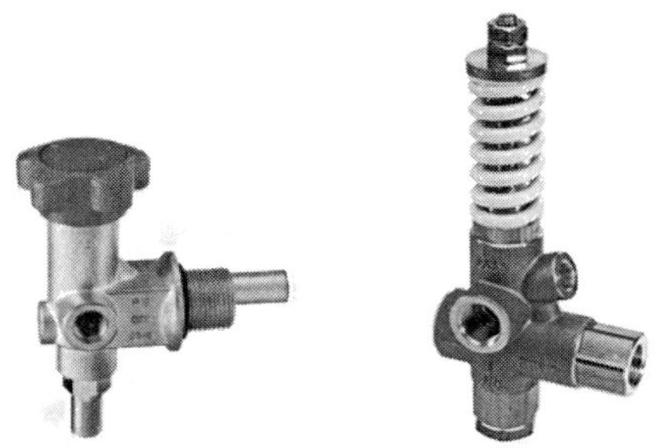

그림 6-16 압력용기 방호장치

(3) 보일러(압력방출장치, 고저수위 조절장치)

1) 압력방출장치

보일러 내부의 과대한 압력 상승을 막아 보일러의 파열을 방지하기 위해 설치되며 보일러 내의 증기압력이 최고사용압력에 달하면 자동적으로 밸브가 열려서 증기를 외부로 분출시켜 증기압력의 상승을 막아준다. 압력방출장치는 안전밸브로도 통한다. 압력방출장치는 검사가 용이한 위치에 밸브축이 수직 되게 설치하여야 하며 가능한 보일러의 동체에 직접 설치하여야 하고 매년 1회 이상 국가표준기본법 제14조 제3항에 따라 국가교정업무 전담기관에서 교정을 받은 압력계를 이용하여 설정압력에서 압력방출장치가 적정하게 작동하는지 검사한 후 납으로 봉인하여 사용하여야 한다. 1일 1회 이상 작동상태를 점검해야 한다.

압력방출장치는 1개 또는 2개 이상 설치하고 최고사용압력 이하에서 작동한다. 다만 압력방출장치가 2개 이상 설치할 경우에는 한 개는 최고사용압력 이하에서 작동하게 하고, 다른 압력방출장치는 최고사용압력이 1.05배 이하에서 작동하게 한다. 과열기의 압력방출장치 분출압력은 증발부 압력방출장치의 분출압력 이하이어야 한다. 재열기 및 독립과열기에 있어서는 압력방출장치가 하나인 경우 최고 사용 압력 이하, 2개인 경우 1개는 최고사용압력 이하이고 다른 1개는 최고 사용 압력의 1.05배 이하에서 분출하여야 한다. 다만, 출구에 설치하는 압력방출장치의 분출압력은 입구에 설치하는 압력방출장치의 설정 압력보다 낮게 조정되어야 한다. 발전용 보일러에 부착하는 압력방출장치의 분출 정지 압력은 분출압력의 0.93배 이상이어야 한다.

압력방출장치는 스프링식, 중추식, 지렛대식, 가용전식, 파열판식의 5종류가 있는데 이 중에서 가용전식과 파열판식은 1회용이고 보일러용으로는 스프링식의 압력방출장치가 가장 많이 사용되고 있다.

① 스프링식

스프링식 안전밸브는 설비 내의 압력이 스프링의 설정 압력을 초과하는 경우에 밸브가 열리고 내부의 가스를 방출하는 구조, 즉 밸브 본체에 걸리는 내압에 의하여 순간적으로 작동하는 기능을 가진 자동 압력방출장치로 밸브가 직접 스프링에 의하여 부하가 걸리는 장치이다. 분출 용량의 크기에 따라 저양정식, 고양정식, 전양정식, 전량식으로 나뉘는데 먼저, 저양정식은 안전밸브의 작동거리가 배수구 직경의 1/40 이상 1/15 미만일 때 사용되고 고양정식은 안전밸브의 작동거리가 배수구 직경의 1/15 이상 1/7 미만일 때 사용된다. 전양정식은 안전밸브의 작동거리가 시트 지름의 1/7 이상일 때, 전량식은 배수구 직경이 목부 지름보다 1.15배 이상일 때 사용된다.

② 중추식

중추식 장치는 스프링의 압력 대신에 추의 일정한 무게를 이용하여 내부 압력이 높아질 경우 추를 밀어 올려 가스를 외부로 방출함으로써 장치를 보호하는 구조이다. 추의 중량이 연결된 구체 밸브와의 단면적에 작용하는 힘의 원리로 중량에 의해 분출 정도가 결정된다. 이동식 보일러에는 사용할 수 없고 추의 중량에 의해 분출압력을 조절한다. 추가 안전밸브 내부에 있어 그 무게에 의해 유체의 방출을 방지하는 방식이며 반드시 정방향으로 설치하여야 한다.

③ 지렛대식

지렛대 사이의 거리에 추의 위치를 설정하여 위치에 따라 분출 능력이 결정된다. 양정의 이상 유무를 확인할 수 있으며 급속 방출이 가능하다. 추를 이용하는 것은 중추식과 유사하나 외부에서 추의 이동으로 토출압력을 조절할 수 있게 되어 있다. 지렛대식 안전밸브는 추의 위치에 따라 분출압력을 계산하고 시트에 걸리는 전 압력이 600 kg을 초과할 수 없다.

④ 가용전식

가용전(가용합금 안전밸브)이란 일반적으로 200°C 이하의 낮은 융점을 갖는 합금(비스무트, 카드뮴, 납, 주석 등)을 가용합금이라고 하는데 이 금속은 비교적 낮은 온도에서 유동하는 성질을 이용하여 용기가 화재 등으로 인하여 이상적으로 온도가 상승할 때 용기 내의 가스를 방출시켜 용기가 이상 승압이 되는 것을 방지하기 위해 설치하는 용기용 안전장치이다.

⑤ 파열판식

파열판식 안전밸브는 압력용기, 배관계 및 회전기계 등의 밀폐된 장치가 이상 압력 상승 또는 부압에 의하여 파손되는 것을 방지하기 위하여 설치하는 극히 얇은 금속판을 사용한 압력방출장치를 말한다. 기계적 장치가 전혀 없고 파열판과 홀더로 구성된 가장 간단한 구조로서 스프링식 안전밸브와 함께 설치하거나 단독으로 설치하여 사용한다. 스프링식 안전밸브로는 급격한 압력 상승을 억제할 수 없는 경우, 운전 상태에서 침착물이 발생하거나 또는 고무상 물질이 고착하여 다른 안전장치의 작동 기능을 저하시키는 경우, 운전 중 안전장치에 내장된 유체의 누출이 허용되지 않는 경우, 부식성이 강한 유체에 사용할 경우 유효하게 사용한다.

2) 고저수위 조절장치

운전 중인 보일러는 연속적으로 급수와 증기송출이 이루어지므로 이들의 균형이 절대적으로 필요하며 통상 드럼 수위의 신호에 따라 급수 펌프에 의해 수량이 조절되어 일정한 수위를 유지한다. 그러나 이상 현상으로 인하여 수위가 고저 위험수위로 변하면 작업자가 쉽게 감지할 수 있도록 경보등, 경보음을 발하고 자동적으로 급수 또는 단수됨으로써 수위를 조절하는 장치가 필요하며 이를 고저수위조절장치라 하며, 플로우트식, 전극식, 차압식 등이 사용되고 있다.

3) 압력제한스위치

압력제한스위치는 보일러의 과열을 방지하기 위하여 최고사용압력과 상용압력 사이에서 보일러의 버너연소를 차단할 수 있도록 부착하여 사용하여야 한다. 압력제한스위치는

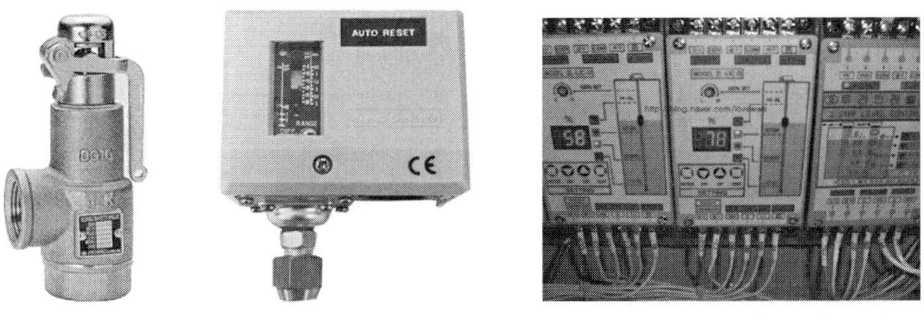

그림 6-17 보일러 방호장치

조정압력회로를 전기적 스위치작용으로 전환시켜주는 것이며 모터펌프와 밸브의 압력흐름에 따라 제어된다. 이미 조정된 압력관로에 압력이 증가되면 스프링을 밀어주는 힘에 의해 내부 피스톤 막대에 영향을 주며, 피스톤 막대 작용은 마이크로 스위치에 전달된다. 조정된 압력에 도달하면 마이크로 스위치는 즉시 작동을 하게 되고 복원압력에 이르게 되면 다시 정상위치로 돌아온다. 종류로는 고압스위치와 저압스위치가 있다.

(4) 연삭기

덮개는 기계의 오작동으로 인한 신체에 상해를 입히는 것을 예방해주고 칩 비산방지장치는 연삭기 가공작업 중 파편이 주변으로 튀어나가는 것을 방지해준다.

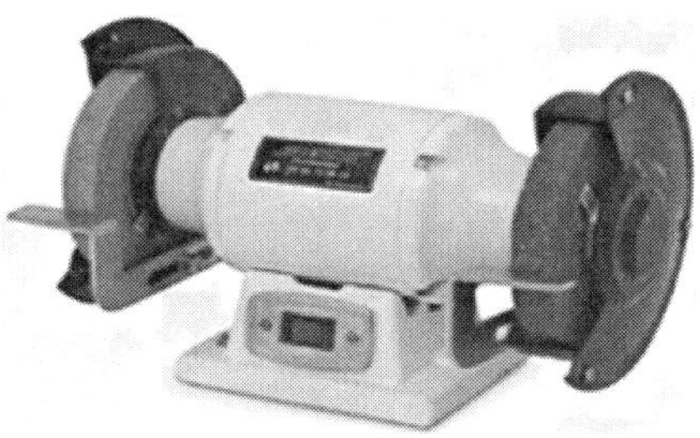

그림 6-18 연삭기 방호장치

3 설비관련 규정

방호장치와 관련된 규정은 산업안전보건법 제33조, 산업안전보건법 시행령 27조, 46조, 47조, 산업안전보건법 시행규칙 제47조, 48조, 고용노동부 고시 제2015-25호를 참조하면 된다.

4 설비관련 사고사례

1) 승강기 방호장치 작동 불량에 의한 추락

① 재해 개요

2010년 1월, 2층 증축 작업장(7 m 높이)에서 2층에서 1층으로 산소용기를 옮기려고 하던 중 1층 작업장에서 멈추어 서있던 작업용 리프트가 상부로 상승하여 부딪치고 추락하여 현장에서 사망한 재해이다.

② 작업 현장 상황

피해자가 공장 내에서 금형 수리 작업을 하던 중 작업 시 필요한 산소가 전부 소모되어 증축 작업을 하고 있는 작업장에 산소가 있는 것을 목격하고 산소를 사용하기 위하여 산소용기를 옮기려 하였다.

③ 재해자의 행동

피해자가 산소용기를 옮기려는 도중 계단을 이용하지 않고 작업용 리프트를 이용하려고 하던 중 무효화된 출입문 연동장치를 인지하지 못한 채 출입문을 통하여 리프트에 탑승하려 하였다.

④ 재해원인

작업용 리프트의 방호장치인 출입문 연동장치는 성능이 정상적으로 유지되어야 하나 작동 시나 원하는 위치에 있지 않을 경우에도 출입문이 열리는 등 무효화되

그림 6-19 승강기 추락사고

어 있었으며 사전에 성능 유지가 되도록 조치를 취하여야 하나 하지 않았다.

2) 프레스 금형 사이에 협착

① 재해 개요

작업장 내에서 방호장치를 해제한 2,000톤 프레스의 금형 사이에 성형된 제품을 취출하기 위해 볼스터 상부에 접근하여 제품 추출 작업 중 프레스가 작동되어 금형 사이에 머리가 협착되어 사망한 재해이다.

② 현장상황

재해 발생 프레스에는 양수 조작식 안전장치, 광전자식 방호장치 등이 설치되어 있으나 생산성을 높이기 위해 방호장치가 작동될 경우 리셋 스위치를 조작하여 방호장치를 해제한 상태에서 작업을 실시하였다.

③ 재해자의 행동

제품을 취출하기 위해 재해자가 프레스에 접근하였으며, 이때 광전자식 방호장치의 경보기와 경보등이 작동되자 프레스 조작자가 리셋 스위치를 조작하여 방호장치를 해제한 상태에서 무의식중에 양수 조작식 안전장치를 조작하자 프레스가 작동하였다.

④ 재해 발생원인

금형 사이에 있는 제품취출을 위해 볼스터 상부 위험부위에 작업자가 접근하여 작업하고 있는 위험한 상태에서 방호장치를 해제하였다.

그림 6-20 프레스 협착사고

1. 압력방출장치 종류에서 스프링의 압력 대신 추의 일정한 무게를 이용하여 내부 압력이 높아질 경우 추를 밀어 올리는 힘을 만들어 가스를 외부로 방출하여 장치를 보호하는 구조 장치는?

① 스프링식 ② 가용전식
③ 중추식 ④ 파열판식

2. 하물 권상 시 훅 등의 달기 기구가 정해진 위치보다 더 높은 위치로 권상될 때 부딪치는 등 충격과 파손으로 인한 하물의 추락방지를 위해 자동적으로 동력 차단 및 작동을 제동하는 장치는?

① 과부하 방지장치 ② 권과 방지장치
③ 비상정지장치 ④ 훅 해지장치

3. 다음 보일러의 압력방출장치의 동작 중 틀린 것은?

① 과열기의 압력방출장치 분출압력은 증발부 압력방출장치의 분출압력 이상이어야 한다.
② 압력방출장치는 1개 또는 2개 이상 설치하고, 최고사용압력 이하에서 작동한다. 다만 압력방출장치가 2개 이상 설치할 경우에는 한 개는 최고사용압력 이하에서 작동하게 하고, 다른 압력방출장치는 최고사용압력이 1.03배 이하에서 작동하게 한다.
③ 발전용 보일러에 부착하는 압력방출장치의 분출 정지 압력은 분출압력의 0.93배 이상이어야 한다.
④ 재열기 및 독립과열기에 있어서는 압력방출장치가 하나인 경우 최고 사용 압력 이하, 2개인 경우 1개는 최고사용압력 이하이고 다른 1개는 최고 사용 압력의 1.03배 이하에서 분출하여야 한다. 다만, 출구에 설치하는 압력방출장치의 분출압력은 입구에 설치하는 압력방출장치의 설정 압력보다 낮게 조정되어야 한다.

4. 안전밸브에서 압력용기, 배관계 및 회전기계 등의 밀폐된 장치가 이상 압력 상승 또는 부압에 의하여 파손되는 것을 방지하기 위하여 설치하는 극히 얇은 금속판을 사용한 압력방출장치를 말하는 것은?

① 파열판식 ② 가용전식
③ 지렛대식 ④ 중추식

5. 위치 제한형 방호장치의 일종으로 프레스의 본질적인 안전화를 추진시키기 위해 꼭 필요한 장치이기는 하나, 사용상의 주의 또는 설치상의 주의가 필요하고 슬라이드 작동 중에 누름 버튼에서 프레스 작업자가 손을 떼면 그 즉시 슬라이드의 동작이 정지하며 또 양손으로 동시에 버튼을 누르면 슬라이드가 운동을 시작하고 양손 중 어느 한쪽을 떼어도 슬라이드가 즉시 멈추는 이 방호장치는 무엇인가?

6. 전동기의 고장, 적재하중의 초과로 인한 과속 제어계의 이상 등으로 과속 발생기 정격속도의 1.3배가 되면 스위치가 동작하여 1차로 전동기의 입력 전원을 차단하고 2차로 전동기 브레이크를 작동시켜 카를 비상 정지 시키도록 하는 이상 속도 감지장치로 종류에는 롤 세이프티 형, 디스크형, 플라이볼 형이 있는 이 장치의 이름은 무엇인가?

문제정답

1. ③
2. ②
3. ①
4. ①
5. 양수 조작식 방호장치
6. 조속기

Part

7

소방설비

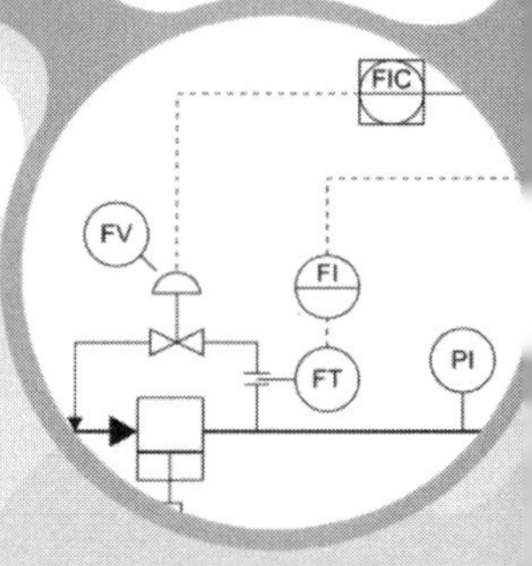

1 설비 개요

소방설비란 화재발생 시 화재를 진압하고 화재발생 사실을 탐지, 이를 주위에 통보하여 피해가 우려되는 사람들을 보호하거나 대피시키며 소화에 필요한 용수를 확보하고 소방대의 일련의 활동을 보조하기 위한 설비를 총칭하는 것으로 크게 대별하여 소화설비, 경보설비, 피난설비, 소화용수설비, 소화활동설비로 나누어지며 각 설비별로 세부적인 설비들로 구성된다. 소방설비는 크게 소화설비, 경보설비, 피난설비, 소화용수설비, 소화활동설비로 나뉜다.

2 설비 분류

(1) 소화설비

소화설비는 물, 그 밖의 소화약제를 사용하여 소화를 행하는 기구나 설비로서 소화기구(수동식소화기, 자동식소화기, 캐비닛형자동소화장치, 자동확산소화기, 소화약제에 의한 간이소화용구), 옥내소화전설비, 스프링클러설비, 물분무소화설비, 포소화설비, 이산화탄소소화설비, 할로겐화합물소화설비, 청정소화약제소화설비, 분말소화설비, 옥외소화전설비가 있다.

1) 소화기

화재의 극히 초기단계에서 소화제가 갖는 냉각 또는 공기차단 등의 효과를 이용해서 불을 끄는 운반할 수 있는 기구를 말한다. 사용하는 약제 또는 그 메커니즘에 따라 여러 종류가 있으나 현재 사용되고 있는 소화기는 포말소화기 · 분말소화기 · 할론소화기 · 이산화탄소소화기 등이 있다.

그림 7-1 소화기

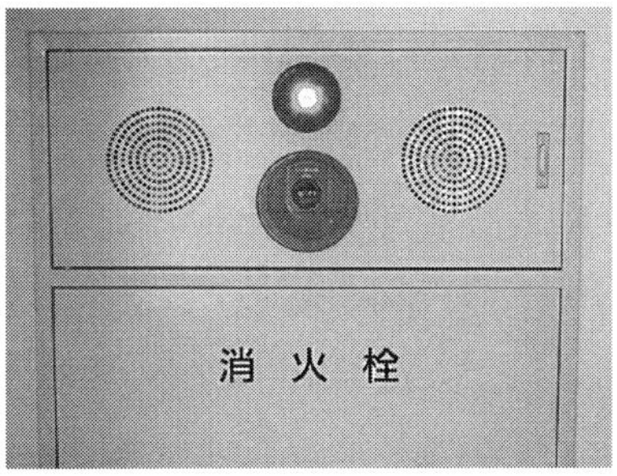

그림 7-2 옥내소화전

2) 옥내소화전

건축물에 화재가 발생하는 경우 화재 발생 초기에 관리자 또는 재실자에 의해 신속히 화재를 진압할 수 있도록 건축물 내에 설치하는 소화설비로 건물 내부의 복도 또는 실내의 벽면에 설치되어 있는 소화전 상자 속에 호스·노즐이 함께 들어 있다. 수동·반자동·전자동식이 있으며 소화전 하나의 유효면적은 반경 25 m 이내의 범위이다.

3) 자동확산소화기

밀폐 또는 반 밀폐된 장소에 고정시켜 화재 시 화염이나 열에 의하여 자동적으로 소화약제가 확산하여 소화하는 설비이다.

4) 캐비닛형 자동소화장치

화재에 의하여 생기는 열 또는 연기 등을 감지하여 경보를 발하고 자동적으로 소화약제를 방사하여 소화를 행하는 고정된 소화기기로 감지부, 방출구, 방출유도관 등으로 구성되어 있다.

5) 물분무소화설비

화재발생시 분무 노즐에서 물을 미립자(0.02～2.5 mm), 즉 안개비 모양의 형태로 소방대상물을 감싸듯 방사하여 수증기가 되어 다량의 기화열을 내면서 소화물을 신속히 발화점이하로 떨어뜨리는 냉각작용과 수증기의 질식작용, 가연성 액체의 표면에 불연성의 층을 형성하는 유화(에밀존)작용, 용해성 액체는 희석하여 소화하는 희석작용 등의 의하여 소화, 화재의 억제, 연소방지, 냉각을 행하는 소화설비이다.

6) 포소화설비

물에 의한 소화방법으로 효과가 적거나 화재가 확대될 우려가 있는 가연성 액체화재 등에 적용되며 물과 포소화약제를 일정한 비율로 혼합한 수용액을 공기로 발포시켜 연소면의 표면을 공기와 차단시킴으로써 질식소화하며 또한 포에 함유한 수분에 의한 냉각 소화효과가 있는 소화설비이다.

(2) 경보설비

경보설비는 화재발생 사실을 통보하는 기계・기구 또는 설비로서 비상경보설비(비상벨설비, 자동식사이렌설비), 단독경보형 감지기, 비상방송설비, 누전경보기, 자동화재탐지설비 및 시각경보기, 자동화재 속보설비, 가스누설경보기, 통합감시시설 등이 있다.

1) 자동화재탐지설비

화재로 인한 인적, 물적 재해를 예방하기 위하여 화재 초기에 발생되는 열, 연기 및 불꽃 등을 탐지하여 소방대상물의 관계자 및 거주자에게 음향 장치로 통보하는 경보설비이다.

2) 비상경보설비

자동화재탐지설비 등에 의해서 감지된 화재를 신속하게 소방대상물 안에 있는 사람들에게 경보하여 피난시키며 초기 소화활동을 용이하게 하기 위한 설비이다.

3) 시각경보기

자동화재탐지설비에서 발하는 화재신호를 받아 청각장애인에게 점멸형태로 경보하는 설비이다.

4) 가스누설경보기

가스가 새는 것을 탐지하여 관계자나 이용자에게 경보하여 주는 역할을 하며, 가스누설을 검지하여 중계기 또는 수신부에 가스누설의 신호를 발하는 탐지부와 탐지부에서 발하여진 가스누설신호를 수신하여 음향으로써 경보하여 주는 수신부로 구성되어 있다.

(3) 피난설비

피난설비는 화재가 발생할 경우 피난을 위하여 사용하는 것으로서 미끄럼대, 피난사다리, 구조대, 완강기, 피난교, 피난밧줄, 공기안전매트, 그 밖의 피난기구와 방열복, 공기호흡기, 인공소생기, 유도등 및 유도표지, 비상조명등 및 휴대용비상조명 등이 있다.

1) 미끄럼대

2층 또는 3층의 소방대상물에 설치되는 것으로 화재 또는 비상시에 피난층 이외의 층으로부터 피난층 또는 지면으로 피난자가 중력에 의하여 안전하게 미끄러져 내려오는 장치로서 평상시 사용하지 않을 때는 위로 접어 올렸다가 유사시 지면으로 내려서 사용할 수 있도록 되어 있는 것이 대부분이다. 경사는 약 25~35도 정도로 하며 직선형 또는 나선형이 있다. 적재하중은 1 m 당 130 kg 이상이어야 한다.

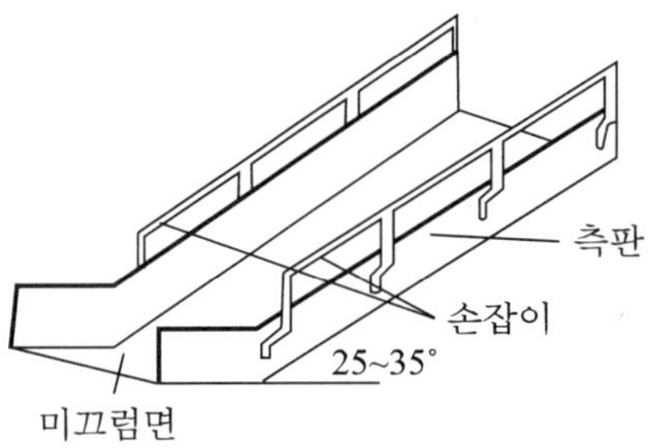

그림 7-3 미끄럼대

2) 피난사다리

화재 시 안전한 장소로 대피하기 위해 건축물의 개구부에 설치하는 피난기구로 고정식, 올림식, 내림식 사다리로 분류된다. 재질에 따라서는 금속제와 섬유재, 목재, 합성수지 등에 의해 제조되는 금속제 이외의 피난사다리로 구분된다.

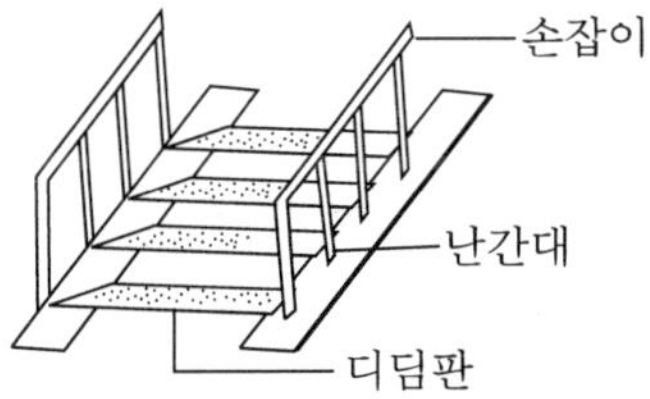

그림 7-4 고정식 사다리

그림 7-5 내림식 사다리

3) 완강기

고층 건물에서 불이 났을 때 몸에 밧줄을 매고 높은 층에서 땅으로 천천히 내려올 수 있게 만든 비상용 기구로서 1인용 및 2~3인용의 것이 있고 중량에 따라 하강속도를 속도 조절기로 조절할 수 있게 되어있다.

4) 피난용 밧줄

2층 이상의 소방대상물에 설치하는 피난기구로 화재발생시 신속히 대피할 수 있도록 개구부인 창이나 발코니 등에 설치한다. 또한 피난용 로프에는 소방대상물에 고정시킬 수 있도록 후크가 부착되어 있고 이것을 소방대상물에 설치하여 지면으로 내려서 피난할 수 있게 해놓았다.

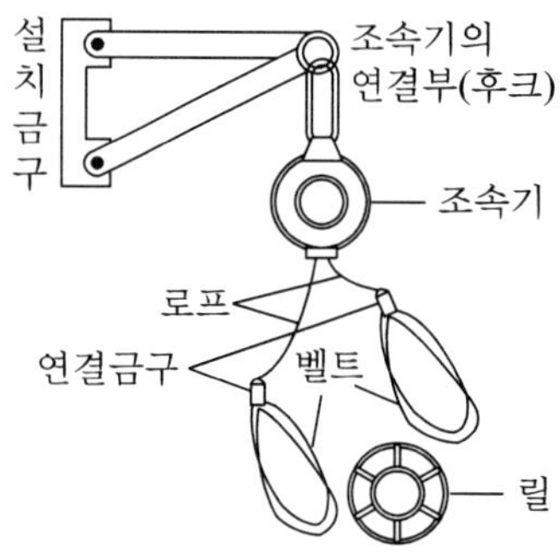

그림 7-6 완강기

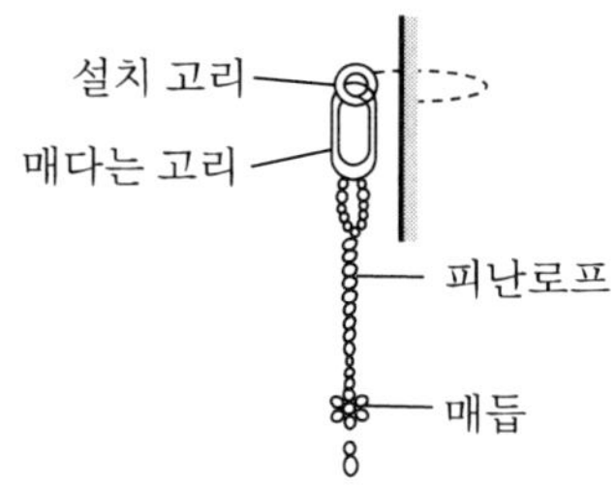

그림 7-7 피난용 로프

5) 피난용 트랩

소방대상물의 개구부에 설치하는 피난기구로 도난 방지를 위해 옥외에 설치할 때는 위로 접어서 올려놓는다. 소방대상물의 외벽 또는 내벽에 설치하는 고정식과 미사용 시 하단을 들어서 올려놓는 반고정식이 있다.

6) 피난교

옥상이나 바로 밑의 층에서 옆 건물로 넘어가기 위해 설치하는 피난기구로 평소에는 건축물 내에 접어두었다가 화재발생 시 신속히 옆 건물로 설치하여 피난할 수 있도록 한다.

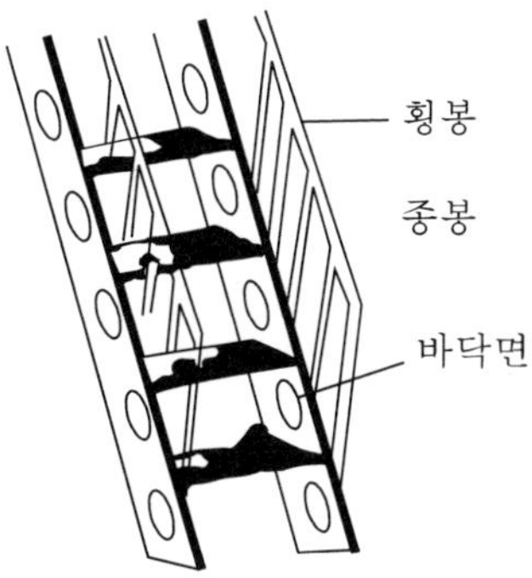

그림 7-8 피난용 트랩

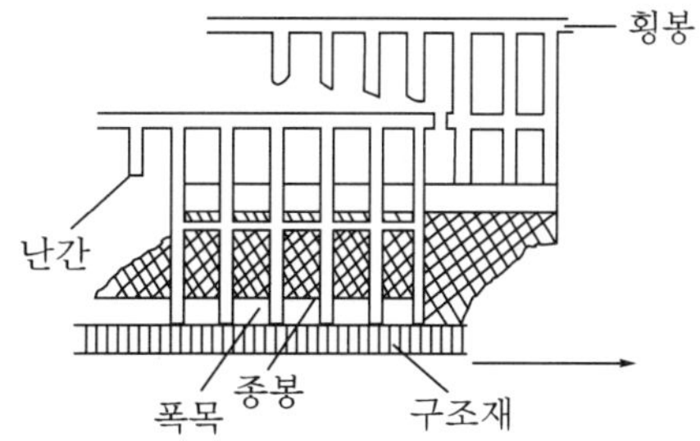

그림 7-9 피난교

7) 구조대

건축물의 3층 이상부터 설치하는 피난설비로 비상시 발코니, 건축물의 창과 같이 열 수 있는 부분에서 지상까지 원통형의 포대를 설치하고 그 내부를 통해 활강하는 기구이다. 설치하는 방법에 따라 경사강하식과 수직하강식으로 구분된다.

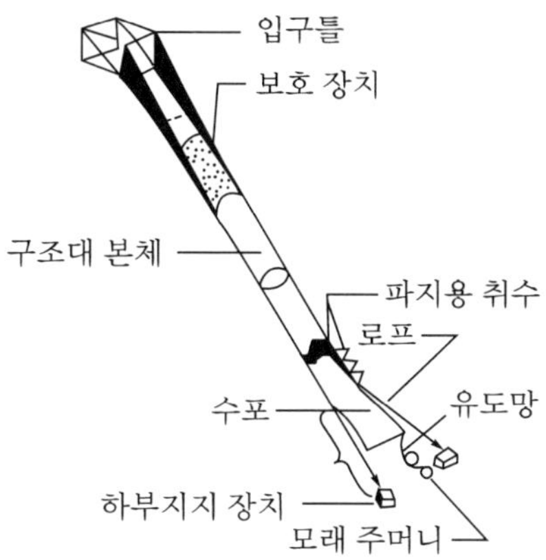

그림 7-10 경사강하식 구조대

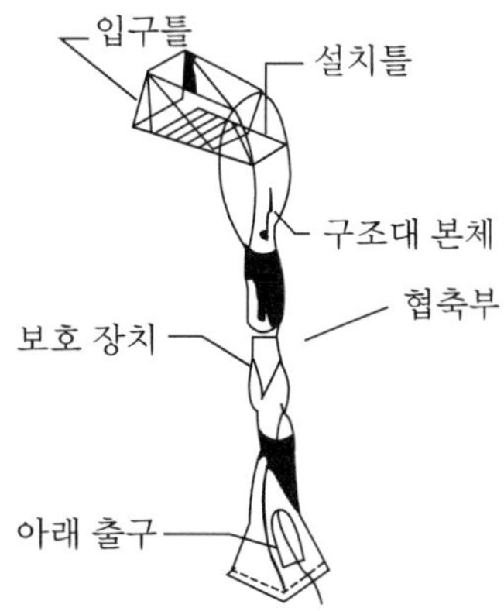

그림 7-11 수직강하식 구조대

(4) 소화용수설비

화재를 진압하는데 필요한 물을 공급하거나 저장하는 설비로서 상수도소화용수설비, 소화수조, 저수조 그 밖의 소화용수설비 등을 말한다.

1) 상수도소화용수설비

소화수조 또는 저수조를 설치하는 소방대상물의 규모보다 작은 연면적 5,000 m^2 이상인 소방대상물이나 지상에 노출된 탱크의 저장용량의 합이 100톤 이상인 가스시설에 설치하는 소화용수설비로 상수도 배관에 설치하는 공공의 소화전 또는 급수탑 등의 것을 말한다.

2) 소화수조

대규모 부지 위에 세워진 건축물 또는 고층건축물 등과 같이 많은 양의 소화용수를 필요로 하는 소방대상물 근처에 설치하여 화재발생시 소화약제로 사용되는 물을 적절하게 사용할 수 있도록 저장해 놓는 수조를 말한다.

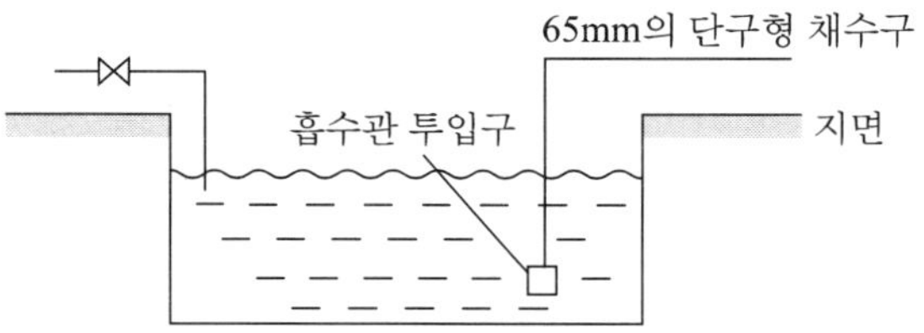

그림 7-12 소화수조(저수조)

(5) 소화활동설비

화재를 진압하거나 인명구조활동을 위하여 사용하는 설비로 제연설비, 연결송수관설비, 연결살수설비, 비상콘센트설비, 무선통신보조설비, 연소방지설비 등이 있다.

1) 제연설비

자연적 또는 기계적인 방법으로 연기의 이동 및 확산을 제어하기 위해 사용하는 설비로 단순히 연기만 배출시키는 배연설비와는 구분되어 사용되며 송풍기와 배출기 중 사용하는 장치에 따라 방연설비 또는 배연설비로 구분할 수 있다.

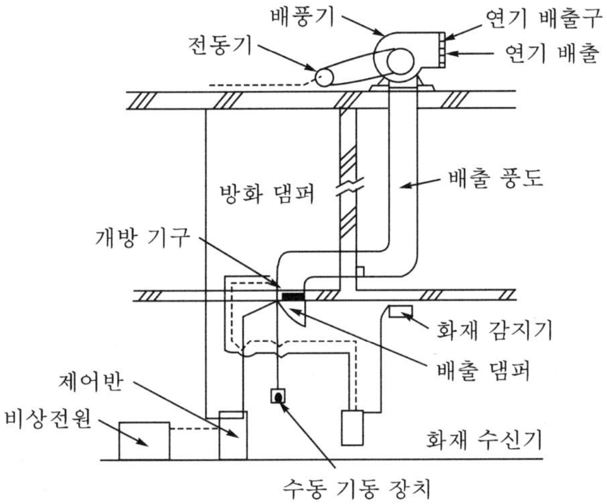

그림 7-13 소방대상물에 설치한 제연설비

2) 연결살수설비

지하가 또는 지하층 등에서 화재가 발생한 경우 연기가 충만하여 소화활동이 곤란한 소방대상물에 송수구 및 배관에 소방펌프 자동차로부터 물을 송수함으로써 살수헤드로부터 방사하여 소화하는 소화활동설비이다.

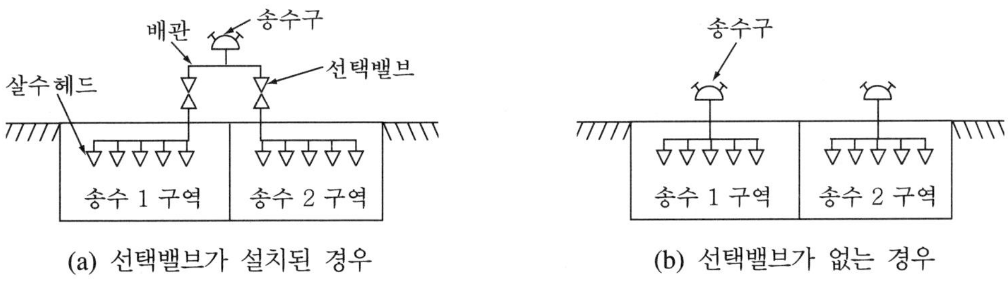

그림 7-14 연결살수설비의 계통도

3 장치별 구조 및 원리

3.1 소화기

(1) 가압식소화기

가압식이란 약제 분사를 위해 소화기에 별도의 압축가스 봄베가 장착한 형태를 말한다. 보통 분말 소화기에 사용되며 압축가스 봄베는 외부에 장착되는 경우도 있으나 보통의 소형 소화기의 경우 내부에 장착된다. 이 방식의 소화기를 작동시키기 위해 손잡이를 움켜쥐면 밸브에 연결된 핀이 용기의 밀봉을 파괴, 용기에 저장되어있던 고압 기체가 약제를 밀어내 분사하는 방식이다. 가압식 소화기는 가스용기가 별도로 구비되어 있기 때문에 평상시에는 소화기 내부가 고압의 상태가 아니다. 그러나 손잡이를 누르게 되면 가스용기가 개방되면서 내부의 가스가 소화기의 내부로 분출되어 소화기 내부를 고압의 상태로 만들게 되고 분말의 소화재가 분출되게 된다. 단점으로는 약제 용기에는 평소에 압력이 걸리지 않아 바깥과 기압이 동일하므로 약제에 습기가 침투하기 용이하다는 점이 있다. 분말 소화기의 경우 약제가 습기를 머금으면 분말이 굳어져서 정작 사용하려 할 때 분사되지 않을 수가 있다. 또한 한 번 방출을 시작하면 멈출 수 없으며 압력 게이지가 없어 점검이 불편하다.

(2) 축압식소화기

축압식소화기는 가압식과는 달리 약제와 질소 같은 고압가스가 같이 충전된 형태로서 구조가 상당히 단순하다. 소화기 내부에 호스와 연결된 사이펀 관이 있고 바닥에 약제가 가라앉아있고 그 위로는 고압가스가 차있을 뿐이다. 이로 인해 항상 소화재를 가압하는 상태를 유지하게 되고 사이펀 관의 상부에 있는 밸브가 평상시에는 닫혀 있기 때문에 분말의 소화재가 분출되지 않는다. 원리는 밸브를 열면 가스의 압력이 바닥의 분말을 사이펀 관으로 밀어내 분사하게 된다. 장점으로는 충전하기 쉽다는 점, 압력 게이지가 있어 점검하기 쉽다는 점, 분사 중 밸브를 닫는 것으로 얼마든지 정지가 가능하다는 점 등이 있다.

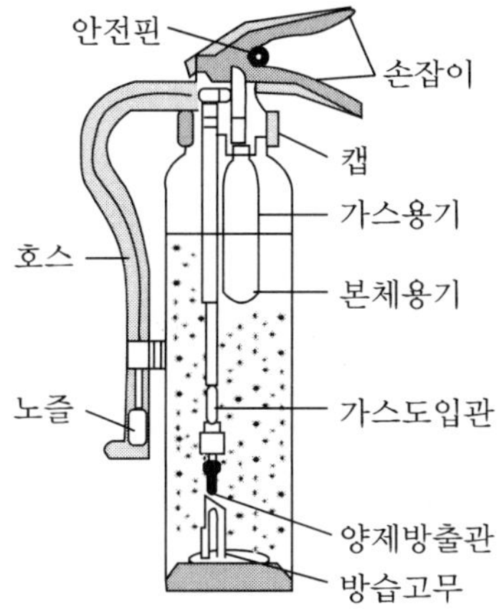

그림 7-15 가압식소화기

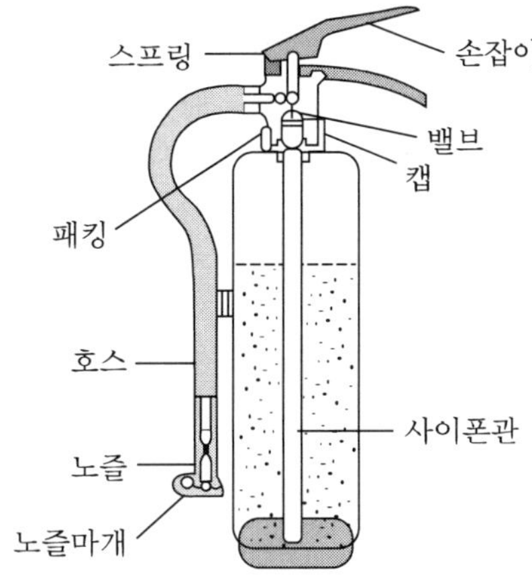

그림 7-16 축압식소화기

3.2 옥내소화전

옥내소화전 설비는 건물 내의 자체 요원에 의해 화재 초기에 진압할 목적으로 건물 내에 설치하는 고정소화설비로서 수원, 가압송수장치, 배관, 옥내소화전함, 방수구, 호스, 노즐 등으로 구성된다. 옥내소화전은 옥외 소화전함을 렌치 등으로 개방한 후 소화전 안에 보관된 소방호스를 소화전의 방수구에 연결하고 개폐밸브를 통해 물을 공급하여 화재를 진압한다.

옥내소화전의 가동방식은 수동과 자동의 두 가지 방식이 있는데 수동기동방식은 온오프방식으로 학교·공장·창고시설·업무시설·종교시설·전시시설 및 아파트 등에 설치할 수 있는 것으로서 옥내소화전함의 펌프기동스위치를 작동시킨 다음 옥내소화전 방수구를 열면 가압송수장치의 펌프가 작동되어 방수가 시작되는 방식이다. 자동기동방식은 기동용수압 개폐방식이라고 불리고 옥내소화전함의 옥내소화전 방수구를 개방하면 배관 내에 가압된 압력이 감소하게 되어 압력감지장치에 의하여 가압송수장치의 펌프가 작동되어 방수되는 방식으로 학교·공장·창고시설·업무시설·종교시설·전시시설 및 아파트를 제외한 특정 소방대상물에는 반드시 자동기동방식을 설치하여야 한다.

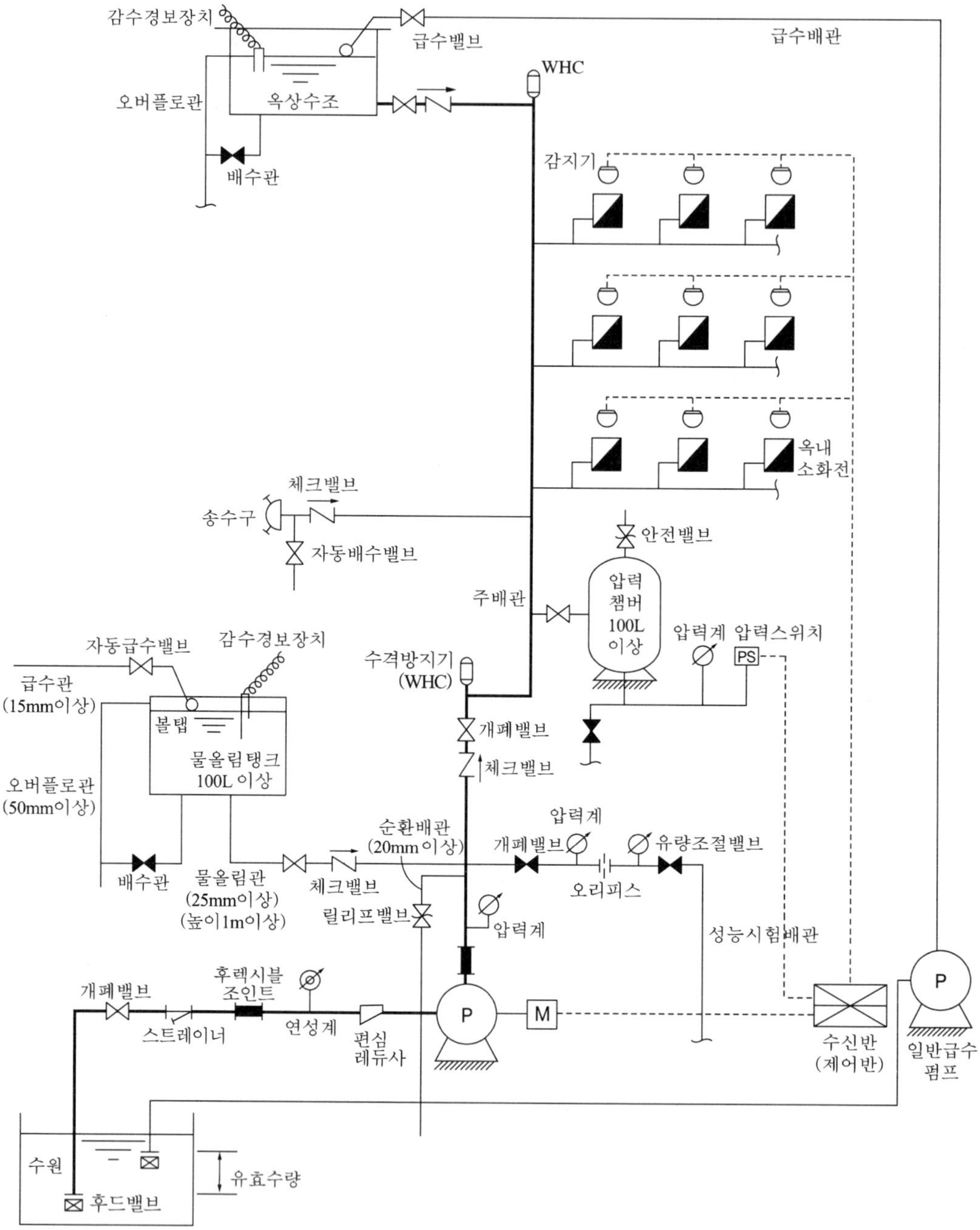

그림 7-17 옥내소화전설비 계통도

(1) 수원

수원의 종류는 다른 설비와의 겸용유무에 따라 전용수조와 겸용수조로 구분하며 설치되는 위치와 구조에 따라서 고가수조, 압력수조, 지하수조로 분류하며 그 저수량 산정방법은 각각 다르다.

(2) 가압송수장치

옥내소화전방수구의 법적 방수량 및 방수압력을 확보하기 위하여 고가수조방식, 압력수조방식, 펌프방식의 3가지가 있으나 대부분 펌프방식이 설치되고 있다.

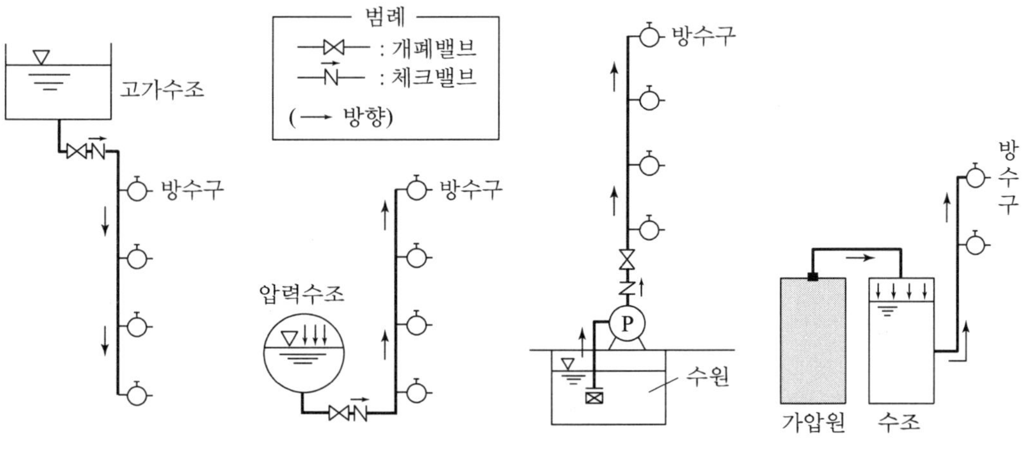

(a) 고가수조방식 (b) 압력수조방식 (c) 펌프방식 (d) 가압수조방식

그림 7-18 가압송수방식

1) 고가수조방식

이 방식은 건축물의 옥상층 또는 최상층부의 옥내소화전함보다 높은 위치에 설치하는 것으로서 낙차를 이용하여 소정의 압력을 얻는 것으로 당해 고가수조에는 수위계, 배수관, 오버플로우관, 보급수관, 맨홀 등을 설치하고 있다. 또한 고가수조로부터 최상층 부분의 방수구까지는 최소한 17 m 이상의 낙차를 확보하여야 한다.

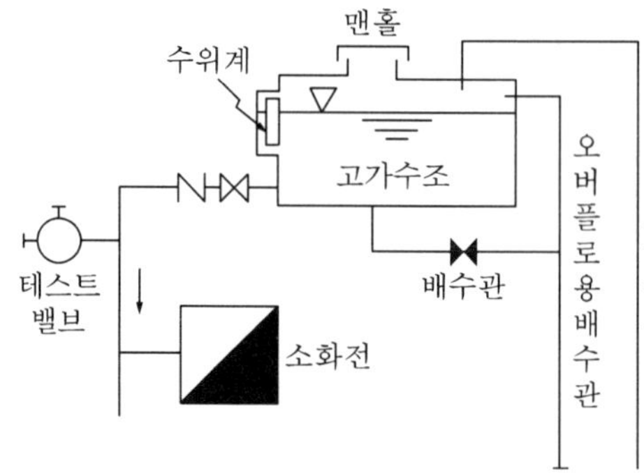

그림 7-19 고가수조방식

2) 압력수조방식

이 방식은 주로 초대형 건축물에 설치되는 경우가 많은 수조로서 압력수조를 이용하여 소정의 압력을 얻는 방식이다. 수조의 수량은 압력수조 부피의 2/3 이하로 하여야 하며 압

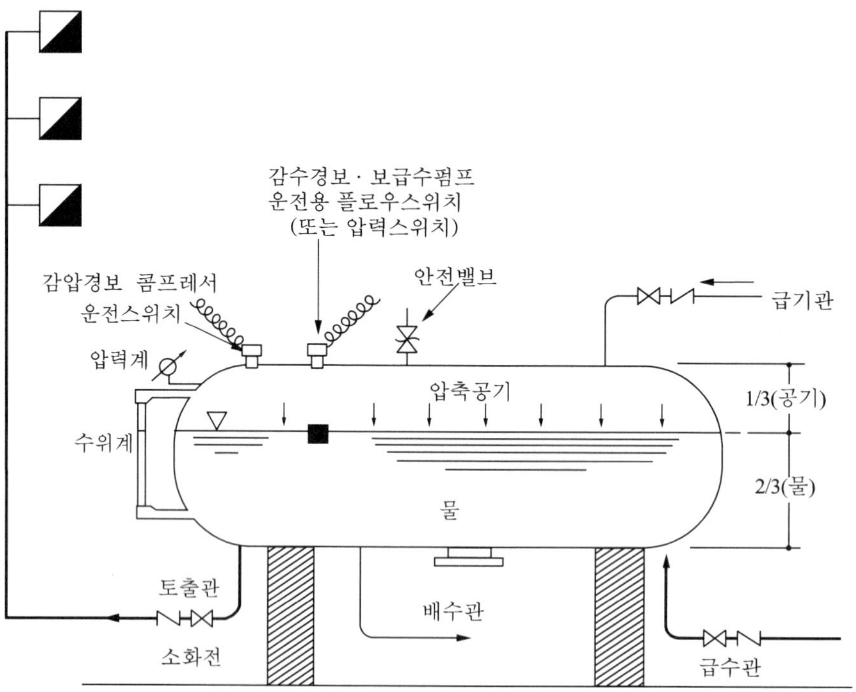

그림 7-20 압력수조방식

력수조에는 압력계, 수위계, 배수관, 보급수관, 급기관, 안전장치, 맨홀 및 공기압력을 유지하는 자동공기압축기 등으로 구성되어 있다.

3) 펌프방식

전동기로 펌프를 회전시키고 펌프 내 임펠러의 원심력에 의해 압력 및 속도에너지를 발생시킴으로써 이에 상응한 소정의 압력 및 양정을 얻는 방식으로 가압송수장치에는 토출측에 압력계를, 흡수측에 연성계 또는 진공계를 설치한다. 또한 수원의 수위가 펌프보다 낮은 경우에는 물올림장치 등을 설치하도록 하고 있다.

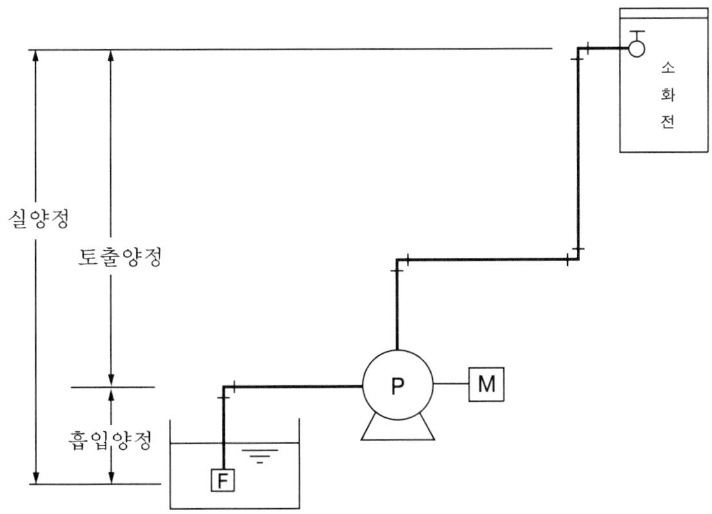

그림 7-21 펌프 실양정

가압송수장치의 기동장치는 옥내소화전함의 내부나 가까운 위치에 설치된 수동기동장치를 작동시킴으로써 펌프의 기동을 원격 조작하는 방식과 옥내소화전방수구의 개폐밸브 개방과 함께 펌프를 자동 기동시키는 직접 조작하는 방식이 있다. 제어반에는 자동 및 수동전환위치가 있어 수동에 설정하고 펌프의 기동스위치를 작동시킴으로써 펌프의 성능시험이 가능하도록 하고 있다.

3.3 스프링클러설비

스프링클러는 소방대상물 실내의 천장, 벽 등에 헤드 및 화재감지기를 설치하고 화재발생시 헤드 및 열, 연기감지기 등에 의하여 화재를 감지함과 동시에 송수펌프의 기동과 화재경보를 발하여 배관 내 가압되어 있던 물이 헤드로부터 적상 주수되는 고정식 설비로서 수원, 가압송수장치, 유수검지장치, 배관 및 스프링클러헤드 등으로 구성되어 있다.

(1) 스프링클러헤드

스프링클러의 헤드는 헤드로부터 나오는 물을 한정범위 내에서 사방으로 뿌려주는 역할을 하며 프레임, 반사판, 감열부 등으로 구성되어 있고 연결부는 관용 테이퍼 나사로 부착이 용이하게끔 되어 있다. 헤드는 감열부의 유무에 따라 개방형, 폐쇄형으로 구분되고 설치방향에 따라 상향형, 하향형, 측벽형으로 구분된다. 그리고 기타 특수헤드로는 원형, 트라이팬던트형, 플러쉬형 등이 있다.

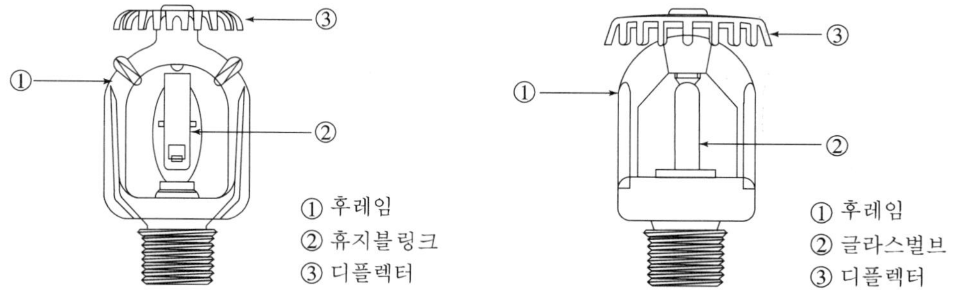

그림 7-22 폐쇄형 스프링클러헤드 형상

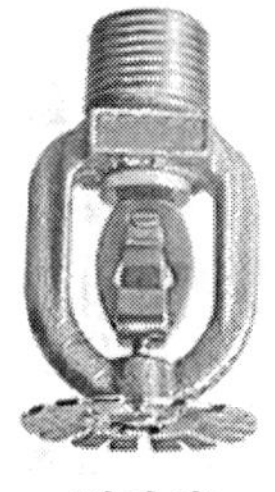

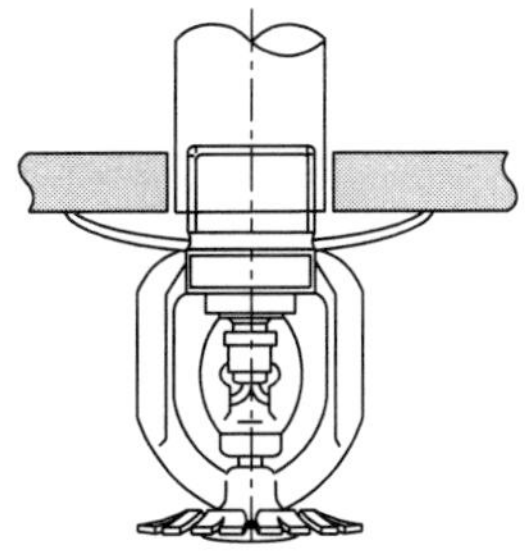

(하향형) (상향형)

(a) 휴즈블링크형

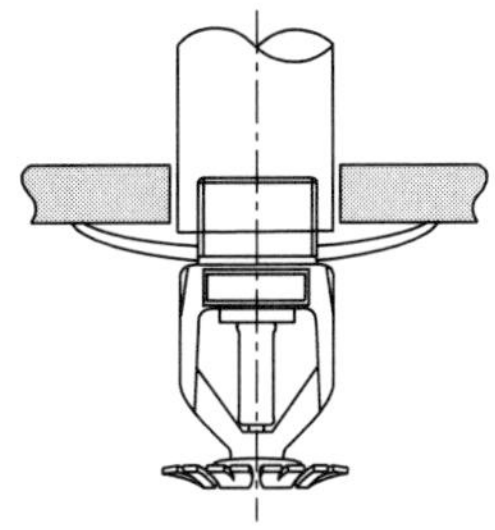

(하향형) (상향형)

(b) 글라스벌브형

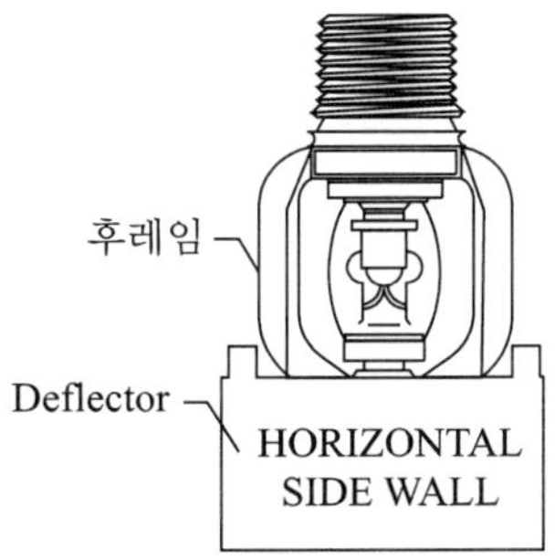

(c) 측벽형

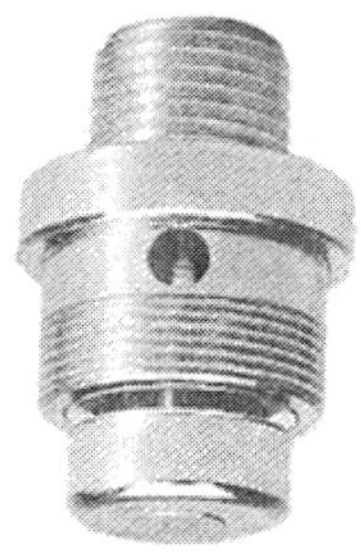

(d) 플러쉬형

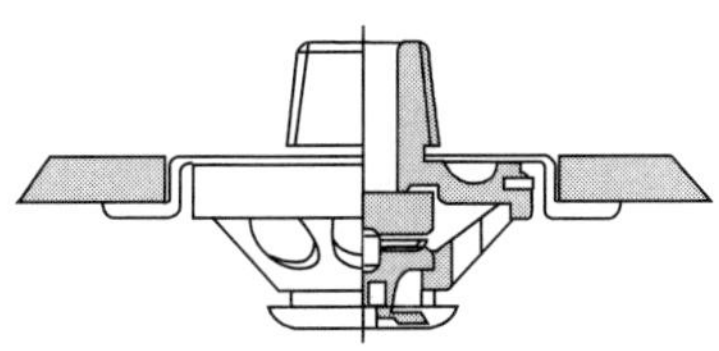

(e) 원형

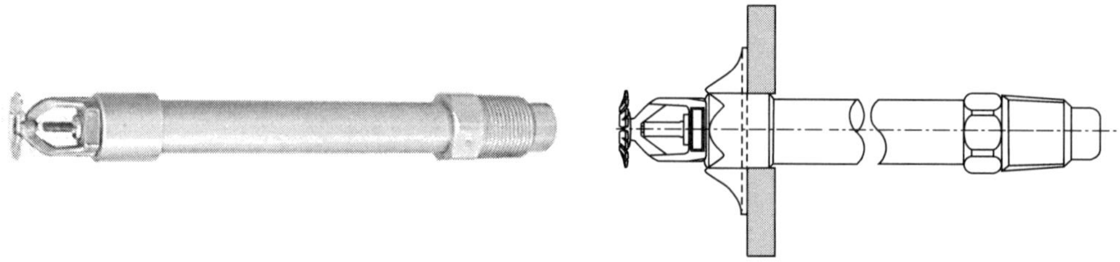

(f) 드라이팬던트형

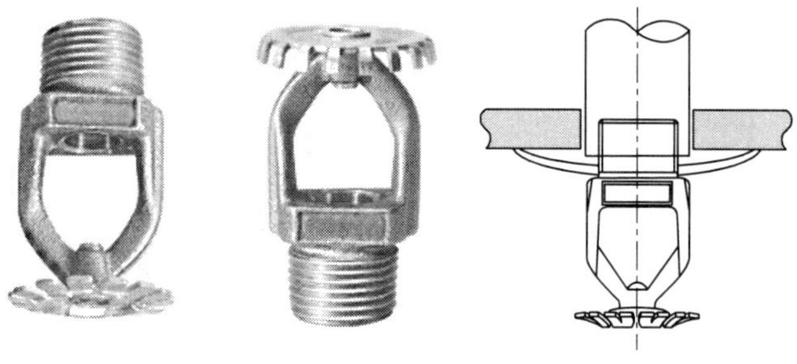

(g) 개방형

그림 7-23 스프링클러헤드 형상

(2) 습식스프링클러

가압송수장치는 자동기동방식(기동용 수압개폐장치)의 옥내소화전설비의 가압송수장치와 동일하며 작동원리는 말단의 폐쇄형헤드까지 전 배관에 압력수를 가압시켜 놓고 화재가 발생되면 폐쇄형헤드의 감열부분이 열에 의해 녹아서 떨어지면서 헤드를 개방시켜 화재부위에 방수되고 배관 내 압력이 감소됨에 따라 유수검지장치(경보체크밸브, 자동경보밸브)가 작동되면서 경보를 발령하여 수신반에 화재표시등이 점등된다. 완전소화 후에는 유수검지장치의 1차측 주밸브를 폐쇄시켜 수류를 차단하고 수신반을 복구한 후 개방된 헤드를 다시 폐쇄형헤드로 교체시켜야 한다. 유수검지장치로는 자동경보밸브, 패들형 유수검지기, 유수작동밸브, 오리피스형 유수검지기 등이 있으나 알람밸브(Alarm Valve)라 불리는 자동경보밸브가 가장 많이 사용된다.

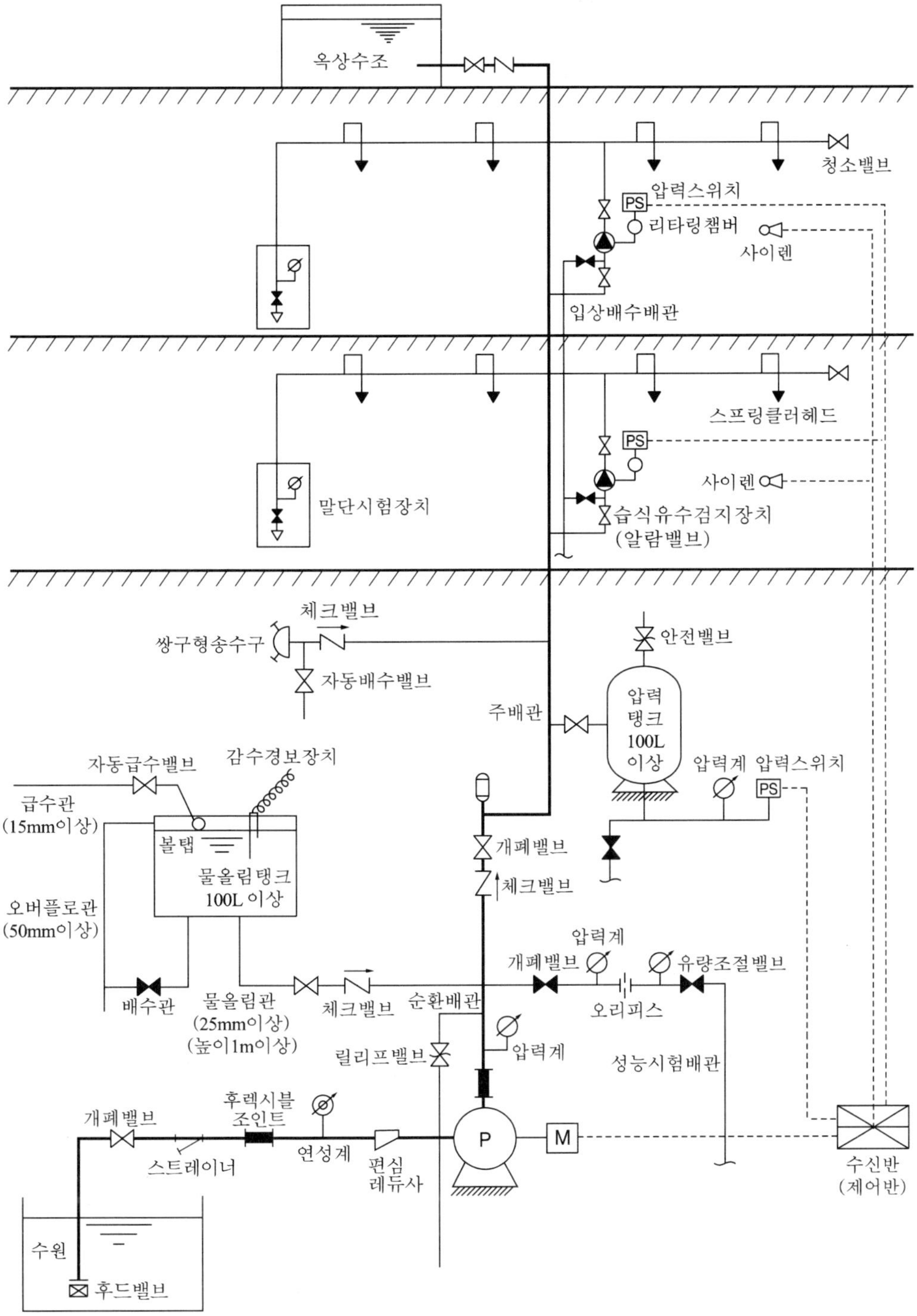

그림 7-24 습식스프링클러설비 계통도

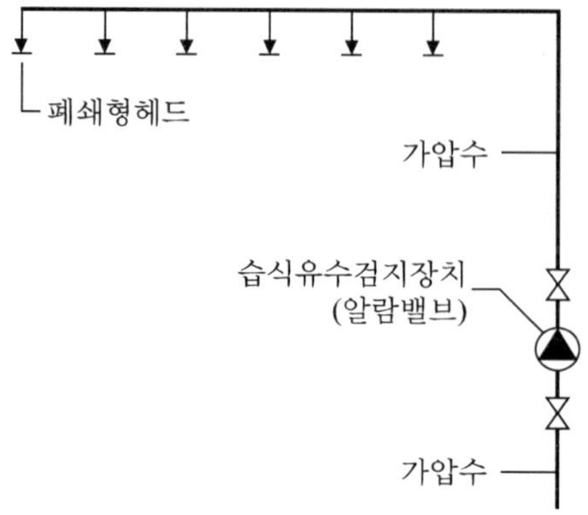

그림 7-25 습식스프링클러설비 구성도

1) 자동경보밸브

유수검지장치는 하나의 방호구역마다 설치되는데 유수검지장치의 1차측에는 바로 가압송수장치가 연결되어 가압수를 계속 공급하고 있는 상태로 압력계는 알람밸브를 중심으로 1차측(가압송수장치측)과 2차측(헤드측)에 각 1개씩 부착되어 항상 같은 압력치를 지시하고 있다가 헤드가 개방되면 2차측의 압력이 감소되면서 알람밸브가 개방되어 수신반에 화재표시등을 점등시킴과 동시에 경보를 발령하게 된다. 평상시에는 클래퍼가 닫혀져 있으며 펌프측과 헤드측의 압력이 동일하게 유지된다.

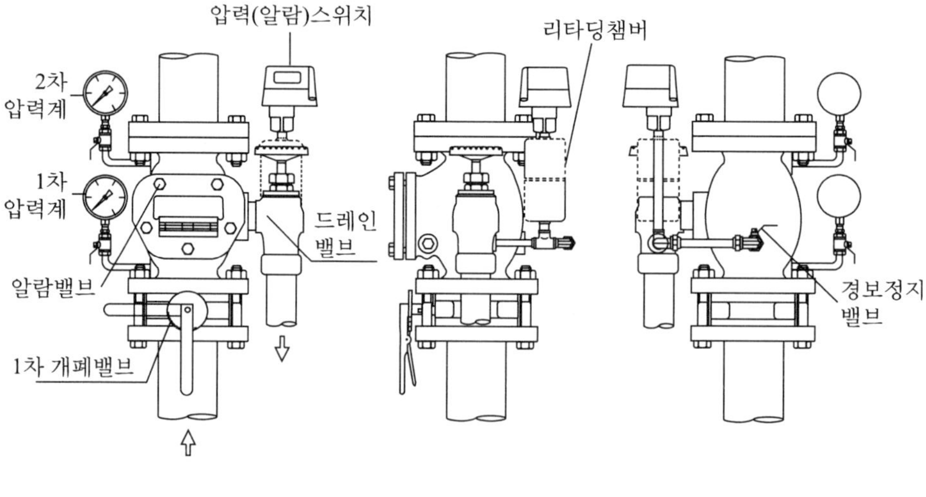

그림 7-26 습식유수검지장치(알람밸브, 자동경보밸브)

① 리타딩챔버

알람밸브에 연결된 리타딩챔버는 알람밸브의 클래퍼가 조금만 열려도 압력수가 흘러 들어가게 되는데 이때 오리피스(Orifice)에서 소량의 물은 자동적으로 배수되며 일시에 많은 물이 유입되어 용량전체가 포화되게 되면 상단부의 압력스위치나 워터모터공으로 압력수가 전달된다. 리타딩챔버는 이러한 동작과정 중간에 설치되어 작동을 지연하게 된다. 리타딩챔버의 용량은 약 1 L 정도로 쓰이나 제품의 제작에 따라 다소 차이가 있다. 알람밸브의 2차측의 압력이 감소되어 1차측 압력에 의해 클래퍼가 열려서 유입구의 배관을 따라서 리타딩챔버로 압력수가 흘러들어가게 된다. 리타딩챔버의 기능은 누수로 인한 유수검지장치의 오동작을 방지하기 위한 안전장치로 지속적이 아닌 순간적 압력을 상부에 연결되어 있는 압력스위치에 전달되지 않게 함으로써 오작동을 막아주고 과도한 압력은 오리피스를 통해서 외부로 배출시켜 줌으로써 안전밸브의 역할도 하여 배관 및 압력스위치의 손상을 막고 보호해주는 순간동요압력 조정실 역할을 한다.

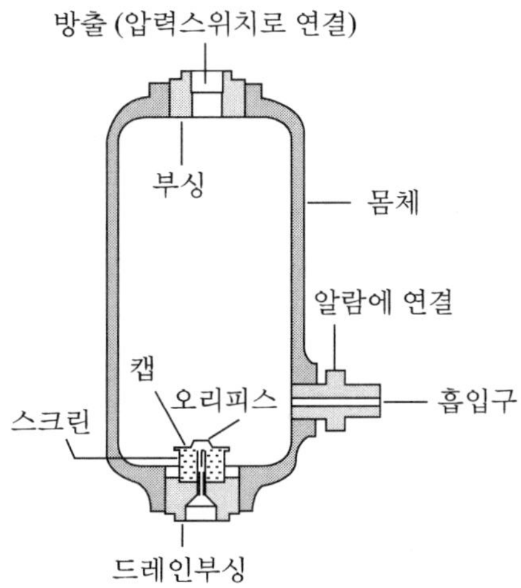

그림 7-27 리타딩챔버

② 압력스위치

리타딩챔버 상단 또는 알람밸브와 직접 연결된 압력스위치는 가압수가 압력스위치에 도달하면 압력스위치의 벨로우즈를 가압하여 접점을 이루어서 회로를 연결시킴으로써 수신부에 화재표시 및 경보를 발령시키게 된다. 벨로우즈는 고무튜브나 알루미늄튜브형식으로 되어있다. 압력스위치는 제어반의 펌프 및 수신반과 연결되어 펌프를 직접 가동시키는 방식과 단순히 작동에 의하여 경보와 수신반에 화재표시만 되게 하고 펌프의 기동 자체는 배관 내의 감압에 따라 기동용 수압개폐장치에 의해 작동하는 방식의 2가지가 있으나 주로 기동용 수압개폐장치방식의 것이 통용되고 있다.

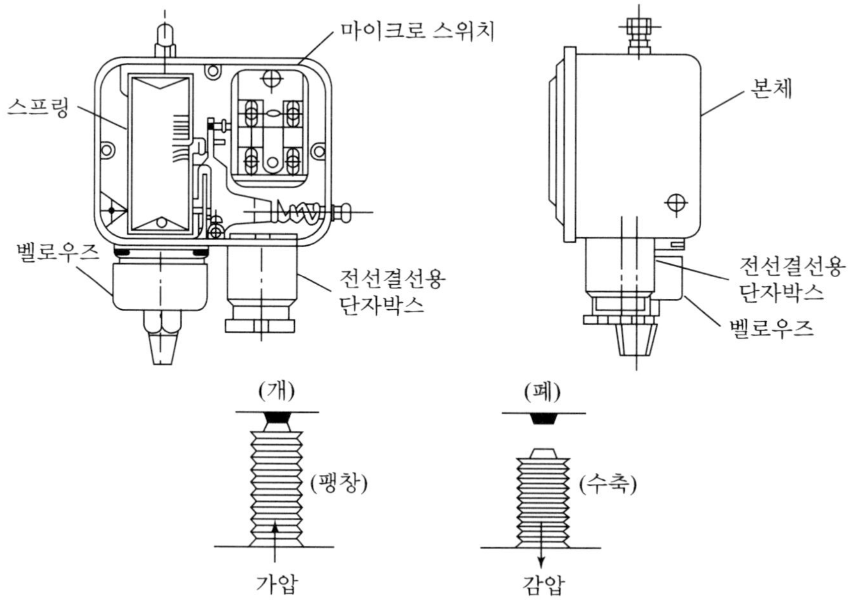

그림 7-28 압력(알람)스위치

2) 패들(Paddle)형 유수검지장치

배관 내에 패들을 부착시켜 유수에 의하여 패들의 위치가 변동됨에 따라 접점을 이루면 회로가 연결되고 경보가 발령되어 유수를 신호한다.

3) 유수작동밸브

체크밸브 구조로서 유수 시 밸브의 작동으로 유수 신호를 발하게 되는데 이 밸브에는 마이크로스위치가 설치되어 있어 밸브가 유수에 의하여 개방될 때 마이크로스위치가 작동되어 신호가 수신반으로 전달되면 경보 및 화재를 표시하게 된다. 이와 같은 유수검지장치 중에서 최근에 가장 많이 통용되는 것은 자동경보밸브(알람밸브)이다.

(3) 준비작동식 스프링클러

이 설비는 1920년대에 개발되어 1950년대에 발달된 설비로 동절기 배관 내에 물이 차 있으면 동결로 인하여 설비의 작동이 이루어질 수 없는 것에 대응하기 위해 개발된 설비로서 습식스프링클러설비의 장점을 살리고 건식스프링클러설비의 결점을 보완한 설비이다. 즉 준비작동식밸브를 설치하고 밸브의 1차측에는 가압송수장치로부터 가압수를, 2차측에는 저압 또는 무압상태의 공기를 채운다. 화재가 발생되면 감지기에 의해서 준비작동밸브가 개방되고 물이 각 헤드 부근까지 송수되어 있다가 계속 화재가 성장하여 열이 가해지면 헤드가 개방되면서 살수가 이루어져 소화를 하도록 되어있다.

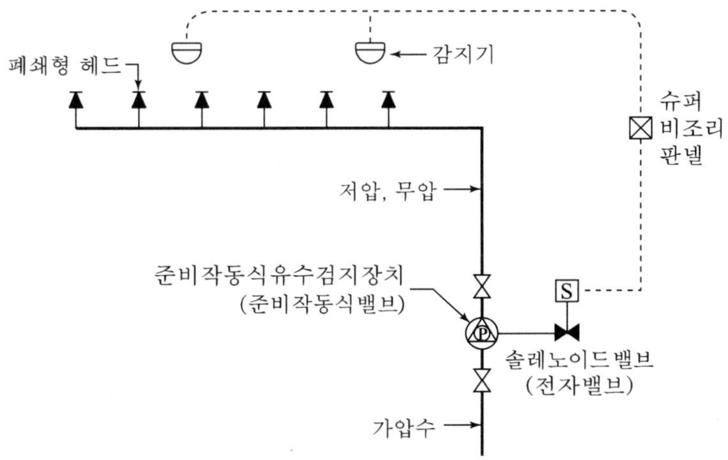

그림 7-30 준비작동식 스프링클러설비 구성도

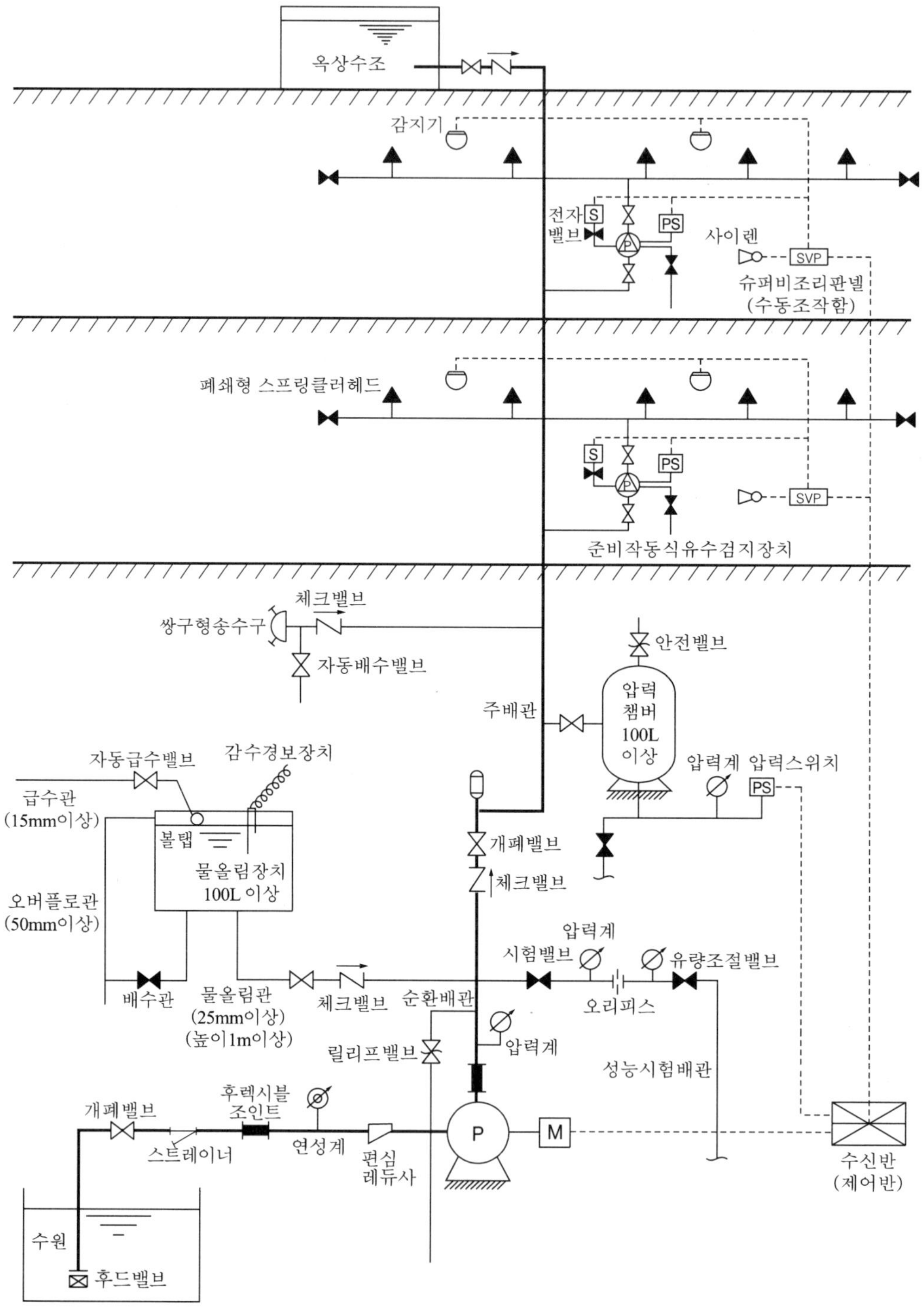

그림 7-29 준비작동식 스프링클러설비 계통도

1) 준비작동식밸브

클래퍼를 중심으로 2차측에는 저압 또는 무압상태의 공기가, 1차측에는 가압수가 채워져 있고 감지기가 화재를 감지하면 전기적으로 솔레노이드 밸브를 작동시켜 클래퍼를 가압수의 압력으로 밀어내면서 배관에 가압송수를 시작한다.

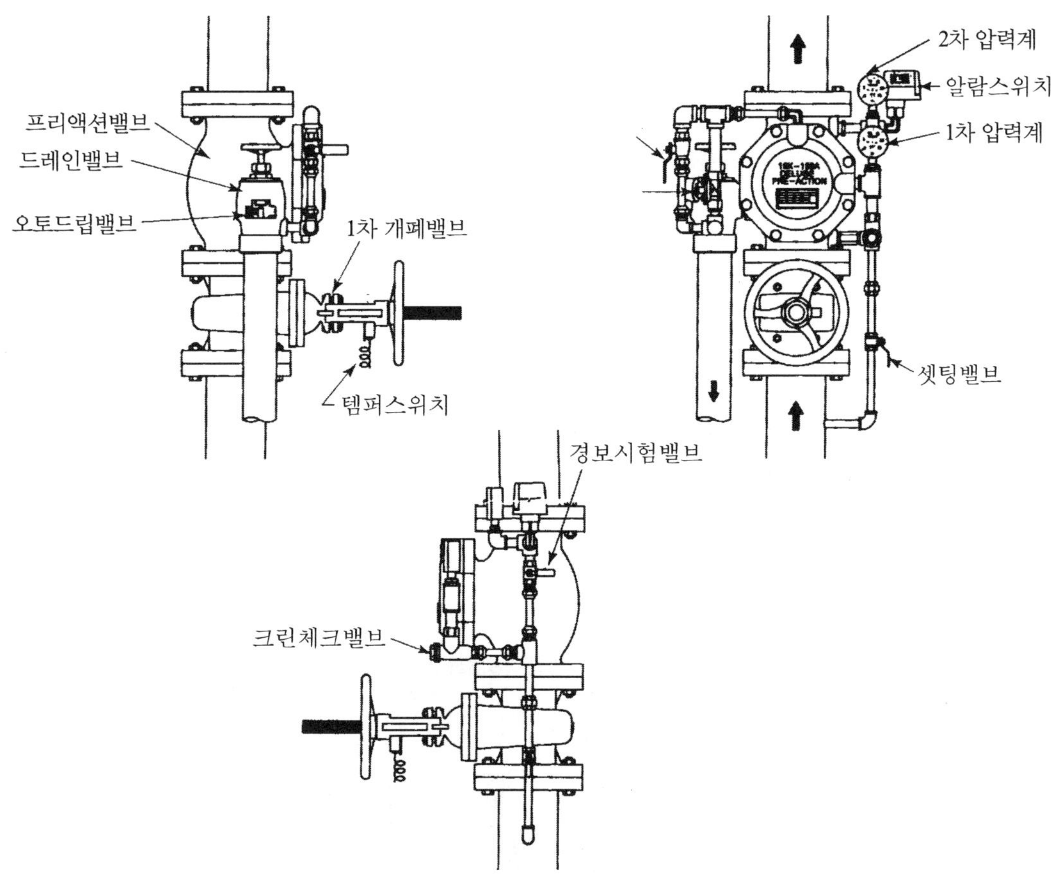

그림 7-31 준비작동식 유수검지장치(준비작동식밸브)

2) 솔레노이드밸브

감지기 작동이나 수동조작함의 기동스위치 조작 또는 화재수신반의 수동 개방스위치 조작 시 자동으로 솔레노이드 밸브를 개방시켜 중간첌버의 압력을 감소시켜 준비작동밸브의 디스크를 개방시켜 주는 밸브로서 평상시에는 폐쇄상태로 유지된다.

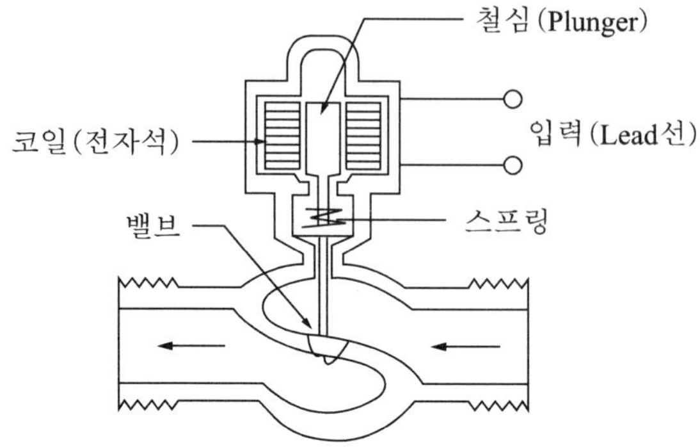

그림 7-32 솔레노이드밸브

3) 슈퍼비죠리판넬

준비작동밸브와 함께 설치되어 밸브와 전원의 상태를 감시하고 수동으로 직접 밸브를 개방시킬 수 있는 기능을 가지고 있다. 밸브가 정상상태일 때에는 상단부의 전원표시등만이 점등되고 밸브의 완전한 상태가 아닌 누수나 클레퍼의 정상 복구상태가 아닐 때에는 밸브주의 표시등이 점등된다. 기동스위치를 누르면 화재감지기가 동작된 것과 같이 솔레노이드밸브가 개방되어 준비작동밸브가 작동하게 된다.

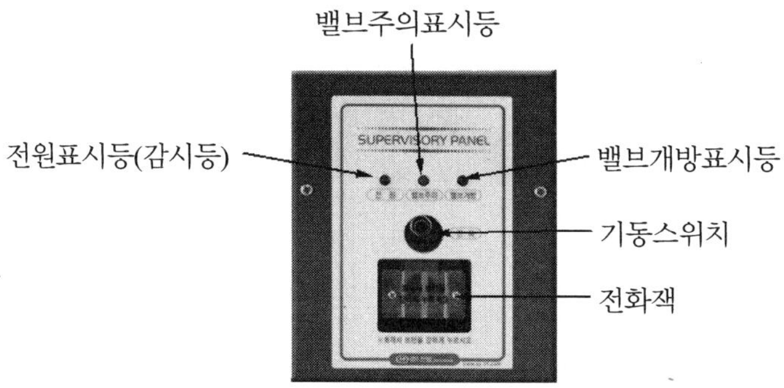

그림 7-33 슈퍼비죠리판넬

4) 화재감지장치

준비작동식 스프링클러설비는 별도로 화재감지기를 설치하여야 하며 감지기회로는 교차회로(2개 이상의 감지회로)방식으로 하여 각 회로상 감지기의 동시감지에 의하여 준비작동밸브가 작동되도록 함으로써 오작동을 줄이기 위한 것으로 하나의 회로가 동작하면 경보만 울릴 뿐 준비작동밸브는 동작되지 않고 2개의 회로가 동시에 동작될 때 준비작동밸브가 동작되도록 구성하는 설비이다. 그러나 스프링클러설비의 배관 또는 헤드에 누설경보용 물 또는 압축공기가 채워지는 경우와 자동화재탐지설비의 화재안전기준(NFSC203) 제7조 제1항 단서의 감지기(불꽃감지기, 아날로그방식의 감지기, 다신호방식의 감지기, 광전식중 분리형감지기, 정온식감지선형감지기, 분포형감지기, 복합형감지기, 축적방식의 감지기)를 설치한 때에는 교차회로 방식으로 하지 않아도 된다.

5) 경보시험밸브

준비작동밸브를 정상적으로 작동하지 않고 화재경보를 시험하는 밸브로서 평상시에는 폐쇄상태로 유지하고 시험 시 밸브의 개폐만으로 화재경보를 시험할 수 있다.

(4) 건식스프링클러

가압송수장치로부터 입상관로에 건식밸브를 설치하고 밸브의 1차측에는 가압송수장치로부터 공급된 가압수를 채우며 밸브 2차측에는 공기압축장치로부터 유입되는 압축공기나 질소가스를 충전시켜 놓고 화재로 인한 열로 인하여 스프링클러헤드가 개방되면 압축공기나 질소가스가 배출되면서 밸브 1차측에 있던 가압수가 방수되게 된다. 배관내의 압축공기나 질소가스를 신속히 배출시켜주기 위한 가속장치로 액셀러레이터 또는 익져스터가 부속되는 것이 주 특징이다.

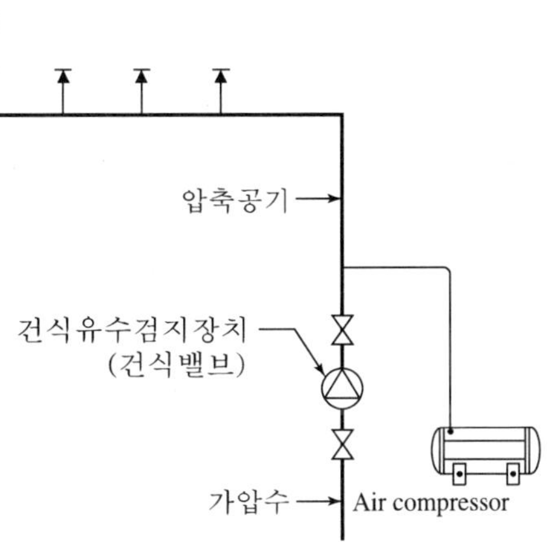

그림 7-35 건식스프링클러설비 구성도

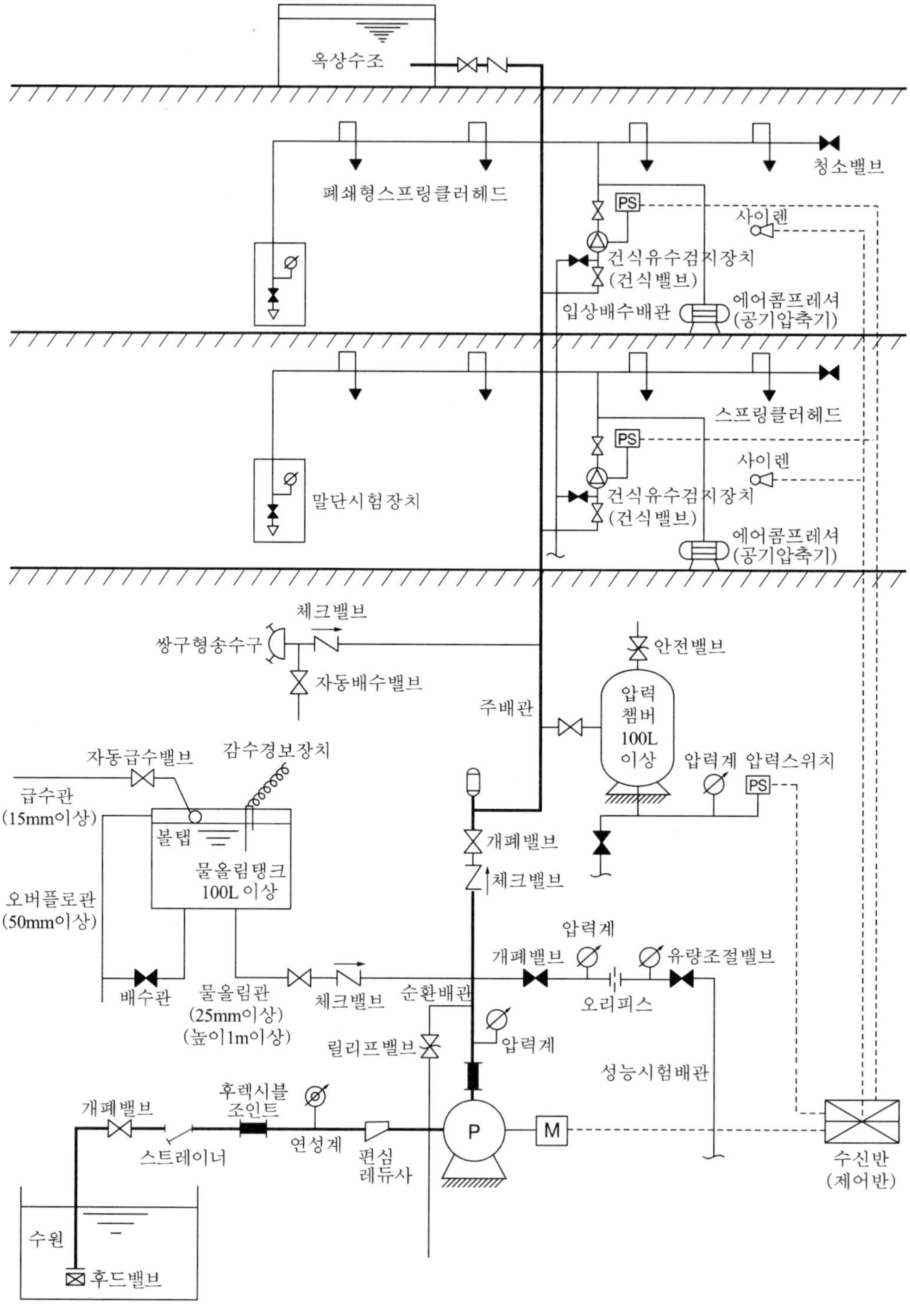

그림 7-34 건식스프링클러설비 계통도

1) 급속개방기구(Quick Opening Devices : QOD)

건식설비에 있어서는 물이 헤드를 통해 압력을 갖고 방출되기 위해서는 2차측 관로 중의 압축기체가 모두 방출된 이후라야 한다. 이런 연유로 인해 습식설비보다 작동이 늦어져 초기 소화에 차질이 생길 수 있다. 따라서 헤드가 개방되었을 때 밸브 2차측의 압력강하를 이용하여 1차, 2차측의 균형을 신속히 파괴시킴으로써 단시간 내에 헤드를 통해 방수할 수 있도록 하기 위한 장치로서 그 기능에 따라 엑셀러레이터와 익져스트가 사용되고 있다.

① 엑셀러레이터(Accelerator)

헤드가 개방되어 2차측의 압력이 급격히 저하할 때 배관의 공기를 빼주는 속도를 증가시켜주기 위하여 엑셀러레이터의 입구측은 건식밸브의 클래퍼 2차측 또는 설비배관의 말단부분과 연결되며 출구측은 건식밸브의 중간챔버에 연결되어 있다. 엑셀러

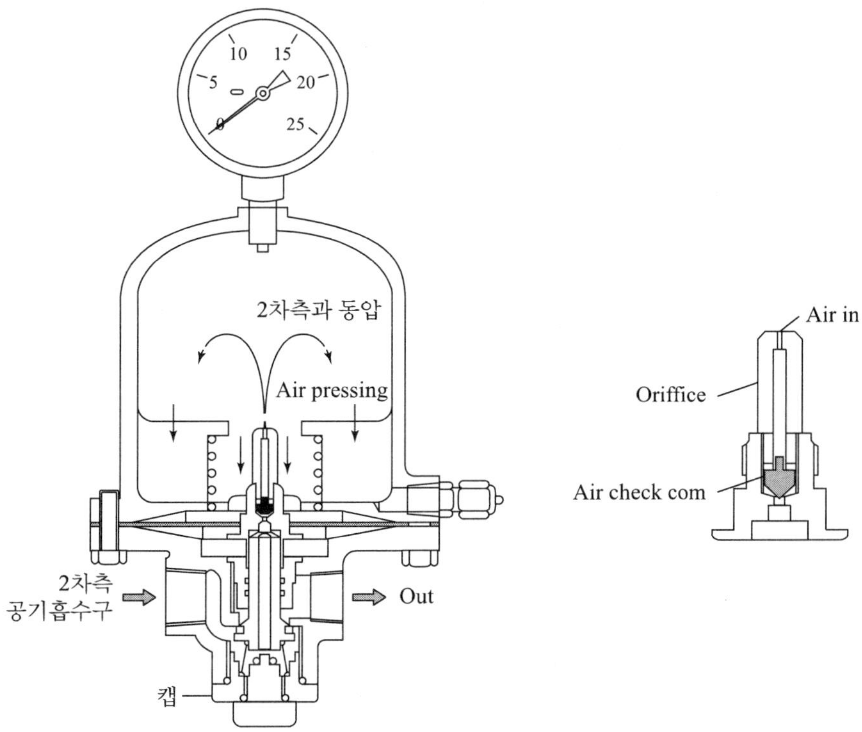

그림 7-36 엑셀러레이터

레이터 입구측인 2차측의 적은 압력강하에 의해 엑셀러레이터가 작동되면 공기 배기밸브를 자동으로 개방하여 2차측 공기압력을 중간챔버로 보내면 이 압력이 클래퍼를 밀어올려(개방되도록 하여) 신속하게 유수가 시작된다.

② 익져스트(Exhauster)

익져스트의 입구측은 건식밸브 직상부 2차측에 연결되어 있으며 출구는 대기 중으로 노출되어 있어 헤드의 개방으로 건식밸브 2차측의 공기 압력이 세팅 압력보다 낮아졌을 때 익져스트(공기배출기)가 작동하여 2차측의 압축공기가 대기 중으로 신속히 배출되도록 한다.

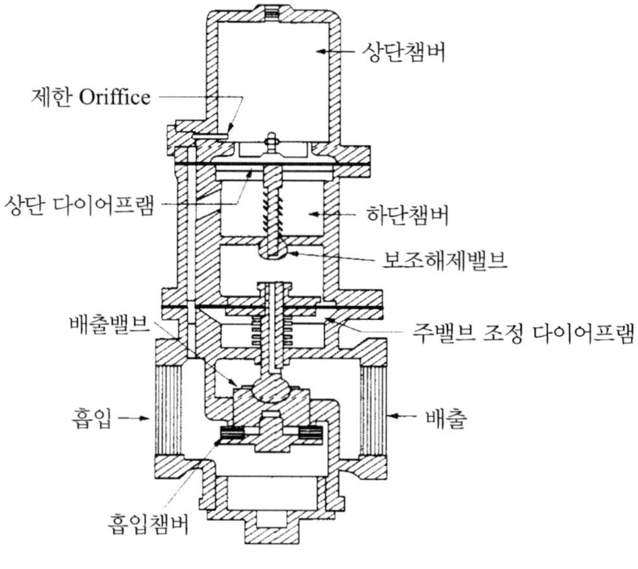

그림 7-37 익져스터

2) 공기압축기

건식스프링클러설비에는 밸브의 2차측에 압축공기를 채우기 위해 콤프레셔를 설치하여야 하는데 이것은 주로 스프링클러설비 전용의 것으로 하나 일반 콤프레셔를 사용하는 경우에는 드라이밸브와 주공기공급관 사이에 반드시 공기압력조절기(에어레귤레이터)를 설치하여야 한다.

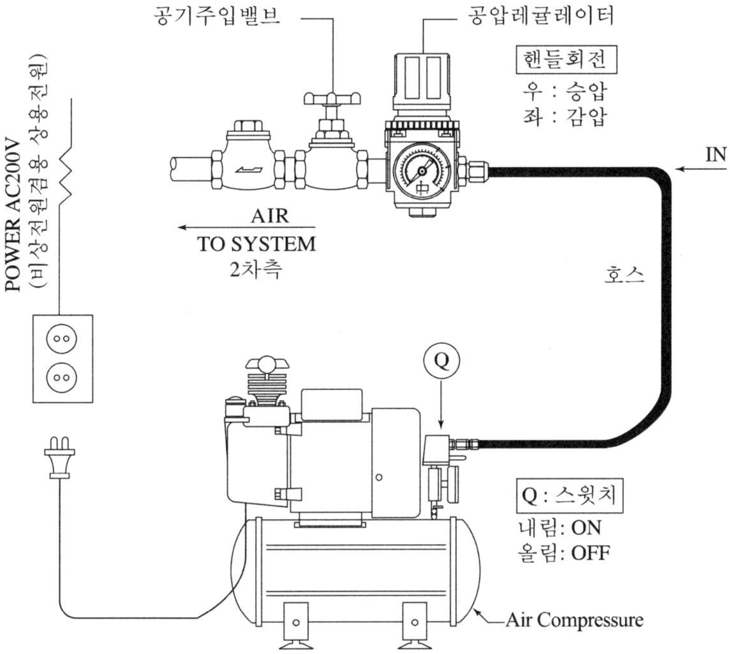

그림 7-38 공기압축기

3) 공기압력조절기 및 저압경보스위치

건식설비에서 콤프레셔가 스프링클러설비의 전용이 아닌 경우에 건식밸브와 주공기공급관 사이에 설치되어 수동 또는 자동으로 조정되며, 저압경보스위치는 건식설비의 배관 어느 부분에 공기누설이 생기거나 헤드가 작동했을 때 저압의 공기분출을 감지해서 경보하게 장치된 것으로 건식밸브와 공기공급관 사이에 설치된다.

4) 드라이펜던트형헤드

건식설비의 헤드는 습식설비의 폐쇄형헤드를 그대로 사용할 수 있는데 되도록 상향형헤드를 사용해야 하고 하향형헤드를 사용해야 하는 경우에는 드라이펜던트형헤드를 설치한다. 건식설비에는 배관 내에 물이 없기 때문에 하향형헤드 설치 시 일단 작동되어 급수가 되면 하향형헤드 내에 물이 들어가 배수를 시키더라도 물이 남아있게 되어 동파될 우려가 있다. 따라서 드라이 펜던트형헤드(헤드의 롱 닛블 부분에 공기 등을 주입하여 놓은 형태의 헤드)를 설치함으로써 동파를 방지할 수 있게 되는데 작동이 된 이후에는 2차측 배관 내의 물을 완전히 배출하는 것이 바람직하다.

5) 건식유수검지장치(건식밸브)

건식밸브는 드라이파이프밸브라고도 불리며 건식밸브는 평상 시 물이 없는 드라이파이프 부분에서 물이 분출하는 것을 막고 있는 밸브이다. 밸브의 1차측은 가압송수장치와

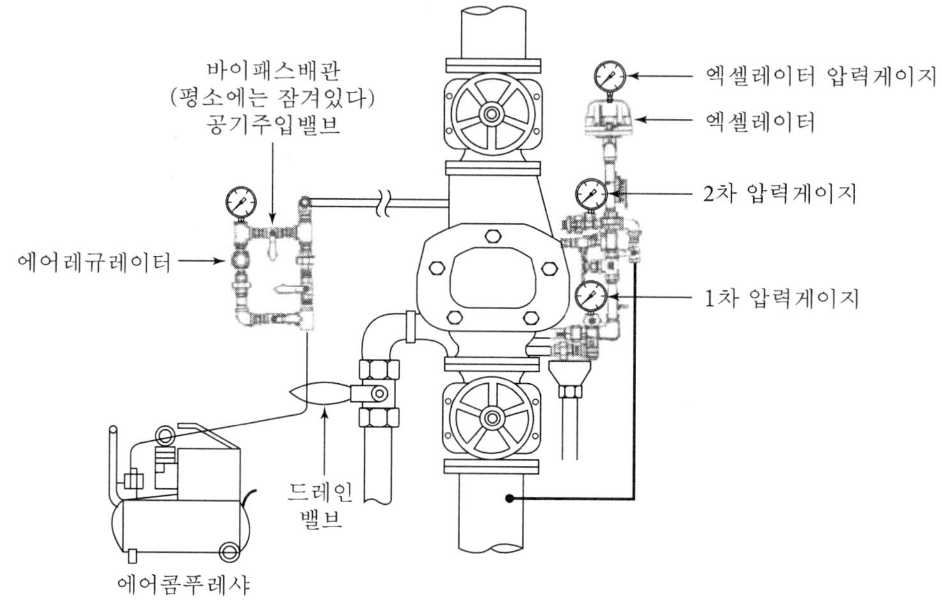

그림 7-39 건식유수검지장치(건식밸브)

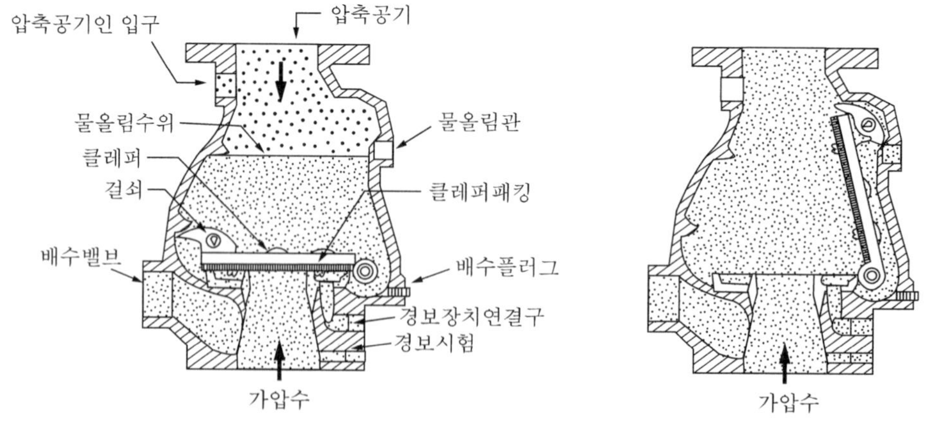

그림 7-40 건식유수검지장치(건식밸브) 작동

연결되어 있고 밸브까지 물이 가득 차 있으며 2차측은 헤드에 연결되어 있고 압축공기가 가득 차 있다. 압축공기의 압력, 밸브의 자체무게와 스톱바 기구에 의해 1차측의 물이 2차측에 유입되지 않도록 밸브를 닫고 있다. 헤드가 개방되면 이 압축공기가 방출되어 압력이 낮아지고 밸브가 열리게 된다.

(5) 일제살수식 스프링클러

일제살수식의 경우 배관 말단에는 개방형 스프링클러헤드가 설치되어 있기 때문에 유수검지장치인 델류지밸브는 그 역할이 준비작동식밸브와 유사하여 주로 준비작동밸브를 사용하게 된다. 소방법상 감지기에 의해 작동되도록 되어 있으므로 전기식, 기계식, 뉴메틱식 어느 것이라도 감지기와 연동되면 설비가 가능하다. 따라서 준비작동식 스프링클러설비를 준용하게 되는데 유수검지장치의 2차측은 단지 무압상태의 공기로 되어 있고 헤드는 폐쇄형이 아닌 개방형헤드를 설치하는 것에 약간의 차이가 있다. 설비구조원리상 물분무설비, 포소화설비, 드렌쳐설비도 헤드의 종류만 다를 뿐 개방형 스프링클러설비인 일제살수식과 동일하다 할 수 있다. 작동원리는 감지기에 의해서 화재를 감지하면 유수검지장치인 델류지밸브 또는 준비작동밸브, 일제개방밸브 등이 개방되어 헤드가 설치되어 있는 방호구역의 개방형헤드에서 동시에 살수가 이루어지게 된다.

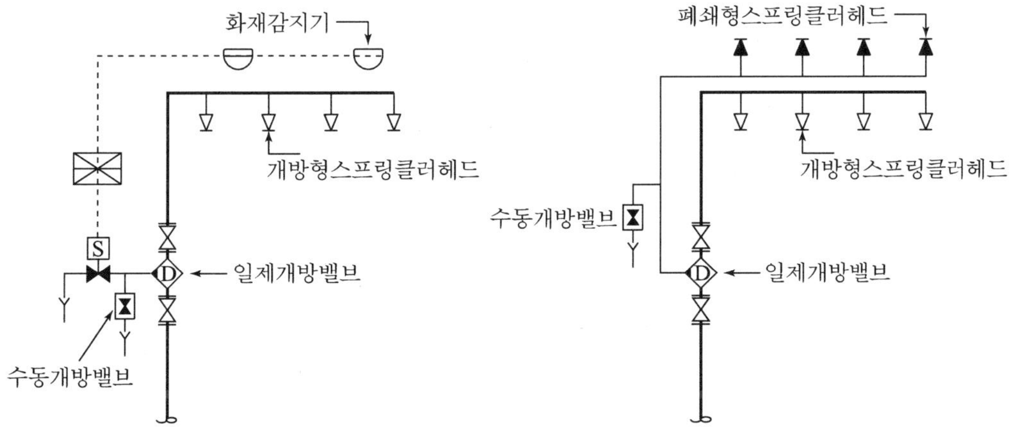

그림 7-42 일제살수식 스프링클러설비 구성도

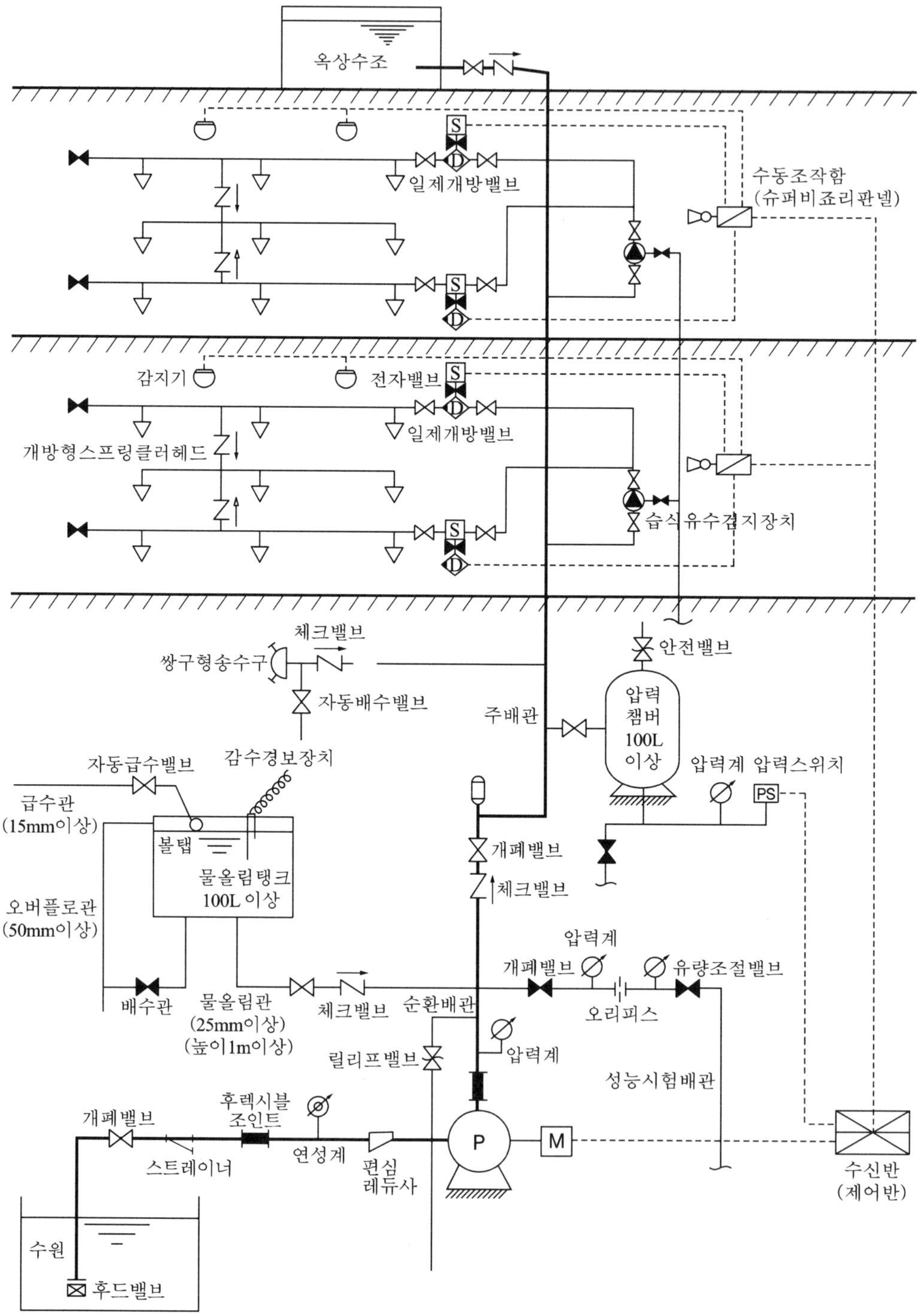

그림 7-41 일제살수식 스프링클러설비 계통도

1) 일제개방밸브

일제개방밸브는 일제살수식 스프링클러설비, 물분무소화설비, 포소화설비 등에 사용되는 밸브로 감지기나 감지용 헤드의 작동에 의해 자동으로 개방되거나 수동기동에 의해 개방 작동되는 밸브이다. 일제개방밸브는 방수구역의 모든 개방형헤드로부터 일제히 살수시키기 위한 제어밸브로 기계 또는 전기적인 신호에 의해 개방되는 시스템으로 구성되어 있다.

① 가압개방식

그림 7-43과 같이 가압개방식은 1차측에는 가압송수장치로부터 가압수가 충전되어 있지만 1차측과 2차측 사이의 실에는 압력수가 없다. 화재감지기가 솔레노이드밸브를 개방하거나 수동개방밸브를 개방하면 압력수가 밀려들어가 1차측과 2차측 사이의 실의 밸브피스톤이 올라가고 일제개방밸브가 열려서 가압수가 일제히 송수되어 헤드로부터 송수된다.

② 감압개방식

밸브의 1차측 및 1차측과 2차측 사이의 실까지 가압수가 충전되어 있다가 그 실의 압력이 줄어들어 실린더가 위로 상승하여 일제개방밸브가 열리면서 밸브 2차측으로 송수되어 개방형헤드로부터 살수가 이루어진다.

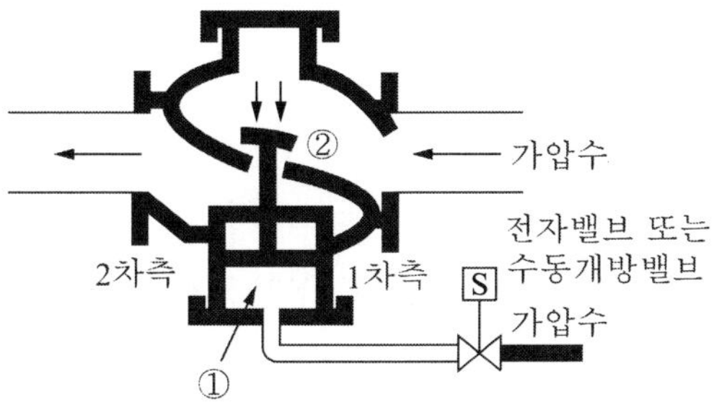

그림 7-43 가압개방식 일제개방밸브

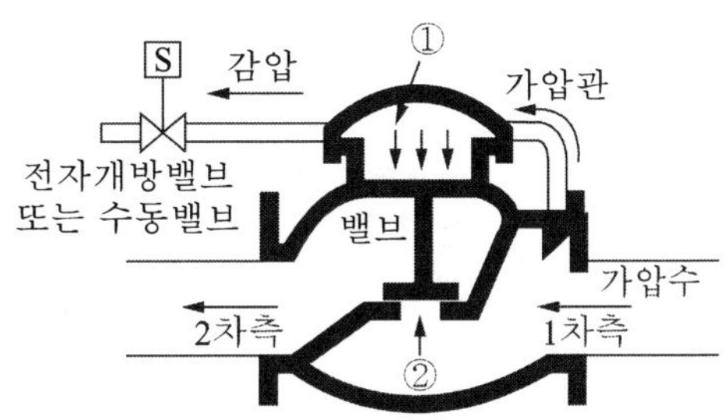

그림 7-44 감압개방식 일제개방밸브

4 설비관련 규정

소방안전관리와 직접 관련된 법률로는 「소방기본법」, 「소방시설공사업법」, 「위험물안전관리법」, 「화재예방, 소방시설 설치 · 유지 및 안전관리에 관한 법률」, 「다중이용업소의 안전관리에 관한 특별법」 등이 있다. 그 밖에 전기 분야의 「전기사업법」, 「전기공사업법」 등, 가스 분야의 「고압가스 안전관리법」, 「액화석유가스의 안전관리 및 사업법」, 「도시가스사업법」 등, 건축 분야의 「건축법」(「건축물의 피난 · 방화구조 등의 기준에 관한 규칙」, 「건축물의 설비기준 등에 관한 규칙」 포함), 「주택법」 등에서 화재나 재해를 예방하기 위한 각종 시설기준 준수 및 안전관리 의무를 규정하고 있다. 이 중 「화재예방, 소방시설 설치 · 유지 및 안전관리에 관한 법률」은 화재, 재난 · 재해 등으로부터 국민의 생명 · 신체 및 재산을 보호하기 위해 화재의 예방 및 안전관리에 관한 국가와 지방자치단체의 책무와 소방시설 등의 설치 · 유지 및 소방대상물의 안전관리에 필요한 사항을 정하는 것을 목적으로 하는데 주로 소방대상물에 대한 소방검사, 소방시설의 설치 · 유지 및 안전관리, 소방용기계 · 기구의 형식승인 등의 내용이 규정되어 있으며 이 중 소화 설비 관련 주요 내용을 요약정리하면 다음 표와 같다.

<table>
<tr><th colspan="2">소방시설</th><th colspan="2">적용기준사</th><th>설치대상</th></tr>
<tr><td rowspan="10">소화설비</td><td rowspan="3">소화기</td><td rowspan="2">수동식소화기
간이소화용구</td><td>1. 건축물의 연면적</td><td>33 m^2 이상</td></tr>
<tr><td>2. 지정문화재, 가스시설,터널</td><td>전부</td></tr>
<tr><td>자동식소화기</td><td>APT</td><td>전층</td></tr>
<tr><td rowspan="7">옥내소화전설비(가스시설 및지하구 제외. 단, 아파트 · 업무시설 · 노유자시설에는 호스릴옥내소화전 설치가능)</td><td colspan="2">1. 건축물의 연면적</td><td>3,000 m^2 이상</td></tr>
<tr><td colspan="2">위의 1중 지하층 · 무창층 또는 층수가 4층 이상인 층 중 바닥면적</td><td>600 m^2 이상
전층</td></tr>
<tr><td colspan="2">2. 지하가 중 터널의 경우 길이가</td><td>1,000 m 이상</td></tr>
<tr><td colspan="2">3. 건축물의 연면적(근린생활 · 위락 · 판매 · 영업 · 숙박 · 노유자 · 의료 · 업무 · 통신촬영 · 공장 · 창고시설 · 운수자동차관련 및 복합건축물)</td><td>1,500 m^2 이상
전층</td></tr>
<tr><td colspan="2">위의 3중 지하층 · 무창층 또는 층수가 4층 이상인 층중 바닥면적</td><td>300 m^2 이상
전층</td></tr>
<tr><td colspan="2">4. 건축물의 옥상에 설치된 차고, 주차장으로서 차고 또는 주차용도로 바닥면적</td><td>200 m^2 이상</td></tr>
<tr><td colspan="2">5. 공장 및 창고로서 특수가연물을 저장 · 취급량</td><td>수량의 750배
이상</td></tr>
</table>

<table>
<tr><th colspan="2">소방시설</th><th colspan="3">적용기준사</th><th>설치대상</th></tr>
<tr><td rowspan="19">소화설비</td><td rowspan="16">스프링클러설비(단, 가스시설 또는 지하구의 경우에는 제외)</td><td rowspan="5">1. 문화집회 및 운동시설(사찰·제실·사당 및 동식물원은 제외) 전층</td><td colspan="2">수용인원</td><td>100인 이상</td></tr>
<tr><td rowspan="2">영화상영관 용도로 쓰이는 바닥면적</td><td>지하층 또는 무창층인 경우</td><td>500 m^2 이상</td></tr>
<tr><td>그 밖의 층인 경우</td><td>1,000 m^2 이상</td></tr>
<tr><td rowspan="2">무대부 면적</td><td>지하층·무창층 또는 4층 이상인 경우</td><td>300 m^2 이상</td></tr>
<tr><td>위의 층 이외에 있는 경우</td><td>500 m^2 이상</td></tr>
<tr><td rowspan="3">2. 판매시설 및 영업시설</td><td colspan="2">층수가 3층 이하</td><td>6,000 m^2 이상 전층</td></tr>
<tr><td colspan="2">층수가 4층 이상</td><td>5,000 m^2 이상 전층</td></tr>
<tr><td colspan="2">수용인원</td><td>500인 이상 전층</td></tr>
<tr><td colspan="3">3. 층수가 11층 이상인 특정소방대상물</td><td>전층</td></tr>
<tr><td colspan="3">4. 노유자시설·정신보건시설 및 숙박시설이 있는 수련시설로 연면적</td><td>600 m^2 이상 전층</td></tr>
<tr><td colspan="3">5. 천장 또는 반자의 높이가 10 m 넘는 랙크식 창고(선반 또는 승강기에 의하여 수납물을 운반하는 장치)의 연면적</td><td>1,500 m^2 이상</td></tr>
<tr><td colspan="3">6. 지하가(터널 제외)의 연면적</td><td>1,000 m^2 이상</td></tr>
<tr><td colspan="3">7. 1목 내지 5목에 해당하지 아니한 특정소방대상물(냉동창고 제외)로 지하층·무창층 또는 층수가 4층 이상인 층으로 바닥면적</td><td>1,000 m^2 이상</td></tr>
<tr><td colspan="3">8. 보일러실 또는 연결통로 등</td><td>위의 1~7에 부속된 것</td></tr>
<tr><td colspan="3">9. 복합건축물 또는 교육연구시설 내의 학생수용 기숙사로 연면적</td><td>5,000 m^2 이상 전층</td></tr>
<tr><td colspan="3">10. 5목에 해당하지 아니하는 공장 및 창고로서 특수가연물 저장, 취급량</td><td>수량의 1,000배 이상</td></tr>
<tr><td rowspan="3">간이스프링클러</td><td colspan="3">1. 다중이용업소가 지하층에 설치된 영업장의 바닥면적</td><td>150 m^2 이상</td></tr>
<tr><td colspan="3">2. 주용도가 근린생활시설로 연면적</td><td>1,000 m^2 이상 전층</td></tr>
<tr><td colspan="3">3. 교육연구시설 내에 합숙소로 연면적</td><td>100 m^2 이상</td></tr>
</table>

<table>
<tr><th colspan="2">소방시설</th><th colspan="2">적용기준사</th><th>설치대상</th></tr>
<tr><td rowspan="21">소화설비</td><td rowspan="5">물분무등 소화설비(단, 가스시설 또는 지하구의 경우에는 제외)</td><td colspan="2">1. 항공기 격납고</td><td>전부</td></tr>
<tr><td colspan="2">2. 주차용 건축물의 연면적</td><td>800 m^2 이상</td></tr>
<tr><td colspan="2">3. 건축물 내에 설치된 차고 또는 주차용도로 사용되는 부분의 바닥면적</td><td>200 m^2 이상</td></tr>
<tr><td colspan="2">4. 기계식주차장</td><td>20대 이상</td></tr>
<tr><td colspan="2">5 전기실·발전실·변전실(가연성의 절연유를 사용하지 아니하는 변압기, 전류차단기 등의 전기기기와 가연성 피복을 사용하지 않은 전선 및 케이블만을 사용한 전기실·발전실·변전실 제외)·축전지실·통신기기실·전산실의 바닥면적(동일한 방화구획 내에 2 이상의 실이 설치되어 있는 경우 이를 1개의 실로 보고 산정) 다만, 내화구조로 된 공정제어실내에 설치된 조정실로서 양압시설이 설치되고 전기기기에 220 V 이하인 저 전압이사용 되며 종업원이 24시간 상주하는 것을 제외</td><td>300 m^2 이상</td></tr>
<tr><td rowspan="3">옥외소화전설비(가스시설·지하구 또는 지하가 중터널 제외)</td><td colspan="2">1. 지하 1층 및 2층의 바닥면적 합계(동일구내에 2 이상의 특정소방대상물이 연소우려가 있는 구조인 경우 하나의 특정소방대상물로 본다)</td><td>9,000 m^2 이상</td></tr>
<tr><td colspan="2">2. 지정문화재의 연면적</td><td>1,000 m^2 이상</td></tr>
<tr><td colspan="2">3. 1목에 해당하지 아니하는 공장 또는 창고로서 특수가연물을 저장·취급량</td><td>수량의 750배 이상</td></tr>
<tr><td rowspan="4">비상경보설비(가스시설 또는 지하구 제외)</td><td colspan="2">1. 건축물의 연면적(지하가 중 터널 제외)</td><td>400 m^2 이상</td></tr>
<tr><td colspan="2">2. 지하층·무창층 바닥면적</td><td>150 m^2 이상
(공연장 100 m^2 이상)</td></tr>
<tr><td colspan="2">3. 지하가 중 터널로서 길이</td><td>500 m 이상</td></tr>
<tr><td colspan="2">4. 50인 이상의 근로자가 작업하는 옥내 작업장</td><td>전부</td></tr>
<tr><td rowspan="3">비상방송설비(가스시설·지하구 및 지하가 중 터널 제외)</td><td colspan="2">1. 건축물의 연면적</td><td>3,500 m^2 이상</td></tr>
<tr><td colspan="2">2. 지하층을 제외한 11층 이상</td><td>전부</td></tr>
<tr><td colspan="2">3. 지하층의 층수가 3개층 이상</td><td>전부</td></tr>
<tr><td>누전경보기</td><td>내화구조가 아닌 건축물로서 벽·바닥 또는 반자의 전부나 일부를 (준)불연재료가 아닌 재료에 철망을 넣어 만든 건축물(가스시설·지하구 또는 지하가 중 터널은 제외)</td><td>계약전류용량(동일 건축물에 계약 종별이 다를 시 최대계약 전류용량)</td><td>100암페어 초과</td></tr>
</table>

소방시설		적용기준사	설치대상
	자동화재 탐지설비	1. 근린생활(일반목욕장제외)・위락・숙박・의료시설 및 복합건축물	600 m^2 이상
		2. 근린생활시설 중 일반목욕장・문화집회 및 운동시설・통신촬영・관광휴게・지하가(터널제외)・판매・영업・공동주택・업무・운수자동차관련・공장 및 창고시설	1,000 m^2 이상

5 설비관련 사고사례

1) 공장 가압식 분말소화기 파열사고

① 사고개요

2013년 8월 22일(목) 서울 ○○구 소재의 한 유압공장에서 화재가 발생하자, 60대 남성이 불을 끄기 위해 소화기를 사용하는 순간 소화기가 폭발하여 소화기 파편에 맞아 목숨을 잃은 사고가 발생했다.

② 사고원인

소화기 작동 시 가압용기가 개방되어 CO_2 가스가 용기 내로 방사되었으나 노즐을 통한 소화약제의 방사가 되지 않아 용기 내 압력이 상승하여 부식으로 약해진 본체용기 하단이 압력을 견디지 못하고 파열하면서 방사가스 압력이 부식된 용기 밑면으로 분출되고 그 반발력에 의해 소화기 본체가 로켓처럼 솟아올라 소화기 사용자가 목숨을 잃는 사고가 발생하였다.

③ 사고 이후

소방방재청은 소방안전관리자 및 소방기술자 등을 대상으로 노후소화기의 안전관리요령에 관한 홍보를 강화하고 소화기 정비관리체계를 통하여 소화기는 1회 사용 원칙이며 특수한 경우(교육용 사용 등) 재사용이 가능하나 제조업체 및 소방공사업체 등의 정비검사를 통해서만 재사용할 수 있도록 교육하고 소방대상물별 노후소화기 수거를 위하여 소비자가 제품을 구입할 경우 "폐기조건부 구입"을

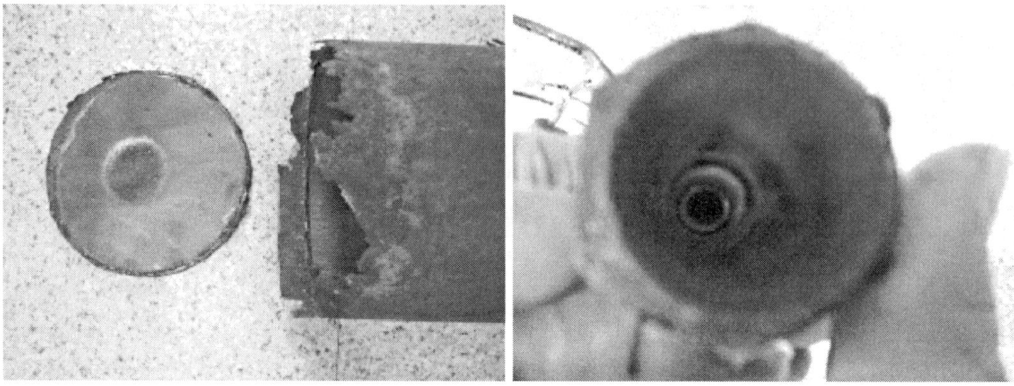

그림 7-45 소화기 파열원인

원칙으로 하며 제조업체에서 최종 폐기 할 수 있도록 제조업체등과 협의를 완료했다.

④ 대책 및 예방방법

유사 사고 재발 방지를 위해 자율적인 유지관리체계 및 교육·홍보 대책을 세우고 생산한지 20년이 지난 가압식 소화기는 자율적으로 축압식 소화기로 교체하는 것이 바람직하다.

2) 이산화탄소 소화설비 가스누출사고

① 사고개요

2001년 5월 28일 오후 5시경 서울 ○○구 ○○동에 위치한 ○○미술관 2층 전시실에서 이산화탄소가 누출되어 관람 중이던 유치원생과 학부모 등 60여 명이 가스에 질식하는 사고가 발생했다.

② 사고원인

미술관에서 어린이날 특별기획 미술전을 관람 중이던 유치원생 및 학부모 100여 명이 유치원생들이 장난으로 CO_2소화설비의 수동조작함의 스위치(높이 1.2 m)를 눌러 CO_2가스가 방출되었다.

③ 가스계 소화약제의 특성

하론, 청정소화약제에 비하여 CO_2는 인체에 미치는 유해성이 높고 하론 등 기타 가스계 소화약제도 밀폐공간에 장시간 노출 시 산소농도를 저하시키고 이로 인한 질식가능성이 높다.

④ 안전관리 상 문제점

설치목적상 소방시설을 누구나 쉽게 사용할 수 있도록 하고 있기 때문에 수동기동장치를 장난으로 만졌을 시에 사고가 발생할 수 있고 불특정다수가 출입하는 시설의 경우 가스방출 전 대피시간이 촉박하다는 문제점이 있다. 또한 건물관계자가 가스계 소화설비의 특성에 관한 지식이 부족할 수 있고 화재감지기의 오작동을 우려하여 자동기동장치를 수동으로 전환하는 것이 문제가 될 수 있다.

⑤ 안전대책

수동조작반에 경고문을 부착하거나 위치를 상향조정, 비화재 경보 방지 개선, 약제 방출 전 피난대기시간 연장조정, 많은 사람이 이용하는 시간에는 순찰을 강화, 어린이 단체 관람 시 안전요원 고정배치 또는 유사상황 시 대처요령에 대한 사전교육을 할 필요가 있다.

6 설비 안전현안

노후 소화기 폭발 사고가 빈번히 발생하고 있다. 노후 소화기 폭발 사고가 발생하는 이유는 소화기가 오랜 시간을 거치면서 내부 압력을 견딜 수 없을 정도로 소화기가 약화되고 소화기에 심각한 부식 현상이 일어나기 때문인 것으로 알려져 있다. 소화기가 폭발하는 원인이 이전에 밝혀졌음에도 불구하고 소화기 폭발 사고를 효과적으로 예방하지 못해 피해가 빈번히 발생하고 있다는 것은 그만큼 소화기의 관리 시스템이 갖추어지지 않았고 많은 사람들이 소화기 관리에 신경을 쓰지 않고 있다는 뜻이다. 소화기 폭발 사고가 앞으로 발생하지 않도록 하기 위해서는 구체적이고 효과적인 소화기 관리 시스템이 마련되어야 한다. 또한 국내 곳곳에 구비되는 모든 소화기에 정확한 법적인 유효기간을 표시하여 보다 쉽게 소화기를 관리하도록 하고 소화기 상태를 확인할 수 있는 방법과 평소에 소화기를 좋은 상태로 보관할 수 있는 방법들이 대중적으로 알려지지 않았기 때문에 이에 대한 교육적 시스템도 마련되어야 한다. 소화기 관리 면에 있어서는 기존 소화기 내구연한은 8년이지만 평상시 소화기를 우수하게 유지하고 관리하게 되면 8년보다 훨씬 오래 사용이 가능하기 때문에 소화기의 관리법이 더욱 더 중요하다.

현재 모든 소방시설에 관련된 관리는 소방관계기관이 전담하고 있다. 하지만 피난시설과 관련된 부분들은 건축법과 양분되어 있기 때문에 피난설비 및 피난기구를 제작하고 설치하는 업체에 혼란이 발생하고 있다. 이는 명백히 소방설비 시스템이 완전하게 갖추어져 있다고 보기 어렵다. 이러한 현안과 관련하여 개선 제안은 피난계단, 피난통로, 피난안전구역 등의 피난시설과 완강기, 구조대, 피난사다리, 미끄럼대 등의 피난설비를 적절하게 분류하여 책임질 수 있는 기관에서 각각 책임을 지거나 소방기관에서 회의를 거쳐 일원화시키는 것이 좋을 것으로 판단된다.

1. 화재를 진압하거나 인명구조활동을 위하여 사용하는 설비는?
   ① 경보설비 ② 피난설비
   ③ 소화용수설비 ④ 소화활동설비

2. 소화설비에 해당되지 않는 것은?
   ① 소화수조 ② 소화기구
   ③ 스프링클러 등 ④ 물분무 등

3. 준비작동밸브와 함께 설치되어 밸브와 전원의 상태를 감시하고 수동으로 직접 밸브를 개방시킬 수 있는 기능을 가지고 있는 것은 ?
   ① 리타딩챔버 ② 솔레노이드밸브
   ③ 압력스위치 ④ 슈퍼라죠비판넬

4. 스프링클러의 구성장치가 아닌 것은?
   ① 가압송수장치 ② 사이펀관
   ③ 배관 ④ 헤드

5 다음 중 용도가 다른 하나는?
   ① 완강기 ② 제연설비
   ③ 피난사다리 ④ 미끄럼대

6. 습식유수검지장치에 설치되는 장치로 유수검지장치의 오동작을 방지하는 것은?

7. 상향형, 하향형, 측벽형 스프링클러헤드로 분류한 기준은?

문제정답

1. ④
2. ①
3. ④
4. ②
5. ②
6. 리타딩챔버
7. 설치의 방향

Part

8

신재생에너지설비

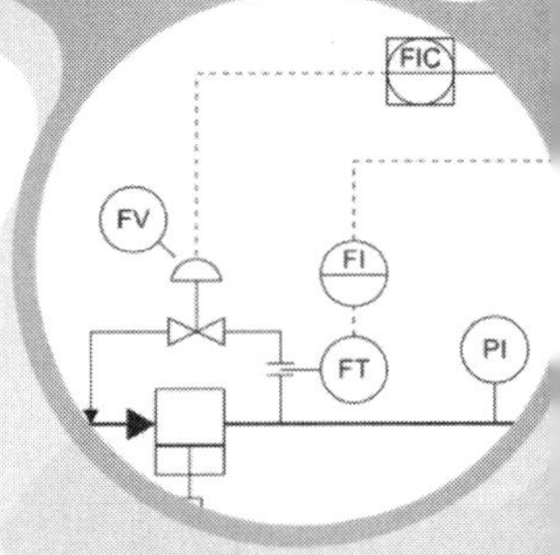

1 설비 개요

화석연료의 고갈로 인한 자원 확보 경쟁 및 고유가의 지속 등으로 에너지 공급방식의 다양화가 필요하고 기후변화협약 등 환경규제에 대응하기 위한 청정에너지 비중 확대의 중요성이 증가되며 이런 이유로 신재생에너지는 IT, BT, NT 산업과 더불어 차세대 산업으로 시장규모가 급격히 팽창하고 있는 미래 산업이며 공공미래 에너지로서 시장 창출 및 경제성 확보를 위한 장기적인 개발보급 에너지원이다. 신재생에너지는 화석연료 사용에 의한 이산화탄소 발생이 거의 없는 환경친화형 청정에너지, 비고갈성에너지로 연구개발에 의해 에너지 자원이 확보 가능한 특성을 지니고 있다. 신재생에너지는 또한 국내시장 창출 및 수출지원 등 산업화 확산효과로 전략적 지역 신재생에너지 개발체계를 구축하고 있다. 이렇게 우리 사회에서 중요하게 자리잡아가는 신재생에너지를 효율적으로 다루기 위해 신재생에너지를 다루는 설비에 관한 관심이 증가하는 추세이고 이러한 설비들은 기존의 화석연료를 변환시켜 이용하거나 햇빛・물・지열・강수・생물유기체 등을 포함하는 재생 가능한 에너지를 변환시켜 에너지(신재생에너지)를 생산한다. 신재생에너지설비에는 다음과 같은 것들이 포함되어 있다.

(1) 수력에너지설비

그림 8-1 수력발전

수력에너지는 물의 낙하 또는 압력에 의해 생기는 힘을 의미한다. 이 힘을 이용해 전기를 만들어내는 것을 수력발전((Hydropower Generator)이라고 하는데, 수력발전은 하천 또는 호소 등에서 물이 갖는 유동에너지를 수차를 이용하여 기계에너지로 변환하고 이것을 다시 전기에너지로 변환하는 발전방식이다. 이러한 발전방식을 이용한 설비가 수력발전설비이다. 수력발전설비는 하천이나 수로에 댐을 설치하고 발전소까지 물을 유입시킨 후에 수차발전기 제어시스템을 통해 물의 낙차로 전기를 생산하고 발전기에서 발생된 전원을 사용자들이 사용할 수 있는 전력으로 변환시켜 한전 계통선을 거쳐 최종수요자에게 전달한다.

(2) 태양열에너지설비

태양열 발전설비는 태양으로부터 오는 복사에너지를 흡수, 저장, 열변환을 통해 건물의 냉난방 및 온수에 활용하는 원리를 가지고 있다. 대부분 태양열을 모아서 거울을 통해 한 점으로 집중시켜 발생한 열로 물을 끓여서 발생하는 증기로 터빈을 돌리는 방식을 통해 발전기를 돌린다. 터빈을 돌릴 때 생기는 저온열과 집열 장치에 모이는 고온열을 축열장치에 저장해 두었다가 일몰 직후에 다시 한 번 더 터빈을 돌린다.

그림 8-2 태양열발전

(3) 태양광에너지설비

빛을 받으면 광전효과에 의해 전기를 발생하는 태양전지를 이용하여 발전하는 방식이다. 태양광의 경우에는 계속적으로 공급되는 에너지이기 때문에 재생에너지라 불리며 환경오염 등에 대한 우려가 적은 방식이다. 단, 구름이 짙게 끼거나 야간 등 햇빛이 충분하지 않은 경우에는 발전을 하지 못하는 단점이 있다.

그림 8-3 태양광 발전설비

(4) 풍력에너지설비

바람의 운동에너지가 풍차를 돌려 발전기를 구동시키는 방식이다. 효율성을 높이기 위해서는 풍차의 블레이드가 대형화 되어야 하나 높은 기계기술이 필요한 방식이다. 다만 발전이 가능한 규모의 바람이 있어야 발전이 가능하다.

(5) 지열에너지설비

지하에 존재하는 열을 활용하는 방식으로 낮게는 1 km에서 5 km까지 깊이 지하에 물을 주입하고 지하에서 가열된 물을 이용하여 발전하는 방식으로 성공할 경우 연료비가 필요 없으며 24시간 언제나 발전이 가능한 방식이다. 현재는 화산지역을 보유한 국가에서 상용화 되어 있다.

그림 8-4 풍력발전

그림 8-5 지열발전소

(6) 해양에너지설비

조력발전은 조석간만의 차를 이용하여 발전하는 방식으로 밀물/썰물 때 발생하는 바다의 운동에너지를 전기에너지로 전환한다. 국내의 경우 서해와 같이 조석간만의 차가 큰 지역에서 활용이 가능한 방식으로 매일 발전이 가능한 것이 특징이다. 파력발전은 파도의 운동에너지를 이용하는 발전으로 파도의 운동에너지를 전기에너지로 바꾸는 방식이다.

그림 8-6 조력발전소

(7) 바이오에너지설비

바이오에너지란 바이오매스를 태워서 열과 빛을 얻거나 가스나 액체, 고체 연료 형태로 가공한 것을 말하고 바이오매스 발전소란 열분해한 식물이나 미생물을 에너지원으로 하여 전기를 생산하는 발전소를 말한다. 바이오매스 발전소는 석유와 석탄 등 화석연료를 대체하는 신재생에너지 발전소로서 국제적인 청정개발체제(Clean Development Mechanism : CDM) 사업으로 인정받고 있다.

그림 8-7 바이오매스 발전소

(8) 폐기물에너지설비

생활폐기물, 산업폐기물 중 에너지 함량이 높은 가연성 폐기물을 가스화, 소각, 열분해 등의 변환 과정을 거쳐 고체, 액체 및 가스 연료, 폐열 등으로 생산하는 설비를 일컫는다.

그림 8-8 폐기물에너지 발전소

(9) 연료전지

연료전지는 수소와 산소의 전기화학반응을 통해 전기와 열에너지를 생산하는 고효율·친환경 발전시스템이다. 즉, 수소연료를 사용하여 전기를 만들어내는 장치로서 '3차 전지'

그림 8-9 연료전지 발전소

라고도 부른다. 연료나 재질에 따라 PEMFC (Polymer Electrolyte Membrane Fuel Cell), SOFC (Solid Oxide Fuel Cell), MCFC (Molten Carbon Fuel Cell) 등의 다양한 종류가 존재한다. 연료를 태워서 발전기를 돌리는 것이 아니라 연료의 화학반응에서 직접 전기를 얻는다. 가장 기초적인 형태의 연료전지는 수소와 산소를 사용하는 것으로서, 수소와 산소가 반응하여 물이 만들어지는 반응을 사용한다.

2 설비별 장치 구성

(1) 수력발전설비

저수지의 물이 넘치지 않게끔 지탱해주는 댐, 상류수위와 일류량을 조정하고 홍수 발생 시 수위의 상승을 방지해주는 수문, 수문을 통해 밀려들어오는 물에 의해 운동에너지를

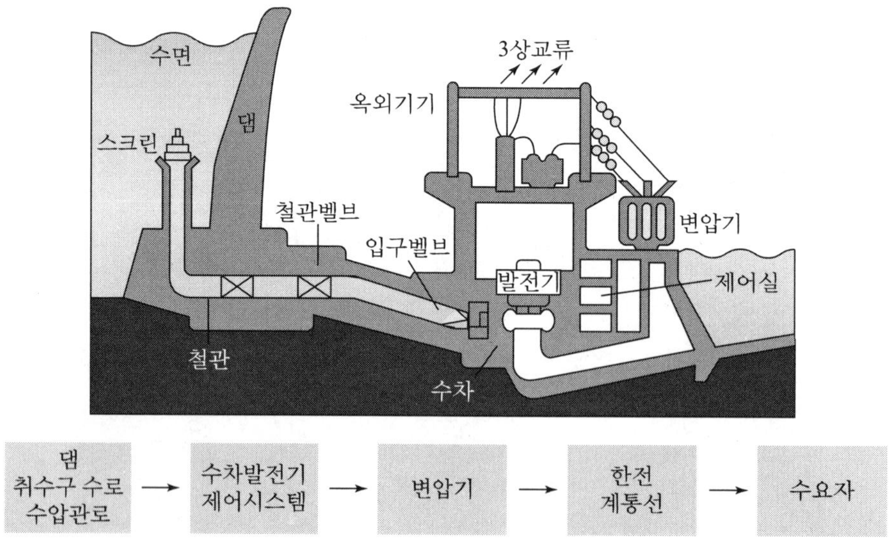

그림 8-10 수력발전시스템 개요

갖는 터빈과 터빈의 운동에너지를 전기에너지로 바꾸어 전력을 공급하는 발전기로 구성되어 있다.

1) 터빈

수차라고도 불리며 물의 위치에너지를 운동에너지로 변환하는 장치로 프란시스 수차, 카플란 수차, 헬리컬 수차, 펠톤 수차 등이 있다.

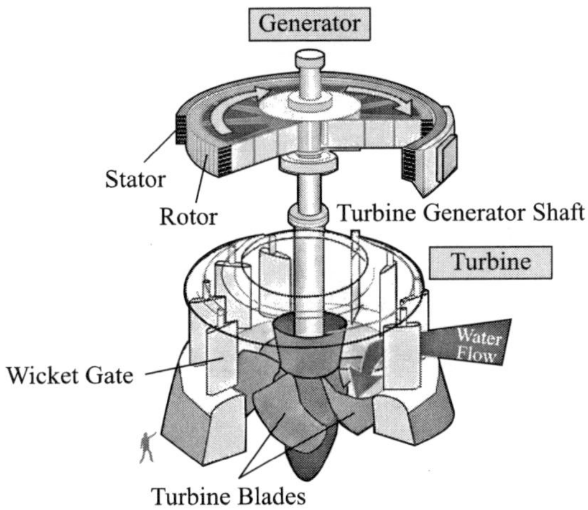

그림 8-11 수력발전의 터빈구조

① 프란시스 수차

동글동글한 블로워의 드럼같이 생긴 터빈과 그 케이스를 통해 달팽이 모양처럼 수로를 만들며 수차의 정 중앙으로 물이 빠져나오는 구조를 가진다. 주로 수량이 많고 낙차가 적은 초대형 발전 시스템에 많이 쓰인다.

② 카플란 수차

프란시스 수차가 있던 자리에 터빈 대신에 프로펠러를 설치하면 된다. 물의 운동에너지와 압력에너지를 동시에 사용할 수 있고 유량과 낙차의 변화가 많은 소수력 발전소에 적합하다.

③ 헬리컬 수차

연안 발전 시스템을 설치할 때 사용한다. 터빈 하나만 서 있으면 작동이 되기 때문에 주로 등대 부분의 연안발전기가 이 형식으로 되어 있다.

④ 펠톤 수차

일반적으로 가정집에서 쓰는 수력발전시스템에 적용된다. 컵의 절반모양의 날이 여러 개 붙은 형태로 된 수차로 고압의 물을 컵에 쏘아 돌리는 방식을 사용한다. 수압이 높을 때 사용하면 좋고 RPM이 매우 높다.

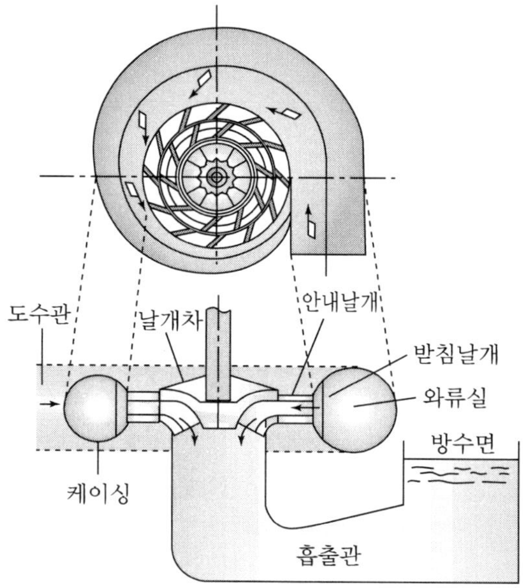

그림 8-12 프란시스 수차(반동수차)원리

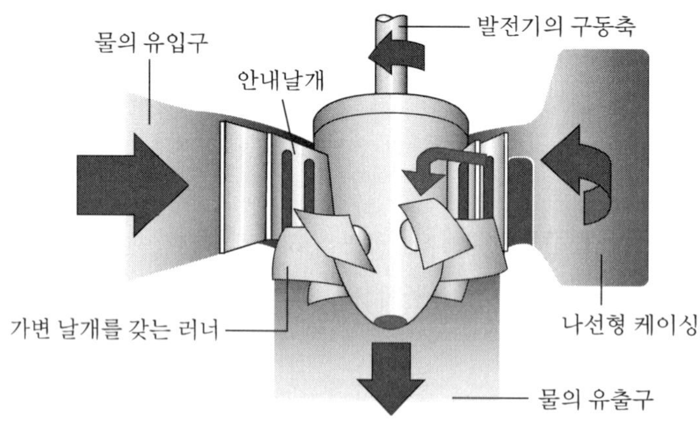

그림 8-13 카프란 수차

(2) 태양열발전설비

태양열 시스템 구성은 4가지 부분으로 이루어지며 각각은 집열부, 축열부, 이용부, 제어장치이다. 집열부는 태양으로부터 오는 에너지를 모아서 열로 변환하는 장치이다. 축열부는 집열 시점과 집열량이 이용시점과 부하량에 일치하지 않기 때문에 필요한 일종의 버퍼 역할을 할 수 있는 열저장 탱크이다. 이용부는 태양열 축열조에 저장된 태양열을 효과적으로 공급하고 부족할 경우 보조열원에 의해 공급하는 장치이다. 제어장치는 태양열을 효과적으로 집열 및 축열하고 공급, 태양열 시스템의 성능 및 신뢰성 등에 중요한 역할을 해주는 장치이다.

1) 집열기

태양 에너지를 열로서 모으는 장치로 집열 온도가 높은 집광형과 효율이 높은 평판형, 용도에 따라 수식 집열기와 공기식 집열기 등이 있다.

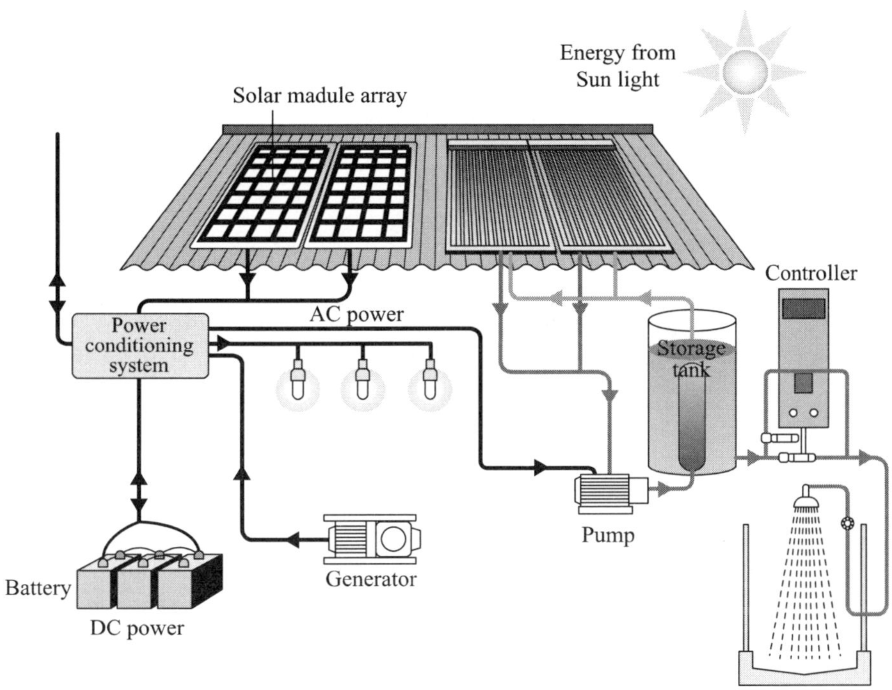

그림 8-14 태양열 이용시스템 구성

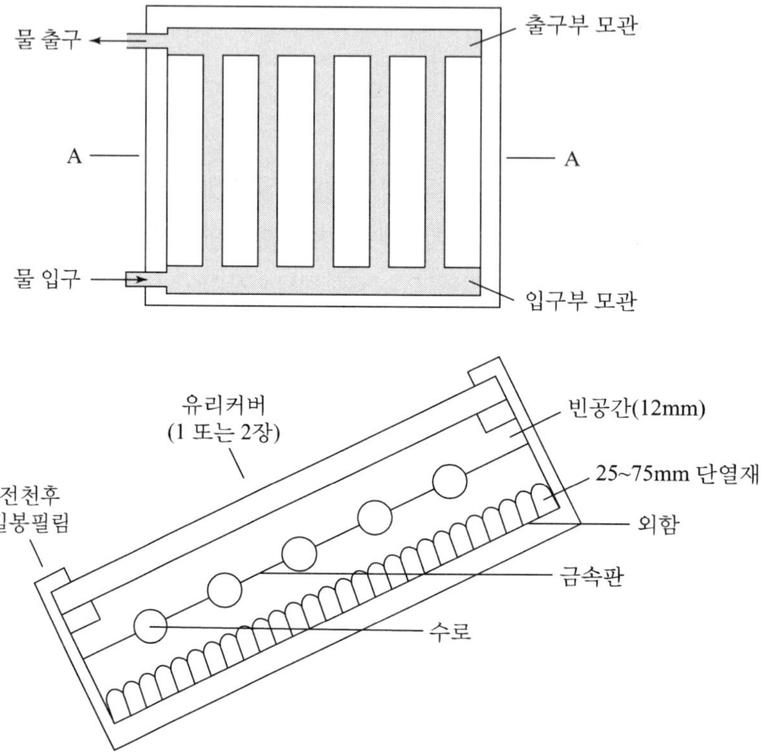

그림 8-15 평판형 집열기의 구조

2) 열교환기

두 개의 유체 간에 열을 주고받도록 하게 하는 장치를 말한다. 넓은 의미로는 가열기, 냉각기, 응축기 등도 포함되나 보통은 열의 회수를 목적으로 하는 것을 열교환기라고 한다.

3) 축열기

보일러에서 발생한 증기량이 소비량에 대해 과잉했을 때 증기를 저장하고 발생량보다 소비량이 많아졌을 때 저장한 증기를 방출해서 증기의 부족량을 보충하는 장치를 말한다. 이 증기 축열기는 여분의 증기를 물로 바꾸어 저장하는 것이며 방식은 변압식과 정압식의 방법이 있다.

(3) 태양광에너지설비

태양전지(solar cell)로 구성된 모듈(module)과 축전지 및 직류를 교류로 변환시켜주는 인버터, 모듈과 인버터를 연결해주는 접속함 등으로 구성되어 있다. 태양전지로 모은 태양에너지를 전기에너지로 변환시켜 사용한다. 이 과정에서 광전효과가 발생한다.

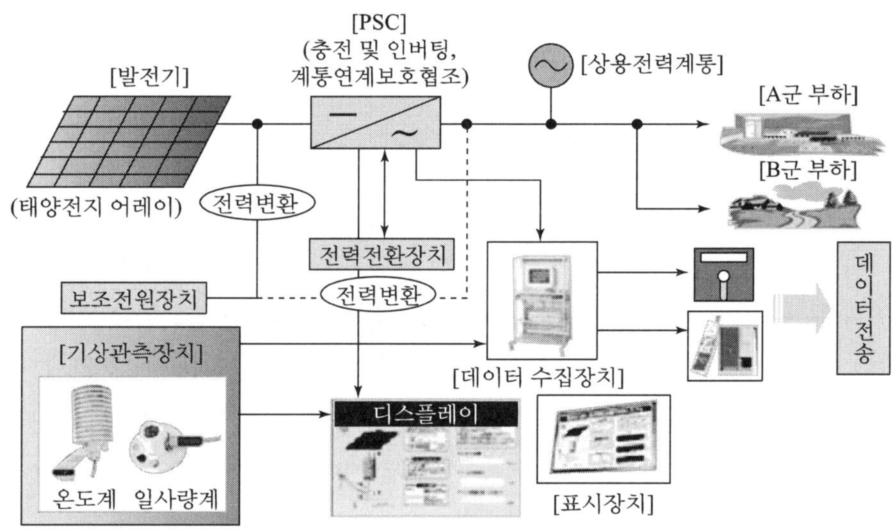

그림 8-16 태양광발전 일반적 구성

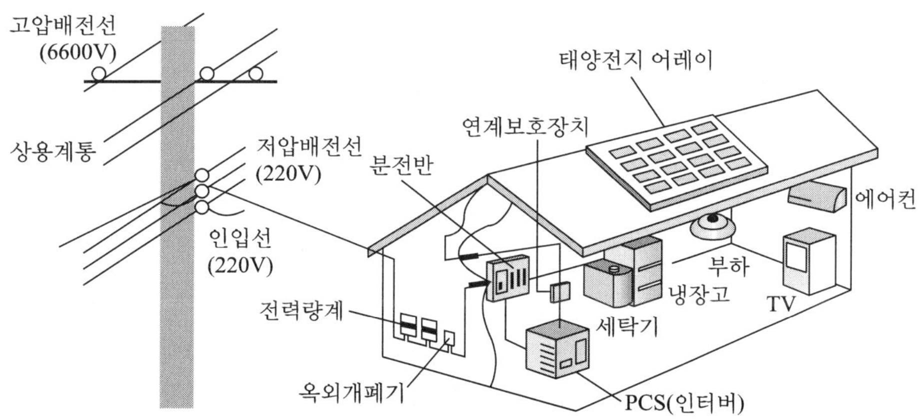

그림 8-17 태양광발전 시스템 구조

1) 태양전지

태양 전지 또는 광전지는 태양 에너지를 전기 에너지로 변환할 수 있는 장치를 말한다. PN 접합면을 가지는 반도체 접합 영역에 큰 에너지의 빛이 조사되면 전자와 정공이 발생하여 접합영역에 형성된 내부전장이 전자는 N형 반도체로, 정공은 P형 반도체로 이동시켜 기전력이 발생한다. N형 반도체, P형 반도체 각각 부착된 전극이 부극과 정극이 되어 직류전류를 취하는 것이 가능해진다. 태양 전지 반도체의 재료로서는 실리콘뿐만 아니라 갈륨비소, 카드뮴텔루르, 황화카드뮴, 인듐인 또는 이 재료들 사이의 복합체를 사용하고 있으나 일반적으로 실리콘을 사용한다.

2) 대용량에너지 저장장치

에너지 저장(Energy storage)은 장치 혹은 물리적 매체를 이용하여 에너지를 나중에 사용하기 위해 저장하는 것을 말한다. 이에 쓰이는 장치를 축압기라고 하고 더 넓은 범위의 체계 전체를 에너지 저장 시스템(Energy Storage System : ESS)라고 한다. 일반 가정에서 사용하는 건전지나 전자제품에 사용하는 소형 배터리도 전기에너지를 다른 에너지 형태로 변환하여 저장할 수 있지만 이런 소규모 전력저장장치를 ESS라고 칭하지는 않고 일반적으로 수백 kWh 이상의 전력을 저장하는 단독 시스템을 ESS라고 부른다.

3) 인버터

직류(DC)를 교류(AC)로 바꾸기 위한 전기적 장치이다. 적절한 변환 방법이나 스위칭 소자, 제어 회로를 통해 원하는 전압과 주파수를 얻는다.

(4) 풍력에너지설비

풍력이 가진 에너지를 흡수, 변환하는 운동량변환장치, 동력전달장치, 동력 변환장치, 제어장치 등으로 구성되어 있다. 기계장치부는 바람으로부터 회전력을 생산하는 회전날개(Blade), 회전축(Shaft)을 포함한 회전자(Rotor), 이를 적정 속도로 변환하는 증속기(Gearbox)와 기동·제동 및 운용 효율성 향상을 위한 브레이크(Brake), 피칭 & 요잉 시스템(Pitching & Yawing System) 등의 제어장치로 구성되어 있고 전기장치부는 발전기 및 기타 안정된 전력을 공급하는 전력안정화 장치로, 제어장치부는 풍력발전기가 무인 운전이 가능토록 설정, 운전하는 컨트롤 시스템(Control System) 및 피칭 & 요잉 시스템 컨트롤러(Yawing & Pitching Controller)와 원격지 제어 및 지상에서 시스템 상태 판별을 가능하게 하는 모니터링 시스템(Monitoring System)으로 구성되어 있다.

1) 블레이드 베어링

구름 베어링의 일종으로, 슬리브 방식에 비해 높은 내구성(내열성 및 수명)이 장점이나 비교적 소음이 높다는 단점이 있다.

2) 브레이크

응급 시 로터를 멈추기 위해 기계식, 전기식 또는 유압식으로 적용할 수 있는 디스크 브레이크이다.

3) 저속축

회전자가 약 30～60 rpm에서 저속축을 회전시킨다.

4) 제어장치

제어장치는 시속 8～16마일(mph)의 풍속으로 기계를 시동하고 약 55 mph에서 기계를 차단한다. 터빈은 풍속에 의해 손상될 수 있기 때문에 약 55 mph 이상의 풍속에서 작동하지 않는다.

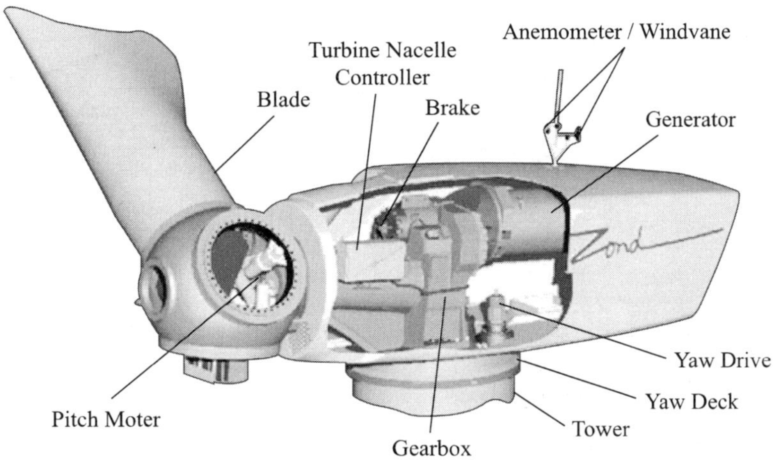

그림 8-18 풍력발전시스템(Geared Type)

5) 기어박스

기어는 저속 샤프트를 고속 샤프트에 연결하고 회전 속도를 분당 약 30~60회전(rpm)으로 증가시켜 대다수의 발전기가 전기를 생산하는 데 필요한 회전 속도인 약 1,000~1,800 rpm으로 증가시킨다.

6) 블레이드

바람의 운동에너지를 기계적 회전에너지로 변환시키는 장치로서 대부분 터빈에 2~3개의 블레이드가 달려있고 블레이드 위로 바람이 불면 블레이드가 회전을 한다.

7) 유압장치

정지장치의 제동을 해제하기 위해 유압을 가하는 장치이다.

8) 발전기

기계적 회전에너지를 전기에너지로 변환하는 장치이다.

(5) 지열에너지설비

지열에너지는 크게 폐열의 회수를 목적으로 하는 열교환기와 그 회수한 열을 고온의 상태로 건물에 공급하는 히트펌프로 구성되어 있다.

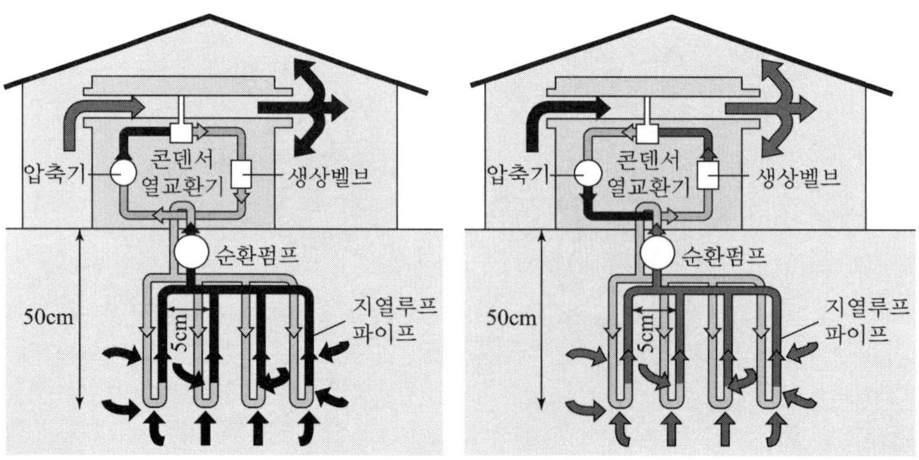

그림 8-19 지열시스템 종류

그림 8-20 지열에너지설비 장치구성

1) 열교환기

습도가 다른 2개의 유체(기체나 액체)를 고체벽을 사이에 두고 접촉하게 하여 양 유체 사이에서 열의 이동을 하게 하는 장치를 일반적으로 열교환기 또는 줄여서 열교라고 한다. 따라서 넓은 의미로는 가열기, 냉각기, 증발기, 응축기 등도 열교환기이지만, 보통 좁은 의미로는 폐열의 회수를 목적으로 하는 것이 많으며, 예를 들면 온도가 높은 폐가스의 현열에 의해 유용 유체를 가열한다든지, 증발관의 응축수가 가지고 나오는 열량을 회수하여 공급 원액을 가열하여 전체의 열효율을 높이기 위해 사용되는 것 등을 말한다.

2) 히트펌프

냉매의 발열 또는 응축열을 이용해 저온의 열원을 고온으로 전달하거나 고온의 열원을 저온으로 전달하는 냉난방장치로, 구동 방식에 따라 전기식과 엔진식으로 구분되는데, 현재 대부분이 냉방과 난방을 겸용하는 구조로 되어 있다.

(6) 해양에너지설비

조력발전이나 파력발전 모두 물의 이동경로에 터빈발전기가 설치되어 있고 이 터빈발전기가 물의 움직임에 따라서 회전하며 발전기가 작동하게 된다.

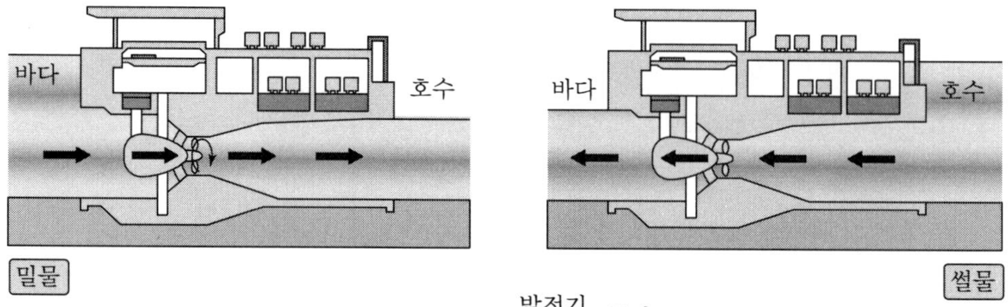

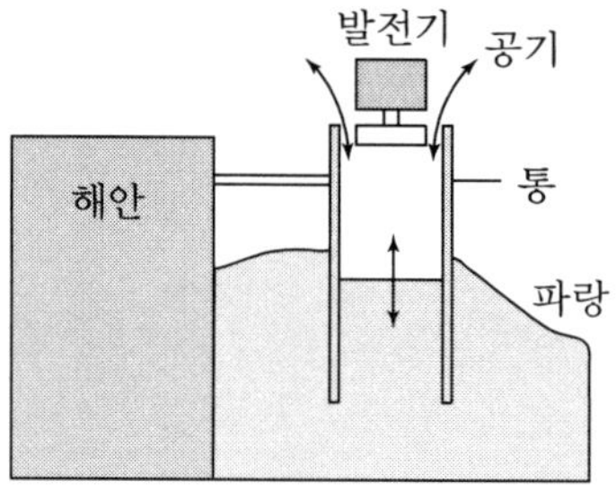

그림 8-21 해양에너지설비 장치구성

(7) 바이오에너지설비

바이오가스를 생산하는 설비는 구조는 화력발전설비와 비슷하게 되어 있고 석탄, 석유 대신에 바이오에너지를 사용한다.

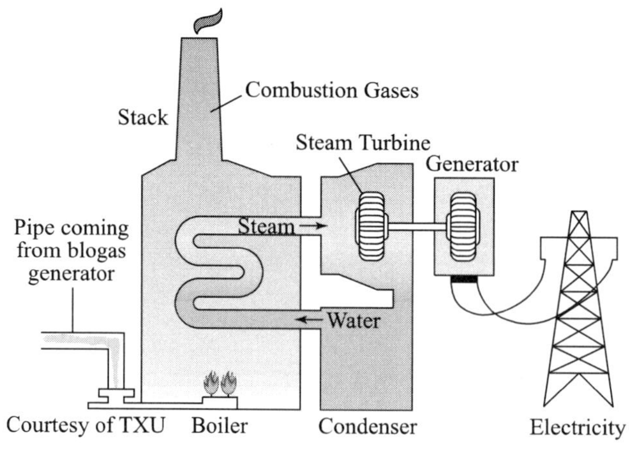

그림 8-22 바이오에너지설비 장치구성

(8) 폐기물에너지설비

1) 열분해소각로

1차 열분해 연소실에서 필요 공기의 30～50%의 적은 연소 공기를 주입하여 잔류탄소를 연소시키고 이 때 발생되는 열을 이용하여 쓰레기를 건조, 건류 열분해 시키며 이 때 발생된 열분해 가스를 2차 연소로에서 연소시켜서 그을음이나 악취 등이 없이 완전연소화 시키는 친환경적 설비이다.

2) 폐열보일러

소각로에서 발생하는 고온의 연소가스가 수관을 통과하면서 냉각되고 이 때 열교환을 하여 발생하는 스팀을 회수하여 연소가스를 적정온도 이하로 낮추는 설비이다.

3) 백 필터

가늘고 긴 자루형(직경 30～50 cm, 길이 2～10 m)의 천을 여과재로 하는 여과 집진장치를 말한다. 집진율은 99% 정도로 미세한 입자(0.1 μm 정도)도 포집할 수 있으나 천을 이용하기 때문에 고온의 가스 등은 사용이 제한된다. 목면에서 80°C, 합성섬유 100～130°C, 유리섬유 250°C 정도이다.

4) 스크러버

액체를 이용해서 가스 속에 부유하는 고체 또는 액체 입자를 포집하는 장치로 액체로서는 보통 물을 사용하지만 가스나 입자의 성질에 의해서는 다른 액체도 사용된다.

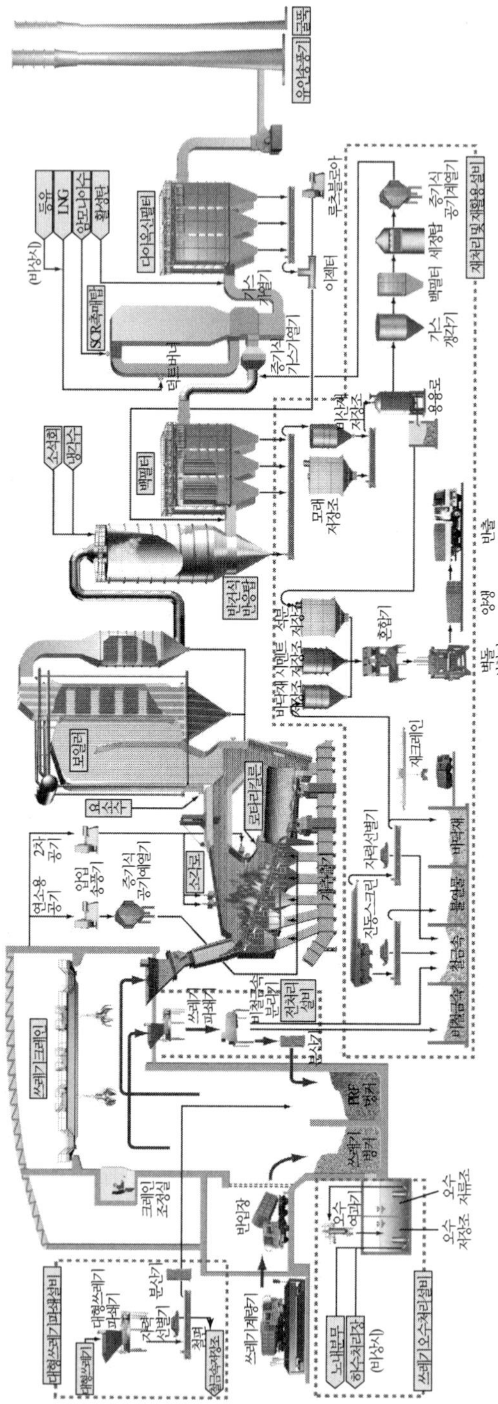

그림 8-23 스토카소각방식의 여열 이용현황

3 장치별 구조 및 원리

(1) 터빈

터빈은 공기흡입구, 공기압축기, 연소기, 터빈날개, 배기구, 모터, 로우터 등으로 구성되어있고 흡입구로부터 흡입한 유체를 압축기로 압축해서 압력을 높이고 그 압력에 의해 터빈의 날개를 돌리는 원리로 작동한다.

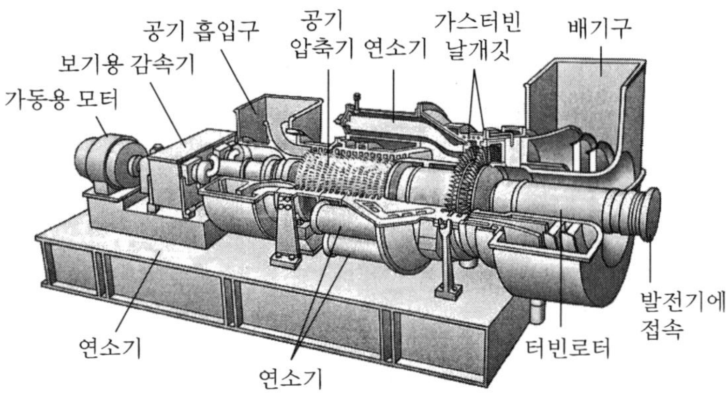

그림 8-24 터빈

(2) 발전기

1) 전압조정기

교류 발전기에서 발생되는 전압은 발전기의 회전 속도에 비례하여 증가되기 때문에 기관이 저속 회전에서 고속 회전으로 변화되었을 때의 발생 전압을 일정하게 유지시키는 것이 필수적이므로 발전기 내부에는 발생 전압을 항상 규정 값으로 조정하는 전압 조정기가 설치되어 있다.

2) 스테이터

철심과 코일로 구성되어 있는데 철심은 얇은 철판을 여러 장 겹쳐서 고정한 것으로 그 안쪽에는 코일이 들어가는 홈(slot)이 24개 또는 36개가 있으며 작동 중에는 로터의 자극에서 나온 자속의 통로가 된다.

3) 로터

자극이 되는 로터 철심, 여자 전류가 흐르는 로터 코일, 로터축, 슬립 링(slip ring) 등으로 구성되어 있으며 크랭크축 풀리와 V 벨트로 연결되어 회전한다. 로터 철심은 4개 또는 6개의 자극을 서로 맞대어 조립한 것으로 8개 또는 12개의 극을 형성하고 있다. 로터 코일은 로터축 위에 원통형으로 감겨져 있고 양쪽 끝은 축 위에 절연되어 설치된 2개의 슬립 링에 각각 접속되어 있다. 여자 전류가 브러시→ 슬립 링 → 로터 코일 → 슬립 링 → 브러시의 순서로 슬립 링에 접촉된 브러시를 통해 흐르면 한쪽 철심은 N극, 다른 한쪽 철심은 S극으로 자화된다.

자기장에서 상대적으로 움직이는 도체는 기전력을 발생시킨다. 이 기전력은 반대 극성의 자극 아래에서 움직일 때 극성을 바꾼다. 전형적으로, 회전자라고 불리는 회전 자석은 고정자라고 불리는 철심의 코일에 권선으로 고정된 도체 세트 내부에서 회전한다. 회전 자계는 고정자 권선에서 교류 전압을 유도한다. 고정자 권선의 전류가 회전자의 위치와 단계적으로 변하기 때문에 교류 발전기는 동기식 발전기이다. 회전자의 자기장은 영구 자석 또는 자계 코일 전자석을 생성할 수 있다. 영구 자석 기계는 회전자의 자기화 전류로 인한 손실을 피하지만, 자석 재료의 비용 때문에 크기가 제한된다. 영구 자기장이 일정하기 때문에 단자 전압은 발전기의 속도에 따라 직접 달라진다. 자동 전압 제어 장치는 자계 전류를 제어하여 출력 전압을 일정하게 유지한다. 고정된 전기자 코일의 출력 전압이 수요 증가로 인해 내려가면, 더 많은 전류는 전압 조정기(VR)를 통해 회전 방향 코일에 공급된다. 이것은 전기자 코일에서 큰 전압을 유도하는 필드 코일 주위에서 자계를 증가시킨다. 따라서 출력 전압은 원래 값으로 되돌려진다.

그림 8-25 발전기

(3) 열교환기

금속판을 고도의 정밀한 기술로 초대형 유압프레스에 성형가공, 전열판에 수많은 돌기가 형성되면서 전열면에 이상적인 난류형성을 일으켜 급속하고도 높은 열교환과 온액과 냉액의 압력차가 있을 때 돌기와 돌기가 접촉하여 일정한 간격을 유지하면서 플레이트의 강도를 높여 주게 된다. 또한 전열 플레이트에 개스킷를 부착, 유체의 밀봉과 유로를 형성하여 설계에 의한 전열 플레이트를 고정프레임과 이동프레임 사이에 배열 RIE-BOLT로 체결 압축, 조립하여 양유체가 교체하면서 높은 효율의 열교환이 이루어지도록 되어있다.

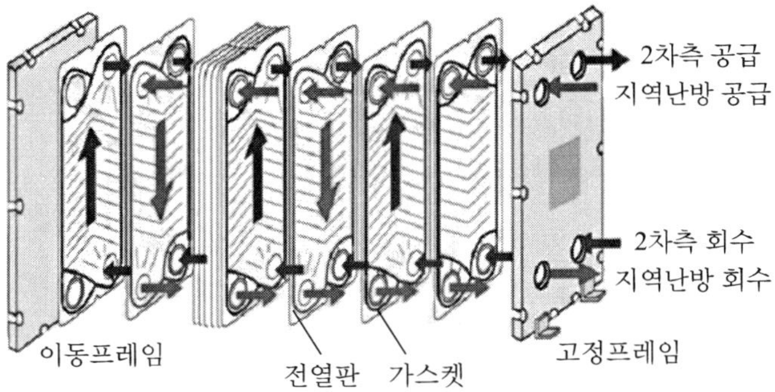

그림 8-26 열교환기

(4) 집열기

집열기는 투명덮개, 흡열판, 열매체 도관, 단열재 및 집열기 틀 등으로 구성되어 있다. 집열기에 입사된 태양에너지는 흑색으로 도장된 흡열판에 열에너지의 형태로 흡수되고 흡수된 열에너지는 집열기와 축열조 사이를 순환하는 열전달 매체에 전달된다. 열전달 매체에 옮겨진 열에너지는 가용 집열량으로 저장되거나 열부하에 직접 공급된다.

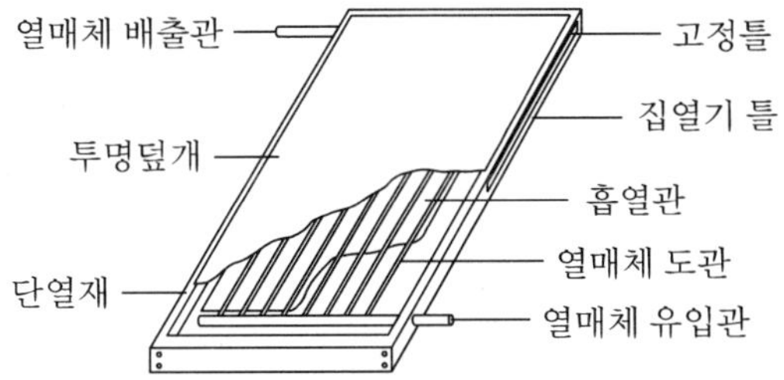

그림 8-27 집열기

(5) 태양전지

빛에서 바로 전기를 생산한다. 광전효과를 이용해서 빛을 쬐면 반도체를 통해서 전류가 흐르면서 전력이 생산된다. 광전효과란 광자(빛)이 특정한 물질과 부딪히면 전자를 발생시키는 원리이다.

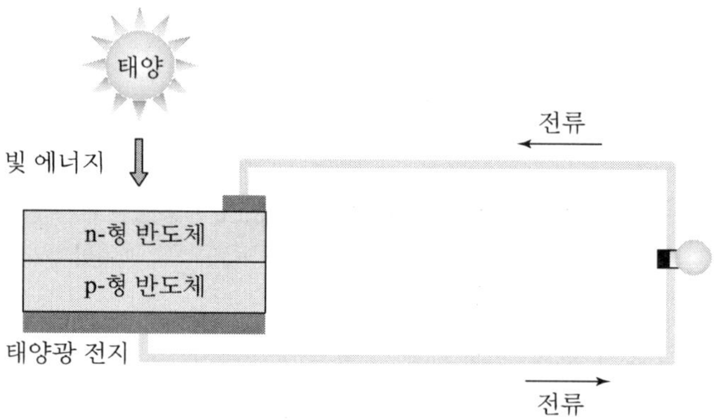

그림 8-28 태양광 전지를 통한 에너지 변환 과정

(6) 히트펌프

압축기 · 증발기 · 응축기 · 팽창밸브 등으로 이루어져 있다. 작동원리는 난방용의 경우, 압축기에서 고온 · 고압으로 압축된 냉매를 기화시킨 다음 응축기로 보내 높은 온도의 열을 온도가 낮은 바깥쪽으로 내뿜는 사이클을 반복하도록 구성되어 있다. 냉방용은 이와 반대로 응축기는 증발기로, 증발기는 응축기로 작용하도록 만들어 응축된 냉매가 더운 바깥 공기와 열 교환이 되어 냉방을 하고자 하는 대상 지점을 차갑게 만들도록 시스템이 구성되어 있다.

(7) 연료전지

연료전지의 본체는 "셀 스택"이라고 해서 내부에 연료극, 전해질, 공기극 등 셀들이 층층이 쌓여있는 것인데 하나의 셀이 만드는 전기는 0.7 V이므로 큰 전기를 만들기 위해서는 셀을 많이 쌓아야 한다. 셀은 연료전지를 만드는 단위로 단전지라고도하며 플러스전극(공기극)과 마이너스전극(연료극)이 전해질을 사이에 끼고 있다.

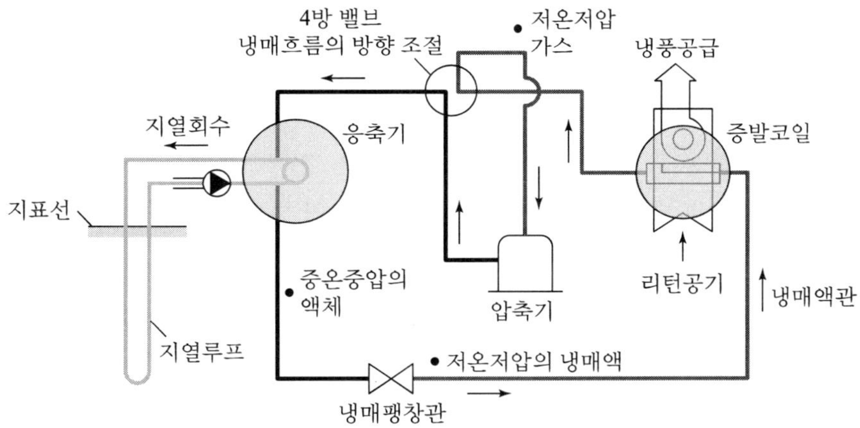

그림 8-29 히트펌프

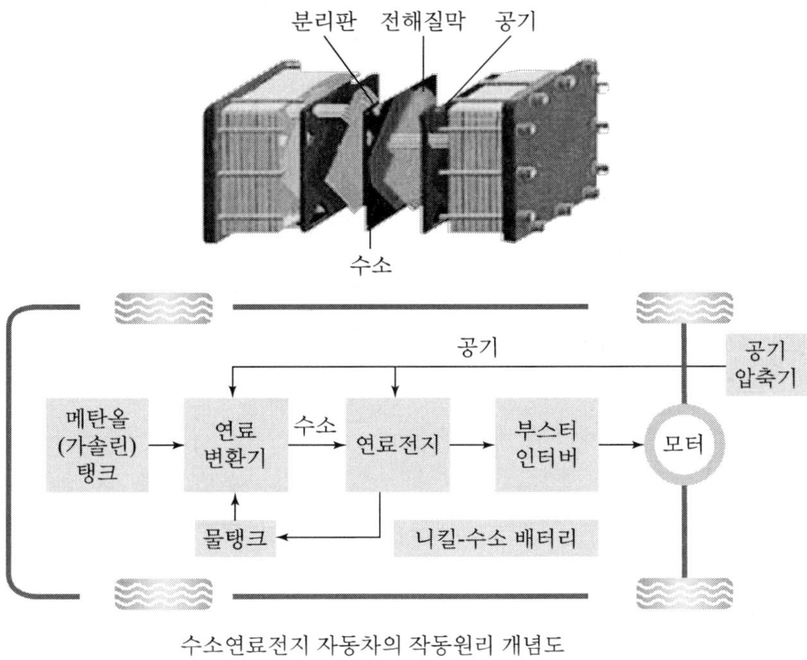

그림 8-30 연료전지 구성과 작동원리

수소연료전지 내 공기극과 연료극은 기체를 통과시키는 구조로 되어 있고 반응에 필요한 산소와 수소가 그 속을 통과한다. 수소전극 중에 촉매의 작용으로 전자를 분리하여 수소이온이 되고 전해질은 이온만 통과시키지 못하는 성질을 가지고 있기 때문에 분리된 전자만 나간다. 전해질 속을 이동한 수소이온은 반대편 전극으로 보내진 산소와 외부에서 전선을 통해 돌아와서 다시 전자와 반응해 물이 된다. 이 반응에 관여하는 전자가 외부 회로를 통과하면서 전류가 흐르고 전기가 발생하게 된다.

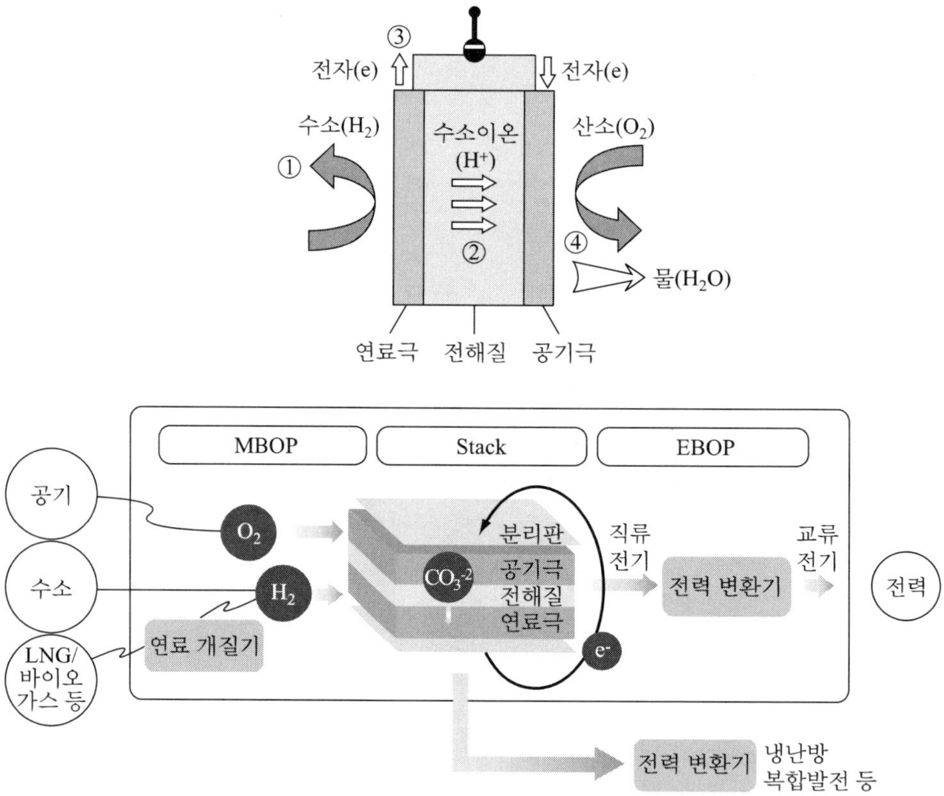

그림 8-31 연료전지 발전시스템

4 설비관련 사고사례

1) 제주도 풍력발전 사고 1

① 사고개요

제주도 ○○읍 ○○리에 설치된 750 MW급 풍력발전기에 화재와 기둥이 부러지는 사고가 발생하여 소방차 14대가 동원되어 진화작업을 하였다.

② 사고원인

블레이드의 과회전 중 정지상태였던 기계브레이크의 과열이 원인이 되었다. 회전속도 조절 위하여 블레이드의 각도를 제어하는 유압시스템이 강풍에 의하여 공력브레이크가 더 이상 기능을 수행하지 못하고 블레이드가 회전모드로 전환되어 정지상태의 블레이드가 회전하게 되었다. 발생된 블레이드의 회전력을 보조 장치인 기계브레이크가 감당하지 못하고 패드의 마모 및 금속간의 마찰에 의해 불꽃이 점화되어 발화되었다.

③ 안전대책

도내 풍력발전기에 의무적으로 화재경보장치와 자동화재진압장치를 설치하도록 제도를 개선하였고 시설에 대한 사전안전점검을 확실히 하기로 하였다.

그림 8-32 풍력발전사고 1

2) 제주도 풍력발전 사고 2

① 사고개요

2010년 10월 25일 3시 경 제주도 풍력발전단지에 있는 15기의 풍력발전기 중 600 kW급 2호기에서 화재가 발생하였고 화재 진압 후에도 날개가 멈추지 않아 인근 지역 주민들을 대피시켰으며 결국 6시간 만에 날개를 지탱하던 기둥이 무너지면서 인근 양식장에 피해를 입혔던 사고이다.

② 사고원인

사고가 났던 풍력발전기는 제주도 내에 설치된 51개의 발전기 중 가장 오래된 것으로 1997년에 설치한 후 13년이 된 노후화된 발전기였고 정지해 있던 본 발전기가 기계적 제동장치의 이상으로 인해 브레이드가 계속 회전한 것이 원인이 되었다.

③ 문제점

소방부서나 에너지담당부서는 풍력발전기 화재에 대한 대응매뉴얼도 없었고 풍력발전기가 설치된 지 13년이 지났지만 화재대응훈련을 단 한 번도 실시하지 않았던 것이 문제점으로 제기되었다. 또한 풍력발전기에 있는 나셀이 있는 위치까지의 높이가 45 m인데 고가사다리차의 최대 길이가 22 m여서 접근도 불가능하였으며 당시 바람이 세게 불었던 점도 사고를 가속화시켰다.

그림 8-33 풍력발전사고 2

④ 안전대책

풍력발전기 내부에 소화시스템을 설치하는 것을 의무화하는 것이 중요하다. 사고에 대비해 화재 발생 대비 훈련을 주기적으로 실시하는 것이 필요하고 사고원인에 대한 분석이나 빠른 대응을 위해 재난 및 방재 관련 행정조직에 대한 대대적인 확충 또한 필요하다.

1. 다음 중 풍력발전시스템과 거리가 먼 장치 구성은?
   ① 기계 장치부　　② 발전 장치부
   ③ 제어 장치부　　④ 전기 장치부

2. 직류형태로 저장된 발전 전력을 교류로 변환시켜 실생활에서 사용할 수 있는 전기형태로 바꿔주는 장비는?
   ① 축전지　　② 접속함
   ③ 인버터　　④ 블레이드

3. 풍력발전설비에서 기계장치부중 블레이드 로터에서 전달된 회전력을 증속기로 전달하는 장치는 ?
   ① 발전기　　② 회전자
   ③ 회전축　　④ 타워

4. 다음 중 태양열 시스템 구성 요소가 아닌 것을 고르시오.
   ① 축열부　　② 이용부
   ③ 집열부　　④ 제어장치

5. 집열기를 온도에 따라 분류했을 경우 CPC형 집열기는 어떤 온도에서 사용되는 집열기인가?
   ① 저온　　② 중온
   ③ 고온　　④ 초고온

6. 태양전지에서 주로 재료가 되는 반도체는?

7. 풍력 발전 중 날개에서 발생한 회전력을 발전기에서 요구되는 회전수로 변속하여 발전기로 회전시키는 장치는?

문제정답

1. ②
2. ③
3. ③
4. ④
5. ②
6. 실리콘 반도체
7. 증속기(gearbox)

Part
9

운반설비

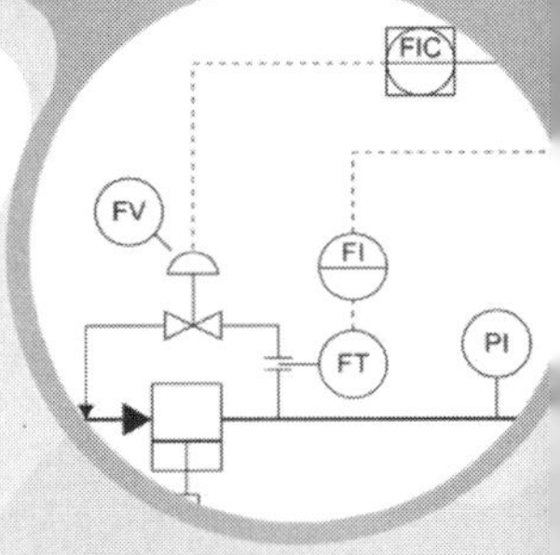

1 설비 개요

운반설비란 재료·부품·제품 등을 운반하기 위한 기계나 보조구로 크게 동력 운반 기계, 차량계 하역 운반 기계, 컨베이어로 분류한다. 동력운반기계(양중기)란 사람 또는 화물을 달아 올리거나 내리는 기계 설비를 말한다. 차량계 하역 운반 기계는 차량계 하역 운반 기계란 주행 장치와 원동기를 내장하고 있어 불특정한 장소에 스스로 이동이 가능한 기계를 말하고 지게차, 대형 화물차, 셔블, 로우더 등이 있다. 컨베이어는 일정한 거리를 자동적·연속적으로 재료나 물품을 운반하는 기계장치로 공장 내에서 부품이나 재료의 운반, 반제품의 이동, 항만·광산 등에서 석탄·광석 화물의 운반, 건설 현장에서 모래 등의 운반에 널리 사용되고 공장에서는 운반 장치로서 뿐만 아니라 이동 작업대로 사용하며 대량생산 방식의 기반이 되어 있다. 기계식주차장은 기계장치에 의하여 동력 운반 기계 중 차량을 주차할 장소로 이동시키는 설비를 갖춘 노외주차장 및 노상주차장을 말하는 것으로 도심의 좁은 공간에서는 많은 주차공간을 확보할 수 있는 기계식주차장의 확대 보급이 유일한 대안이라고 할 수 있다.

2 설비 분류

2.1 양중기

양중기란 사람 또는 화물을 달아서 올리거나 내리는 기계설비를 말하며, 산업안전보건법에서는 양중기의 종류를 크레인, 리프트, 곤돌라 및 승강기 등으로 구분하고 있다.

(1) 크레인

일반적으로 크레인(crane)이란 이동식 크레인과 데릭을 제외한 크레인을 일컫는데 용도에 따라서 여러 가지로 구분할 수 있다. 크레인의 대표적인 종류로는 천정크레인, 지브크레인, 케이블크레인 등이 있다. 크레인은 물건을 매달거나 수직, 수평방향으로 운동을 할 수 있기 때문에 한정된 작업장 내에서의 중량물 운반은 크레인으로 하는 경우가 많다. 크레인은 본체로 된 구조부분과 물건을 들어 올려 운반하기 위한 작동부분으로 구별할 수 있는데 구조부분은 일반적으로 강판, 형강, 강관 등을 재료로 하여 이것을 용접 또는 볼트에 의해 설치하여 여러 가지의 모양으로 만든다. 작동부분은 권상장치(물건을 매다는 장치), 주행장치(크레인 전체를 움직이는 장치), 횡행장치(물건을 크레인의 주행방향과 직각방향으로 움직이는 트롤리대차를 움직이는 장치), 선회장치, 기복장치(지브의 선회와 기복을 행하는 장치) 등으로 구성되어 있고 주로 전동기에 의해 치차나 와이어로프 등과 같이 작동된다.

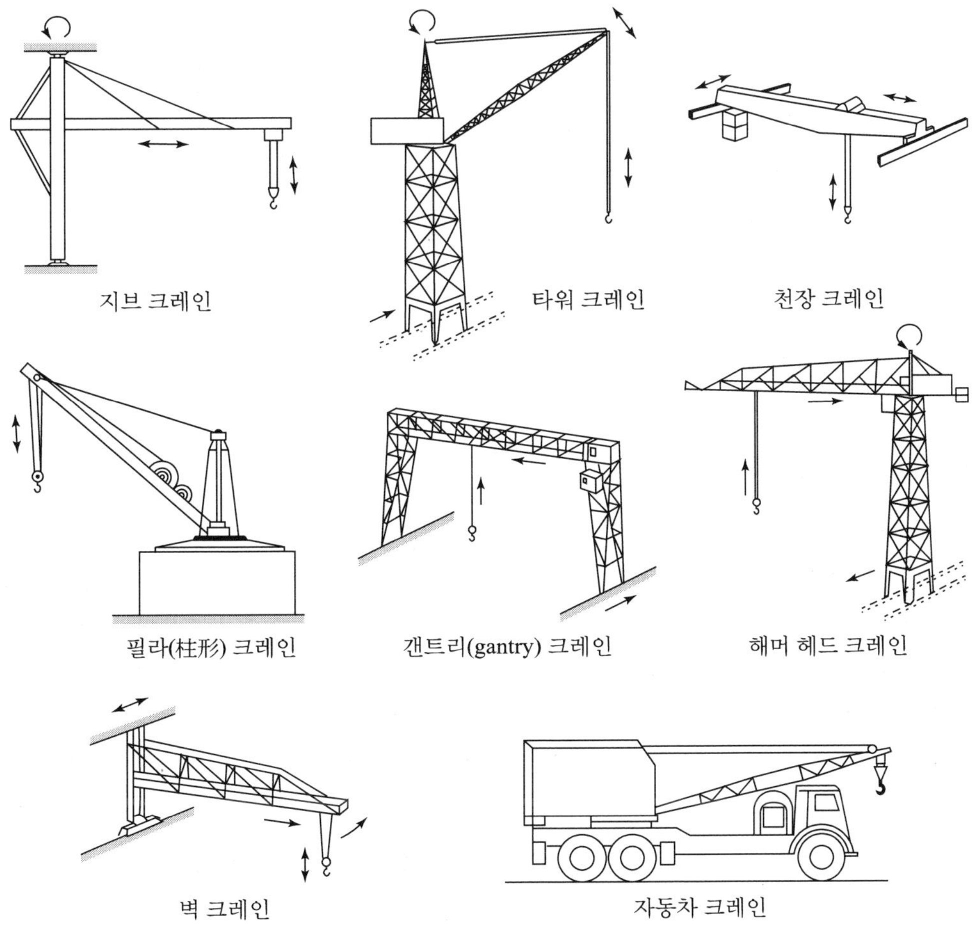

그림 9-1 크레인의 종류

1) 천정크레인

건물의 길이에 따라 벽에 설치한 2줄의 레일에 교량형 횡목을 걸쳐서 주행시키는 크레인으로 그 횡목 위에 트롤리(대차)를 얹어 이동시키므로 바닥면 어느 위치에 놓여 있는 중량물이라도 달아 올려 운반할 수 있다. 생산 공장・수리 공장의 작업용, 창고 내 화물의 운반용, 발전소의 건설・수리용 등에 널리 사용되며 감아올리는 하중은 1~2 t에서부터 500 t 이상의 것도 있다.

그림 9-2 천정크레인

2) 타워크레인

건설기계의 양중기계에 속하는 건설장비로서 수직타워 상부에 지브가 설치된 Top Slewing Jib Crane을 뜻한다. 크레인은 다음과 같이 3개 동작으로 구분할 수 있는데 인양물을 들어 올리거나 내리는 권상・하 동작, 지브를 따라 트롤리의 이동으로 훅에 매달린 하중을 전후로 움직이는 횡행동작, 그리고 크레인 상부 전체를 회전시켜 인양물을 목적한 위치까지 이동시키는 선회동작으로 이러한 동작 및 작업 특성을 가진 대표적인 크레인이 바로 타워 크레인이다. 일반적으로 타워크레인은 중량물을 높이 들어 올리는 것이 가능하고 작업범위가 넓기 때문에 건축물에 근접한 작업이 가능하므로 특히 대도시의 밀집된 고층 건축공사에 많이 사용되고 있다. 최근에는 플랜트 건설, 댐건설, 철탑건설 또는 항만 하역용의 타워크레인이 다양하게 제작되고 있다.

그림 9-3 타워크레인

(2) 데릭

데릭 크레인의 약칭으로 화물을 선창에 쌓거나 배에 실을 때 사용된다. 창구 부근에 있는 마스트 또는 특별히 설치한 데릭 포스트의 밑동에서 비스듬히 튀어나온 데릭 또는 데릭붐 끝에 설치한 블록을 통해서 하역용 와이어로프가 데릭의 밑동에 있는 윈치에 유도되어 있다. 와이어로프 끝에 있는 훅(hook)에 화물을 걸고 윈치를 운전하여 와이어로프를

그림 9-4 데릭

감으면 화물은 데릭 끝에 끌어 올려진다. 데릭에 의한 하역방식에는 1개의 데릭을 사용하는 것과 2개의 데릭을 사용하는 것이 있으며 시간과 노력을 절약한다는 점에서 2개의 데릭을 사용하는 것이 일반적이다. 보통 화물선에는 5~10 t의 데릭이 있고, 이 밖에도 20~40 t에 이르는 중량물 데릭을 설비한 것이 많다. 그리고 차량이나 큰 장치류(plant) 등의 중량물을 운반할 목적으로 200~250 t에 달하는 데릭을 설치한 것으로는 중량물 운반선이 있다.

(3) 곤돌라

곤돌라란 와이어로프 또는 달기강선 등에 의하여 달기발판 또는 운반구가 전용의 승강장치에 의하여 화물을 승강시키는 설비로서 일반적으로 화물을 싣거나 매달기 위한 구조의 달기발판 또는 운반구, 화물을 달아 올리기 위한 승강장치 및 이들에 부속된 전동기, 드럼, 와이어로프, 방호장치 및 제어반 등으로 구성되어 있고 그 용도에 따라서 여러 종류로 구분할 수 있으나 크게 빌딩, 옥상 등에 상설되어 있는 것과 작업 기간 중에만 설치하고 작업종료 후에는 다른 장소로 이동하는 것으로 대별된다.

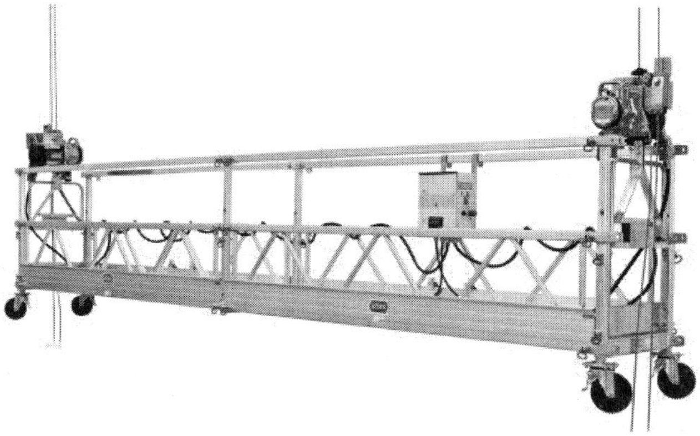

그림 9-5 곤돌라

(4) 승강기

동력을 사용하여 운전하는 것으로서 가이드 레일을 따라 승강하는 운반구 또는 카에 사람이나 화물을 상하 또는 좌・우 방향으로 이동, 운반하기 위하여 제작된 기계설비로서 탑승장을 갖춘 것을 말하며 종류에는 인화공용 승강기, 화물용 승강기, 에스컬레이터 등이 있다.

그림 9-6 승강기

(5) 호이스트

호이스트란 작업장 내에 있어서 중량물을 체인 또는 와이어로프나 기타 인양보조구에 매달아 올려 이것을 모노레일 등에 의해 특정 장소, 위치까지 운반하기 위해 사용하는 기계로서 리미트 스위치를 이용한 권과방지장치가 설치되어 있고 크레인과 같이 중량이 무거운 것은 운반할 수 없게 되어 있다.

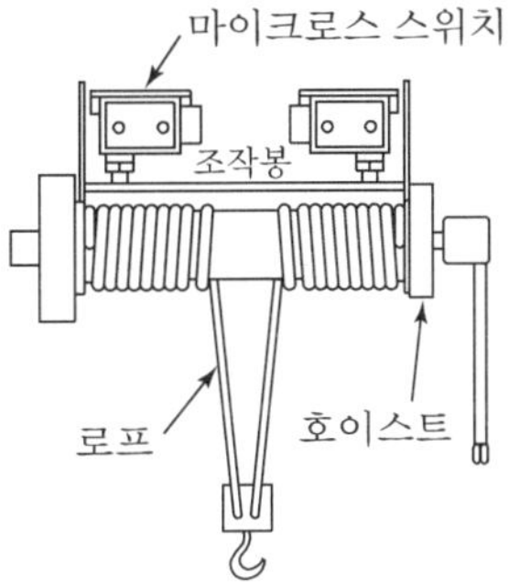

그림 9-7 호이스트 및 방호장치

(6) 리프트

동력을 사용하여 사람 또는 화물을 운반하는 것을 목적으로 하는 기계설비로 종류로는 건설용, 간이리프트 등이 있으며 건설용 리프트는 가이드 레일을 따라 상하로 움직이는 운반구를 매달아서 화물을 운반하는 설비로 주로 건설현장에서 이용하며 간이리프트는 주로 소형화물을 운반하기 위해 사용하는 승강기와 비슷한 구조로 운반구의 바닥의 면적이 1 m^2 이하이거나 천정의 높이가 1.2 m 이하인 것을 말한다.

2.2 차량계 하역운반기계

(1) 지게차

주로 경화물의 단거리 운반 및 적재, 하역작업에 적합한 장비로서 포크(fork), 램(ram) 등의 짐을 적재하는 장치와 이 장치를 승강시키는 마스트(mast)를 구비한 자동차를 말한다. 지게차는 들어 올릴 수 있는 용량(톤)으로 규격을 표시하며 포크 대신 여러 가지 특수한 작업장치를 부착하여 다양한 작업을 할 수 있는 장치가 개발된 이후로 사용범위가 넓어졌다. 이 지게차는 평형 및 지렛대의 원리에 의해 안전성이 보장되고 구동되는 바퀴가 받침대의 역할을 한다. 지게차는 앞쪽에 2단으로 신축하는 수직 마스트가 있고, 이에 맞물린 좌우 2개의 포크를 화물 밑에 밀어 넣고 화물을 들어올린다. 포크는 보통 앞쪽으로 6°,

그림 9-8 지게차

뒤쪽으로 12°경사시킬 수 있다. 하물을 들어 올리는 속도는 전 부하에서 매초 25~35 cm이다. 앞바퀴에 큰 하중이 걸리고 앞바퀴를 중심으로 다소의 회전을 해야 하므로 뒷바퀴를 조향하고 앞바퀴를 구동하는 것이 보통이다. 원동력에는 전기나 가솔린・디젤엔진이 사용되지만 내연기관일 경우에는 토크 컨버터를 사용하는 것도 있으며 특히 대형은 파워 스티어링을 갖추는 경우도 있다. 포크에는 취급하는 하물의 성질에 따라 갖가지 부속품을 장치할 수 있게 되어 있다.

2.3 컨베이어

일정한 거리를 자동적・연속적으로 재료나 물품을 운반하는 기계장치로서 공장 내에서 부품이나 재료의 운반, 반제품의 이동, 항만・광산 등에서 석탄・광석 화물의 운반, 건설 현장에서 모래 등의 운반에 널리 사용되고 있다. 공장에서는 운반 장치로서 뿐만 아니라 이동 작업대로 사용하며 대량 생산 방식의 기반이 되어 있다. 대표적인 종류로는 벨트 컨베이어, 스크루 컨베이어, 버킷 컨베이어 등이 있다.

(1) 벨트 컨베이어

앞쪽 끝의 구동용 풀리와 뒤쪽 끝의 풀리 및 아이들러(지지 롤러)에 의해 구동되는 무한 벨트로, 물체를 수평 혹은 경사 방향으로 수송하는 장치이다. 스크루 컨베이어나 판으

그림 9-9 벨트 컨베이어

로 눌러서 운반하는 플라이트 컨베이어에 비해서 많은 설비비가 필요하지만, 마찰에 의한 동력 손실이 매우 적기 때문에 다량의 분립체를 장거리 수송하는 경우에는 가장 적합하다. 그러나 목재가 고무벨트를 망가뜨리는 경우나 고온인 경우에는 특수한 벨트(철강 벨트나 금속 벨트)를 사용해야만 한다.

(2) 스크루 컨베이어

일반적으로 U자형의 홈통 속에서 스크루를 회전시켜 분립체에 축방향의 추진력을 주어 수송하는 장치를 말한다. 분립체와 홈통 및 스크루면간의 마찰에 의한 동력 손실과 마모가 큰 결점이 있지만, 홈통을 뚜껑판으로 밀폐해서 분진의 비산을 막는 것이 쉽고 설비가 매우 간단하며 운전 유지비도 비교적 적게 들기 때문에 수송 거리와 수송량이 그다지 크지 않을 경우에 적합하다. 일반적으로 수평 수송에 사용되지만, 필요하면 수송량을 줄여서 상향의 경사에 사용할 수도 있다. 예를 들면 10°, 30°, 40°의 경사가 있으면 수송량을 각각 90%, 30%, 10%로 떨어뜨려 사용한다. 재료가 덩어리 모양이면 스크루의 지름에 따라 그것을 안전하게 취급할 수 있는 재료의 크기가 결정된다.

(3) 버켓 컨베이어

쇠사슬이나 벨트에 버킷을 여러 개를 달아 회전시키면서 버킷에 재료를 담아 낮은 곳에서 높은 곳으로 석탄이나 모래, 자갈, 곡물들과 같은 것들을 운반하는데 있어서 사용된다.

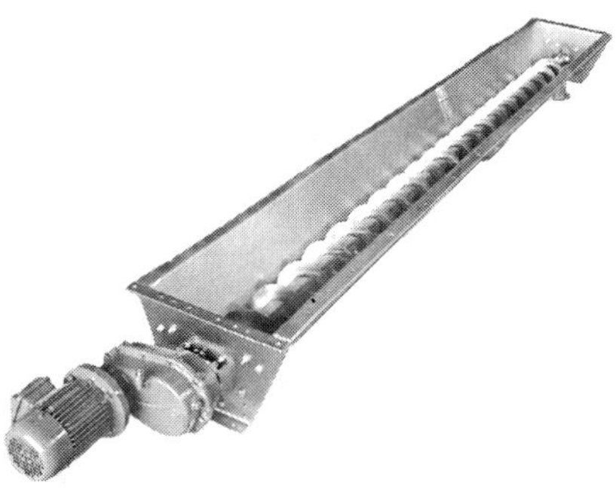

그림 9-10 스크루 컨베이어

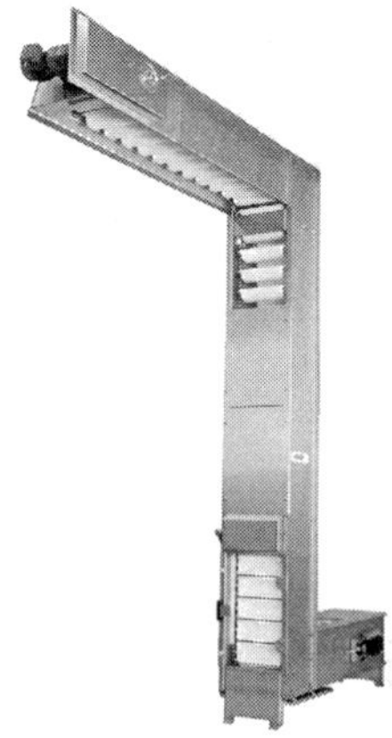

그림 9-11 버켓 컨베이어

(4) 에어 컨베이어

입자가 미세한 미분탄이나 시멘트 등을 운반할 때 사용한다. 진공펌프나 공기압축기로 공기를 빨아들이는 진공식과 압축된 공기를 불어 넣어주는 압축 공기식이 있다. 진공식은 관의 한 끝을 진공펌프에 연결하고 다른 끝을 운반하고자 하는 분체 속에 넣는다. 그러면 분체는 흡입구로부터 관 속으로 빨려 들어가서 운반된다. 관 중간에 있는 약간 넓은 곳에서는 공기의 유속이 약해져서 분체가 아래로 떨어진다. 공기를 얼마나 어떻게 흐르게 하는가에 따라 운반되는 분체의 양을 조정할 수 있다. 분체수송기 중 가장 보편적으로 사용되며 비교적 먼 거리까지 운반이 가능하다. 가까운 거리로 운반할 때에 사용되는 에어슬라이드는 공기컨베이어의 일종이다.

그림 9-12 에어 컨베이어

2.4 기계식주차장

소득의 향상 및 경제규모의 성장, 급격한 도시화와 인구의 도시집중 등의 원인으로 인하여 차량이 급격히 증가하였으나, 사회기반시설(도로의 확대와 연장 또는 주차공간의 확보 등)이 이를 뒷받침 하지 못해 심각한 교통체증과 여러 가지 사회적 문제를 발생시키고 있다. 특히 주차공간의 부족 현상은 우리 사회의 기본 윤리마저 흔들고 있는 심각한 상태에 이르러 많은 우려를 낳고 있다. 국토 면적이 좁은 한반도의 특성과 도시의 높은 인구밀집으로 인하여 많은 주차공간을 필요로 하고 있는데, 이 문제점을 해결시키기 위해서는 장기적인 안목에서 총체적인 토지이용의 합리화와 정책의 개발 시행으로 체계적이고 합리적인 주차공간을 확보함으로써 원활한 교통의 흐름을 유도, 도시 제 기능을 발휘하게 함이 필요하고 가장 효과적으로 이를 해결하기 위한 대안으로는 좁은 공간에 많은 주차공간을 확보할 수 있는 기계식주차장의 확대 보급이 유일한 대안이라고 할 수 밖에 없다.

기계식주차장은 기계장치에 의해 차량을 주차할 장소로 이동시키는 설비로서 동력운반기계 중 승강기와 비슷한 역할과 기능을 가지고 있으나 운반 대상물이 차량이라는 점에서 차이를 나타내며 이로 인해 구조 및 장치 측면에서도 구분되어 별도로 취급된다.

주차 방식에 따라 타워식, 지하식, 다단식으로 구분되고 타워식은 지상의 건물 내장형 또는 철탑형 형태로 설치된다. 구동 시스템에 따라 수직순환식과 승강기식으로 구분되고 지하식은 일반적으로 건물의 지하공간에 설치되는 형태로 다층순환식, 수평순환식, 평면왕복식, 승강기 슬라이드식으로 구분된다. 2단, 다단식은 주차 구획 층의 높이에 따라 2단식과 3층 이상의 다단식으로 구분된다.

표 9-1 기계식주차장의 종류

종류	정 의
	• 수직순환식 주차에 사용되는 부분(이하 "주차구획"이라 함)에 자동차를 들어가도록 한 후 그 주차구획을 수직으로 순환이동시켜 자동차를 주차하도록 설계한 주차장치
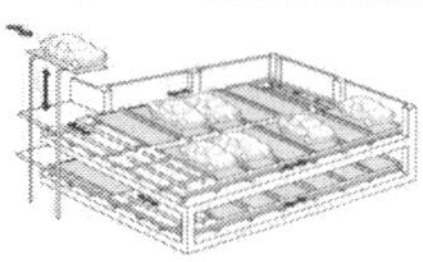	• 수평순환식 주차구획에 자동차를 들어가도록 한 후 그 주차구획을 수평으로 순환이동시켜 자동차를 주차하도록 설계한 주차장치

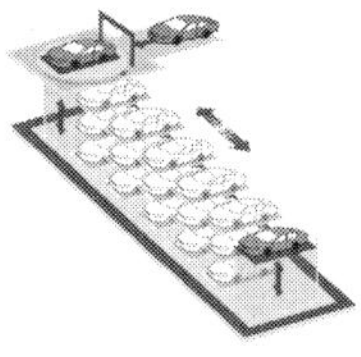	• 다층순환식 주차구획에 자동차를 들어가도록 한 후 그 주차구획을 여러 층으로 된 공간에 아래·위 또는 수평으로 순환 이동시켜 자동차를 주차하도록 설계한 주차장치
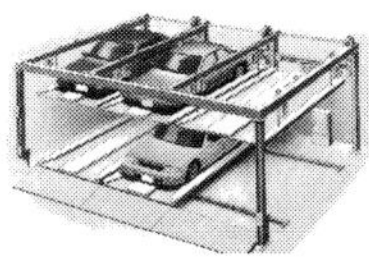	• 2단식 주차구획이 2층으로 배치되어 있고 출입구가 있는 층의 모든 주차구획을 주차장치출입구로 사용할 수 있는 구조로서 그 주차구획을 아래·위 또는 수평으로 이동시켜 자동차를 주차하도록 설계한 주차장치
	• 다단식 주차구획이 3층 이상으로 배치되어 있고 출입구가 있는 층의 모든 주차구획을 주차장치출입구로 사용할 수 있는 구조로서 그 주차구획을 아래·위 또는 수평으로 이동시켜 자동차를 주차하도록 설계한 주차장치
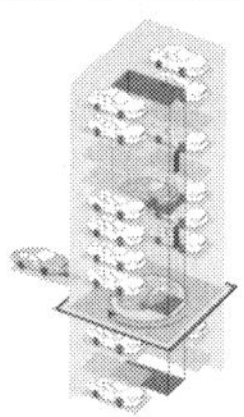	• 승강기식 여러 층으로 배치되어 있는 고정된 주차구획에 아래·위로 이동할 수 있는 운반기를 이용하여 자동차를 자동으로 운반이동시켜 주차하도록 설계한 주차장치
	• 승강기슬라이드식 여러 층으로 배치되어 있는 고정된 주차구획에 아래·위 및 옆으로 이동할 수 있는 운반기를 이용하여 자동차를 자동으로 운반이동시켜 주차하도록 설계한 주차장치
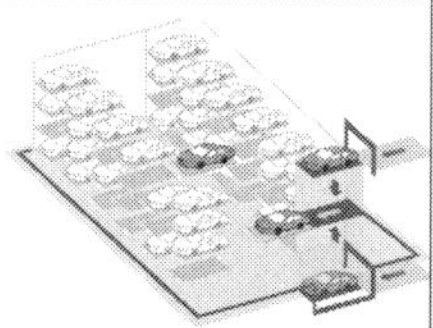	• 평면왕복식 평면으로 배치되어 있는 고정된 주차구획에 운반기를 이용하여 자동차를 운반이동시켜 주차하도록 설계한 주차장치
	• 특수방식 위 8가지 종류에 포함시킬 수 없는 가정용이나 특수하게 제작·설치되는 덤프형식이나 크레인형식 등의 주차장치

3 장치별 구조 및 원리

3.1 양중기

(1) 타워크레인

1) 지브 지지삭

메인 지브와 카운터 지브를 지지하면서 각기 캣 헤드에 연결해주는 바(bar)로서 구조 기능상 매우 중요할 뿐만 아니라 인장력이 크게 작용하는 부재이다.

2) 평형추

지브와 짐의 무게 균형을 이루기 위해 카운터지브에 매달아 놓은 콘크리트 덩어리이다.

3) 카운터지브

타워크레인 전·후방의 균형 유지를 위해 메인 지브의 반대편에 성치되는 지브로서 균형추와 윈치를 사용한 권상장치가 설치된다.

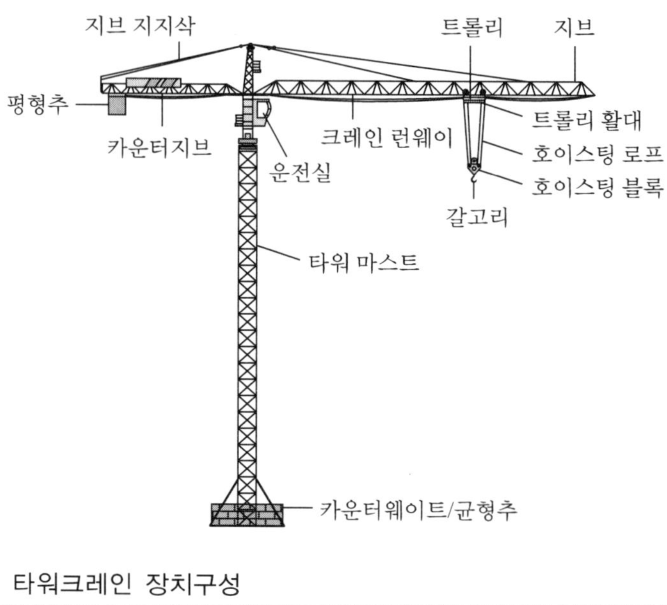

그림 9-13 타워크레인 장치구성

4) 타워 마스트

타워크레인은 지지해 주는 기둥 역할을 하는 구조물로서 한 부재의 단위 길이가 약 3~5 m인 마스트를 핀 또는 연결볼트로 연결시켜 나가면서 설치 높이를 높일 수 있다. 마스트는 대부분 고장력강의 재질을 사용한 앵글 또는 박스 타입의 용접구조이거나 또는 개방형 앵글과 H-beam을 사용하는 경우도 있다.

5) 카운터 웨이트/ 균형추

기중기를 안정시키기 위해 탑의 아랫부분에 쌓아놓은 콘크리트 덩어리이다.

6) 권상장치

권상모터, 감속기, 드럼 등으로 구성되어 있으며 권상모터에서 후크까지의 권상 작용을 유도한다.

7) 트롤리

메인 지브를 오가며 권상 작업을 위한 선회반경을 결정하는 횡행장치이다.

8) 지브

선회축을 중심으로 한 외팔보 형태의 구조물로서 지브의 길이, 즉 선회반경에 따라 권상용량이 결정된다. 하중 및 중량의 감소를 위해 트러스 구조로 되어 있으며 트러스 내부에 트롤리 로프 안내를 위한 보조 풀리와 트롤리 윈치 점검을 위한 보도판이 설치된다.

(2) 크레인

크레인은 크게 철 구조물 및 유압기능품으로 구성되어 있다. 크레인에 소요되는 동력은 차량의 동력인출장치(Power Take Off : P.T.O)로부터 인출하게 된다. 즉 P.T.O 기어를 넣으면 유압펌프가 구동하고 이에 따라 고압의 유압유가 발생된다. 발생된 고압의 유압유는 제어밸브를 통하여 작동장치를 작동하고 오일탱크로 돌아간다.

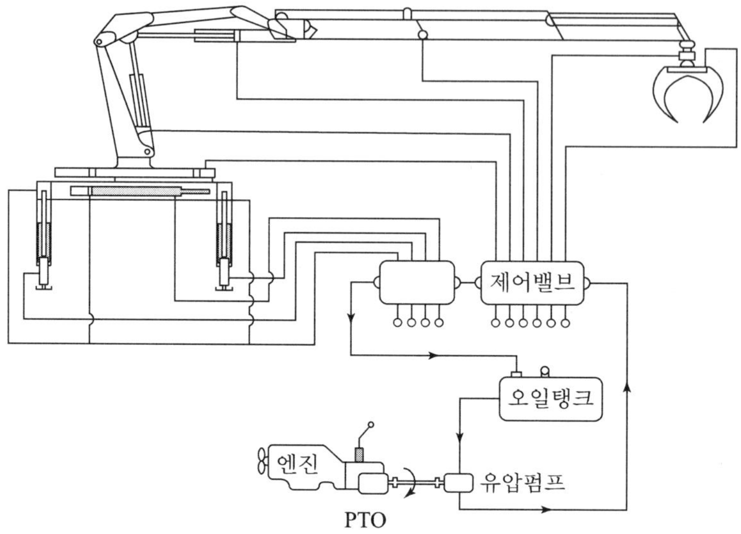

그림 9-14 크레인의 작동구조

1) 베이스

베이스는 크레인을 차량에 고정시켜 회전시키는 장치이다. 아웃트리거 빔과 3점지지대 및 베이스 회전축으로 이루어져 있다. 베이스는 앞부분과 3점지지대부분에 있는 앵커볼트에 의해 차량의 프레임(frame)에 고정된다. 3점지지대는 차량의 비틀림에 의해 발생될 수 있는 베이스부분의 크랙(crack)을 방지해 준다. 컬럼은 베이스 회전축의 베어링 위에 설치된다. 회전 시스템은 렉 기어와 피니언으로 작동하며 유압으로 렉 기어 및 피니언을 움직여 크레인이 회전한다.

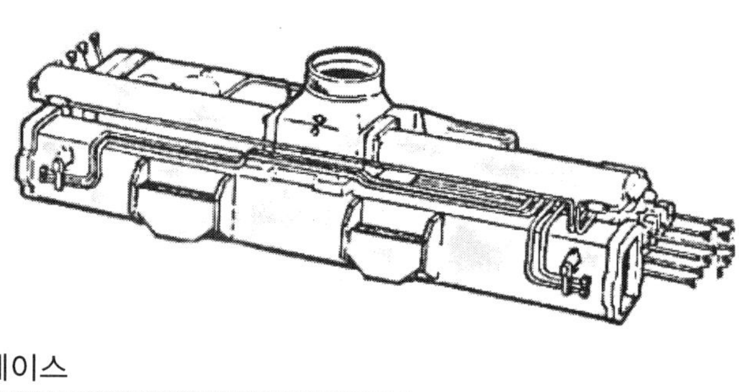

그림 9-15 베이스

2) 컬럼

컬럼은 베이스 위에 설치되어 있으며 이너붐과 이너붐 실린더가 연결되어 붐시스템을 지지해주는 역할을 하게 된다.

3) 붐 시스템

붐 시스템은 이너 붐(1), 아우터 붐(2), 익스텐션 1단 붐(3), 익스텐션 2단 붐(4)과 각각의 실린더들로 구성되어 있다. 모든 실린더는 복동식(double-acting)이며 이너 붐과 아우터 붐에는 일정 유량밸브가 장치되어 있어서 하중에 무관하게 일정한 속도로 내려온다.

그림 9-16 컬럼

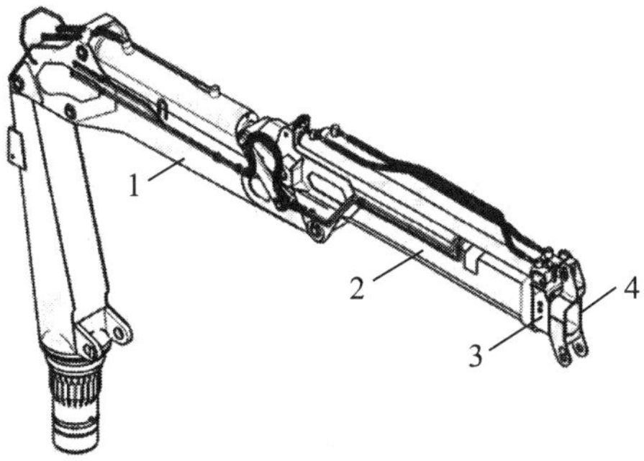

그림 9-17 붐 시스템

4) 밸브 시스템

밸브 시스템은 6가지 기능을 할 수 있는 밸브로 구성되고 제어밸브에는 안전장치인 주압력 조절밸브가 설치되어 일정압력 이상이 유압회로에 걸리지 않게 하며 각 포트마다 특징에 따라 압력조절밸브가 설치되어 있다.

5) 아웃트리거

아우트리거는 빔과 레그로 이루어져 있으며 작업 시 안정성을 위해서 사용된다. 아우트리거를 펴서 내리지 않고 작업할 경우 차량의 타이어에 무리가 가며 차량이 전복될 위험이 있으므로 아우트리거에는 파이로트 컨트롤 체크 밸브가 설치되어 작업 시 레그가 상하로 움직이는 것을 막아주며 호스가 터질 경우 다리가 내려오는 것을 막아준다.

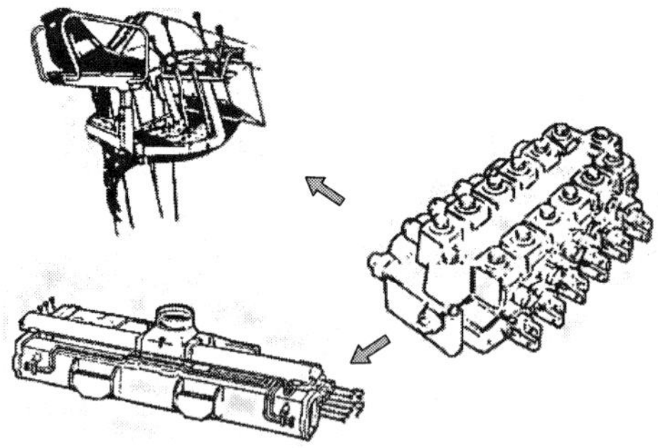

그림 9-18 벨브 시스템

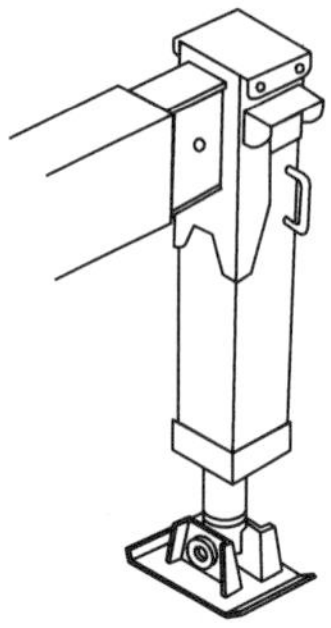

그림 9-19 아웃트리거

6) 오일탱크

오일탱크는 크레인과 별도로 차량에 부착된다. 오일탱크에는 리턴필터(return filter), 유량지시계(oil level indicator), 스트레이너와 에어필터가 달린 주유구(filler cap)가 설치되어 있으며 바닥에는 드레인장치(drain cock)가 설치되어 있다.

7) 동력인출장치(P.T.O.) 및 펌프

동력인출장치(Power Take Off : P.T.O.)는 크레인의 작동에 필요한 동력을 트럭으로부터 뽑기 위한 동력 인출장치이다. 동력인출장치로부터 인출된 동력은 펌프를 구동시키며 펌프로부터 고압의 유압이 발생되며 펌프에서 생긴 고압의 유압유는 크레인을 구동시킨다.

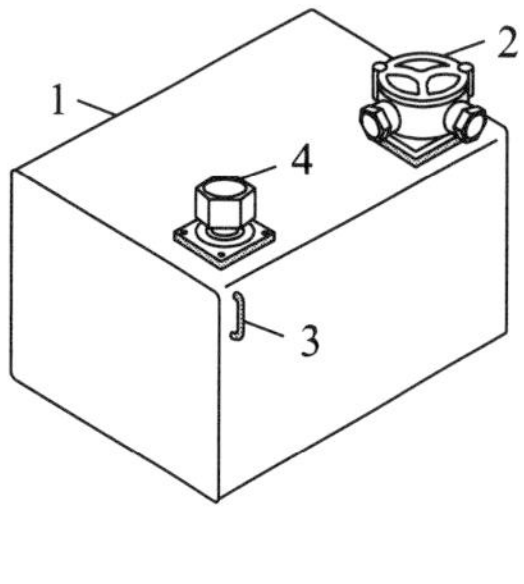

그림 9-20 오일탱크

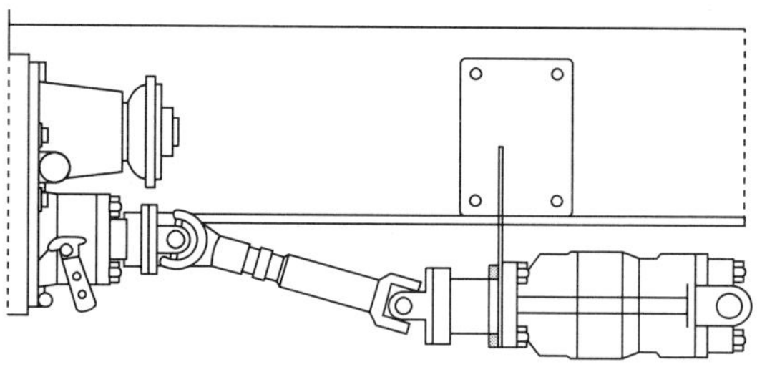

그림 9-21 P.T.O 및 펌프

8) 안전장치

① 권과방지장치

크레인, 이동식 크레인, 데릭에 설치된 권상용 와이어로프 등의 기복용 와이어로프의 권과를 방지하는 장치이다. 권상용, 기복용 와이어로프를 권과 했을 경우에는 후크 등의 호이스팅 액세서리가 지브에 부딪쳐 파괴되거나 하물이 낙하하여 발생하는 재해를 예방하기 위하여 이 장치가 사용된다. 권과방지장치에는 리미트 스위치가 사용되는데 드럼의 회전에 연동해서 권과를 방지하는 방식의 나사형리미트 스위치, 캠형리미트 스위치와 후크 상승에 의해 직접 작동시키는 리미트 스위치가 있다.

② 과부하방지장치

기계설비에 허용 이상의 부하가 가해졌을 때 그 동작을 정지 또는 방지하기 위해 작동시키는 장치를 말한다. 인양할 수 있는 하중이 지브의 길이, 각도, 보조 지브의 조건 등에 따라 다른 지브 크레인의 과부하방지장치는 크레인 작업 중 인양하고 있는 하중이 정격 총 하중에 근접하면 경보로써 운전자에 주의를 환기시킴과 동시에, 그 이상의 위험 쪽으로 동작을 자동적으로 정지시키도록 하고 있다.

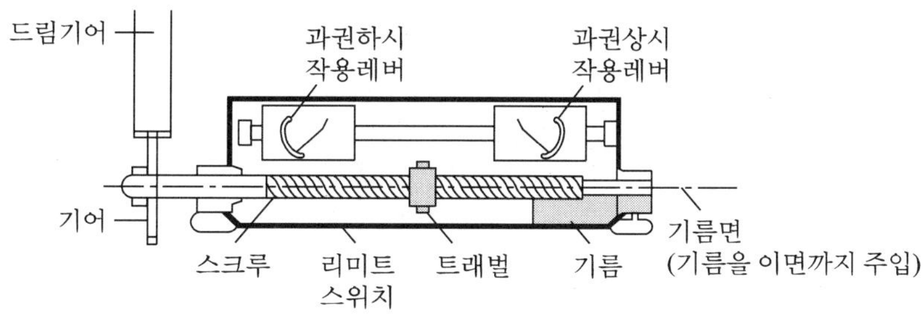

그림 9-22 권과방지장치

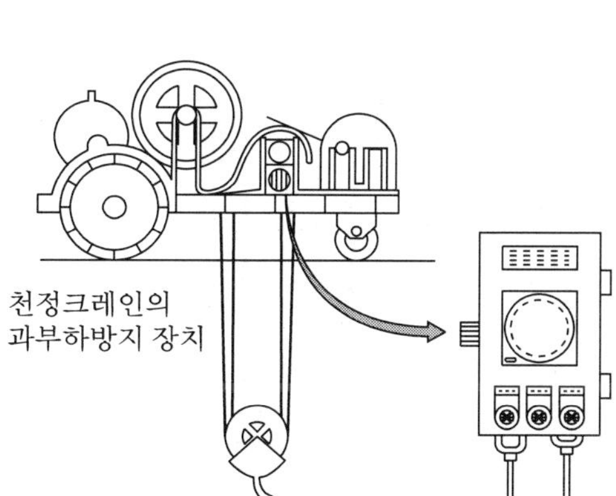

그림 9-23 과부하방지장치

(3) 승강기

승강기란 건축물이나 고정된 시설물에 설치되어 일정한 경로에 따라 사람이나 화물을 승강장으로 옮기는 데에 사용되는 시설로서 엘리베이터, 에스컬레이터, 휠체어리프트 등 행정안전부령으로 정하는 것을 말한다. 구동방식에 의한 분류로 로프식(트랙션식, 권동식), 유압식(직접식, 간접식, 팬더그래프식), 리니어 모터식, 스크류식, 랙・피니언식 등이 있다. 이 중 국내에서는 로프식 엘리베이터와 유압식 엘리베이터가 많이 사용되고 있다. 일반적으로 엘리베이터는 기계실, 승강로, 피트 세부분으로 나뉜다. 엘리베이터의 구조와 원리에 대해서 살펴보면, 엘리베이터가 운행하는 길의 최상부에는 고정도르래가 설치되어 있으며 이 고정도르래에 와이어로프가 연결되어 있다. 와이어로프의 한쪽 끝에는 사람이나 화물이 탈 수 있는 카(car)가 연결되어 있으며 전동기가 와이어로프를 풀었다 감았다 하면서 카를 움직인다. 와이어로프의 다른 쪽 끝에는 카(car)의 무게와 유사하게 같거나

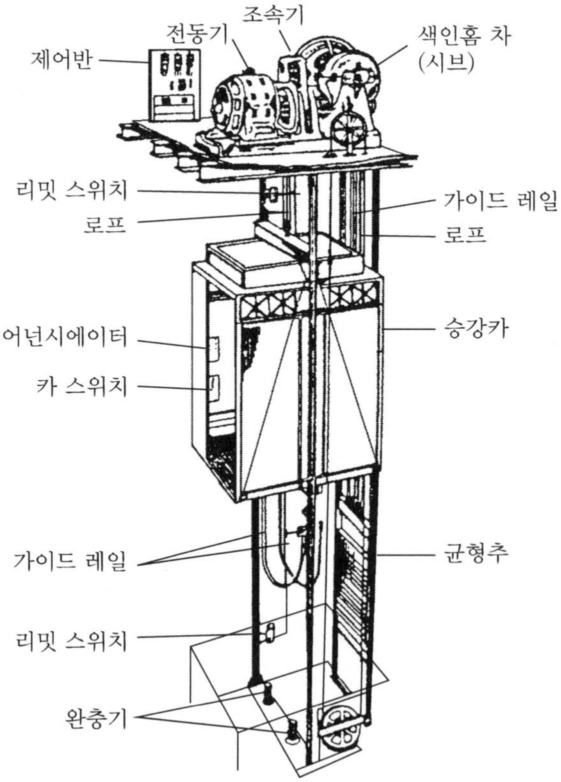

그림 9-24 엘리베이터 기구 투시도

1.5배 정도 무거운 평형추가 연결되어 있다. 평형추는 카(car)의 반대편에 위치하고 있어 전동기의 부하를 줄여주는 역할을 한다. 평형추의 무게는 대체로 최대 정원의 40~50% 정도, 와이어로프의 장력은 최대 정원 무게의 약 2배 이상으로 설계된다.

① 제어반

주로 승강로 상부 기계실에 위치하고 엘리베이터의 움직임을 제어해주는 주제어장치이다.

② 권상기

권상기는 전동기축의 회전력을 시브(권상기의 출력축에 있는 도르래)에 전달하는 장치이다. 종류로는 전동기축의 회전을 감속기어에 의해 감속하여 시브를 회전시키는 기어드형과 전동기축에 시브를 직접 연결한 기어리스형이 있다.

③ 가이드 레일

카(car)와 균형추를 승강로 평면 내에서 일정궤도상에 위치를 규제하고 비상정지장치가 작동할 때 수직으로 가해지는 하중을 지탱해준다.

④ 조속기

엘리베이터 카(car)가 정격속도 이상으로 과속되었을 때 미리 설정된 속도에서 동작하여 카(car)를 안전하게 정지시킨다.

⑤ 카(car)

운반의 안전성확보를 위해 형강제의 카(car)의 아래틀 위에 평행하게 놓인 카마루 위에 조립된 카실과 카문, 비상구로 구성되어 있고 카실은 보통 1.6 mm의 두께의 강철판을 이용하여 만든다.

⑥ 메인 로프

시브 및 도르래에 고정되어 있으며 양 끝에는 카(car)와 균형추가 연결되어 있고 시브의 움직임을 전달받아 카(car)를 상승, 하강시킨다.

⑦ 비상정지장치

카(car)의 하부에 위치하여 카(car)가 비정상적으로 하강할 시 카(car)를 정지시킨다.

⑧ 카(car) 및 균형추 완충기

카(car)나 균형추가 최하층을 통과하여 바닥보다 낮은 곳에 도달했을 때 카(car)나 균형추의 충격을 완화시켜 주는 장치로서 카(car)가 승강로의 최상층을 초과하여 진행하는 것에 대비하여 균형추의 바로 아래에 설치한다.

⑨ 주로프

케이지와 카운터웨이트를 매다는 로프식 엘리베이터에서는 도르래의 회전을 전달하는 로프를 말하며 유압 엘리베이터에는 플랜지의 신축을 케이지 또는 카운터웨이트에 전달하는 로프를 말한다.

⑩ 균형추

엘리베이터 카의 자중에 적재용량의 약 40%, 50%를 더한 중량을 보상시키기 위하여 엘리베이터 카(car)와 연결된 권상로프의 반대편의 연결된 중량물이다.

(4) 곤돌라

곤돌라는 크게 전동식 곤돌라와 수동식 곤돌라 나눌 수가 있고 이중 흔히 주변에서 많이 볼 수 있는 곤돌라는 전동식 곤돌라이다. 전동식 곤돌라는 작업대 승강장치 및 그 밖에 부속물로 구성되고 로프 또는 강선에 매단 발판이나 작업대가 전용의 승강 장치에 의해 상승 또는 하강하는 설비를 말한다. 전동식 곤돌라는 상설식 곤돌라, 가설식 곤돌라로 구분되며 승강장치(와인더/모터), 와이어로프, 체인 또는 강선(하강용 로프), 방호장치, 작업대, 제어반 등으로 구성되어 있다.

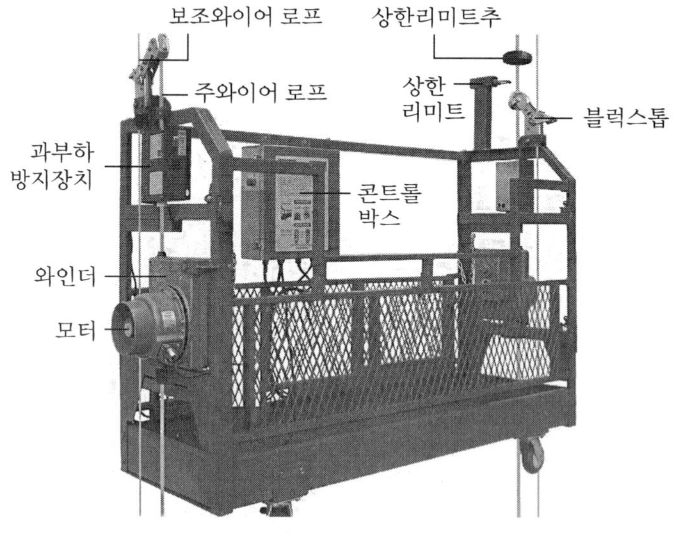

그림 9-25 곤돌라

3.2 차량계 하역운반기계

(1) 지게차

지게차는 포크, 램 등의 짐을 적재하는 장치와 이것을 승강시키는 마스트로 이루어져 있다.

① 포크
하물을 들어올리는 2개의 암으로 이루어진 기구이다.

② 헤드가드
운전자를 보호하는 금속 테두리. 낙하물을 막아 주는 덮개 역할을 한다.

③ 카운터 웨이트
균형추의 중량으로 무게중심을 잡는 역할을 한다.

④ 틸트 실린더
마스트를 앞뒤로 움직이는 작용을 한다.

⑤ 리프트 실린더
마스트를 따라 포크를 상승·하강시키는 작용을 한다.

⑥ 리프트 체인
마스트를 따라 포크를 상승·하강시키는 체인이다.

그림 9-26 지게차의 구조

⑦ 유압장치

캐리지를 작동시키기 위해 압축된 액체를 이용하는 장치이다.

(2) 지게차 안전장치

① 주행연동 안전벨트

지게차 전·후진 레버의 접점과 안전벨트를 연결하여 안전벨트 착용 시에만 전·후진 할 수 있도록 인터록 시스템을 구축한 것이다.

② 후방접근 경보장치

지게차 후진 시 지게차 후면에 근로자의 통행 또는 물체와의 충돌로 빈번히 발생되는 재해를 방지하기 위해 후방접근 상태를 감지할 수 있는 접근 경보장치를 설치해야 한다.

③ 후사경

지게차를 사용한 작업 시 운전자가 후방의 근로자 또는 물체와의 충돌 및 협착을 방지하기 위한 안전장치이다.

④ 룸미러

지게차를 사용한 작업 시 후방의 사각지역에서 근로자 또는 물체와의 충돌 및 협착을 방지하기 위한 안전장치이다.

⑤ 백 레스트

지게차 작업 시 포크리프트 마스트의 후반으로 적재물의 낙하를 방지하기 위한 안전장치이다.

⑥ 헤드가드

화물의 낙하, 비례에 대해 지게차 운전자를 보호하기 위한 안전장치이다.

(3) 작동원리

포크에 화물을 실을 때 화물에 의해 차체를 앞으로 넘어지게 하려는 힘을 전도모멘트라고 하고 차체의 하중에 의해 차체를 안정시키려는 힘을 복원모멘트라고 한다. 전도모멘트에 대한 복원모멘트의 비율이 높을수록 그 지게차는 전후 안정성이 양호한 차이며 이 비율을 안전도라 한다. 안전도를 크게 하려면 전도모멘트에 비해 복원모멘트가 상대적으로 커야 되므로 차체의 무게를 무겁게 하거나 차체를 길게 하면 되나 실제로는 사용상 문제가 발생하므로 특정한 값으로 설계한다. 지게차의 용량은 통상 화물의 무게중심을 500 mm로 했을 때의 용량이며 만일 화물이 커서 무게중심이 지게차로부터 멀어질 경우는 전도모멘트가 커져서 사용하중은 감소된다. 지게차는 동력원으로부터 동력을 제공받아 유압시스템을 작동시키고 유압시스템은 유압을 발생시킨다. 지게차는 유압 또는 엔진, 모터에 의해 주행하거나, 유압에 의해 포크를 승강시킨다.

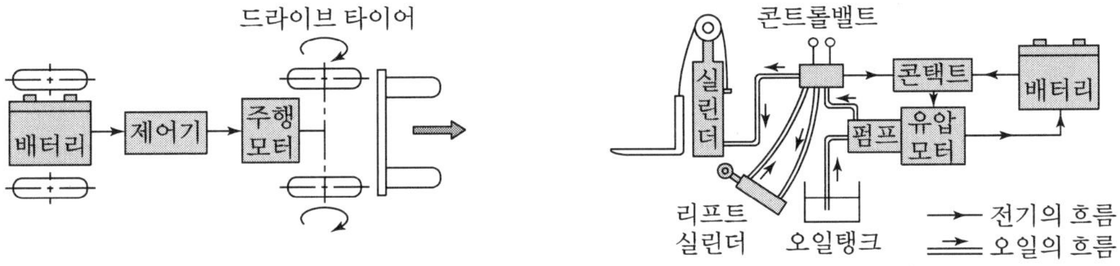

그림 9-27 지게차의 작동원리

3.3 컨베이어

(1) 벨트 컨베이어롤러

컨베이어 벨트 또는 벨트와 벨트를 지지하는 롤러는 벨트 컨베이어에 있어서 벨트에 이어 중요한 구성부품이다. 이 롤러는 벨트를 항상 올바르게 지지하고 운반물의 동하중을 지지하는 역할을 하며 기본적인 성능은 물론 보수가 용이할 것, 수명이 길 것, 하물 흘림

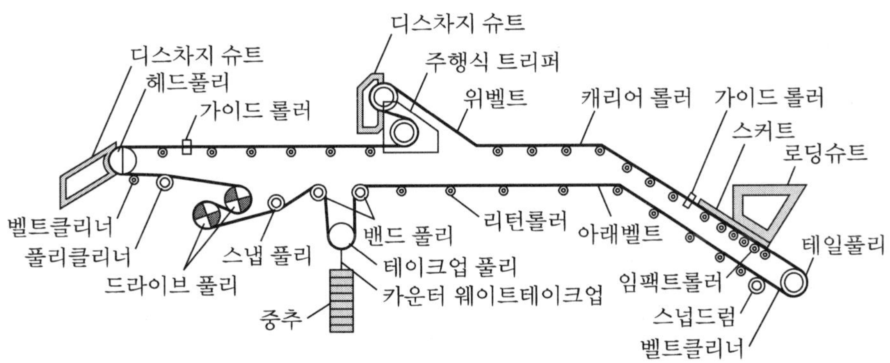

그림 9-28 컨베이어 구조

이 없을 것, 소음이나 진동 등의 공해를 일으키지 않을 것, 가격이 적정할 것 등의 조건을 구비할 필요가 있다. 벨트컨베이어롤러의 종류에는 하물을 운반하는 쪽의 벨트를 지지하는 캐리어롤러, 귀환 쪽의 벨트를 지지하는 리턴롤러, 벨트를 트로프 상태로 지지하는 트로프롤러, 트로프각을 바꿀 수 있는 트랜지션 롤러, 벨트를 평평하게 지지하는 플랫롤러, 하물의 충격을 완화시키는 임팩트롤러, 벨트의 편기를 조정하는 조심롤러, 벨트의 편기나 하물의 방향을 규제하는 가이드롤러, 수개의 롤러를 링크로 연결하여 벨트를 트로프 상태로 지지하는 서스펜션 트로프롤러 등이 있다.

(2) 벨트풀리와 구동장치

벨트풀리에는 컨베이어벨트를 구동하는 드라이브풀리(Drive Pulley), 컨베이어의 머리부에 있는 헤드풀리(Head Pulley), 컨베이어의 꼬리부에 있는 테일풀리(Tail Pulley), 벨트에 장력을 주기 위한 테이크업풀리(Take-up Pulley), 벨트의 감김각을 증대시키기 위한 스넙풀리(Snub Pulley), 벨트의 진행방향을 바꾸기 위한 벤드풀리(Bend Pulley) 등 용도에 따른 분류가 있다. 구동장치는 드라이브 풀리에서 벨트에의 동력전달을 위한 장치로서 독립되어 있다. 구동방법은 드라이브 풀리의 지름, 드라이브 풀리에 늘여진 벨트의 활꼴 접촉면의 크기, 벨트와 드라이브 풀리 간의 마찰계수, 귀환벨트 장력의 크기가 큰 영향을 주며 벨트를 적절히 늘이기 위해서는 특히 시동 시 올바른 벨트장력을 얻을 수 있도록 배려하지 않으면 안 된다.

① 드라이브 풀리(Drive Pulley)
벨트를 구동시키는 역할을 하는 모터에 연결되어 있는 풀리

② 테이크 업 풀리(Take-up Pulley)
벨트에 장력을 주고 신율을 잡기 위한 긴장 장치

③ 헤드 풀리(Head Pulley)
운반물 방출부분에 있는 풀리

④ 테일 풀리(Tail Pulley)
운반물 적재 부분에 있는 풀리

⑤ 스넙 풀리(Snub Pulley)
벨트의 드라이브 풀리 감긴 각도를 증가시켜 동력 전달효율을 극대화

⑥ 밴드 풀리(Bend Pulley)
벨트의 진행 방향을 변환

(3) 테이크업 장치(긴장장치)

벨트의 시동 및 운전 상태에 있어서 필요한 벨트와 드라이브풀리 간의 마찰을 만들어 주기 위해서는 벨트의 장력이 필요하고 또 벨트의 영구신연에 의한 헐거움을 잡기 위해서도 벨트의 긴장장치가 필요하다. 테이크업 장치는 벨트구동의 구조와 벨트의 종류에 따라 선택되며 벨트의 테이크업 방식을 정리해보면 다음의 3종류로 분류할 수 있다.

① 나사에 의한 것은 스크루 테이크업(Screw Take-up) 또는 나사식 테이크업
② 중추에 의한 것은 카운터 웨이트 테이크업(Counter Weighted Take-up or Gravity Take-up) 또는 중추식 테이크업
③ 동력에 의한 것은 파워테이크업(Power Take-up)

(4) 역전방지장치

경사컨베이어에 있어서 운반물이 실린 채로 정지되었을 경우, 오르막 경사컨베이어벨트는 역전하고 내리막 경사 컨베이어는 질주하여 사고를 일으키거나 벨트를 손상시키는 일이 생기므로 컨베이어의 역전을 방지하는 역전방지장치를 설치할 필요가 있다. 컨베이어에 사용되는 역전방지장치에는 래칫휠식, 래칫휠과 롤러의 쐐기작용에 의하는 프리휠식과 같이 헤드풀리에 직접 접속하여 작동시키는 것과 전자식 브레이크, 유압조작식 브레이크, 와전류 브레이크, 압기식 브레이크와 같이 컨베이어를 구동하는 전동기에 접속하여 작동시키는 것이 있으며 특히 경사컨베이어의 경우에는 헤드풀리에 전자를, 전동기에 후자를 설치하는 경우가 많다.

1) 래칫휠식

래칫휠식은 헤드풀리의 축에 래칫휠을 키 고정하고 축대에 장착된 래칫이 정상 운전 중에는 휠에 래칫이 걸리지 않고 그 위를 미끄러져가나 컨베이어가 정지하여 풀리가 역전하면 래칫이 휠에 맞물려 역전을 방지한다.

2) **프리휠식**

① 롤러식

롤러식 또는 롤클러치식이라 부르며 헤드풀리축에 키고정된 래칫휠과 암이 달린 외륜 사이에 놓인 롤러의 쐐기작용으로 역전을 방지하는 기구이다.

② 캠클러치식

정상 운전 시는 쐐기작용이 전혀 없으므로 공전하나 역전일 경우에는 내외륜 사이에서 모든 캠이 쐐기의 작용을 하여 역전을 방지하는 방식이다.

(5) 컨베이어 작동원리

① 각 구동장치의 브레이크를 풀어준다.

② 동시에 MT를 기동시켜 테이크업을 동작하여 로프를 감는다.

③ 기동시의 규정장력(정상 운전 시의 약 1.5배)이 확립된 것을 장력검출기에 의하여 검출하고 릴레이를 거쳐 제2구동용 전동기를 구동시킨다.

④ 테일 구동용 전동기를 구동시킨다.

3.4 기계식주차장

기계식주차장치는 표 9-2와 같이 일반적으로 운반기, 신호장치, 감지장치(운반기 정위치 감지센서 등), 조작반(Operation Panel Board), 구동장치(Motor, Reducer, Brake) 등으로 구성되어 있다. 기계식주차장은 출입구의 위치에 따라 하부, 중간, 상부승입식으로 분류되며 일반적으로 다음과 같은 순서의 원리로 작동한다.

① 자동차를 운반기에 주차

② 조작반을 통해 입고 정보 입력

③ 센서 등을 통해 안전상태 확인

④ 제어반에서 구동 장치로 동작 신호 전달

⑤ 구동장치로 입고 위치에 차량이 이동

기계식주차장은 표 9-4에서 나타낸 바와 같이 현재 국내 법규 중 「주차장법」에서 설치,

검사, 안전 및 관리 기준 등을 규정하고 있다.

▌표 9-2　기계식주차장의 구조

구분	용 도
	• 운반기 - 자동차를 운반하는 역할을 하는 부분 - 팔레트, 트레이, 대차 등의 용어로도 사용
	• 신호장치 - 주차구획으로 진입가능 여부 또는 기계식주차장치의 동작상태를 알려주는 장치 - 신호등 또는 문자 안내 등의 방식
	• 감지장치 - 사람이나 자동차의 폭, 길이, 높이 또는 운반기 위치 등을 감지하여 제어장치로 신호를 보내는 장치
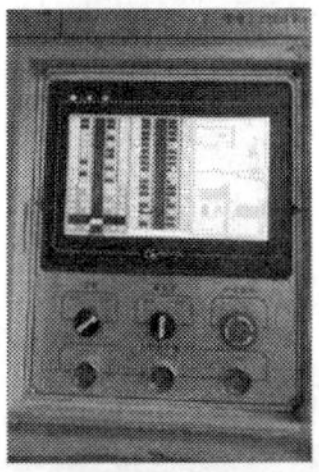	• 조작반(터치형) - 기계식주차장치를 조작하는 장치 - 일반 버튼방식, 터치 스크린방식, 마이컴방식 등
	• 구동장치(승강기식) - 기계식주차장치를 기계적으로 움직이는 장치 - 전동기(Motor), 감속기(Reducer), 제동기(Brake) 등으로 구성
	• 제어반 - 기계식주차장치를 전기적으로 제어하는 장치
	• 방향전환장치 - 주차장 출입구 전면에 충분한 공간이 없어도 차량의 입·출고가 원활하게 이루어질 수 있도록 설치하는 장치 - 360° 회전하며 방향을 전환시키는 것이 특징

▌표 9-3 출입구 위치에 따른 분류

하부승입식	중간승입식	상부승입식
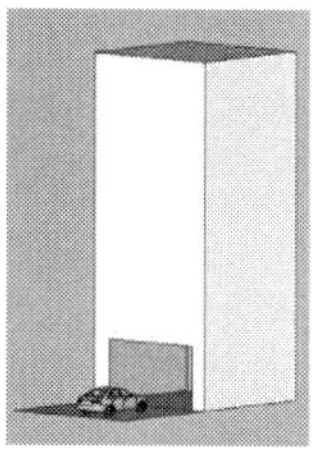	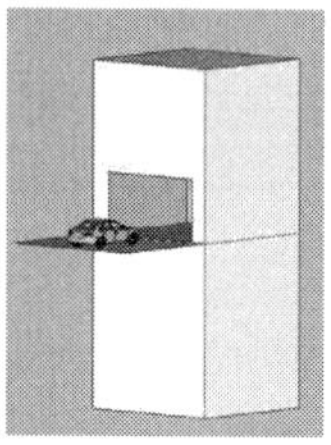	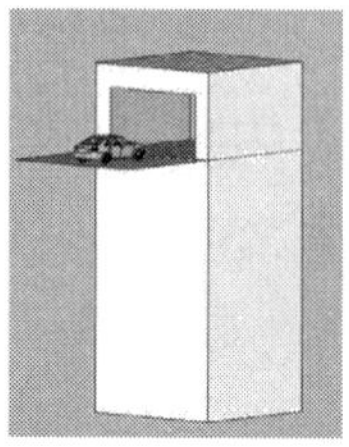

※ 기계적주차장의 검사대상은 다음과 같다.

1) 설치된 후 10년 지난 경우
2) 중대한 사고가 발생한 경우
3) 사용·정기검사결과 결함원인이 불명확한 경우
   - (중대한 사고) 사망자가 발생한 사고, 1주 이상의 입원치료 또는 3주 이상의 치료가 필요한 상해사고, 자동차 전복 또는 추락사고
   - 검사주기는 4년(단, 정밀안전검사가 시행된 연도에 정기검사는 면제)이다.

▌표 9-4 주요 검사 항목

승하강 장치 검사	베어링 결함 검사	체어링 검사
		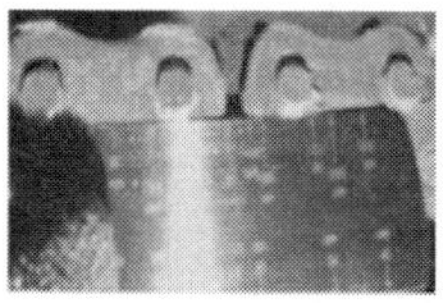
초음파탐색기를 이용하여 구동축 내부 크랙 및 용접부 결함 등 확인	진동측정기를 이용하여 베어링의 결함확인	버니어캘리퍼스를 이용하여 전동·구동 체인 마모확인
와이어로프 검사	**안전장치 검사**	**조도검사**

와이어로프 하중측정기를 이용한 안전도 검증. 와이어로프의 직경감소율 측정으로 마모확인	각종 안전장치에 대하여 PLC 프로그램을 분석하여 오류, 결함 등 검출	조도계를 이용하여 주차 장치, 출입구 및 주차구획의 조도를 측정

4 설비관련 사고사례

1) 리프트 협착 사고

① 사고 개요

피해자가 거래처에서 주문한 계란 30판(중량 60 kg 정도)을 건물 외벽에 설치된 일반작업용 리프트(정격하중 1톤)를 사용하여 운반구 내에 싣고 4층 식당으로 운반하기 위해 4층에 정지시킨 후 창문을 통해 운반구의 계란을 내리던 중 갑자기 운반구가 하강되어 운반구 상부틀과 창문 하부틀 사이에 어깨 및 목 부위가 협착 사망하였다.

[재해발생 현장(4층 식당 창문)]

[재해발생 당시 작업자 위치(추정)]

[일반작업용 리프트 조작스위치]

[1층에 추락한 리프트의 운반구]

그림 9-29 리프트 협착사고

② 사고발생원인

작업용 리프트 1층, 4~5층에 출입문 및 인터록장치가 미설치되어 오작동에 의해 운반구가 갑자기 하강된 것과 권상용 호이스트 내부 브레이크가 장기간 사용에 의해 마찰력이 떨어졌던 것이 원인이었다. 또한 조작스위치의 접점불량으로 오작동이 발생하였고 물건을 내리는 작업을 할 때 비상정지스위치를 누르지 않고 전원을 차단하지 않은 상태에서 작업을 한 것이 문제였다.

③ 사고예방대책

리프트의 1층, 4~5층에 출입문 및 인터록장치를 설치하여 출입문을 개방한 상태에서 불시작동을 방지하고 권상용 호이스트 내부 브레이크를 정기적으로 수리 및 관리하여 정상적인 기능을 유지할 수 있도록 하여야 한다. 또한 전원 조작스위치를 수시 점검하여 접점불량 등을 사전에 예방 실시하고 운반구가 지정된 층에 정지했을 때 비상정지스위치를 눌러 전원을 차단시킨 후 하역작업을 실시하여 불시작동을 방지하여야 한다.

2) 컨베이어 벨트 협착사고

① 사고개요

골판지 원단 제조설비에서 접착이 완료된 골판지를 이송하는 컨베이어 하부에 설치된 롤(canvas tension을 잡아주는 역할)에 걸려있던 종잇조각(scrap)을 기계가 가동 중인 상태에서 재해자가 하부로 들어가 제거하던 중 컨베이어 벨트와 롤에 신체가 말려들어가면서 협착되어 사망하였다.

② 사고원인

사고 당시 컨베이어의 전원이 차단되어 있지 않았고 이 컨베이어를 멈추기 위한 비상정지스위치가 설치되어 있지 않았다. 또한 컨베이어 하부에 출입을 금지하는 조치가 실시되지 않았다.

③ 사고예방대책

컨베이어 하부에 임의로 근로자가 출입하지 못하도록 방호울을 설치하고 방호울에는 연동장치(interlock system)를 설치하여 open 시 전원이 차단되도록 하여야 한다. 또한 비상정지스위치를 설치하고 정비 또는 보수작업 시 컨베이어의 전원을 차단한 후에 작업을 실시해야 한다.

[재해발생 설비]

[재해발생 현장]

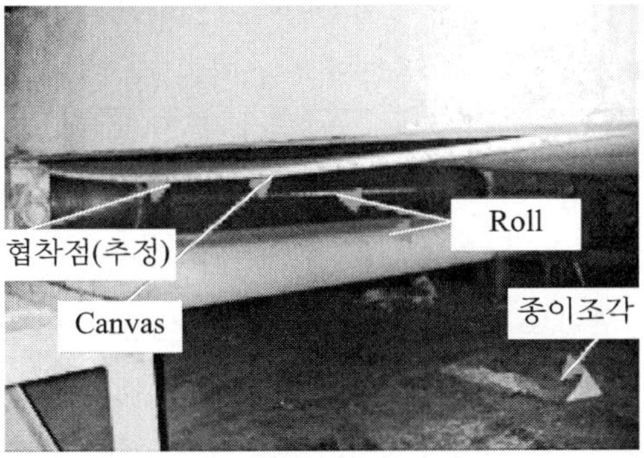

[피재자가 협착된 상부 롤과 캔버스]

[컨베이어 측면에 놓인 작업발판]

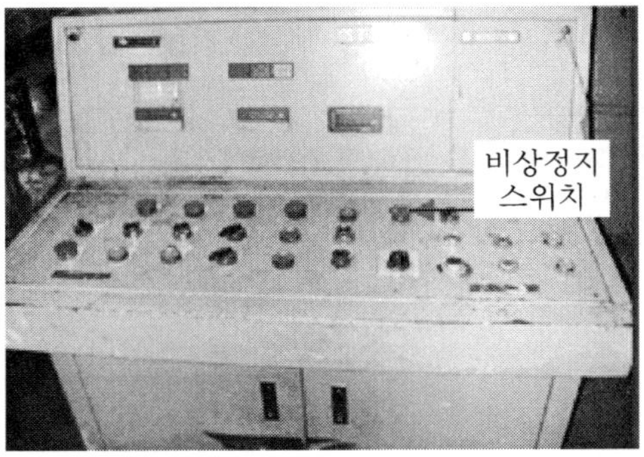

[골판지 원단 제조설비의 컨트롤 패널]

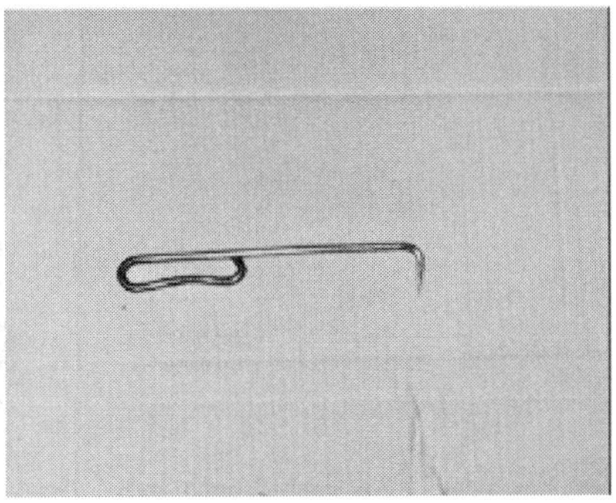

[종지조각 제거용 수공구]

그림 9-30 컨베이어 벨트 협착사고

3) 기계식주차장 추락사고

① 사고개요

기계식주차장 관리자 오 모 씨(55세)가 고객의 차량을 출고하였으나 자동출고가 되지 않아 수동조작으로 기계장치를 조작하던 중 리프트와 함께 추락하여 사망하였다.

② 사고발생원인

기계장치 이상발생 시 주차장치 조작금지 고지의무 위반(관리자 및 보수업체 과실)

③ 사고예방대책

고장이 발생하기 전, 매 주기마다 정기안전검사를 필하여야 하고 관리자는 조작방법 및 안전수칙 등을 반드시 숙지하여야 하며 위험경고 스티커 등 쉽게 알아볼 수 있도록 위험구역 표시를 해야 한다.

④ 안전 현안

기계식주차장이 도입된 1990년대부터 서울, 부산, 경기도 등의 지역을 중심으로 1,495대가 설치되기 시작하였으며 현재는 전국 47,475대로 끊임없이 증설되고 있다. 오늘날 전국에 설치되어 있는 기계식주차장의 약 80%는 설치된 지 10년이 넘게 지난 노후 상태로 내부 설비의 마모, 변형 및 피로도와 전기장치 오류 등의 요인으로 인한 사고가 끊임없이 발생하고 있다. 안전과 복지의 중요성이 커지면서 빈번히 발생하고 있는 기계식주차장의 사고에 대한 사고 원인 규명 및 예방시스템 연구에 관심과 중요성이 고조되고 있다. 그러나 물적 및 인적 피해가 대형화되는 다양한 종류의 사고가 여전히 빈번하게 발생하고 있는 추세이며 이로 인한 국민들의 불안은 점점 커지고 있다.

1. 다음 중 운반설비 중 동력 운반 기계가 아닌 것을 고르시오.

① 천정 크레인 ② 리프트
③ 이동식 크레인 ④ 지게차

2. 타워 크레인의 장치 중에 탑 위에서 축을 중심으로 회전하는 금속 격자 호이스트를 들어 올리고 길이를 늘이는 장치의 명칭으로 올바른 것은?

① 트롤리 ② 크랭크
③ 호이스팅 로프 ④ 지브

3. 다음 보기 중에 지게차 각부의 용도로 바르지 않은 것은?

① 유압장치 : 캐리지를 작동시키기 위해 압축된 액체를 이용하는 장치이다.
② 백 레스트 : 운전자를 보호하는 금속 테두리. 낙하물을 막아 주는 덮개 역할을 한다.
③ 리프트 체인 : 마스터를 따라 포크를 상승·하강시키는 체인이다
④ 포크 : 하물을 들어올리는 2개의 암으로 이루어진 기구이다.

4. 다음 보기 중에 동력운반기계의 아웃트리거에 대한 설명으로 옳지 않은 것은?

① 레그의 실린더는 복동식이다.
② 붐 시스템을 지지해주는 역할을 한다.
③ 펴서 내리지 않고 작업할 시 전복위험이 있다.
④ 호스가 터질 경우 다리가 내려오는 것을 막아준다.

5. 다음 보기 중에 컨베이어 벨트의 구조가 아닌 것은?

① 항장체 ② 판자
③ 접착고무 ④ 보강포

6. 컨베이어의 장치 중 운반물이 실린 채로 정지되었을 경우, 오르막경사컨베이어벨트는 역전하고 내리막 경사 컨베이어는 질주하여 사고를 일으키거나 벨트를 손상시키는 문제가 발생 시 컨베이어의 역전을 방지하는 장치의 명칭은?

문제정답

1. ④
2. ④
3. ②
4. ②
5. ②
6. 역전방지장치

Part 10

원자력발전설비

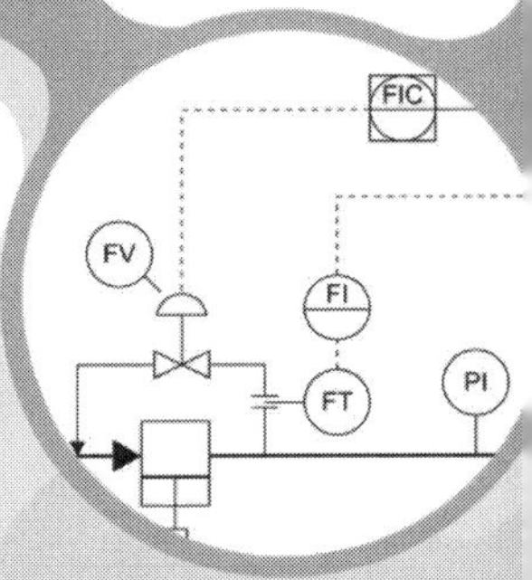

1 설비 개요

원자력발전이란 핵분열을 이용하여 막대한 열을 발생시키고 그 열을 이용하여 터빈을 구동하여 발전하는 방식으로, 원자력발전설비는 이러한 방사능을 방출하는 위험에너지를 이용하여 전기를 생산하는 설비이다. 원자력발전의 원리는 물을 끓여서 증기를 만들고 이 증기로서 터빈을 돌려 발전을 한다는 점에서는 일반 화력발전방식과 크게 다르지 않다. 화력발전에서는 물을 끓이기 위한 에너지원으로 석탄을 이용하지만 원자력발전에서는 원자로 내에서의 핵분열 반응에 의존한다는 점에서 차이가 난다. 화력발전은 석탄을 미세한 분말로 만들고 이를 보일러에서 연소시키지만, 원자력발전은 우라늄 원자에 중성자를 충돌시켜 핵분열이 일어나게 하는데 이때 핵이 분열하면서 막대한 열이 발생한다. 핵 연료봉에 저장된 핵연료의 분열이 일어나면서 연료봉은 뜨거워지고 이 주위로 물을 흐르게 하여 뜨거운 증기를 만들어내며 이 증기가 터빈을 구동하여 발전기를 돌아가게 하는 원리이다.

그림 10-1 원자력발전소

원자력발전은 원자로의 특성에 따라 여러 가지 형태로 분류할 수 있는데 핵분열반응에 의한 핵분열로와 핵융합반응에 의한 핵융합로로 크게 대별할 수 있다. 일반적으로 상용화되고 통념화된 원자력발전 방식은 핵분열로를 가리키고 핵융합로는 꿈의 원자로라고 불릴 만큼 아직은 기초 연구개발 단계이다. 핵분열로는 핵분열반응에 사용되는 중성자의 에너지에 따라 고속증식로 또는 열중성자로로 나눌 수 있다. 열중성자로 중 중성자의 에너지 감속을 위한 감속재 종류에 따라 경수로·중수로·흑연로로 나눌 수 있으며 핵분열반응 결과 방출되는 에너지를 냉각시키기 위한 냉각재의 비등 여부에 따라 가압형원자로 혹은 비등형원자로 등으로 나눌 수 있다.

원자력발전방식은 다른 발전방식에 비해 초기 건설비용이 높은 편이나 연료비가 월등히 싸기 때문에 발전소의 긴 수명기간을 통해 볼 때 발전비용이 가장 적게 든다. 발전원별 경제성 평가의 한 방법으로 발전원가를 비교하는데, 발전원가는 건설비를 포함한 고정비, 연료비 및 운전유지비를 고려하여 계산한다. 원자력 발전원가에는 수명 후 발전소 처리비용, 사용 후 연료처리비용 및 방사성폐기물 처분비용 등도 함께 고려하고 있다.

향후 고속증식로와 핵융합로의 기술이 발전하여 실용화되면 우라늄자원을 재활용 할 수 있기 때문에 우라늄 고갈문제도 염려할 필요가 없다. 또한 원자력발전은 화석연료를 태울 때 나오는 이산화탄소·아황산가스·질소산화물 등 유해물질이 방출되지 않기 때문에 온실효과나 산성비로 인한 생태계 위협 요인들을 제거할 수 있어서 지구환경보존 측면에서도 효과적이며 기술의 특성상 최첨단 기술이 종합되어야 하는 기술집약형 발전방식이므로 과학 및 관련산업의 발달을 크게 촉진시킬 수 있는 장점이 있다.

그러나 이러한 원자력발전의 장점에도 불구하고 발전과정에서 필연적으로 발생되는 방사선 및 방사성 폐기물은 지구환경과 인체에 매우 치명적인 독성을 가지고 있다. 원자력발전소에서 발생하는 안전사고는 지구적인 재앙을 불러올 수 있다. 구 소련의 체르노빌 발전소의 사고와 미국 스리마일 섬 발전소, 일본 후쿠시마 발전소의 사고는 원자력발전의 위험성을 잘 보여주는 예라고 하겠다. 따라서 핵발전소의 안전관리를 위한 기술개발이 지속되어야 하며 또한 발전 이후 핵폐기물을 안전하게 관리하고 처리·처분해야 하기 때문에 필수 안전장치 설치에 따르는 추가비용이 발생하며 독성이 강하고 수명이 긴 고준위방사성폐기물(사용 후 핵연료)을 장기간 안전하게 관리해야 하는 점 등을 단점으로 들 수 있다.

2 설비별 장치 구성

원자력발전설비의 구조는 화력발전설비와 비슷하지만 열을 발생시키는 에너지원으로 우라늄을 사용하기 때문에 보일러 대신 원자로가 위치하게 된다.

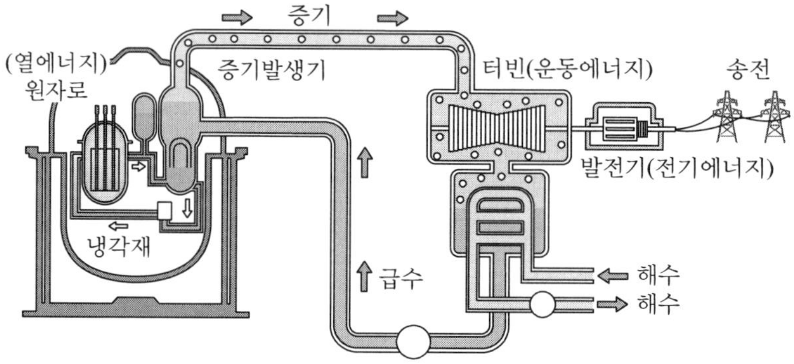

그림 10-2 원자력발전소 장치구성

(1) 핵반응로(원자로)

원자력발전설비에만 쓰이는 장치로 우라늄의 연쇄핵분열반응의 결과 순간적으로 방출되는 다량의 질량결손 에너지가 방출되도록 연쇄반응을 제어하고 핵분열에서 발생하는 열에너지를 동력으로 사용하도록 하는 장치이다.

그림 10-3 원자로

▌표 10-1　원자로의 구분

원자로 구분	핵연료	냉각재	감속재	개발국가	비고
가압경수로	저농축우라늄(3∼5%)	경수	경수	미국	고리, 영광, 울진원전
비등경수로	저농축우라늄(1∼3%)	경수	경수	미국	후쿠시마 제 1원전
가압중수로	천연우라늄(0.7%)	중수	중수	캐나다	월성 원전
흑연감속 비등경수로	저농축우라늄(2%)	경수	흑연	구 소련	체르노빌 원전
가스냉각로	천연우라늄(0.7%)	기체	흑연	영국	

종류로는 가압경수로, 비등경수로, 가압중수로, 흑연감속 비등경수로, 가스냉각로의 5개가 있으며 여기서 경수는 일반적인 물을, 중수는 중수소와 산소가 결합된 물을 말한다.

1) 가압경수로

우리나라의 주력 원자로로서 약 320°C에서 비등이 일어나지 않도록 160기압의 고압으로 유지된다. 세계 원전의 60%를 차지하며 냉각재와 감속재로 일반 물인 경수(H_2O)를 사용하고 연료로는 핵분열이 가능한 우라늄 235가 3∼5% 들어있는 저농축우라늄을 사용한다.

2) 비등경수로

전체 원전의 22% 정도를 차지하고 있는 원자로 형태로 가압경수로와 같은 경수를 냉각제와 감속재로 사용한다. 저농축우라늄을 사용한다는 점에서 가압경수로와 비슷하다고 볼 수 있다. 다만 가압경수로와는 달리 증기발생기가 없기 때문에 노심에서 직접 증기를 생산하여 가압경수로보다 압력이 낮고 원자로계통과 터빈계통이 완전히 분리되지 않아 방사선 차폐가 어렵다.

3) 가압중수로

캐나다에서 개발한 캔두(CANDU)라고 불리는 가압중수로형 원자로는 냉각재와 감속재로 중수를 사용하며 연료로는 천연우라늄을 사용하는 것이 가장 큰 특징이다. 경수가 아닌 중수를 사용하는 이유는 연료로 천연우라늄을 사용하기 때문인데 천연우라늄의 핵분열 확률을 높여주기 위해 중성자의 속도를 더 잘 감속시켜 주는 중수를 감속재로 사용한다.

4) 흑연감속 비등경수로

(구)소련에서 개발한 원자로 방식으로 경수를 냉각재로 흑연을 감속제로 사용하며 연료로는 천연우라늄을 사용할 수 있으나 일반적으로 저농축우라늄을 사용한다.

5) 가스냉각로

1956년 영국에 설치된 원자로로 가스형태의 이산화탄소로 원자로 안에 있는 열을 뽑아내 그 열을 이용해 수증기를 만든다.

(2) 제어봉

제어봉은 원자로의 핵분열 반응 속도를 조절할 때 사용하는 것으로 원자로의 노심에 넣거나 빼면서 핵연료의 반응속도를 조절한다. 연쇄핵분열의 매개체인 중성자를 잘 흡수하는 카드뮴(Cd), 인듐(In), 은(Ag), 붕소(B) 등의 물질을 주로 사용한다.

(3) 증기발생기

원자로 격납 건물 외부에서 공급된 2차계통의 냉각수(또는 급수)가 1차 계통의 열에너지에 의해 증기로 변하며 터빈을 돌려 최종적으로는 전기에너지를 생산한다.

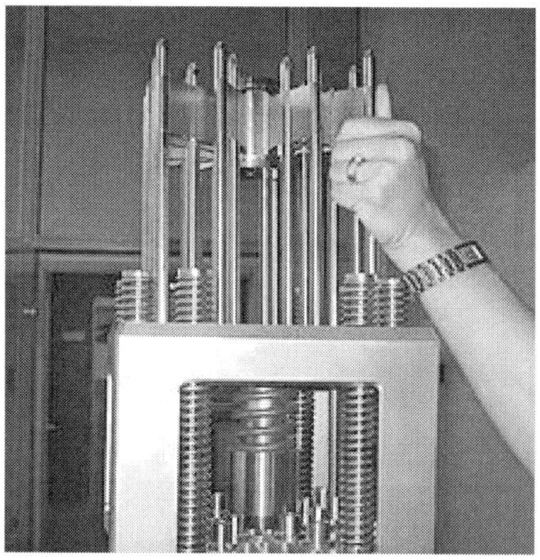

그림 10-4 제어봉

그림 10-5 증기발생기

(4) 가압기

핵분열을 지속하는 원자로 속의 온도가 더 올라가지 않도록 고압상태를 유지해준다. 냉각재의 완충탱크 역할을 하며 운전 중에는 원자로 냉각재의 팽창 및 응축공간을 제공하고 압력을 유지하여 이상상태 시 압력 변동을 억제한다.

(5) 복수기

터빈이나 실린더 내에서 일이 끝난 수증기를 다시 액화시킨다.

(6) 터빈

보통 회전체의 원주에 여러 개의 깃(blade) 또는 날개를 심고 거기에 증기 또는 가스를 내뿜어 고속 회전시키는 터보형의 기계를 터빈이라고 한다. 터빈은 보일러에서 넘어온 과열증기를 이용해 터빈의 날개를 기계적 에너지로 회전시켜서 발전기를 통해 전기적 에너지를 얻게 하는 장치다.

(7) 발전기

도체와 자속(자석에서 나옴)이 상대 운동을 하여 도체가 자속을 끊으면 도체에서 플레밍 오른손 법칙에 따르는 방향으로 기전력과 회전계자형으로 분류한다. 대형 발전기는 회전계자형으로 되어 있다.

그림 10-6 복수기

그림 10-7 터빈

그림 10-8 발전기

3 장치별 구조 및 원리

장치의 구조가 화력발전설비와 유사하기에 공통적으로 앞 장에서 설명한 발전기, 터빈 발전기와 터빈관련 내용은 생략하고 주요 원자력 발전 장치에 관해 기술한다.

3.1 원자로

핵분열 반응을 통해 얻은 에너지를 통해 증기발생기에서 물을 끓여서 증기를 발생시키고 가압기로 압축하여 펌프를 통해 터빈으로 증기를 보낸다.

(1) 가압수형 원자로

가압수형 원자로는 압력용기 안의 핵연료의 연쇄반응이 내는 열로 동작한다. 연쇄반응에서 발생한 열은 연료 집합체와 열 교환기 사이로 순환하는 제1차 계통에 전달된다. 1차 계통의 뜨거워진 물은 증기 발생기로 불리는 열 교환기에서 2차 계통에 열을 전달하고 그 결과로 생성된 증기가 터빈발전기를 돌린다. 핵 잠수함에서는 전기가 추진을 위한 모터에 전력을 공급하게 되는데 비해 핵발전소에서는 발생한 전기를 전력선에 송전하게 된다. 터빈을 통과한 2차 계통은 응축기에서 온도가 낮춰지게 되고 증기 발생기로 다시 들어가게 된다. 2차 계통의 폐열은 터빈 배출구로 나오게 되고 이 폐열을 활용하여 다른 일(온실, 양어장 등)을 할 수 있다.

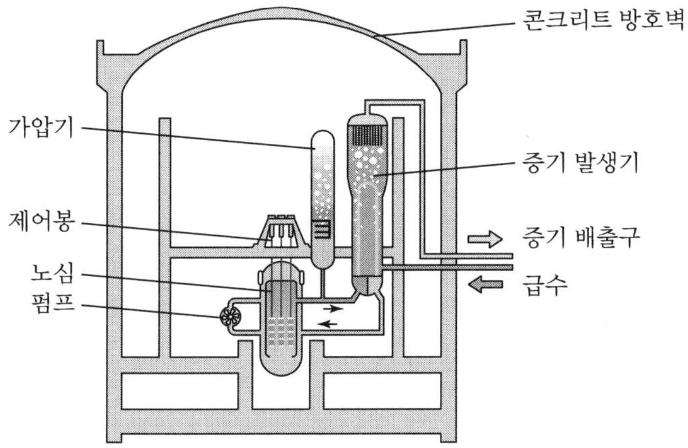

그림 10-9 가압수형 원자로

(2) 비등수형 원자로

1950년대 말에 미국에서 개발한 방식으로 가열된 냉각수의 증기로 직접 발전기를 돌리는 원자로 형태다. 냉각재와 감속재로 경수를, 연료로는 235우라늄이 2% 들어 있는 저농축 우라늄을 사용한다는 점에서 가압수형 원자로와 같다. 하지만 냉각재를 직접 끓여 증기를 발생시켜 높은 압력을 유지할 필요가 없고 원자로 계통과 터빈 계통이 완전 분리되지 않아서 방사선 차폐가 어렵다는 점이 다르다. 또한 증기가 직접 격납용기 밖에서 터빈을 돌리므로 터빈이 항상 방사선에 오염돼 있어 안전에 취약하다는 단점이 있다. 비등수형 원자로는 가압수형 원자로에 비해 별도의 증기발생기가 필요하지 않아 건설에 필요한 부지나 비용이 적게 들고 계통 내에서 높은 압력을 유지할 필요가 없으므로 기기 설계상의 이점이 있으며 단위시간당 원자로 내부로 급수되는 냉각수의 양이 적다는 특징이 있다.

1) 가압기

가압기는 수직으로 설치된 원통형 압력용기로서 고온관 중 어느 하나에 가압기 밀림관

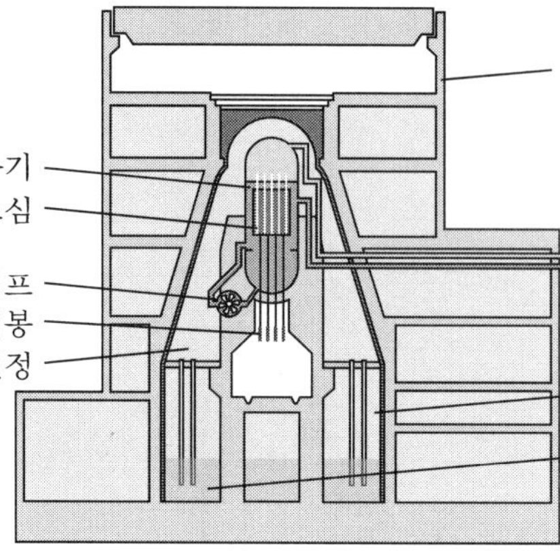

그림 10-10 비등수형 원자로

을 통해 연결되어 원자로 냉각재 계통의 압력을 조절하는 기능을 한다. 계통의 압력이 높을 경우에는 가압기 상부에 저온관에서 공급받은 저온의 냉각재를 살수하여 압력을 낮추고 압력이 낮을 경우에는 하부에 수직으로 설치된 전열기로 냉각재를 증발시켜 압력을 높이는 방식을 사용한다. 전열기는 봉형 침수식으로서 적절한 지지구조물이 필요하며 하부에서 정기적으로 교체가 가능하도록 설계된다. 가압기와 원자로 냉각재계통의 붕소 농도를 균일화시켜 주고 가압기 밀림관의 열성층화 현상을 방지하기 위하여 정상운전 중에도 소량을 계속 살수하여 순환시킨다. 살수 유량은 살수제어 밸브로 조절한다.

2) 냉각제펌프

정상운전 중 원자로 노심에서 가열된 냉각재를 증기발생기로 강제 순환시키고 발전소 기동 시에는 펌프의 임펠러(impeller)와 냉각재의 마찰에 의해 발생한 열로 원자로 냉각재를 일정 온도까지 예열하는 역할을 수행하며 펌프 부분과 전동기 부분으로 구성되어 있다. 펌프 부분은 펌프케이싱, 냉각재의 속도 수두를 높여주는 임펠러, 속도에너지를 압력에너지로 변환시켜 주는 디퓨저(diffuser), 베어링과 축 밀봉장치를 감싸며 압력경계 역할을 수행하는 밀봉하우징으로 구성되어 있다. 축 밀봉장치는 3단으로 구성되며 2개의 수력학적 밀봉장치와 1개의 증기밀봉장치가 직렬로 연결된다. 전동기 축의 상부에 설치된 관성바퀴(fly wheel)는 전동기의 전원이 꺼졌을 때 원자로 냉각재의 유량이 점진적으로 감소하면서 노심을 냉각시킬 수 있도록 한다.

3) 증기발생기

증기발생기는 1차 계통수의 열을 이용하여 2차 계통 냉각수를 증기로 만드는 대형 열교환기이다. 여기서 만들어진 증기가 터빈을 돌려 발전을 하는 것이다. 압력용기 내의 노심에서 핵분열로 열이 발생하고 이 열은 1차 냉각수로 냉각되어 증기발생기로 전달된다. 일반적으로 한 발전소에 2~4개의 증기발생기가 있으며 한 증기발생기에는 수 천개의 열교환관(전열관)이 설치되어 있다. 1차 냉각수가 전열관 내부를 통과하고 그 과정에서 전달되는 열로 2차 냉각수가 증기로 바뀌는 것이다. 전열관에 누설이 발생하거나 관 파단사고가 있을 경우 1차 냉각수 속의 방사능 물질이 원자로 격납용기(containment vessel)안이나 증기발생기 2차측 또는 터빈 속에 채워질 수 있기 때문에 전열관의 건전성이 유지되어야 한다. 증기발생기의 형태는 재순환형(recirculating type)과 직류형(once through type) 등이 있으며 재순환형인 경우 급수관으로 공급된 물이 down comer 통로를 타고 아래로 내려가 관판(tube sheet)을 가로질러 흘러 상부로 올라가며 열을 흡수한다. 이 과정에서 관 내부로 1차 냉각수가 흐르는데 1차 냉각수 입구의 온도는 315~327°C 부근이며 열을 2차측에 전달하고 난 뒤 저온관의 온도는 288°C 부근이다.

4) 노심

노심은 원자로의 핵연료를 담고 있어 핵분열을 통해 열을 생산하는 부분으로 핵분열 시 생성된 중성자의 감속 및 흡수, 핵분열생성물의 처리, 핵분열로 발생한 열의 전달 및 제거가 일어나는 곳이다. 노심 안에는 핵연료와 제어봉이 있으며 중성자 감속재가 있다. 노심의 구성재나 형태는 원자로의 종류에 따라 각기 다르다. 원자로는 일반적으로 핵분열을 주도하는 중성자의 종류에 따라 고속로와 열중성자로로 분류되는데 고속로는 초기 핵분열 시 발생하는 고속중성자를 그대로 연쇄핵분열에 활용하는 방식이고 열중성자로는 고속중성자를 우라늄 핵분열에 유리한 열중성자로 바꾼 후 연쇄핵분열을 일으키는 방식이다. 여기서 고속중성자를 열중성자로 바꿔 주는 물질이 감속재이다.

원자로의 종류에 따라 감속재도 각기 다른 물질을 사용하는데, 농축우라늄을 핵연료로 쓰는 가압경수로에서는 일반적인 물(H_2O)을 사용하며 천연우라늄을 핵연료로 쓰는 중수로에서는 중수(D_2O, 물을 구성하는 수소의 종류가 질량수 2인 중수소원자로 구성)를 사용한다. 또한 흑연로에서는 흑연을 사용하고 고속로에서는 아예 감속재를 사용하지 않는다.

3.2 복수기

복수 터빈 내에서 임무가 끝난 수증기를 냉각 응축시킴으로써 얻어지는 고도의 진공에 의해 작동증기의 종압이 내려지며 열 낙차를 크게 하는 역할을 하여 터빈의 효율을 개선한다. 이와 같은 역할을 하는 장치를 복수기라고 한다. 대표적으로 표면응축기와 혼합응축기 등 2종류가 있다. 전자는 증기와 냉매가 금속을 매개로 간접적으로 열교환을 하는 것으로 증유처럼 응축액을 회수할 필요가 있는 경우에 사용되며 후자는 냉매와 증기를 직접 접촉시키는 방식이다. 증기가 수증기만으로 되어있을 때는 복수기라고도 말한다. 일반적으로 증발이나 증유조작에 따라 사용되기 때문에 재처리나 폐기물 처리공정에 많이 사용되고 있다.

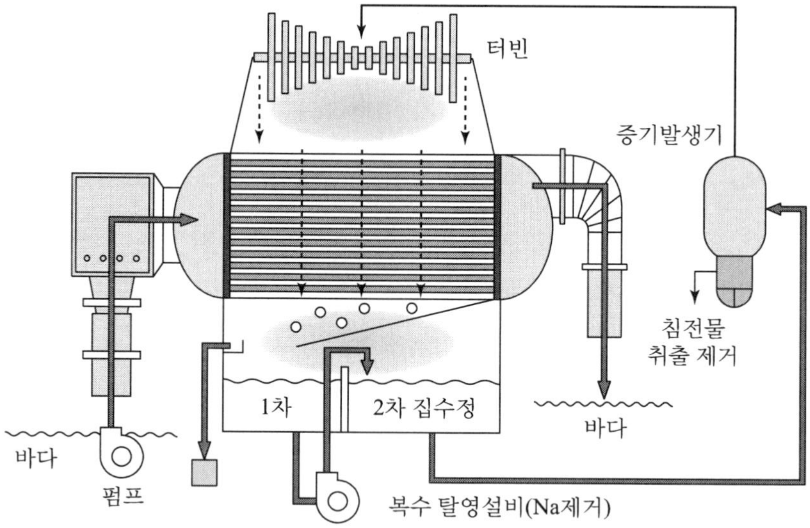

그림 10-11 복수기

4 설비관련 규정

원자력안전 관련하여 국내에서 원자력안전법[법률 제14839호(2017.7.26)]이 시행 중에 있으며 본 법률 내용 중 안전과 관련된 주요 내용을 발췌하면 다음과 같다.

제1장 총칙

제1조(목적)

이 법은 원자력의 연구·개발·생산·이용 등에 따른 안전관리에 관한 사항을 규정하여 방사선에 의한 재해의 방지와 공공의 안전을 도모함을 목적으로 한다.

제2장 원자력안전종합계획의 수립·시행 등

제3조(원자력안전종합계획의 수립)

① 「원자력안전위원회의 설치 및 운영에 관한 법률」 제3조에 따른 원자력안전위원회(이하 "위원회"라 한다)는 원자력이용에 따른 안전관리(이하 "원자력안전관리"라 한다)를 위하여 5년마다 원자력안전종합계획(이하 "종합계획"이라 한다)을 수립하여야 한다.

② 종합계획에는 다음 각 호의 사항이 포함되어야 한다.

1. 원자력안전관리에 관한 현황과 전망에 관한 사항
2. 원자력안전관리에 관한 정책목표와 기본방향에 관한 사항
3. 부문별 과제 및 그 추진에 관한 사항
4. 소요재원의 투자계획 및 조달에 관한 사항
5. 그밖에 원자력안전관리를 위하여 필요한 사항

③ 위원회는 종합계획을 수립하려면 미리 관계 부처의 장과 협의하여야 한다. 수립된 종합계획을 변경하려는 때에도 또한 같다.

④ 종합계획의 수립 및 변경은 위원회의 심의·의결을 거쳐 확정한다. 다만, 대통령령으로 정하는 경미한 사항의 변경은 그러하지 아니하다.

⑤ 위원회는 종합계획의 수립을 위하여 필요하다고 인정하면 관계 기관의 장에게 종합계획의 수립에 필요한 자료의 제출을 요구할 수 있다.

제5조(원자력안전전문기관)

① 위원회의 감독 하에 원자력안전관리에 관한 사항을 전문적으로 수행하기 위하여 원자력

안전전문기관을 둘 수 있다.

② 제1항에 따른 원자력안전전문기관의 설치·운영에 관한 사항은 따로 법률로 정한다.

제9조(원자력안전연구개발사업의 추진 등)

① 위원회는 제4조제1항에 따라 수립된 부문별 시행계획에 따라 원자력안전연구개발사업계획을 수립하고, 이를 효율적으로 추진하기 위하여 매년 연구개발과제를 선정하여 다음 각 호의 기관 또는 단체와 협약을 맺어 연구개발하게 할 수 있다.

1. 제5조에 따라 설립된 기관
2. 통제기술원
3. 「기초연구진흥 및 기술개발지원에 관한 법률」 제14조 제1항 각 호의 기관 또는 단체

② 제1항에 따른 원자력안전연구개발사업을 실시하는 데에 드는 비용은 다음 각 호의 재원으로 충당한다.

1. 정부의 출연금
2. 「원자력 진흥법」 제17조 제2항에 따른 원자력기금의 원자력안전규제계정
3. 원자력안전연구개발사업의 실시과정에서 발생한 잔액과 그 밖의 수입금

③ 제1항에 따른 원자력안전연구개발사업의 실시와 제2항에 따른 비용의 운용에 필요한 사항은 대통령령으로 정한다.

제15조의2 (안전관련 설비 계약 신고)

제10조 제2항에 따라 허가신청서를 제출한 자 또는 발전용 원자로 설치자가 안전관련 설비에 대하여 다음 각 호의 어느 하나에 해당하는 계약(도급을 받는 자의 하도급거래를 포함한다)을 체결한 때에는 계약을 체결한 날부터 30일 이내에 총리령으로 정하는 바에 따라 위원회에 신고하여야 한다. 신고한 사항을 변경하려는 때에도 또한 같다.

1. 안전관련 설비의 설계에 관한 사항(건설과 관련된 설계를 포함한다)
2. 안전관련 설비의 제작에 관한 사항
3. 안전관련 설비의 성능검증에 관한 사항

제74조(사고의 조치 등)

① 원자력관계사업자 또는 원자력관계사업자로부터 방사성물질 등의 운반을 위탁받은 자는 방사성물질 등의 운반 또는 포장 중에 발생할 수 있는 사고에 대비하여 총리령으로 정하는 바에 따라 비상대응계획을 수립·시행하여야 한다.

② 원자력관계사업자 또는 원자력관계사업자로부터 방사성물질 등의 운반을 위탁받은 자는 방사성물질 등의 운반 또는 포장 중 방사성물질 등의 누설·화재와 그 밖의 사고가 발생

한 때에는 대통령령으로 정하는 바에 따라 필요한 안전조치를 취하고 지체 없이 이를 위원회에 보고하여야 한다.

5 사고등급 및 사고사례

5.1 원전 사고 등급

국제원자력기구(IAEA)는 1992년부터 원자력 사고의 정도를 일관성 있고 일반인들이 이해하기 쉽게 사건등급을 도입하여 평가하고 있다. 표 10-2는 국제원자력사고등급을 나타낸 것으로 0~7등급으로 구분된다. 0등급은 변이, 1~3등급은 이상, 4~7등급은 사고로 구분된다. 이상은 위험이 시설 내부로 국한된 경우이고 사고는 위험이 외부로 확대된 경우이다. 7등급으로 기록된 가장 큰 사고는 1986년 구소련 (현재 우크라이나)에서 발생한 체르노빌 원전 폭발 사고와 후쿠시마 원전 폭발 사고가 있다.

표 10-2 원전 사고 등급

구분	등급	명칭	내용
사고	7등급	대형사고	방사성 물질의 대량유출로 인한 생태계의 심각한 오염
	6등급	심각한 사고	상당량의 방사선 물질이 외부로 유출
	5등급	시설 외부로의 위험 사고	원자로 용기손상, 노심용해 시작 및 원자로 각벽 파손, 방사능이 외부로 유출
	4등급	시설 내부의 위험 사고	노심 손상 및 원전 종사자들의 피폭사망, 소량의 방사능이 외부로 유출되어 주변지역 경고 시작
이상	3등급	중대한 이상	원전 종사자들의 심각한 피폭
	2등급	이상	시설물 내의 상당한 방사능 오염
	1등급	이례적인 사건	안전제한 범위에서의 이탈
변이	0등급	척도미만	경미한 이상

5.2 설비관련 사고사례

1) 체르노빌 원자력 발전소 폭발 사고

① 개요

사고가 발생한 체르노빌 원자력 발전소는 1978년에 가동이 된 원자력 발전소로 현재의 우크라이나와 벨라루스 국경 근처에 체르노빌에서 북서쪽으로 약 18 km 떨어진 곳에 위치한다. 사고 당시 체르노빌 발전소는 총 4기의 원자로를 운용 중이었고 2기의 원자로를 추가로 건설하는 중이었으며 4기의 원자로는 모두 RBMK-1000형 원자로를 운용 중이었다. 각각의 원자로의 전력 출력은 1기가와트(GW)이고 이는 열 출력으로 3.2 GW의 출력에 해당되는 값이다. 사고가 일어난 4호기는 1983년 운전하였고 2세대 RBMK-1000형 원자로를 운용 중이었다. 사고는 1986년 4월 26일 오전 1시 24분경, 체르노빌 발전소의 원자로 4호기의 비정상적인 핵반응으로 발생한 열이 냉각수를 열분해함으로써 발생한 수소가 원자로 내부에서 폭발함으로써 발생하였고, 폭발로 인해 원자로 4호기의 천장을 파괴되었고 파괴된 천장을 통해 핵반응으로 생성된 다량의 방사성 물질들이 누출되었다. 누출된 물질에 의한 방사능의 총량은 약 5.3엑사베크렐 정도였고 국제 원자력 사고 척도(INES)에 의해 분류된 사고 등급 중 가장 심각한 사고를 의미하는

그림 10-12 체르노빌 원전 폭발 사고

7등급이 매겨졌다.

② 사고원인

사고의 원인에 대한 공식적인 발표는 1986년 8월과 1992년에 각각 한 차례씩 있었다고 한다. 사고가 일어난 이후 국제 원자력 기구(IAEA)에서는 체르노빌 사고의 원인을 조사하기 위하여, 국제 핵 안전 자문 그룹(International Nuclear Safety Advisory Group : INSAG)라는 이름으로 전문가 그룹을 만들었다. 이들은 소련 정부가 제공한 자료와 전문가들의 증언을 토대로 원인을 조사한 후 1986년 8월에 INSAG-1이라는 이름으로 사고 원인 보고서를 처음 제작했다. 사고 원인은 체르노빌 원자력 발전소의 구조적 결함이 가장 결정적이라는 주장을 내세웠다. 사고 당시에 체르노빌 원자력 발전소는 흑연을 감속재로 사용하는 RBMK형 원자로를 사용하였는데 이것은 물을 감속재로 사용하는 PWR형에 비해 조작이 복잡하고 안전성이 결여된 구조를 가진 원자로 상태였다. RBMK형 원자로는 노심에 핵연료가 들어가는 여러 개의 압력관이 모여 있는 구조를 가지므로, 노심에 압력관을 추가하게 되면 쉽게 원자로의 출력을 높일 수 있는 이점이 있지만, 다른 원자로에 비해 매우 불안정하다. 초기의 원자로는 비상시 핵반응의 폭주를 막는 비상노심냉각장치(ECCS)가 있는데 설계에 결함이 있었고 이후 이 문제를 개선하여 새로 설계된 2세대 원자로에서도 방사능이 누출되었는데 원자로 외부로 방사능이 누출되는 것을 막는 역할을 하는 격납장치가 서유럽과 미국에서 설계된 원자로에 비해 거의 없었다. 더불어 냉각재와 감속재가 분리되어 있는 설계상, 노심에 있는 증기의 압력이 증가하면 감속재인 흑연에 비해 냉각재인 경수가 감소하여 핵반응 속도가 더욱 증가하는 특성이 있었으며(양의 보이드 계수), 이는 정격 출력에서는 연료 자체의 음의 반응도 피드백과 상쇄되어 안전하게 운전할 수 있었으나, 정격 출력보다 낮은 출력에서는 보이드 효과가 완전히 상쇄되지 않게 되어 원자로가 불안정하였다. 또한 RBMK형 원자로에는 제어봉이 삽입되기까지 지나치게 긴 시간이 걸리며 제어봉이 감속재의 위에서 아래로 내려가는 형식이므로 흑연에 걸려서 제어봉이 내려가지 않는 경우도 있었다. 사고 전, 체르노빌 발전소에서는 이러한 기술적인 문제로 인한 원자로의 긴급 정지가 1980년부터 사고 당시까지 총 71건이 일어났지만 소련 측에서는 이러한 결함과 사고를 감추기 바빴고 폭발 직전까지 체르노빌 발전소를 세계에서 가장 안전한 원자력 발전소 중 하나로 홍보하고 있었다고 한다.

③ 피해상황

사고 당일 체르노빌 원전에서 근무했거나 4호기의 사고를 처리하기 위해 파견되어 사고 현장에 있었던 사람은 총 600명이며 이들 중 누구도 충분한 방사능 측정 장비나 방사능 방호 장비를 가지고 있지 않았다. 원자로 근무자들은 감지 한도가 20밀리 시버트인 필름형 감지 장치만을 가지고 있었으며 화재 진압을 위해 파견된 소방대원들은 어떠한 방호 장비도 가지고 있지 않았다. 사고 당일, 사고가 일어난 4호기와 그 천장 주변에서의 흡수선량은 시간당 200그레이 이상이었다. 초기 작업자들 중 급성 방사선 피폭으로 확진된 134명 중 93명은 온 몸이 2.2그레이 이상의 방사능에 노출되었으며 그 중 21명은 6.5에서 16그레이에 이르는 방사능에 노출되었다. 또 누출 방지와 누출 방사능 처리 작업에 투입된 해체작업자들 중 작업 초기인 1986년에서 1987년 사이에 투입된 22만 6천 명의 작업자들은 평균적으로 130~170밀리시버트의 방사능에 계속해서 피폭되었다. 공식 보고에 따르면 이들 중 25,000명이 사망하였다. 이들의 사망 원인과 방사능 피폭과의 직접적인 관계는 입증되지 않았다.

④ 사고대응

폭발의 여파로 인하여 4호기의 잔해와 3호기에서 발생한 화재를 진압하기 위하여 1986년 4월 26일 사고 직후 소방대원들을 파견했다. 사고 직후 14명의 소방대원이 파견되어 화재를 진압하였고 250명의 대원이 추가로 배치되었다. 이로 인해 기계동 천장의 가장 큰 불이 진압되었고 폭발한 반응로 건물 천장의 화재 또한 진압되었다. 또한 반응로 주변에 일어난 대부분의 화재가 모두 진압했다. 이 시점에 아무도 폭발이 일어난 반응로 근처로 접근하지 못하여 반응로의 잔해가 계속 불타고 있었는지는 확실하지 않다. 하지만 이후 처음 20시간 동안 소방대원과 발전소 직원들의 화재 진압 시도로 인해 뿌려진 물이 기화해 반응로 주변은 증기로 가득하였다. 이 증기는 가열된 흑연이나 반응로 내부의 지르코늄과 같은 물질과 반응해서 수소 가스를 비롯한 많은 가연성 물질들을 만들었다. 이 가연성 물질들은 사고 발생 후 약 20시간이 지난 4월 26일 오후 9시 41분에 반응로의 잔해를 폭발시키게 된다. 폭발의 여파로 만들어진 불기둥은 거의 50 m에 달할 정도의 규모에 달한다. 이 화재를 진압한 뒤 그로 인한 방사능의 누출을 막기 위하여 군용 헬리콥터 30대가 동원되어 여러 물질들이 투하했는데, 이 물질들은 중성자를 흡수하여 연쇄 반응을 막기 위한 40톤의 붕소 화합물, 열을 흡수하고 이산화탄소를 발생시켜 화재를 진압을 위한 돌로마이트 600톤, 방사능 차폐를 위한 2,400톤의 납과 1,800톤의 모래와 진흙 등이었다. 동원된 헬리콥터와 조종사의 방사능 피폭을 줄이기 위하여 헬리콥터들은 반응로를 통과하여 투하물을 두었다. 그러므로 투하물의 일부는 목표인 노심을 빗나가 그 주변에 떨어졌고, 이렇게 주변에 떨어진 투하물은 반응로 내부의 열을 흡수하지 못하여 잡아두는 역할을 해 반응로의 온도를 높여 방사능의 추가 누출을 불러일으킨 것으로 예상된다. 헬리콥터에 의한 화재 진압 시도는 지속되었지만 폭발로 인하여 건물의 구조가 약화되어 추가 폭발 또는 노심 용해 사고가 발생할 우려가 있어 결국 중단하였다. 헬리콥터에 의한 시도가 중단된 이후에는 원자로 3호기에 있던 액체 질소를 노심에 주입해 5월 9일 반응로의 화재가 마침내 진압되었다.

2) 후쿠시마 원자력 발전소 폭발 사고

① 개요

2011년 3월 11일 일본에서 발생한 도호쿠 대지진과 쓰나미, 그리고 도쿄전력 때문에 일본 후쿠시마에서 일어난 7등급 원자력 사고이다. 사고 당일 도호쿠 지방에 일본 관측사상 최대 규모의 지진이 발생한 결과 10미터에 달하는 쓰나미가 원전을 덮쳤다. 지진을 감지한 원자로는 안전을 위해 자동적으로 셧다운 되었는데 이를 대체할 비상발전체계가 침수로 인해 작동되지 않아 발전소가 정전이 되었다. 비상발전기 자체는 고지대에 설치해 놓았기 때문에 침수로부터 안전하였으나

그림 10-13 후쿠시마 원전 폭발 사고

발전기로부터 전기를 받아들이는 변전설비를 건물 지하에 설치해 놓은 바람에 변전설비가 침수되었고 따라서 비상전원이 공급되지 못했다. 노심 냉각을 위해 필수적인 전기가 끊겼으므로 노심 온도는 시시각각 계속 올라갔다. 이후 해수라도 끌어와서 원자로를 식혔으면 되었을 것이지만 이를 망설이다 결국 원자로 3기가 노심용융을 일으켰고 연료봉에서 발생한 수소 가스로 인해 원전 건물 4개가 폭발했으며 태평양을 포함한 일대를 방사능으로 오염시켰다. 다수의 원자로가 동시에 녹아내린 최초의 사고였다.

후쿠시마 원자력 발전소의 원자력 사고 레벨은 판단 주체와 사고 경과에 따라 수시로 변했다. 초기엔 최고 7등급 가운데 4레벨로 판단되었지만 2호기 폭발음 이후 프랑스 당국은 6등급으로 평가했고 미국의 일부 원자력 전문가들은 7등급으로 상향을 주장했으나 IAEA의 공식 발표는 5등급이었다. 이후 결국 일본 정부는 체르노빌과 동급임을 인정하고 7등급 사고임을 선언하였고 IAEA도 이를 재확인하였다. 결국 후쿠시마 원자력 발전소 사고는 체르노빌 원전 폭발사고에 이은 두 번째 7등급 원자력 사고로 기록되고 말았다.

② 사고원인

사고 당시 일본에는 큰 지진이 발생하였고 이로 인해 거대한 쓰나미가 밀려오게 되었다. 이 쓰나미가 원자력 발전소를 덮치게 되었는데 이 때 냉각시설이 마비가 된 것이 가장 큰 문제였다. 원자력 발전소는 발전소를 돌리면서 매우 큰 열이 발생하기 때문에 이러한 열을 조절하기 위해 냉각시설이 존재하는 것인데 이 냉각시설이 침수되어 고장이 나서 과열로 인해 폭발이 일어나게 되었다.

③ 사고피해

2013년 3월 기준으로 사망자는 약 800명 정도이고 이는 원전에서 일하다 사망한 사람과 전원 공급 중단으로 인한 병원의 환자들과 피난 도중 사망한 사람의 수를 합한 것이다. 경제적으로는 일본이 5조원을 투자한 원전을 사용하지 못하게 됨에 따라 전기 공급이 중단되었고 이로 인해 산업현장과 주민들이 일을 못하게 되어 약 186조 정도의 손실이 있었다. 또한 오염수의 누출로 인해 일본 농수산물에 대한 인식이 나빠지면서 농수산물 무역이 중단뿐만 아니라 해외소비자들의 일본상품 기피 및 일본 여행객이 많이 감소하였고 방사능 누출로 인하여 대부분의 동물과 식물들이 오염되고 죽게 되었다.

④ 사고대응

일본 당국은 사고 지역 전방 20 km 내 출입을 금지하였고 방사능 검출량이 많은 곳을 찾아 그곳의 주민들을 대피시켰다. 또한 방사능 물질이 더 이상 새어나오지 않게 덮개를 설치하였고 1.6 km 길이의 벽을 설치하여 방사능의 누출을 막았다. 이후 안전기준을 강화하였고 이 기준에 미치지 못하는 원전은 곧바로 가동을 중지하였으나 2017년에 정부가 강하게 원전 재가동을 밀어붙여 상당수 원전이 재가동되게 되었다. 국내에서는 일본으로부터의 수입에 대한 관리를 강화하고 원자력 관련 법령을 새로이 정립하였으며 일본 여행 구역을 제한하였다.

⑤ 안전대책

국내에서는 원전사고에 대한 대응 매뉴얼을 수정하게하고 산업시장의 대응 강화 및 원전비리를 척결함으로서 안정적으로 원전을 운영할 수 있도록 했다. 뿐만 아니라 국제적 협약을 통해 원전 사고에 대한 대비를 할 필요성이 대두되었다.

1. 원자로 중 냉각제로 사용하는 물질의 성질이 다른 것은?
   ① 비등경수로 ② 가압중수로
   ③ 가스냉각로 ④ 가압경수로

2. 원자로의 핵분열 반응을 제어하는 장치는?

3. 원자력 발전 설비의 구성요소가 아닌 것은?
   ① 증기발생기 ② 노심
   ③ 보일러 ④ 복수기

4. 원자로에 대한 설명으로 틀린 것은?
   ① 가압경수로는 천연우라늄을 연료로 사용한다.
   ② 흑연감속 비등경수로는 냉각제로 경수를 사용한다.
   ③ 가압중수로는 천연우라늄을 연료로 사용한다.
   ④ 비등경수로는 전체 원전의 약 22%를 차지한다.

5. 원자로의 핵연료를 담고 있고 핵분열 시 핵분열로 발생한 열의 전달 및 제거가 발생하는 곳은?

6. 원전 사고 등급에 대한 설명으로 옳지 않은 것은?
   ① 등급의 숫자가 높을수록 위험이 더 크다.
   ② 0~3등급까지를 이상이라고 한다.
   ③ 4등급부터 외부에 경고한다.
   ④ 원전 사고 중 후쿠시마 원전사고는 사고등급 6등급에 해당한다.

문제정답

1. ③
2. 제어봉
3. ③
4. ①
5. 노심
6. ②

Part
11

자동화설비

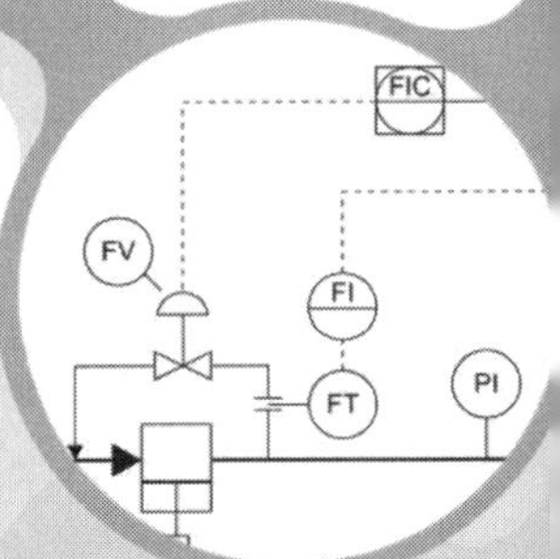

1 설비 개요

공장자동화가 탄생한 것은 1960년대 후반으로서 그 배경에는 여러 가지가 있겠으나 그 중에서도 가장 큰 요인으로는 수요자의 요구의 다양화 대응과 생산제품의 원가절감 및 납기단축의 요청에 의한 것이라 하겠다. 즉, 이러한 의미에서 공장자동화란 다양한 것을 어느 정도 이상의 수준으로 자동적으로 만들어내는 생산시스템이라고 할 수 있을 것이다.

공장자동화란 공장의 무인화, 공장의 지적화, 공장의 CAM화를 궁극적 목적으로 하며 좁은 의미로는 생산현장의 단위기계 공정의 자동화로부터 출발하여 넓은 의미로는 기계전자의 복합기술, 정보처리기술, 제어통신 등을 이용해 생산의 효율성과 유연성을 동시에 달성할 수 있도록 제품 수주에서부터 설계, 제조, 검사 및 출하에 이르기까지 전 생산 공정을 자동화 및 시스템화하는 활동의 총체라 할 수 있다. 더 나아가서는 설계, 생산, 판매에 이르기까지 하나의 통합된 체제를 구축하려는 CIM (Computer Intergrated Manufacturing)과 생산시스템의 하부구조에서 인간과 기계의 관계를 중시하는 21세기 첨단생산시스템인 지적생산시스템 IMS (Intelligent Manufacturing System)까지 나타나고 있다.

공장자동화의 개념을 용어적 측면과 자동화 기술적 측면으로 분류하고 용어적 측면부터 살펴보면 공장자동화(factory automation : fa)에서 f는 공장이란 의미와 유연성(flexiblity)의 의미를 포함하고 automation이란 자동적(automatic)과 운용(operation)의 합성어로서 이를 종합하면 factory automation이란 의미와 flexible automation이란 의미를 함축하고 있다. 자동화 기술적 측면에서 보면 공장자동화 기술 도입은 급진적 공정기술혁신(radical process innovation)을 의미하는 것으로 생산기계의 분류면에서는 노동의존형 기계에서 자본의존형 기계로 나아가 지식의존형 기계로 생산 방식을 변화하는 것을 말한다. 생산시스템의 자동화 유형면에서는 양산에 적합했던 고정자동화에서 다품종소량생산 지향의 프로그램형 자동화로의 이행을, 더 나아가 유연성과 양산의 효과를 통합할 수 있는 유연자동화를 지향한다고 볼 수 있다. 유연성(flexibility)이 풍부한 중품종중소량 생산을 중심으로 하여 하나의 공장전체에 일관자동화로 진전한 것을 FMS (Flexible Manufacturing System), FMF (Flexible Manufacturing Factory), FA (Factory Automation), IMS (Integrated Manufacturing System) 등으로 부르고 있으며 시스템의 개발도 급속히 진전되고 있다.

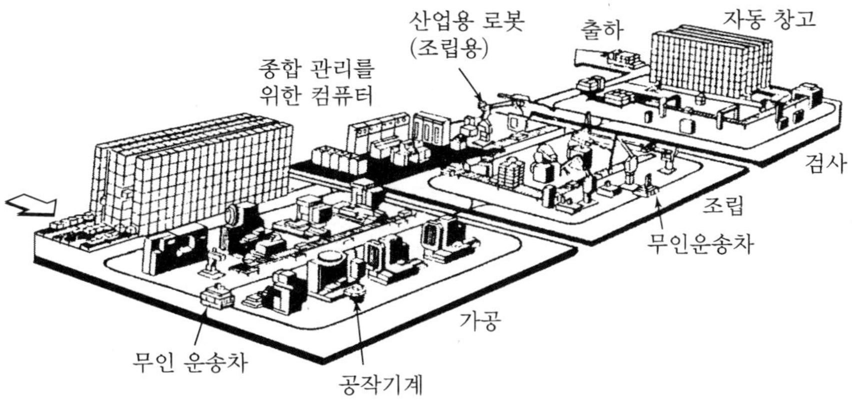

그림 11-1 FMS에 의한 생산라인의 개념

한편, FMS로서 구비하여야 할 기본기능으로서는 계층제어 방식의 공작기계기능(NC, CNC, MC), 자동반송시스템기능, 자동창고기능과 조립기능, 자동계측기능(측정, 검사), 자동보수점검기능, 총합 소프트웨어기능 등이 있다. FMS에 의한 생산라인의 개념은 그림 11-1과 같다.

이를 살펴보면, 자동창고에서 소재가 반출되어 무인 반송차에 의해 가공기계로 보내진다. 수치제어(NC)의 프로그램에 따라 가공되어 생산된 부품은 치수, 정도가 자동적으로 검사된다. 완성된 여러 가지 부품은 조립위치에 보내져 조립용 로봇 등에 의해 조립된다. 이 때 외주에 의해 가공된 부품도 조립되므로 부품보관을 위한 자동창고가 설치되기도 한다. 조립이 끝난 제품은 자동적으로 완제품 검사를 거쳐 출하된다. 결국, 공장자동화의 개념은 「다양한 제품을 높은 생산성, 경제성으로 유연하게 제조하는 것을 목적으로 생산에 필요한 하드웨어, 소프트웨어의 양면을 포함하는 주요기능으로 자동화를 실시한 시스템」으로 다음과 같은 특징을 나타낸다.

첫째, 하드웨어 분야의 기술발전은 '자동화'를 지향하는 것으로 전자기술과의 결합을 통해 메카트로닉스(mechatronics)라는 신기술을 창출해 작업 및 제어기능까지 가능하게 되었다.

둘째, 소프트웨어 분야의 발전은 '시스템화'를 지향하는 것으로 단계와 목적에 따라 제품설계(production design), 공정계획(process planning), 생산계획(production planning), 단체기기의 제어, 재고관리(inventory control), 공정관리(shop floor control) 등 독립적으로 발전되어 왔다. 자동화 기술의 개념도는 그림 11-2와 같다.

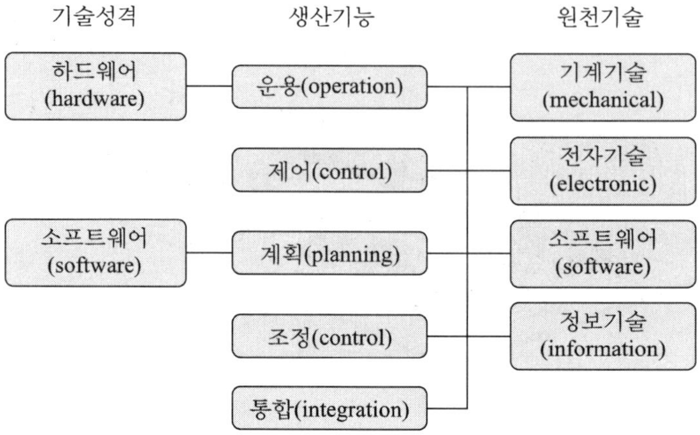

그림 11-2 자동화 기술의 개념도

2 설비의 분류

2.1 수치제어 공작기계(NC)

수치제어(Numerical control : NC) 공작기계는 가공공정이 수치・문자・부호 등으로 구성된 프로그램의 지시에 의해 제어되는 장치이다. CNC란 Computer Numerical Control의 약자로서 Computer를 내장한 NC를 말한다. NC와 CNC는 다소 차이가 있으나 최근 생산되는 CNC를 통상 NC라 부르고 NC와 CNC를 외관상으로 쉽게 구별하는 방법은 모니터가 있는 것과 없는 것으로 구별할 수 있다. 수치제어 공작기계의 발전과정을 살펴보면 1950년대 컴퓨터의 등장 이후 마이크로컴퓨터의 개발로 NC가 컴퓨터수치제어(CNC)화 됨으로써 유연성(flexibility)과 생산성이 비약적으로 향상되고 중앙컴퓨터로 여러 대의 NC설비를 유기적으로 운영하는 직결수치제어(Direct Numerical Control : DNC) 기계로 개발되었다.

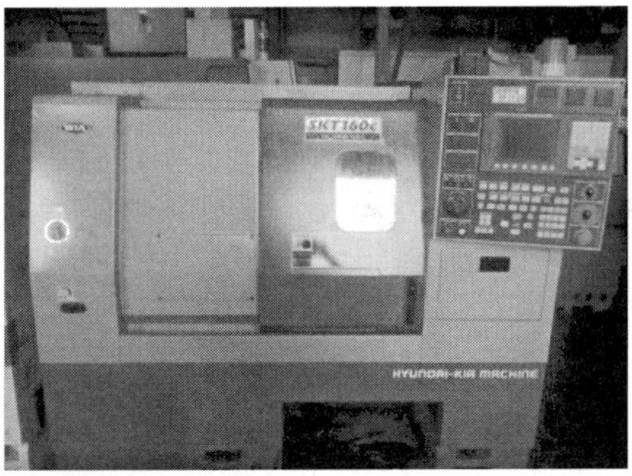

그림 11-3 CNC 공작기계

(1) 수치제어(NC)기계의 특징

1) 품질의 향상

종래의 핸들 조작하는 공작기계에서는 도저히 상상할 수 없을 정도로 복잡한 곡면형상을 갖는 공작물을 쉽고 단시간에 가공할 수 있다. 작업자의 기분이나 피로 등에 영향을 주지 않으며 오동작을 일으키는 것이 적고 가공물에는 불량품이 적게 된다. 반복정도가 높고 가공물의 균일성이 좋아 조립이 용이하게 된다. 절삭속도나 절삭량 등의 절삭조건을 미리 선정할 수 있기 때문에 절삭시간이나 가공면을 최적으로 할 수 있다.

2) 검사의 생략

균일한 고정도의 가공물이 가공되어 품질의 저하나 불량품의 발생이 적기 때문에 검사항목도 줄어드는 것이 된다. 따라서 검사에 필요한 시간과 원가의 절감이 된다. 또한 복잡한 형상을 검사하기 위한 검사기구가 필요 없게 된다.

3) 치공구비용의 절약

치구를 대폭 절약할 수 있고 치구류의 제작비, 제작시간, 보관장소, 보관비용이 절약된다. 그 대신에 특수정보테이프의 제작이나 보관비용이 들지만 전체적으로 보면 결국은 비용이 적게 되고 치구제작에 사용되는 지그보링기 등의 고정도기계가 필요 없게 된다. 또한 검사에 이용되는 검사기구도 불필요하기 때문에 제작에 따른 시간과 비용이 대폭 감소한다.

4) 가공소요시간의 단축

기계가 실제로 가공하고 있는 시간을 줄이고 치공구, 기타 준비시간이나 절차시간이 단축된다. 특히 머시닝센터는 1대의 기계에서 가공하는 공작물의 가공종류가 많기 때문에 다공정에 따른 기계간의 운반시간, 대기시간 및 절차시간이 단축된다.

5) 생력효과

가공위치 등을 미리 표시하는 공정이 필요하지 않아 표시시간이 생략된다. 기계의 한 대 한 대에 숙련자가 필요치 않고 미숙련자도 한명이 여러 대의 NC기계를 조작할 수 있다. 기계의 가동률이 높고 전체 가공에 소요되는 시간이 감소하며 부품 한 개 제작에 필요한 man hour(연시간)를 줄일 수 있다. 특히 공구자동 교환장치, 자동공작물 교환장치, 자동공작물 반송장치 등을 장착한 가공시스템은 거의 무인으로 운전이 이루어진다.

6) 재고비용의 절약

가공시간이 단축되기 때문에 재고입고에서 제품의 완성까지의 기간이 단축되고 처음부터 재고 비용에 대한 부담이 줄게 되어 운전비용을 절감할 수 있다.

7) 관리상의 효과

기계는 테이프의 지령대로 움직이기 때문에 관리자는 테이프 제작의 감독을 잘하면 운영관리를 철저히 할 수 있다. 공정은 프로그램의 설정대로 진행하고 납기의 계산도 용이하여 생산의 안정을 주며 생산계획도 용이하게 되어있다. 더욱이 컴퓨터의 이해 집중관리가 용이하게 된다.

8) 안전의 확보

기계 가공 시 칩이 발생되어도 안전유리로 된 덮개를 덮어 안전성을 높였다.

이와 같은 특성으로 수치제어기계는 다품종소량 생산체제에서 생산 자동화의 중요한 위치를 차지한다. 즉, 제품의 변경에 따른 가공공정의 변동은 간단한 지시프로그램의 변경만으로 가능하며 이러한 유연성이 수치제어 시스템의 가장 큰 장점이다.

(2) 제어방식

1) 위치결정제어(positioning control)

위치결정 NC는 공구의 최종 위치만을 찾아 제어하므로 정보처리가 매우 간단하다. 이동 중에는 공구가 가공물에 접촉하지 않기 때문에 PTP (Point To Point control) 제어라고도 하며 드릴이나 스폿(spot) 용접기 등에 사용한다.

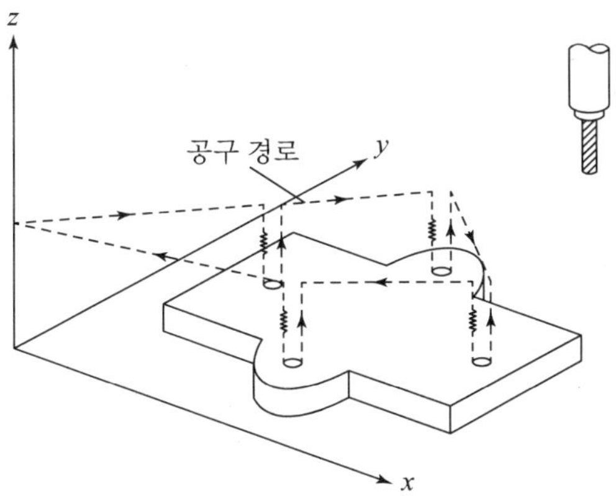

그림 11-4 위치결정제어

2) 직선절삭제어(straight cutting control)

이동 중 직선 절삭하는 동안에 축 방향으로 가공할 수 있는 제어로써 위치결정제어보다 다소 차원은 높으나, 직선절삭(X, Y, Z축에 평행) 이외에는 할 수 없고 주축속도, 공구선택, 공구 보정 등의 보조기능이 필요하다.

3) 윤곽절삭제어(contouring utting control)

복잡한 형상을 연속적으로 윤곽 제어할 수 있는 가장 복잡한 시스템으로 점과 점의 위치결정과 직선절삭작업을 할 수 있고 여러 축의 움직임을 동시에 제어할 수 있으며 2차원 또는 3차원 이상의 제어에 사용한다.

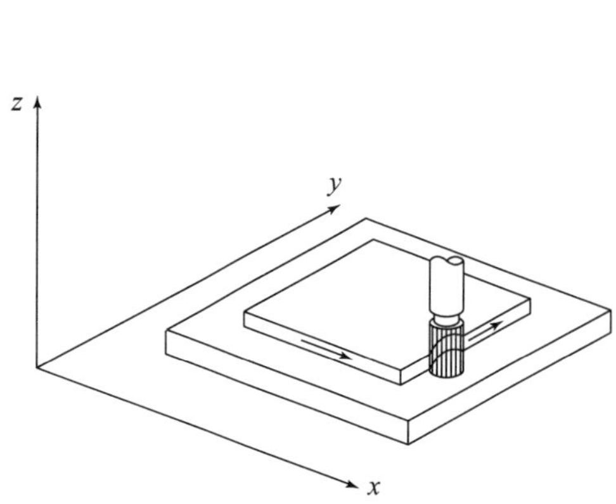

그림 11-5 직선절삭제어

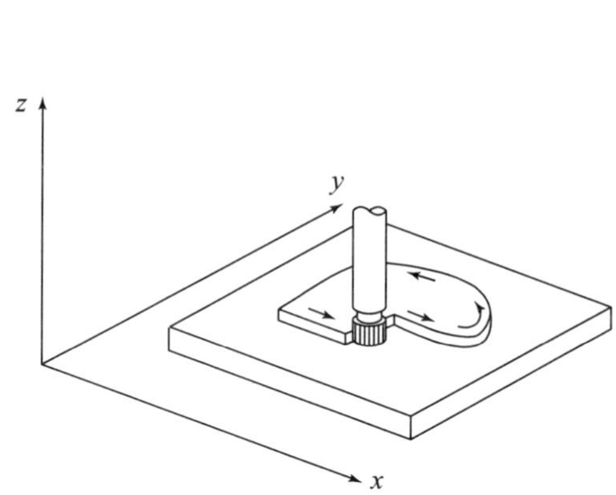

그림 11-6 윤곽절삭제어

(3) NC 제어시스템

1) 개방 회로 방식

감지기가 현재 위치를 검출하여 비교하는 기능을 삭제하는 방식으로 정밀도가 낮기 때문에 오늘날 NC공작기계에서는 거의 사용되지 않는다. 구성이 간단하고 고장이 없지만 정밀도가 낮은 단점과 위치검출에 의한 보정이 불가능하다.

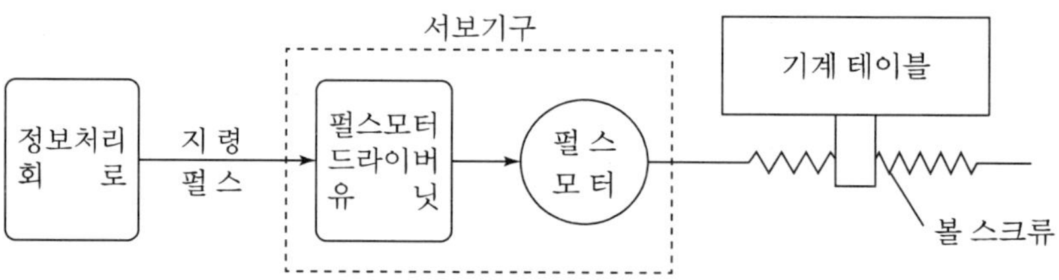

그림 11-7 개방 회로 방식

2) 반 폐쇄 회로 방식

모터 축의 회전 각도를 검출하거나 볼 스크류의 회전 각도를 검출하는 방식으로 테이블 직선운동을 회전운동으로 바꾸어 검출한다. 오늘날 대부분 NC공작기계에서는 높은 정밀도의 볼 스크류가 개발되어 있어 실용상의 정밀도가 문제되지 않아 대부분 이 방식을 채택하고 있다. 테이블의 직선운동을 회전운동으로 바꾸어 검출한 위치오차를 피드백 하여 보정함으로써 NC지령과 구동의 동일성을 확보한다.

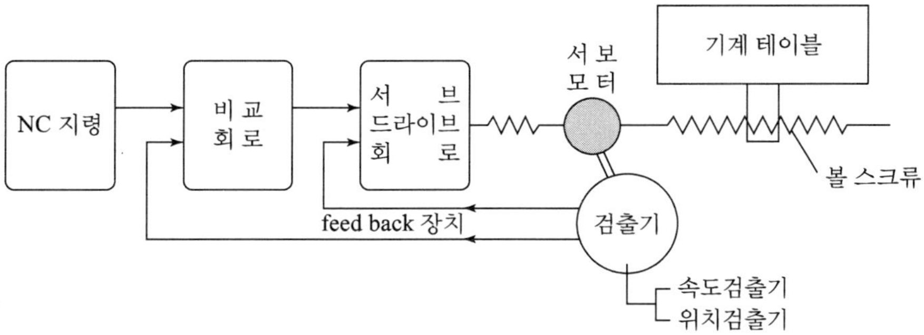

그림 11-8 반 폐쇄 회로 방식

3) 폐쇄 회로 방식

테이블에 스케일을 부착하여 위치를 검출한 후 위치 편차를 피드백 하여 사용한다. 즉, 이 방식은 볼 스크류의 백래쉬(두 톱니 사이의 틈)량의 변화 등을 정확히 제어할 수 있다는 장점이 있다. 특별히 정도를 필요로 하는 정밀공작기계나 대형 공작기계에 사용한다. 위치오차의 요인은 볼 스크류의 피치오차(oitch error)와 백래쉬(backlash)이다.

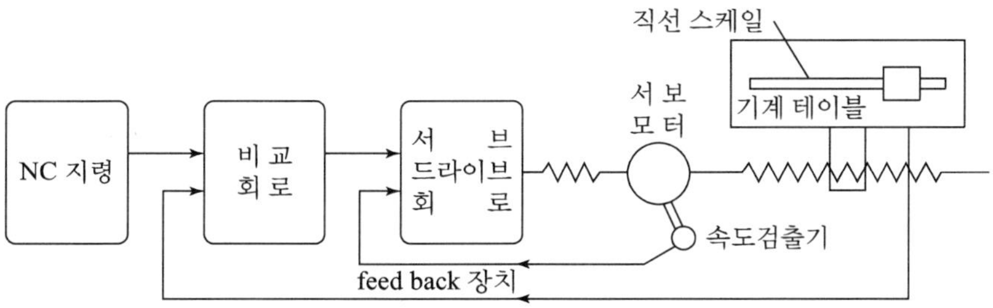

그림 11-9 폐쇄 회로 방식

4) 복합제어 방식

반 폐쇄 및 폐쇄 회로 방식을 절충한 것으로 정밀도를 향상시킬 수 있어 대형의 공작기계에서 많이 사용되고 있다.

2.2 산업용 로봇

산업용 로봇은 생체 운동부의 기능에 유사한 유연한 동작기능을 갖고 또한 지적 기능을 갖춘 것으로 인간의 요구에 따라서 동작하는 것을 로봇이라 말하며 주로 공장 등에서 생산성 향상이나 노동력 절감을 위하여 산업용 로봇을 사용한다. 산업용 로봇은 다양한 동작이 가능한 동작특성을 갖고 있으며 이로 인해 다종 소량 생산의 자동화가 가능해졌다.

산업용 로봇은 인간의 노동력을 대신함으로써 인건비를 감소시키며 작업의 정밀도와 생산성을 향상시켜 준다. 또한 산업용 로봇은 생산 공정의 유연성을 증대시키며 인간을 대신하여 반복적이고 위험한 작업을 수행함으로써 인간의 작업 환경을 개선하여 준다.

[조립용 로봇] [용접 로봇] [물류 운반 로봇] [페인팅 로봇]

그림 11-10 각종 산업용 로봇

(1) 산업용 로봇의 분류

산업용 로봇은 분류의 기준에 따라 여러 가지로 분류될 수 있다. 그러나 사업현장에서 많이 사용되고 있는 산업용 로봇의 분류 방법은 용도 또는 구조적 동작 특성에 따라 분류하는 것이 일반적이다.

1) 용도에 따른 분류

산업용 로봇은 인간의 팔 동작 기능과 유사하여 다양한 동작 기능을 갖는 산업용으로 이용되는 장치이며 여러 가지 형태의 로봇 팔과 무인운반차가 이에 해당된다. 또 광의의 개념에서 본 산업용 로봇은 자동화 제조장비 중에서 컴퓨터로 제어되는 첨단장치를 포함한다. 현재 사용되는 산업용 로봇은 전방 산업군에 적용되는 용도에 따라 분류가 가능하며 용접, 조립, 물류, 검사, 진공용, 클린룸용, 반도체 및 FPD 등으로 나눌 수 있다.

2) 구조적 동작 특성에 따른 분류

산업용 로봇을 로봇의 구조적 동작 특성에 따라 분류한 것은 로봇의 설계 또는 응용에서 가장 많이 사용하는 분류 방법이다. 산업용 로봇은 기계적인 구조에 따라 직각좌표 로봇, 수평다관절 로봇(스카라 로봇), 원통좌표형 로봇, 구형좌표형 로봇, 수직다관절형 로봇 등으로 분류될 수 있다.

① 직교좌표 로봇

일명 XY로봇이라고도 불리는 직교좌표 로봇은 그림 11-11에서와 같이 직선 운동을 수행하는 축으로만 구성되어 있는 로봇이다. 일반적으로 X, Y, Z의 3축으로 구성되며 경우에 따라서는 1개 또는 2개의 축만을 사용하기도 한다. 또한 잡은 물체의 방향을 바꿀 수 있도록 하기 위하여 로봇의 선단에 회전축을 붙여 4축으로 구성한 것도 있다. 직교좌표 로봇은 기계적으로 튼튼하고 안정적이며 위치 정밀도가 우수하다. 또한 인간에게 가장 익숙한 직교좌표계를 사용함으로써 이용자가 쉽게 사용할 수 있다는 장점을 가지고 있다. 그러나 동작 영역에 비하여 설치 면적이 큰 것이 단점이다.

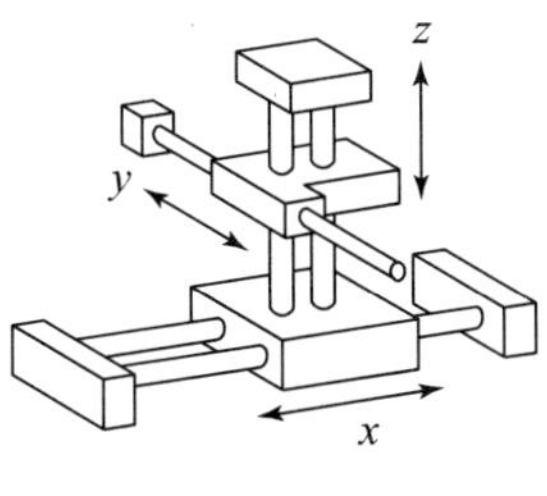

[로봇 구조]

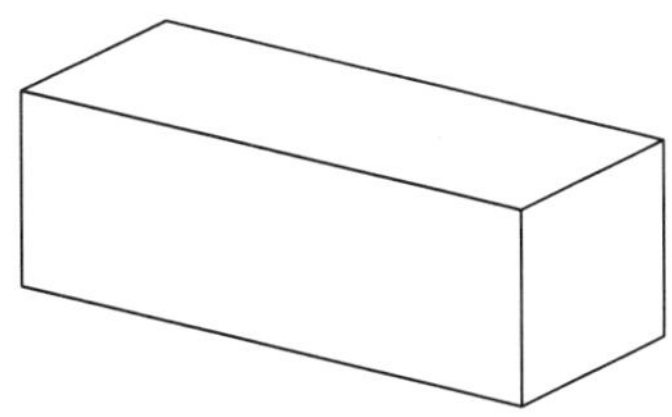

[작업영역]

그림 11-11 직교좌표 로봇

② 원통좌표 로봇

원통 좌표 로봇은 그림 11-12에서와 같이 원통의 길이와 반지름 방향으로 움직이는 2개의 직선축과 원주 방향으로 움직이는 하나의 회전축으로 구성된 로봇이다. 원통좌표 로봇은 작업 영역이 넓고 설치 면적도 적으며 위치 정밀도도 우수하다. 그러나 로봇의 엔드 이펙터(end effector)에 과중한 하중이 걸리는 작업이나 일감의 중량이 크면 위치 정밀도가 떨어지는 단점을 가지고 있다.

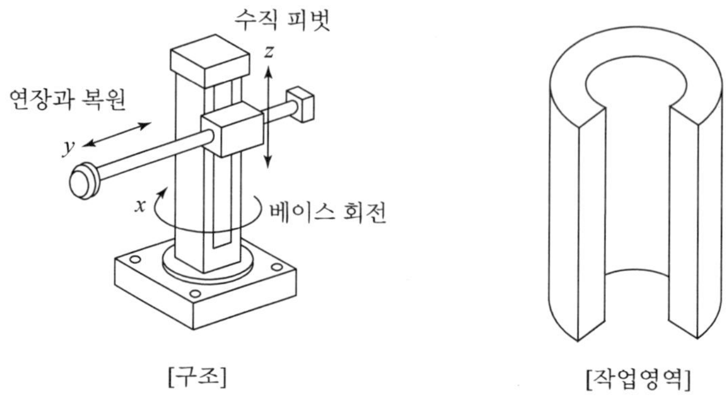

그림 11-12 원통좌표 로봇

③ 극좌표 로봇

극좌표 로봇(polar coordinate robot)은 1개의 직선축과 2개의 회전축을 그림 11-13에서와 같이 조합하여 구성한 로봇이다. 극좌표 로봇은 수직면에 대하여 상하 운동 특성이 우수하여 작업 영역이 넓고 경사진 위치에서 작업을 수행할 수 있으므로 용접 작업이나 도장 작업에 적합하다.

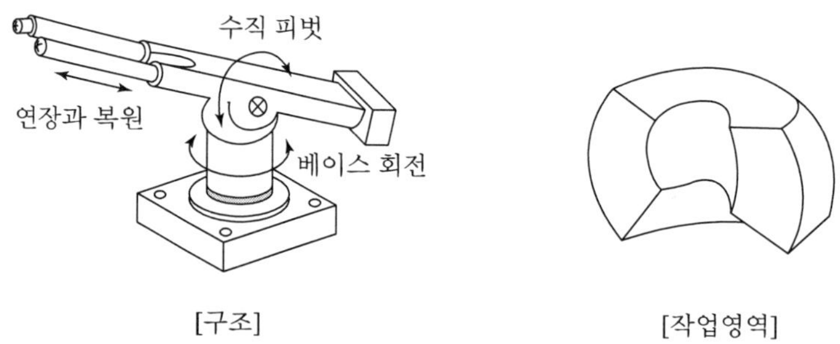

그림 11-13 극좌표 로봇

④ 수평 다관절 로봇

스카라 로봇이라고도 불리는 수평 다관절 로봇은 그림 11-14와 같이 3개의 회전축과 하나의 직선축으로 구성된 다관절 구조의 로봇이다. 1, 2축은 수평 회전 운동을 하고 3축은 수직 상하 운동을 하며 4축은 다시 회전 운동을 한다. 스카라 로봇은 수평면상의 운동 특성을 가지고 있으므로, 조립 작업 또는 팔레타이징(palletizing)작업에 적합하다.

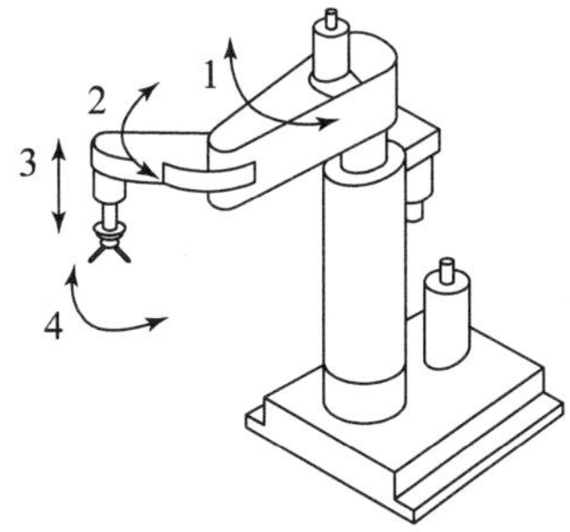

[구조]

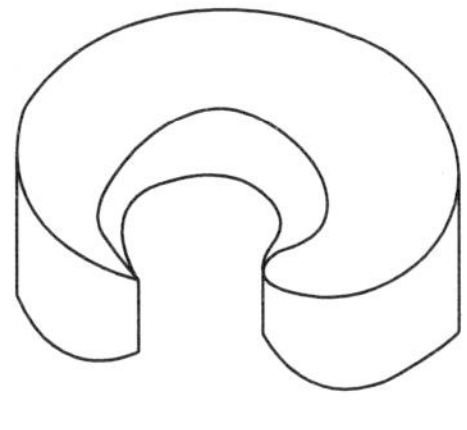

[작업영역]

그림 11-14 수평 다관절 로봇

⑤ 수직 다관절 로봇

용접 및 도장 작업 등에 가장 많이 사용되고 있는 수직 다관절 로봇은 그림 11-15와 같이 관절의 구동이 모두 회전축에 의하여 수행되는 구조를 가지는 로봇이다. 일반적으로 6개의 회전 관절을 가지고 있으며 작업 공간 내에 위치하는 임의의 작업 지점에 임의의 방향으로 접근이 가능하다. 회전 관절만으로 구성되어 있어 제어와 사용이 어렵지만 속도가 빠르고 공간 활용 능력이 우수하며 설치 면적과 본체의 체적이 작다는 장점을 가지고 있다.

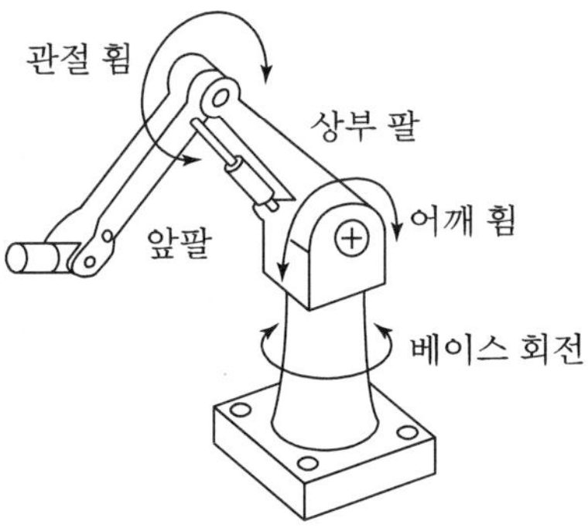

[구조]

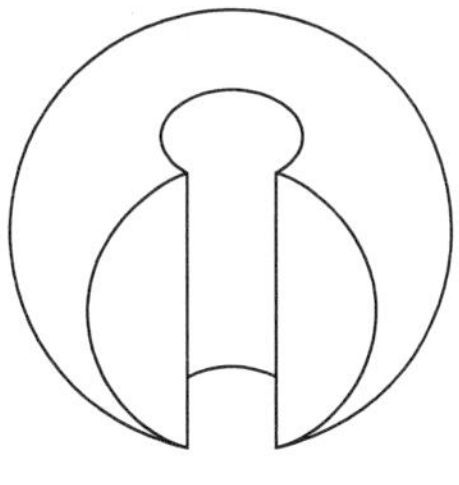

[작업영역]

그림 11-15 수직 다관절 로봇

(2) 산업용 로봇의 구성

산업용 로봇은 풍부한 자유도의 움직임과 충분한 속도와 정밀도를 부여하고 사용자의 의지에 따라서 의미가 있는 움직임이 되어야 하는데 로봇의 구성은 기구부 혹은 구동부, 제어부 및 감각인식부로 대별된다. 기구부는 동작기능, 파지기능, 이동기능을 수행하는 부분으로 인간의 팔에 해당하는 매니퓰레이터와 본체를 이동시키기 위한 다리기능을 가진 구동부로 이루어진다. 제어부는 기구부에 조작신호를 보내주는 것으로 제어기능은 동작제어기능과 교시기능으로 나누어진다. 동작제어기능은 산업용 로봇의 움직임을 제어하는 동작순서 제어기능으로 이루어지며 교시기능은 산업용 로봇에 미리 작업내용을 정확하게 가르쳐주고 기억시켜 필요할 때 동작기능을 할 수 있게 하는 기능을 말한다. 로봇의 감각 인식부는 계측기능과 인식기능을 갖고 있으며 계측기능은 로봇 자신의 팔, 다리, 손목 등의 위치, 속도, 또는 힘에 관한 상태를 알아내는 내계 계측기능과 외부대상물의 위치, 힘, 상대운동, 음향을 파악하는 외계 계측기능으로 구분된다. 이 경우 내계 계측용 장치를 제어센서, 외계 계측용은 감각센서라고 부른다. 그리고 인식기능으로는 단순인식, 형상인식 및 음성인식 기능이 있다. 산업용 로봇은 단독으로 작업하는 것이 이상적인 형태이겠지만 대부분 다른 기계나 장치와 같이 쓰이고 있다. 로봇을 도입할 때 필요로 하는 기기나 장치를 주변장치라 하며 여기에는 공급장치, 운송장치 및 이송장치가 있다.

1) 기구부

일반적인 산업용 로봇은 인간의 손의 기능에 해당하는 것이 대부분이다. 즉, 대상이 되는 물체를 파지하기 위한 손이 있고 이 손을 목표위치로 이동시키기 위한 다리 기능을 가진 것이 있는데 이 부분을 기구부라 하며 로봇의 본체에 해당한다. 기구부에는 매니퓰레이터라는 것이 있는데 매니퓰레이터는 격리된 별실에서 사람의 손이 직접 닿지 않고도 위험한 방사선 물질을 취급할 수 있도록 개발되었는데 이것이 로봇 연구의 시초이다. 당시 매니퓰레이터는 일종의 사람의 손의 기능 증대라고 생각되어 작업자의 손에 의하여 매니퓰레이터를 제어하며 매니퓰레이터에 가해진 힘은 피드백하여 작업자의 손에 전달되었다. 따라서 작업자는 시각에 의하여 대상물을 보면서 촉각에 의하여 조작할 수 있었다. 매니퓰레이터는 팔부분, 구동부분, 몸체부분으로 구성되어 있다. 팔은 대상물을 조작하기 위하여 실제로 움직이는 부분이며 손을 포함한다. 구동부분은 팔을 움직이기 위한 구동장치 부분이며 몸체부분은 팔을 고정시키고 구동부분과 동력원을 붙이기 위한 프레임 부분이다. 산업용 로봇의 기본이 되는 매니퓰레이터에는 팔과 몸체, 팔과 손 사이에 인공적인 관절이 있어야 한다. 즉, 인간의 팔이 해부학적으로 뼈와 뼈 사이에 관절이 있어 이 관절을 중심으로 팔이 움직이는 것 같은 원리이다.

2) 관절 구동 기구

산업용 로봇의 관절 구동 기구는 액추에이터와 액추에이터로부터 발생한 구동력을 관절의 동작으로 변환하는 동력 전달 기구로 구성된다. 산업용 로봇에서 사용되고 있는 액추에이터는 표 11-1에서와 같이 전기식, 유압식, 공압식의 3종류가 있다. 액추에이터에서 발생한 구동력은 동력 전달 기구를 통하여 관절의 실제적인 동작을 구현한다. 현재 산업 현장에서 사용되고 있는 대부분의 산업용 로봇은 간접 구동형 관절로 구성되어 있으며 동력 전달 기구를 사용한다. 산업용 로봇의 액추에이터로서 일반적으로 사용되고 있는 서보모터의 정격 회전수는 2,000~4,000 rpm이며 출력이 비교적 작다. 따라서 산업용 로봇은 동력 전달 기구의 일부로 다양한 형태의 감속기를 사용하고 있다. 감속기는 서보모터의 회전 속도를 감소시킬 뿐만 아니라 모터의 토크를 증폭시키는 역할을 한다. 산업용 로봇에서 사용되는 감속기는 백래시(backlash) 및 진동이 작고 강성이 크며 고정밀도의 위치 결정이 가능해야 한다. 현재 산업용 로봇에서 적용되고 있는 감속기의 감속비는 일반적으로 1/40~1/200 정도이다.

▌표 11-1 액추에이터의 종류 및 특징

구분	특징	종류
전기식	• 고속 고정도 위치 결정이 가능하다. • 장치가 소형이다. • 정기 점검 및 유지 보수가 용이하다.	스테핑 전동기 직류 서보모터 교류 서보모터
유압식	• 큰 출력을 얻을 수 있다. • 고속 응답을 얻을 수 있어 신속한 동작이 용이하다. • 제어성이 좋고 고빈도에 강하다.	유압 실린더 유압 모터
공압식	• 손쉽게 사용할 수 있다. • 구조가 단순하고 신뢰성이 높으며 보수가 용이하다. • 파워 중량비가 높다. • 정밀한 위치 결정 제어가 어렵다.	공압 실린더 공압 모터

2.3 프로그래머블 로직 컨트롤러(PLC)

PLC (Programmable Logic Controller)는 Process 혹은 Equipment의 제어를 위한 논리연산, 시퀀스(Sequence) 제어, 지연, 계산 및 산술연산 등의 제어동작을 시키기 위해 제어순서를 일련의 명령어 형식으로 기억하는 메모리를 갖고 이 메모리의 내용에 따라 디지털, 아날로그의 입출력 모듈을 통해 여러 가지 기계와 프로세스를 제어하는 디지털 조작형 전자장치를 말한다. 여기서 시퀀스 제어란 다음단계에서 해야 할 제어동작이 미리 정해져 있어서 앞 단계의 제어동작 완료, 혹은 제어동작 완료 후 일정시간이 경과 후에 다음단계로 제어결과를 이행하는 일련의 제어동작을 말한다. PLC는 1960년대 후반에 처음으로 소개되었으며 PLC 등장의 첫 번째 이유는 Relay를 Base로 하는 시퀀스 제어 시스템의 유지에 드는 비용을 줄이기 위한 것이었다. 릴레이 시퀀스 제어 시스템은 로직 변경 난해, 설비 신뢰성 부족, 트러블 슈팅 등 많은 문제점을 가지고 있었다.

이에 반해 PLC는 제어내용의 수정 · 변경의 용이성, 처리속도의 신속성, 제품의 소형화, 뛰어난 제어기능 및 신뢰성을 구비해 복잡한 제어기능을 수행할 수 있다는 장점을 가지고 있다. PLC의 공정제어 구조는 그림 11-16과 같이 이루어진다.

PLC의 분류는 입출력 점수별 분류와 프로그램용량별 분류가 있다. 입출력점수별 PLC는 64점 이하의 소형, 65~256점의 중형, 257~1024점의 대형, 1025점 이상의 초대형으로 세분하며 프로그램 용량별 PLC는 1 KW 이하의 소형기종, 1~4 KW의 중형기종, 4 KW 이상의 대형기종으로 분류한다. PLC의 주요 구성은 입력부, 출력부, 연산부(CPU), 메모리부 및 전원장치와 주변기기 등으로 구성되어 있다.

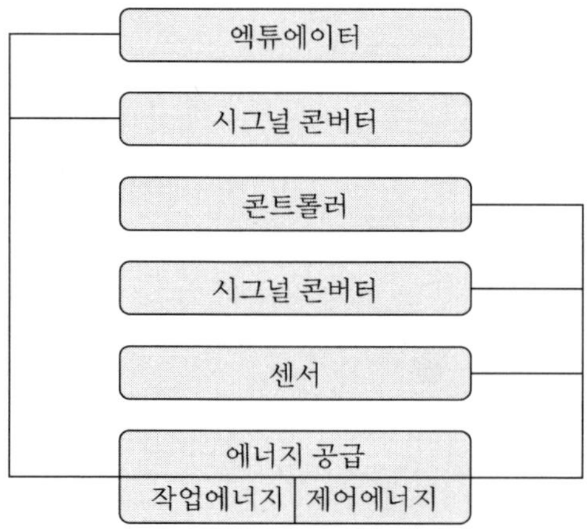

그림 11-16 제어 시스템 구조

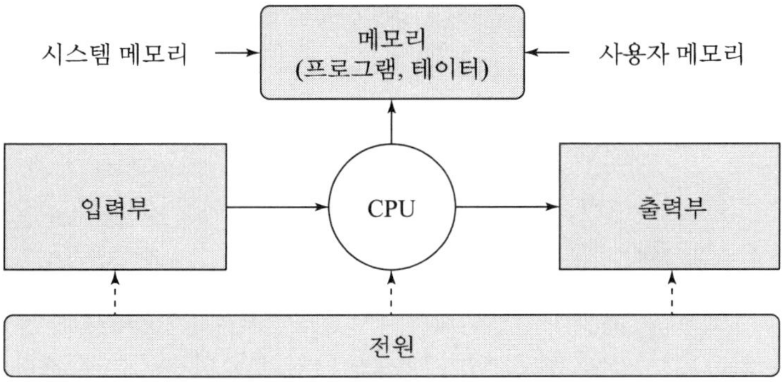

그림 11-17 PLC의 구성

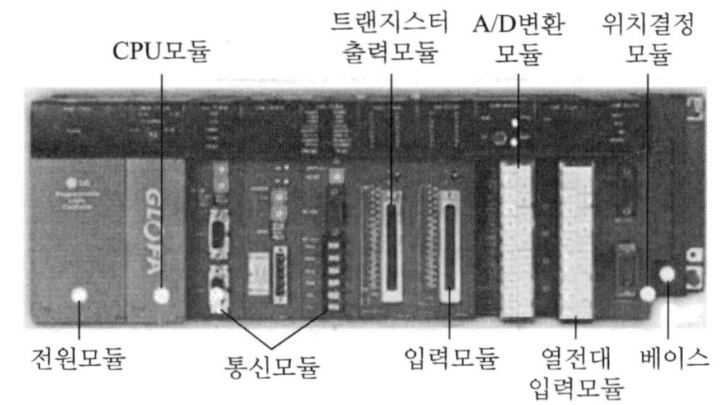

그림 11-18 제어 시스템 구조

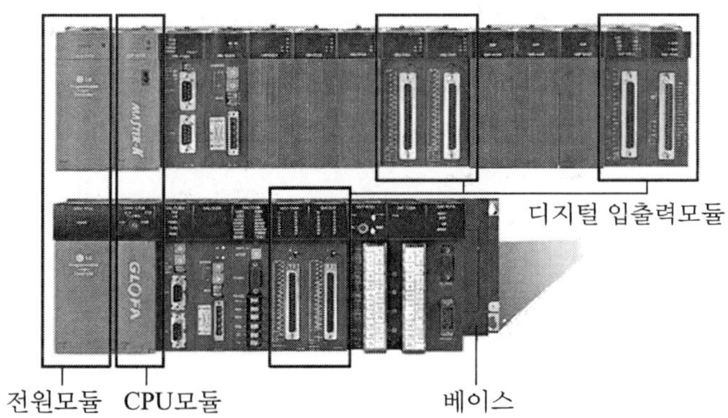

그림 11-19 PLC BASE

PLC의 구성은 대부분 마이크로프로세서 내장형이나 마이크로컴퓨터 제품으로 기본적으로는 컴퓨터와 같다. 다만, 일반 컴퓨터와 큰 차이는 다입력, 다출력을 실시간 온라인으로 처리하는 점이며 다음과 같은 특징들이 있다.

① 릴레이 논리뿐만 아니라 카운터, 타이머, latch 릴레이 기능까지 간단한 software적 프로그램으로 구현이 가능하다.
② 산술연산, 비교연산 및 고용량 데이터 처리까지 할 수 있다.
③ Self diagnosis 기능을 가지고 있어 이상상황의 조기발견이 가능하다.
④ Computerized system과의 Communication이 가능하다.
⑤ Sequence의 진행상황과 내부 진행상황을 감시할 수 있다.
⑥ PLC의 본체와 입/출력 부분을 별개로 하여 먼 거리까지 하나의 케이블로 연결하여 제어할 수 있다.

한편 PLC를 제어장치로 사용함으로써 얻어지는 이용효과로서는 다음과 같은 것들이 있다.

① 설계의 단순화
부품배치도의 간략화와 시퀀스 설계의 용이성, 시운전 및 조정의 용이함 등 대폭적인 설계의 단순화를 이룰 수 있다.
② 신뢰성의 향상
무접점 회로를 이용함으로써 릴레이, 타이머 등에서 발생되는 하드웨어적 접점사고에 의한 문제를 감소시켜 신뢰성이 향상된다.
③ 정비의 용이성
PLC는 동작표시 기능, 자기진단 기능, 감시기능 등 상태표시 기능을 내장하고 있어 정비가 용이하다.
④ 소형화 및 표준화
반도체 소자를 이용하므로 릴레이 컨트롤 판넬의 크기에 비해 현저하게 소형이며 제품의 표준화가 가능하다.
⑤ 제어내용 보존성의 향상
제어내용을 디스크나 ROM 등의 외부기기에 쉽게 보존할 수 있어 유사한 제어 로직의 구성 시에 응용이 용이하다.

2.4 컴퓨터 지원 설계/제조(CAD/CAM)

CAD / CAM (Computer Aided Design / Manufacturing)은 1950년대 후반부터 1960년대 사이에 컴퓨터 그래픽 기술에서 파생된 것으로써 제품의 설계단계에서 제조과정에 이르기까지 다양한 기술적 활동과 정보의 흐름을 컴퓨터에 의하여 통합하고 효율적으로 처리하는 시스템 기술로 1950년대 말 항공산업을 중심으로 사용되고 1970년대 이후 전 산업에 보급되기 시작하였다. 그 발전과정을 보면 CAD/CAM 기술은 당초 2차원의 작도시스템에서 탄생되었으나 미니컴퓨터의 기술발달로 턴키(turn-key)형 CAD 시스템이 발전하게 되었고 단순한 제도시스템에서 생산관리 기능이 추가되어 CAM형 시스템으로 기술영역이 확대되었으며 나아가 설계 효율화를 위하여 CAD 시스템이 작도, 도면편성 시스템으로 구상 설계 등 고도기능과 인공지능의 활용까지 발전될 것으로 보인다.

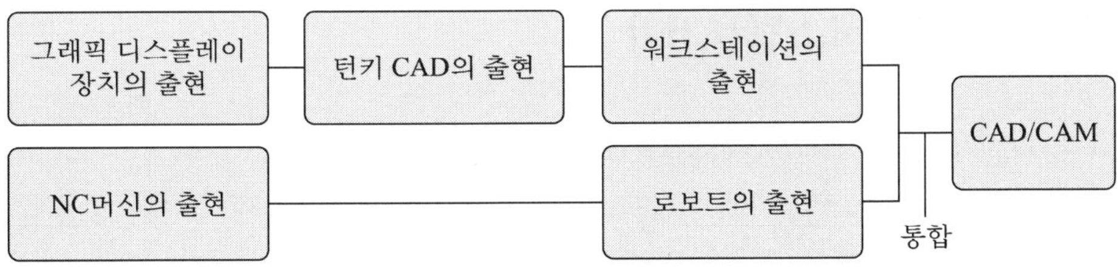

그림 11-20 CAD/CAM 기술의 진전

CAD/CAM이 주는 유연성과 고도의 기술 인력에 대한 필요성의 감소가 기술사용의 주된 동기로 적용범위를 도식하면 그림 11-21과 같다. 구체적으로 컴퓨터통합시스템(CIM) 구축의 일부가 되는 중요한 요소기술로서의 그 기능을 살펴보면 CAD의 기능은 제도 기능, 형상모델링 기능, 계산 기능, 시뮬레이션 기능이 있으며 이런 CAD의 자료에 의해 CAM은 전 제조공정에 컴퓨터를 활용하는 기술일체를 의미하는 것으로 공정설계, 가공, 검색, 조립의 기능을 가지고 있다. 오늘날 CAD/CAM 시스템은 과거 도면 제작 생산성을 높이는데 이용되던 한계를 벗어나 점차 컴퓨터 통합시스템(CIM)의 핵심 요소로 결합되어 가고 있고 제품의 초기 사양결정 · 로직 · 설계 · 회로검증 · IC 등에 인쇄회로기판(PCB)레이아웃, 모델 견품 생산 및 시험검사 제품양산에 이르는 모든 과정에서 그 활용이 확대되고 있다.

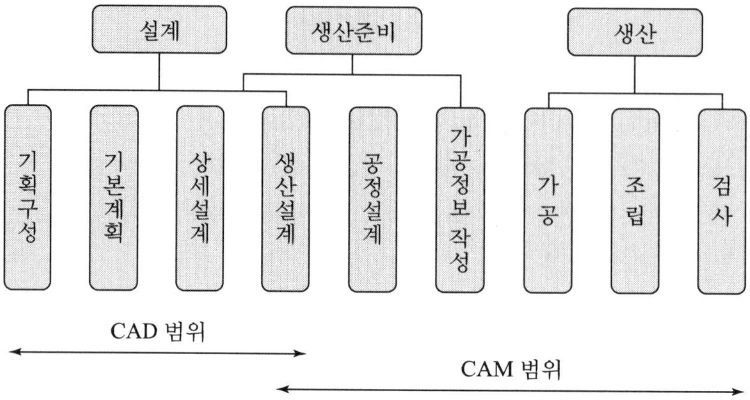

그림 11-21 CAD/CAM의 적용 범위

2.5 컴퓨터 통합 시스템(CIM)

CIM (Computer Integrated Manufacturing)이란 컴퓨터에 의한 통합적 생산시스템을 뜻한다. 즉 컴퓨터를 이용, 기술개발·설계·생산·판매에 이르기까지 하나의 통합된 체제를 구축하는 것이다. 고객이 새로운 상품을 요구하면 시장수요를 반영한 신제품은 신속하게 설계되고 제작도면, 제품의 규격 등이 컴퓨터를 통해 생산기술자에게 즉시 전달돼 생산준비가 이뤄진다. 또 납기·규격·수량 등의 제조지시는 판매부문으로부터 네트워크를 통해 생산현장에 전달되어 자동적으로 알게 된다. 생산현황에 관한 정보는 생산현장에서뿐만 아니라 판매부문에서도 동시에 검토됨으로써 기업전체가 하나로 통합된 생산, 판매시스템을 갖는 것이다. 결국 CIM은 새로운 생산시스템으로서 필요한 제품을 필요한 시기에 필요한 양만큼 생산 가능토록 한다. 오늘날 제조업에 있어서 시장의 요구의 다양화, 짧은 제품 수명 주기, 종업원의 고령화, 고임금화, 시장의 국제화 등의 심각성이 높아지고 있다. 이에 기업은 과거의 규모의 경제개념에서 범위의 경제개념으로 환경의 변화에 응하고자 다품종 소량 생산에 대응, 짧은 조달 기간, 생력화와 자동화, 고품질과 낮은 제조비용에 주의력을 집중하고 있으며 다른 한편으로는 컴퓨터 일련 정보 기술의 진보를 기업환경에 적극적으로 이용하고 있다.

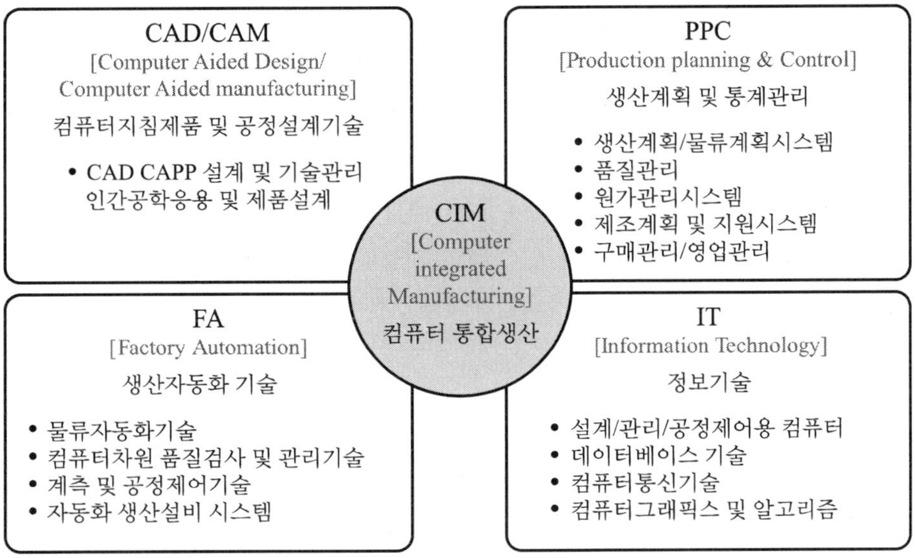

그림 11-22 CIM의 구성

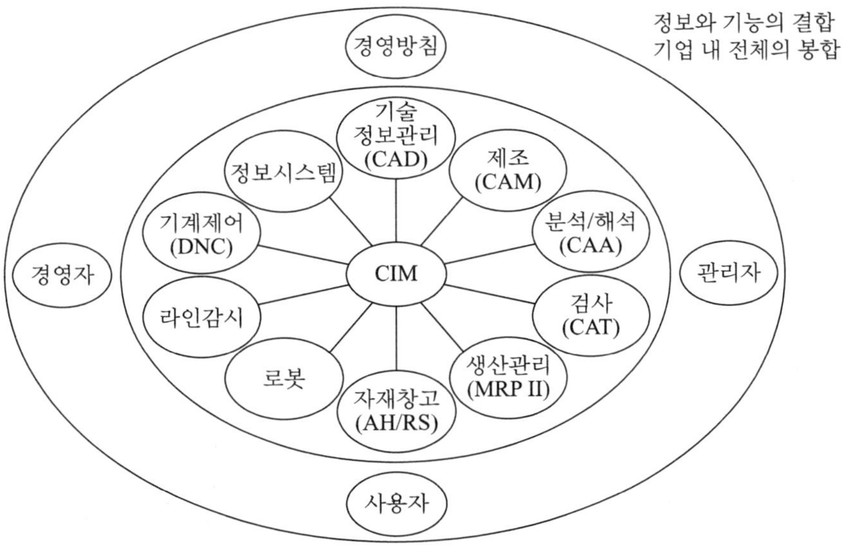

AH/RS : Auto Handling & Retrieval System
CAA : Computer Aided Analysis
CIM : Computer Integrated Manufacturing
DNC : Dynamic Numeric Control
MRP II : Manufacturing Resource Planning
CAD : Computer Aided Design
CAT : Computer Aided Test
CAM : Computer Aided Manufacturing
MIS : Management Information System

그림 11-23 CIM의 개념

CIM은 미래의 공장을 구현시킬 수 있는 기술이다. 여기에서 미래의 공장이란 기록운용의 완성, 소량생산, 조달기간의 감소, 생산 시에 최소한의 노동력이나 무노동력, 공장의 소규모화와 같은 특성을 갖는 공장이다. CIM이 출현한 이유는 생산성 증대를 위해 제조시스템에 각종 자동화기법을 이용하고자 하는 의도에서다. 따라서 순수 엔지니어링에서 엔지니어는 CIM을 CAD (Computer Aided Design)와 CAM (Computer Aided Manufacturing)의 통합으로 본다. 이러한 관점에서 CIM의 기능은 생산형태, 기업의 조직, 제품의 특성에 따라 달라지지만, 일반적으로 제품설계 기능, 생산 기능, 계획 및 관리 기능, 정보관리 기능으로 나눌 수 있다. 이를 구체적으로 살펴보면 다음과 같다.

① 제품설계기능

제품을 설계하기 위해서는 제품을 구성하는 모든 품목에 대한 설계를 하여야 한다. 또 제품의 생산에 필요한 공구나 고정구도 설계하여야 한다. 설계기능에서는 이와 관련된 기본설계, 공학적 분석, 상세설계 등을 수행하며 이것을 지원하기 위하여 CAD를 활용하고 있다.

② 생산기능

생산의 측면에서 CIM은 가공이나 조립을 비롯하여 생산에 필요한 기능을 수행한다. 가공을 위하여 NC 프로그램과 같은 자동생산을 위한 가공 프로그램을 작성하고 자동창고를 비롯한 자재의 보관이나 자재의 흐름을 제어하는 프로그램도 작성한다. 또한 각종 자동장비의 가공, 조립, 운반에 대한 운영 및 보존기술과 제품의 품질을 보증하기 위한 검사 및 측정도 포함된다.

③ 계획 및 관리기능

계획 및 관리기능으로는 제품의 생산을 위한 공정계획, 생산능력계획, 자재소요계획, 일정계획, 생산현장 시뮬레이션 등을 비롯하여 작업표준설정, 구매관리, 재고관리, 품질관리, 부하관리 등이 있다.

④ 정보관리기능

정보관리 기능에는 데이터베이스의 구축 및 유지, 컴퓨터 통신체계확립, 시스템의 통합과 같은 요소가 있다. 그리고 주문 및 고객관리, 수요예측, 그리고 경제 분석 등과 같은 것을 통하여 경영지원을 하기도 한다.

▍표 11-2 CIM에 의한 경영환경의 변화

내용	기존 생산 형태	CIM의 생산형태
• 조직	• 피라미드형	• 네트워크형, 아메바형
• 의사소통	• 상하방향	• 전 방위적
• 인력(기술)	• 단 기능화	• 다 기능화
• 의사결정 방법	• 중앙집권적	• 분권적
• 마케팅	• 획일적 대량판매	• 다양화, 고도화
• 개선방향	• 능률 향상	• 효율화 추구
• 기술개발	• 단일적	• 독립적
• 생산형태	• 소품종 다량생산	• 다품종 소량생산

3 설비관련 규정

공장자동화설비의 안전 관련해서는 국내에 별도의 규정은 정립되어 있지 않으며 본 장에서는 조세특례제한법(2014.3.14)에서 규정하고 있는 공정개선, 자동화, 정보화시설 및 첨단기술설비 내용을 발췌하여 다음에 정리하였다.

공정개선·자동화·정보화시설 및 첨단기술설비
(제12조제1항 및 제2항 관련)

구분	적용범위
1. 생산자동화설비 및 생산자동화제어설비	가. 제품의 설계 및 생산을 위한 컴퓨터와 수주·출하 및 판매 등에 대한 경영정보의 관리를 위한 컴퓨터의 본체·주변기기[컴퓨터자동설계기(CAD)·캠(CAM)·보조기억장치·프린터·플로터·웍스테이션·모뎀·단말기·인터베이스 및 정전압전원공급장치에 한한다] 및 소프트웨어 나. 제조설비를 자동으로 제어하기 위한 공정제어기기 또는 공정제어시스템 및 동 장치의 부분품 (1) 프로그래머블로직콘트롤러(PLC) 및 수치제어장치(NC 또는 CNC)를 이용한 설비 (2) 로보트 콘트롤러 및 컴퓨터통합시스템(CIM)과 관련 단위기기

	(3) 유공압밸브 · 유압펌프 · 공기압축기 및 유공압 액튜에이터 다. 주공정 또는 기능의 제어가 마이크로프로세서 또는 수치제어장치에 의하여 자동으로 조절되는 기계장치 또는 설비 라. 2 이상의 기계를 조립하여 자동으로 제어하는 생산 또는 가공시스템(FMC · FMS 및 Transfer Line을 포함한다) 마. 원자재 · 부품 및 완제품을 보관 · 저장 및 반출하기 위한 자동창고시스템 및 하역장비(Loader & Unloader) 바. 분산제어장치 · 종합정보표시판 · 무정전원공급장치 · 제어밸브 · 신호전송기 및 부속기기 사. 화학물질의 합성과정에서 요구되는 반응온도 · 압력 및 시간농도를 자동으로 일정하게 유지되도록 하는 자동제어시스템 · 화학반응합성장치 및 부속설비
2. 가공설비 및 품질향상설비	가. 웨이퍼절단설비 · 식각설비 · 회로형성설비 · 칩팩킹 및 조립장비 등의 반도체가공설비와 고순도 실리콘양성설비 나. 제어장치가 부착된 신선기 · 연선기 · 권선기 및 테이핑기, 전극 및 자극의 착탈설비, 진공 · 청정 · 방폭 등의 공기조절설비 및 기밀봉지설비, 도포 · 증착 및 성막설비, 노광 · 현상 · 식각 및 트리밍설비, 정면 · 연마 · 연취 및 적층설비 다. 매분당 방사속도가 6천미터 이상의 초고속방사설비와 고강도 · 고기능 섬유의 생산설비 라. 원료수지를 중합 · 화학변성 또는 물리변성한 제품을 제조하는 주설비 및 부속설비 마. 신소재 생산설비 (1) 섭씨 1천도 이상의 온도에서 가압력 1천톤 이상인 성형 · 정압 · 고속프레스 (2) 섭씨 1천350도 이상에서 언제나 소성이 가능한 고온소성설비와 분위기소성 및 가압소성설비 (3) 단결정 및 다결정을 육성하는 설비 (4) 광석 또는 스크랩을 제련 · 정련 또는 주조하는 설비와 압연 · 절단 · 냉각 · 교정 · 직접 또는 이송하는 열간 및 냉간압연설비(냉간성형설비를 포함한다), 공기를 포집 및 분리하여 산소를 제조하는 가스발생기, 발전 및 수배전설비, 전압 및 전류조정설비 (5) 성형 · 용접 · 열처리 · 인발 · 신선제조 및 연선제조설비, 소재에 도금 · 도장하는 표면처리설비 (6) 고압의 가스나 물로 용융된 금속을 분사시켜 금속분말을 제조하는 설비 (7) 광석 또는 제련부산물로부터 회유금속을 제조하는 설비 (8) 전기적 또는 화학적 방법에 의하여 고순도금속을 제조하는 설비 (9) 레이저 · 플라즈마 또는 화학적 방법을 이용하여 금속의 박막을 제조하는 설비 바. 항공기 · 비행체 · 위성체 · 유도발사체 및 그 부품(보조기기 · 전자장비 ·

	동력전달장치 및 발사조정장치에 한한다)의 제조설비 사. 미생물과 동·식물세포의 배양 및 증식설비, 발효공정 및 생물공정에 관련된 장치 아. 중질유분해설비 자. 사물·환경정보를 자동인식할 수 있는 센서를 이용하여 시설물 안전관리, 환경오염관리 등의 기능을 수행하는 센서 네트워크 설비(Ubiquitous Sensor Network)
3. 자동계측·검사 및 계량설비	가. 원료·부품 및 제품의 기계적 성질·물리적 성질·화학적 양, 전기전자적 양의 분석·검사·시험 또는 계측에 사용하는 자동화된 기기 및 설비와 원료·부품 및 제품의 기능 시험·성능시험·작동상태점검 또는 양품선별 등의 기능을 수행하는 자동화된 기기 및 설비 나. 생산제품을 일정량씩 자동으로 계량·계수·충전 또는 포장하는 자동포장기 및 봉합기 다. 프로그램에 의하여 온도·습도·전압 및 주파수 등을 제어할 수 있는 기능을 가진 환경 및 조건부여시험기 라. 엑스(X)선·방사선·레이저 또는 전자파를 이용한 검사설비 마. 가공공정에서 생산제품의 치수정밀도를 연속적으로 측정하는 설비 바. 금속 및 세라믹분말의 입도를 측정하는 설비 사. 금속표면에 형성된 박막의 조성·표면조도 및 자기도를 측정하는 장치 아. 신호를 분석·발생 및 측정하는 설비 자. 생화학적 분석 및 검사를 하는 기기와 생체현상을 측정하거나 기록하는 설비 차. 컴퓨터에 접속되어 작동하는 기능분석 및 성능시험 등을 하는 기기
4. 정보화 시설 및 전기통신설비	가. 전기통신설비 중 교환설비·전송설비·구내통신 선로설비 및 단말장치 나. 무제한인터넷주소(IPv6)를 지원하는 라우터 및 스위치로서 「인터넷주소자원에 관한 법률」 제2조 제3호에 따른 인터넷주소관리기관으로부터 확인을 받은 장비

4 설비관련 사고사례

1) 자동화 기계 협착 사고

① 재해발생 개요

2010년 2월 대구의 한 사업장 도금라인공정에서 작업자가 구조물기둥과 운반용 이동 대차 암(팔) 사이에 머리가 협착되어 사망하였다. 당시 사업장에서는 도금라인의 생산 공정이 자동화로 이루어지고 있었다. 재해가 발생한 공정은 원재료 투입 후 도금대상물의 표면에 묻은 기름때 등을 제거하는 탈지공정이었다.

② 재해발생 원인

담당업무를 시작한 지 한 달여가 조금 지난 피해자가 기계의 특성을 알지 못한 상태에서 기계가 '정지 상태'인 것으로 착각하고 이동대차와 구조물 사이에 머리를 집어넣은 것이 주원인으로 근로자 교육이 제대로 실시되지 않아 작업자가 기계의 특성을 제대로 숙지하지 못한 것이 문제였다.

③ 동종재해예방 대책

신규채용자에게 안전교육을 철저히 하고 정비, 청소, 수리 등을 할 때는 반드시 해당기계를 정지한 뒤 작업해야하며 갑작스러운 위기상황이 발생하였을 때 해당기계를 곧바로 멈출 수 있도록 접촉식 비상정지스위치를 기계암(팔) 부분에 추가로 설치하는 것이 바람직하다.

그림 11-26 자동화 기계 협착사고

2) 산업용 로봇 협착사고

① 재해발생 개요

2014년 2월 울산광역시 울주군 소재 자동차 부품 공장의 차체 조립 라인에서 재해자가 산업용로봇 가동범위내로 들어가 산업용 로봇과 지그사이에 재해자의 머리 부위가 협착되어 사망한 재해가 발생하였다. 재해자는 평소 7공정(11호 로봇)과 8공정(13호 로봇)에서 작업을 하나, 재해는 내부의 11공정(15호 로봇)에서 발생하였다.

② 재해발생 원인

로봇 방호울의 출입문 개방 시 출입문연동장치가 작동하여 로봇이 정지되어야 하나 설치된 출입문연동장치가 출입문에 연결되어 있지 않아 문을 개방하여도 로봇이 정지되지 않은 상태였다. 방호울이 설치되지 않은 로봇의 가동범위에 안전매트 또는 광선식 방호장치 등의 출입금지조치가 되어 있지 않아 정상동작 중에 가동범위로 재해자가 접근하였다.

③ 동종재해예방 대책

작업자가 로봇에 부딪힐 위험이 있을 때에는 안전매트 및 높이 1.8 m 이상의 방책을 설치하는 등(출입문 연동장치 포함) 위험을 방지하기 위하여 필요한 조치를 하고 상시 정상적인 기능을 유지하도록 한다. 또 로봇을 이용한 작업을 하는 경우에는 로봇의 기본원리·구조 및 작업방법, 이상발생 시 응급조치, 안전시설 및 안전기준, 조작방법 및 작업순서 등에 관한 특별교육을 실시하여 사고를 예방해야 한다.

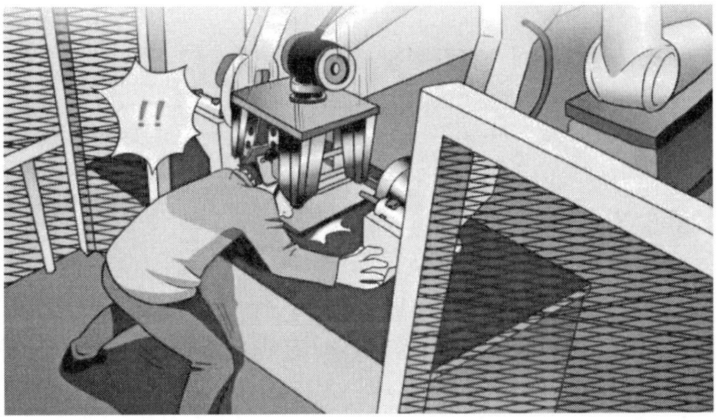

그림 11-27 산업용 로봇 협착사고

5 설비 안전현안

2016년도 산업재해 현황을 집계한 결과, 재해율(근로자 100명당 발생하는 재해자 수의 비율) 및 사망만인율(근로자 10,000명당 발생하는 사망자 수의 비율) 등 주요 산업재해 지표가 감소된 것으로 나타났다. 2016년 재해율은 0.49%로 전년(0.50%)에 비해 0.01% 감소하였고 사망만인율도 0.96%로 전년(1.01%)에 비해 0.05%가 감소하여, 산업재해 통계 산출 이래 처음으로 재해율은 0.4%대 진입하였고 사망만인율은 0.9%대에 진입하였다. 2016년 산업재해 발생현황을 살펴보면, 제조업(0.65% → 0.62%), 서비스업(0.34% → 0.32%) 등 대부분 업종에서 감소하였으나, 건설업(0.75% → 0.84%)은 건설물량 급증으로 증가하였다. 전체 재해자의 81.8%(74,194명)가 50인 미만 사업장에서 발생하는 등 소규모 사업장의 재해 취약요인이 상존하고 있다.

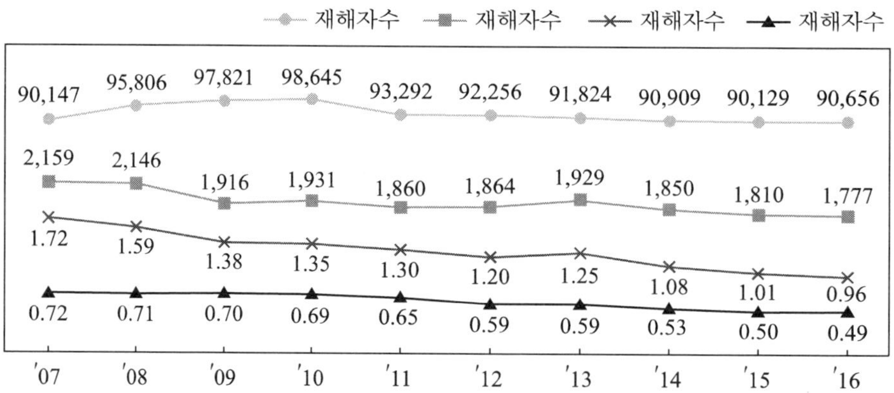

그림 11-28 연도별 산업재해 지표 현황(최근 10년간)

(1) 전체 산업재해 발생현황

재해자는 기타의 사업(32.8%), 건설업(29.3%), 제조업(28.8%)에서 대부분 발생하였고 사망자는 건설업(554명, 31.2%)에서 가장 많이 발생하였으며 특히 5~49인 건설사업장(219명)에서 가장 많이 발생하였고 제조업(192명) 및 기타의 사업(137명)도 5~49인 사업장에서 가장 많이 발생하였다.

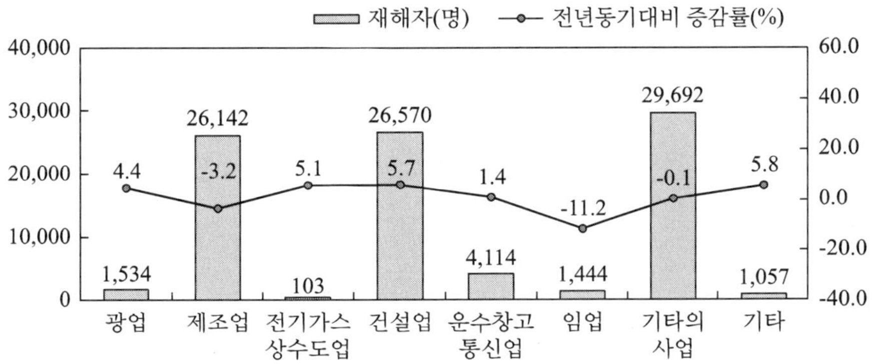

그림 11-29 전체 산업재해 발생현황(재해자)

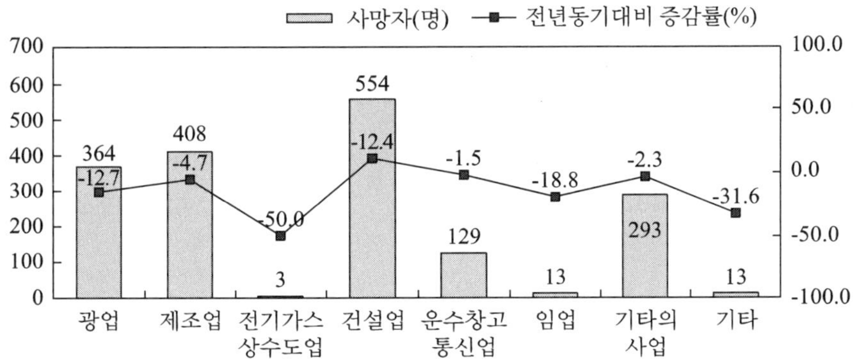

그림 11-30 전체 산업재해 발생현황(사망자)

(2) 사고재해 발생현황

재해자는 기타의 사업(33.2%), 건설업(31.0%), 제조업(28.0%)에서 많이 발생하였고 제조업의 경우 비금속광물제품·금속제품 등 제조업(4,019명), 기계기구제조업(3,604명), 화학제품제조업(2,252명) 순이고 사망자는 건설업(51.5%), 제조업(23.9%)에서 가장 많이 발생하였다.

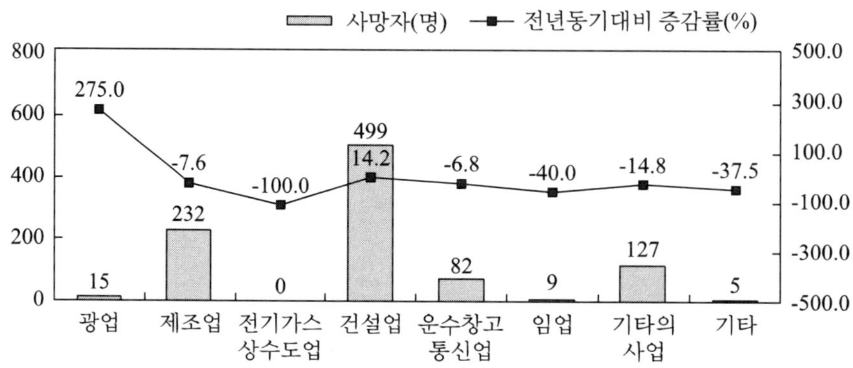

그림 11-31 업종별 사망자

재해자는 교통사고(−371명, −8.5%), 끼임(−207명, −1.5%), 절단・베임・찔림(−202명, −2.3%) 재해에서 가장 많이 감소, 떨어짐(553명, 3.9%), 부딪힘(362명, 5.4%), 넘어짐(316명, 2.0%) 재해에서 가장 많이 증가하였고 사망자는 끼임(−19명, −15.7%), 화재・폭발・파열(−17명, −34.0%), 교통사고(−15명, −15.5%) 재해에서 가장 많이 감소, 떨어짐(27명, 8.0%), 넘어짐(9명, 56.3%), 물체에 맞음(6명, 10.2%) 재해에서 가장 많이 증가하였다.

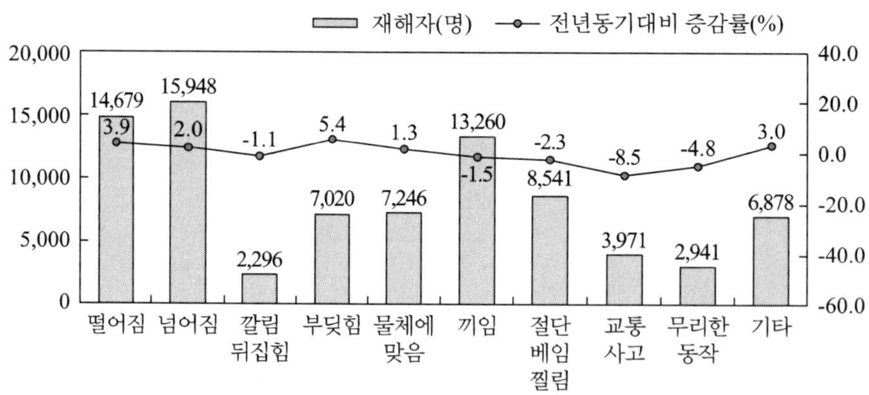

그림 11-32 재해유형별 재해자

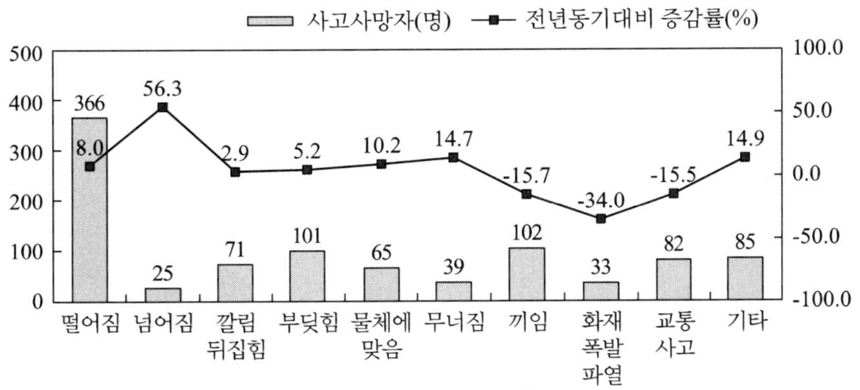

그림 11-33 재해유형별 사고사망자

(3) 업무상사고 사망재해 발생현황

업종별로는 건설업(499명, 전체의 51.5%)에서 가장 많이 발생, 광업, 건설업을 제외한 대부분 업종에서 전년 대비 감소, 발생형태는 떨어짐에 의한 사망자(366명, 전체의 37.8%)가 가장 많이 발생, 사망자는 끼임(−19명, −15.7%), 화재・폭발・파열(−17명, −34.0%) 재해에서 가장 많이 감소하였고 떨어짐(27명, 8.0%), 넘어짐(9명, 56.3%) 재해에서 가장 많이 증가하였다.

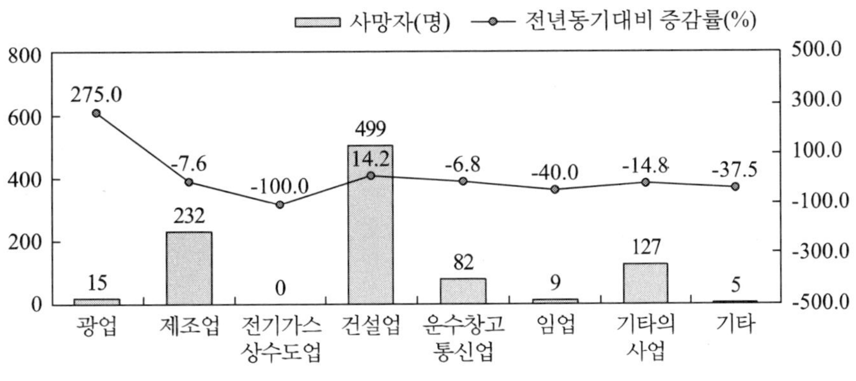

그림 11-34 업무상사고 사망재해 업종별 발생현황

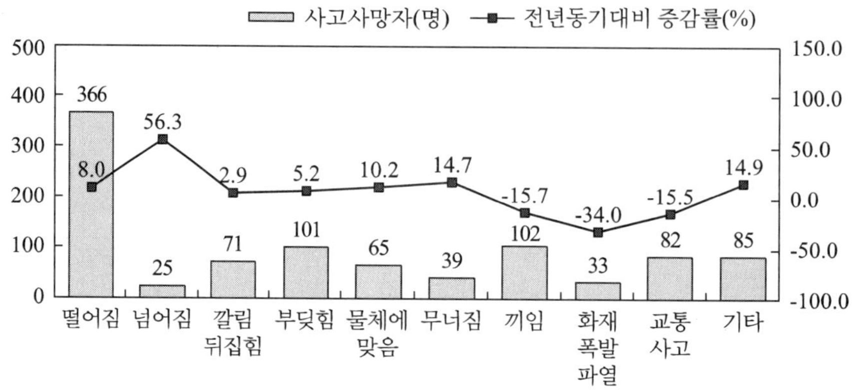

그림 11-35 업무상사고 사망재해 재해유형별 발생현황

6 개선 방안

자동화설비는 최소의 노력으로 최대의 효과를 얻기 위해 그리고 보다 편리한 생산 활동과 위험으로부터 근로자를 보호하기 위해 활용하고 있다. 최근 현장의 욕구와 기업의 경영목표가 부합되어 공장자동화의 증가율은 급속히 높은 반면에 안전대책은 이의 수준에못 미치고 있는 실정이다. 자동화설비는 돌발사태시의 재해강도가 높은 경우가 많아서 자동화설비에 대한 안전대책이 시급히 요구된다.

주요 위험요인으로 ① 장시간 입식작업 및 반복 작업에 따른 근골격계 질환 ② 엑튜에이터, 컨베이어, 실린더 등 운동하는 부품과 충돌 ③ 운동부분과 고정부분 사이에 협착 ④ 전기설비 누전에 의한 감전 등이 있다. 다음은 자동화설비의 안전대책으로 기계, 환경, 작업자에 대한 안전대책으로 나눌 수 있다.

1) 기계에 대한 안전대책

① 제어장치 특히 브레이크, 모터 등의 그 운전상태를 점검하고 보완·정비할 수 있는 시스템을 장착해야 한다.

② 기계외부에 있는 예리한 각이나 예리한 면은 극소화하고 내부에 있는 동력 전달 부분의 틈이나 간격은 최소화해야 한다.
③ 하부나 운동부에 대해서는 덮개를 이용하여 불순물 침투를 방지하고 덮개 개방 시 별도의 안전시스템을 갖추어야 한다.
④ 안전장치는 각각의 제어장치를 설치하여야 한다.
⑤ 조작 장치는 이물질이 닿아도 갑자기 작동되지 않게 구성, 급정지 장치는 쉽게 사용할 수 있고 여러 장소에 배치해야 한다.
⑥ 기계주변에 울타리, 덮개를 설치하고 이상발견 시 경보발생 시스템을 작동케 한다.
⑦ 절전 시 자동화설비 자체에 정지 상태, 즉 조건정지, 외관상정지, 완전정지 등을 구분할 수 있도록 표시하고 정비 후 가동 시 급격한 시동으로 인한 고장을 방지해야 한다.
⑧ 자동주유방식 시스템, 고열발생 부분을 별도의 안전대책을 수립하여야 한다.
⑨ 전원 차단 후 위험지역 작업 시 통전금지 표지를 하고 안전유의사항을 작업자가 볼 수 있는 곳에 설치해야 한다.

2) 환경에 대한 안전대책
① 일반기계와 구분하여 설치하고 좁은 공간의 설치는 근절
② 위험지역의 방호장치의 설치 및 출입인원의 제한
③ 작업조건에 맞는 조명과 청결유지

3) 작업자에 대한 안전대책
① 정기적으로 위기대응 훈련실시(비정상작업 시의 대처)
② 지휘계통의 확립
③ 문제발생 시 공정정지의 습관화
④ 점검, 정비, 청소, 급유 시 설비의 완전정지 및 표시부착으로 통전을 예방
⑤ 작업실수의 방지를 위해 작업순서의 게시
⑥ 작업순서는 누구나 쉽게 알아 볼 수 있도록 게시

자동화설비의 설계, 설치, 작업 단계에 따라 안전대책이 나눌 수 있는데 이는 다음과 같다.

1) 자동화설비 설계 단계에서의 안전대책
   ① 부품의 정비, 교체작업 횟수를 줄이기 위해 신뢰도가 높은 부품 사용
   ② 기어, 샤프트 등 동력 전달부는 근로자의 접촉 위험이 없도록 내장하고 외부에 설치될 경우 방호덮개 부착
   ③ 설비의 외형 및 표면은 날카롭거나 돌출된 부분이 없도록 설계
   ④ 제어장치 및 방호장치는 페일세이프 및 풀프루프 기능을 갖춘 구조로 적용
   ⑤ 조작 장치는 신체 또는 외부 접촉에 의해 작동되지 않도록 묻힘형으로 하거나 덮개를 설치

2) 자동화설비 설치 단계에서의 안전대책
   ① 공정 진행 순서를 고려하여 근로자의 신체 부담이 최소화 될 수 있도록 설비 배치
   ② 부품공급 및 제품 반출이 운반기계(지게차 등)로 이루어질 경우 적재장소와 근로자 작업위치 사이에 충분한 안전거리를 확보
   ③ 근로자가 접근하여 위험이 야기될 수 있는 부분에는 방호울타리 설치(울타리 설치가 곤란한 부분은 안전매트, 광전자식 등) 방호장치 부착
   ④ 도어나 덮개를 설치할 경우에는 개방 시 설비가 정지될 수 있도록 연동장치 설치
   ⑤ 전동기 외함 및 자동화설비 프레임에 접지 실시

3) 자동화설비 작업 단계에서의 안전대책
   ① 설계자의 의도를 반영하여 작업 상황별(정상작업, 설비고장 등) 작업절차서(순서 포함)를 작성하여 충분히 숙지 후 작업 실시
   ② 작업 전에 자동화설비에 부착된 연동장치, 방호장치 작동상태 확인
   ③ 작업 중 설비 이상이 발견될 경우 즉시 기계를 정지할 수 있도록 작업자에게 권한 부여 및 신속하게 상급자에게 보고할 수 있는 체계 마련
   ④ 설비 점검, 수리, 교체 등의 작업 시에는 운전을 정지하고 기동스위치에 시건 조치 및 조작금지 표지판 부착(수동 운전 상태에서 작업 금지)
   ⑤ 입식작업 및 반복 작업에 따른 신체 긴장을 풀어주는 스트레칭 실시

1. 매니퓰레이터의 기본 구조가 아닌 것은?

① 팔 ② 손
③ 팔목 ④ 몸체

2. 다양한 작업의 수행을 위한 다양하게 프로그램된 행동을 통하여 재료・부품・도구 또는 전용장치를 이동시키도록 고안된 프로그램 변경이 가능한 다기능기기는 무엇인가?

① NC공작기계 ② 산업용 로봇
③ NPC ④ PLC

3. 산업용 로봇 기능 중 팔 기능에 관해서 옳지 않은 기능은?

① 직각형 ② 원통형
③ 사각관절형 ④ 다관절형

4. NC 공작기계의 이점으로 옳지 않은 것을 고르시오.

① 품질의 향상 ② 신뢰성 향상
③ 재고비용 절약 ④ 가공소비시간의 단축

5. 다음 중 CIM (Computer Integrated Manufacturing)의 설명으로 옳지 않은 것은?

① 생산요소를 생산물로 변환하는 제조기능으로 제조, 품질관리, 공정관리와 관련된 CAM기능이 있어야 한다.
② 미래의 공장을 구현시킬 수 있는 기술이다. 여기에서 미래의 공장이란 기록운용의 완성, 소량생산, 조달기간의 감소, 생산 시에 최소한의 노동력이나 무 노동력, 공장의 소규모화와 같은 특성을 갖는 공장이다.
③ CIM이란 컴퓨터에 의한 통합적 물류시스템을 뜻한다. 즉 컴퓨터를 이용, 기술개발・설계・생산・판매에 이르기까지 하나의 통합된 체제를 구축하는 것이다.
④ CIM의 기능은 제품설계 기능, 생산 기능, 계획 및 관리 기능, 정보관리 기능으로 나눌 수 있다.

6. NC 제어 시스템 중 모터 측의 회전 각도를 검출하거나 Ball Screw의 회전 각도를 검출하는 방식을 쓰시오.

7. '이것'은 소프트웨어로 1950년대 후반부터 1960년대 사이에 컴퓨터 그래픽 기술에서 파생된 것으로써 제품의 설계단계에서 제조과정에 이르기까지의 다양한 기술적 활동과 정보의 흐름을 컴퓨터에 의하여 통합하고 효율적으로 처리하는 시스템 기술이다. '이것'은?

문제정답

1. ③ 팔목
2. ② 산업용 로봇
3. ③ 사각관절형
4. ② 신뢰성 향상
5. ③
6. 반 폐쇄 회로
7. CAD/CAM(Computer Aided Design/Manufacturing)

Part 12

화력발전설비

1 설비 개요

화력발전이란 연료에너지를 연소시켜 얻어낸 기계적 에너지로 회전기를 회전시킴으로써 전기적 에너지를 얻어내는 발전방법으로 석탄, 원자력, 지열(지열 발전), 태양열과 쓰레기 소각, 천연 가스, 바이오매스를 열원으로 사용한다. 천연가스는 일반적인 보일러에서의 연소뿐만 아니라 가스 터빈을 사용하여 발전하기도 한다. 가스 터빈에서 나온 폐열은 복합 화력 발전소에서 효율을 극대화 시키는데 사용된다. 화력발전의 기본적인 원리는 다음과 같다.

① 석탄, 석유, 가스 등 연료를 태워 물을 가열하여 증기를 발생시킨다.
② 발생된 증기를 통해 발전소의 증기 터빈은 회전하게 된다.
③ 이를 통해 터빈이 회전하며 생기는 운동 에너지가 터빈과 연결된 발전기의 회전축에 전달된다.
④ 회전축이 회전을 하면서 부착된 자석으로 인해 발전기 내부에 감겨있는 코일에 페러데이 법칙에 의해 유도전류가 흐르게 된다.
⑤ 이렇게 발생된 전류를 이용하여 우리가 사용하는 전기의 발전이 이루어진다.

그림 12-1 화력발전

2 설비 분류

(1) 기력발전

기력발전은 석탄·석유 등의 화석 연료를 연소시킬 때 발생하는 열에너지로 증기를 만들고 이것을 열기관에 보내어 기계적 에너지를 얻으며 이 기계적 에너지로 회전기를 회전시킴으로써 전기적 에너지를 얻는 방식이다. 원자력발전은 연료가 원자력에 의한 열이라는 점을 제외하면 석탄이나 중유에 의한 발전과 같으며 기력발전에 포함된다.

(2) 복합화력발전

천연가스나 경유 등의 연료를 사용하여 1차로 가스터빈을 돌려 발전하고 가스터빈에서 나오는 배기가스 열을 다시 보일러에 통과시켜 증기를 생산하여 2차로 증기터빈을 돌려 발전하는 것이다. 복합화력은 두 차례에 걸쳐 발전하기 때문에 기존 화력보다 열효율이 10%정도 높다는 점과 공해가 적고 정지했다가 다시 가동하는 시간이 짧다는 장점이 있다. 또한 건설기간이 유연탄 화력(50만 kW급 46개월)에 비해 1/3정도 짧은 30개월 정도에 불과하기 때문에 긴급한 전력계통을 위해 건설되기도 한다.

(3) 열병합발전

화력발전소에서 증기 터빈으로 발전기를 구동하고 터빈의 배기를 이용해서 지역난방을 하는 것이다. 화력발전소에서 화석에너지(석탄, 석유)를 태워서 물을 끓인다. 끓은 물을 이용해 증기 터빈을 돌려 전기를 생산하고 이 물로 냉각수를 이용해 난방을 하는 것을 열병합발전이라 한다. 유럽 여러 도시에서는 널리 이용되며 각 가정에 전력과 함께 난방용 증기가 발전소에서 공급된다. 국내에서도 서울 마포구 당인동 서울화력발전소, 일산 열병합발전소, 소수의 공장에서 그 예를 볼 수 있다. 증기를 대량으로 사용하는 공장에서는 자가용 화력발전소를 이와 같이 운영하는 곳도 있다. 증기 터빈 이외에 가스 터빈이 쓰이는 경우도 있다. 가스 터빈의 배기가스로 배열 보일러에 열을 가하여 증기를 발생시켜 냉난방·동력 등에 이용한다. 아파트 단지나 공동주택에서는 소형 열병합발전을 이용해 전기요금을 절약할 수 있다.

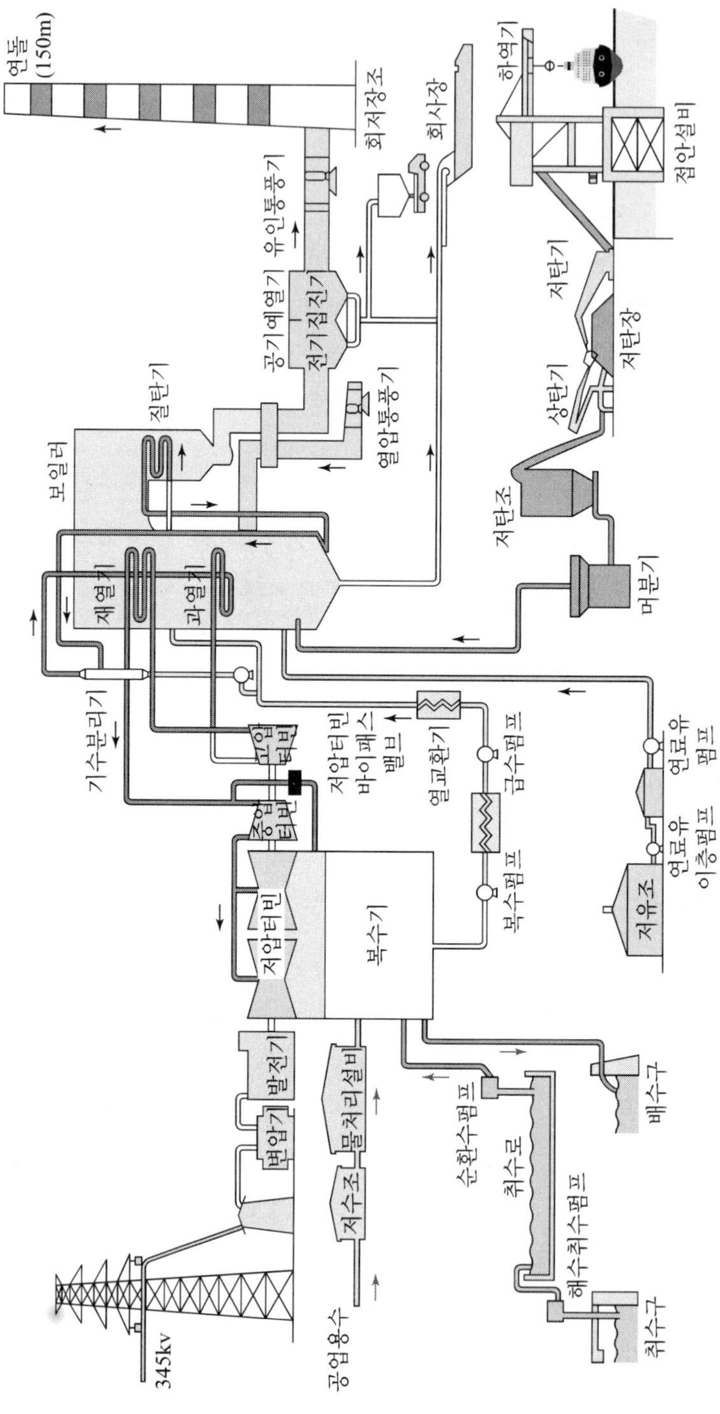
연돌(150m)
회저장조
회사장
하역기
접안설비
저탄기
저탄장
상탄기
저탄조
보일러
절탄기
공기예열기
전기집진기
유인통풍기
재열기
과열기
기수분리기
고압터빈
중압터빈
저압터빈
저압터빈 바이패스 밸브
열교환기
급수펌프
복수펌프
복수기
연료유 펌프
연료유 이송펌프
저유조
발전기
변압기
물처리설비
저수조
공업용수
345kv
순환수펌프
취수로
해수취수펌프
취수구
배수구

그림 12-2 기력발전

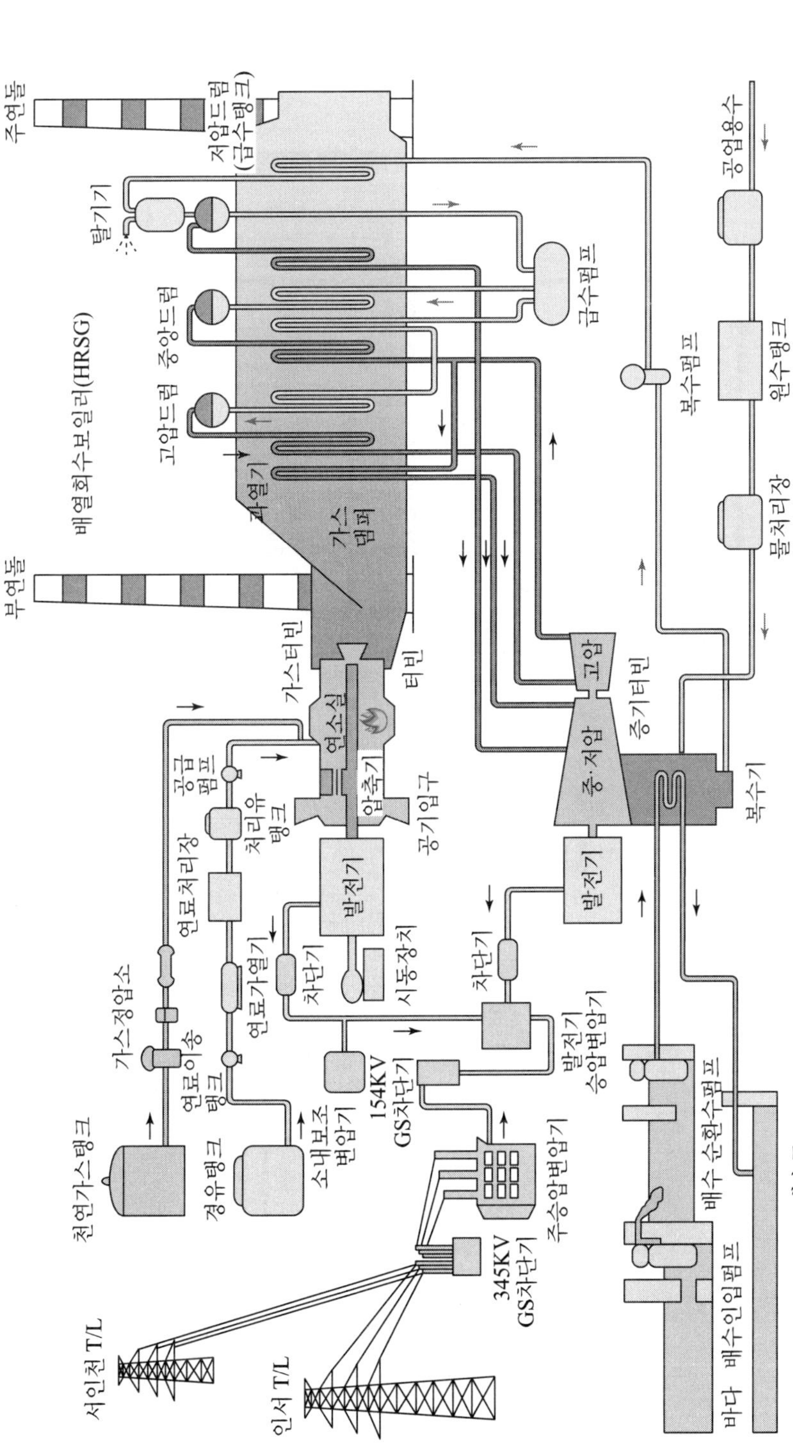

그림 12-3 복합화력발전

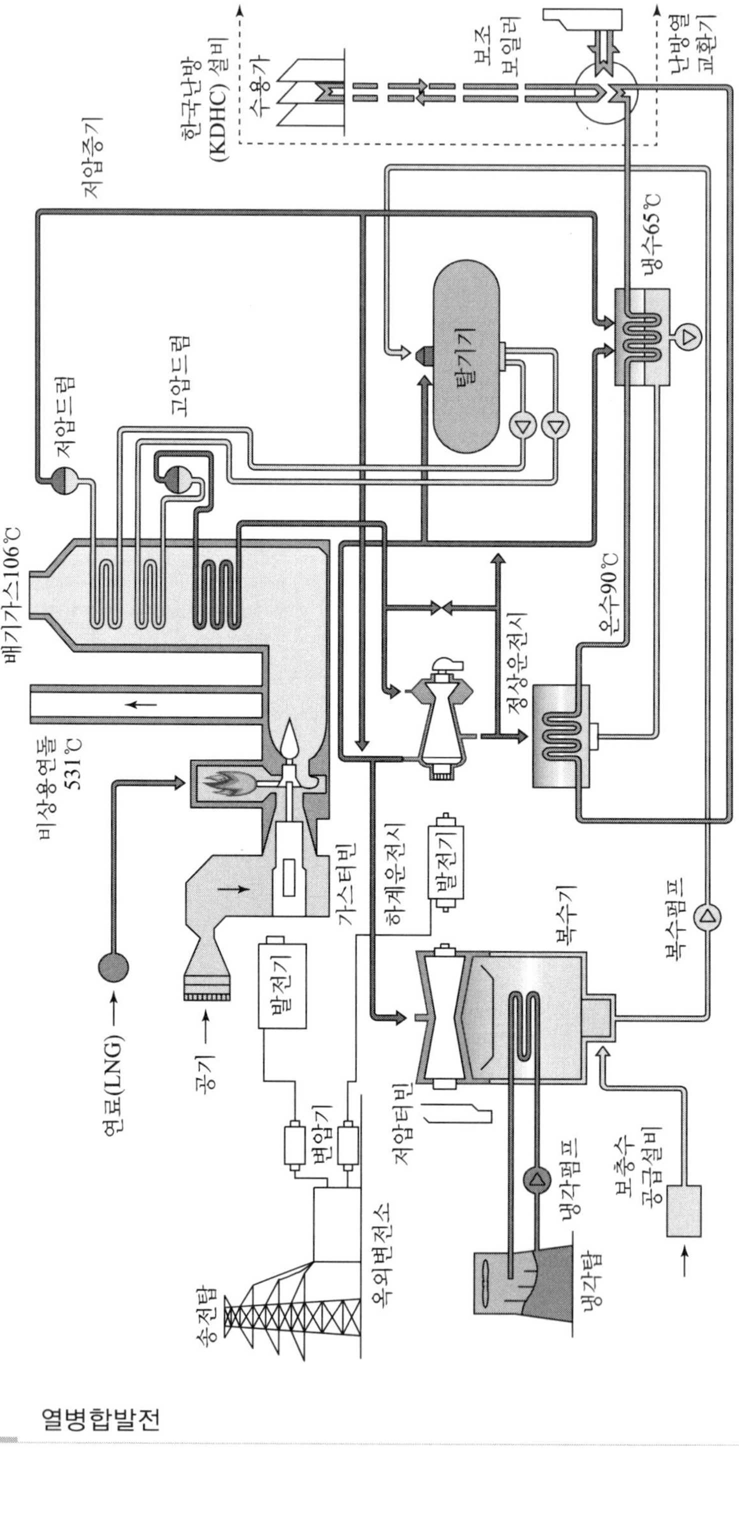

연료(LNG)
공기
발전기
변압기
송전탑
옥외변전소
비상용연돌 531℃
가스터빈
배기가스106℃
저압드럼
고압드럼
저압증기
탈기기
하계운전시
발전기
정상운전시
온수90℃
냉수65℃
한국난방(KDHC) 설비
수용가
보조 보일러
난방열 교환기
복수기
복수펌프
저압터빈
냉각펌프
냉각탑
보충수 공급설비

그림 12-4 열병합발전

3 설비별 장치 구성

화력 발전소의 발전원리는 연료를 보일러에서 연소시켜 물을 가열하여 만들어진 증기의 힘으로 터빈을 돌려 전기를 생산하는 것으로 가장 화력발전설비에 대한 핵심 설비는 보일러, 터빈, 발전기 이 세 가지로 크게 대별된다.

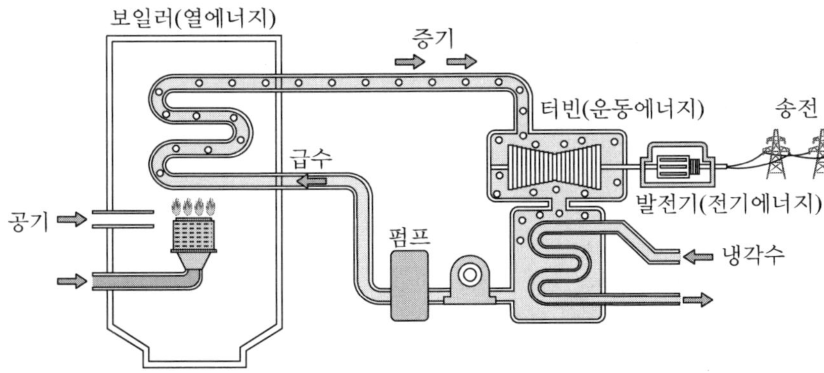

그림 12-5 화력발전설비 구성

(1) 보일러

화기, 연소가스, 기타 고온가스 또는 전기에 의해 물 또는 열매를 가열해서 대기압을 넘는 증기 또는 온수를 발생시키고 이것을 다른 곳으로 공급하는 장치를 말하며 보일러 본체 외에 연소장치, 연소실, 과열기, 절탄기, 공기 예열기, 통풍장치, 급소장치, 자동제어장치, 기타 안전밸브 등의 부속장치들로 구성되어 있다. 보일러는 증기를 발생시키는 증기보일러와 온수를 만드는 온수보일러의 2가지로 나뉜다. 또 일반 증기보일러는 증기 부위와 물 부위를 보유하고 있지만, 이중에서 거의 물 부위를 보유하지 않는 관류보일러가 있다.

(2) 터빈

보통 회전체의 원주에 여러 개의 깃(blade) 또는 날개를 심고 거기에 증기 또는 가스를

그림 12-6 보일러

그림 12-7 터빈

그림 12-8 발전기

내뿜어 고속 회전시키는 터보형의 기계를 터빈이라고 한다. 터빈은 보일러에서 발생된 과열증기를 이용해 터빈의 날개를 기계적 에너지로 회전시켜서 발전기를 통해 전기적 에너지를 얻게 하는 장치이다.

(3) 발전기

도체와 자속이 상대 운동을 하여 도체가 자속을 끊으면 도체에서 플레밍 오른손 법칙에 따르는 방향으로 기전력과 회전계자형으로 분류한다. 대형 발전기는 회전계자형으로 되어 있다.

4 장치별 구조 및 원리

(1) 보일러

발전용 보일러는 연료의 연소열을 이용하여 터빈이 필요로 하는 증기를 발생시키는 장치라고 정의할 수 있다. 증기 발생장치에는 과열기, 재열기 및 절탄기를 포함하는 보일러 본체와 연료를 저장 공급하고 이를 연소시켜 열을 발생시키는 연료 연소설비, 연료의 연소에 소요되는 공기를 공급하고 연소 후 생성된 배기가스를 배출시키는 통풍설비, 보일러에 물을 공급하기 위한 급수설비, 보일러 부하 변동에 따른 연료공기 및 급수를 자동적으로 조정하는 자동제어 장치 및 기타의 부속설비로 구성된다.

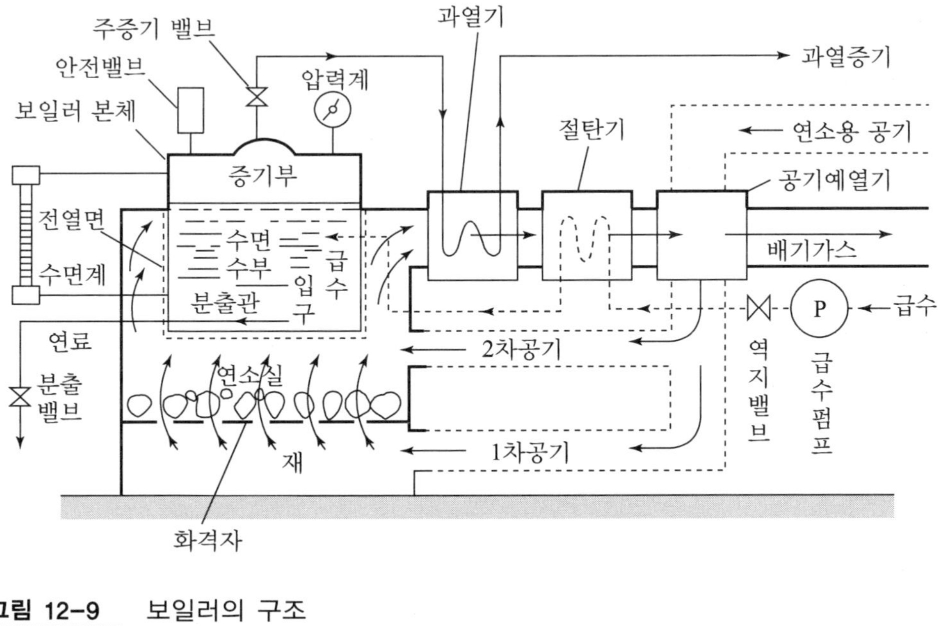

그림 12-9 보일러의 구조

1) 절탄기

보일러 전열면을 가열하고 난 연도 가스에 의하여 보일러 급수를 가열하는 장치로 장점은 열 이용률의 증가로 인한 연료 소비량의 감소, 증발량의 증가, 보일러 몸체에 일어나는 열응력의 경감, 스케일의 감소 등이 있다.

그림 12-10 절탄기

그림 12-11 보일러 드럼

2) 보일러 드럼

보일러 본체 속에 있으며 물 또는 증기를 보유하는 드럼으로서 원통 보일러인 경우에는 이것이 곧 외곽을 이루고 여기에 노통, 연관 등이 설치되어 있다. 수관 보일러인 경우에는 상부에 증기 드럼, 하부에 물드럼이 설치되어 있고 이들을 증발관과 강수관으로 연결하고 있다.

3) 노

물품을 가열하거나 용해할 목적으로 일정한 공간을 둘러싸고 가열체를 장치한 것으로 가열 목적이 단순히 물체의 온도를 높이기 위한 경우에는 가열로라 칭하고 고체를 도가니 등의 용기에 넣어 가열하여 용해할 목적일 때는 융해로라 한다. 목적하는 가열온도에 따라 노체를 만드는 내열재료의 종류나 가열 방법이 다르다.

4) 과열기

보일러에서 발생한 포화 증기를 과열하여 과열 증기로 하기 위한 장치로서 터빈이나 증기 기관 등 증기 원동기의 동력원을 공급하는 보일러에는 과열기가 설치되어 있다. 과열기는 과열기 관과 헤더로 구성되며 보일러에 직접 부속하여 그 화로 또는 연도에 배치되는 간접 연소식을 원칙으로 한다. 과열기는 전열 방식(배치 위치)에 따라 복사형 과열기, 대류형 과열기, 복사 대류형 과열기의 3형식으로 분류되고 증기와 연소 가스의 흐름 관계에 따라 병행류식, 대향류식, 혼류식으로 분류되며 다시 보일러에서 나온 증기를 과열하는 1차 과열기, 1차 과열기에서 나온 과열 증기를 과열하는 2차 과열기로 구분할 수도 있다.

그림 12-12 노

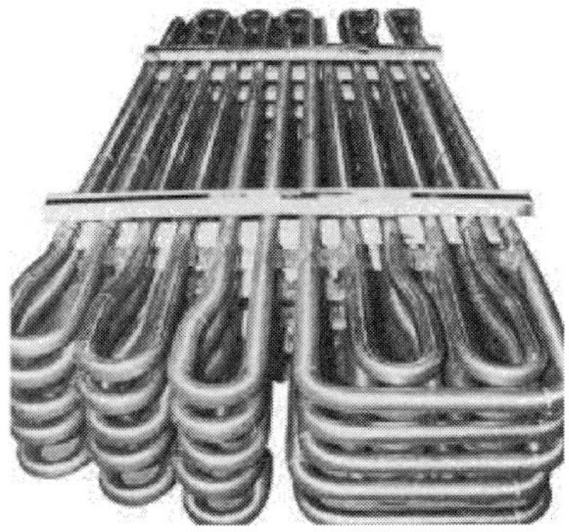

그림 12-13 과열기

5) 재열기

증기 터빈의 고압단 또는 중압단의 배기, 즉 터빈에서 팽창한 포화 온도에 가까운 상태의 증기를 뽑아내어 다시 가열(재열)하여 소정의 과열 증기, 소위 재열 증기로 만드는 장치로 과열기와 완전히 동일한 구조 및 원리의 열 가스 재열기가 사용된다.

6) 보일러튜브

보일러 튜브는 보일러 내부의 대부분의 관들을 통틀어 보일러 튜브라고 부른다. 보일러 튜브는 대부분 스틸파이프를 재료로 만들고 있다. 튜브는 고온의 증기와 물이 지나가는 관으로서 이에 따라 인장강도와 압력에 버틸 수 있게 제작되어야 한다.

그림 12-14 재열기

그림 12-15 보일러튜브

(2) 터빈

고온고압의 기체를 축에 연결된 수많은 회전날개에 부딪쳐서 축을 돌리게 하여 그 기체의 열에너지를 기계적 에너지(회전력)으로 전환하는 것이다. 운동 자체가 단순하여 왕복운동을 회전운동으로 전환하기 위한 장치, 밸브 개폐기구 등이 필요하지 않아 구조 또한 간단하다.

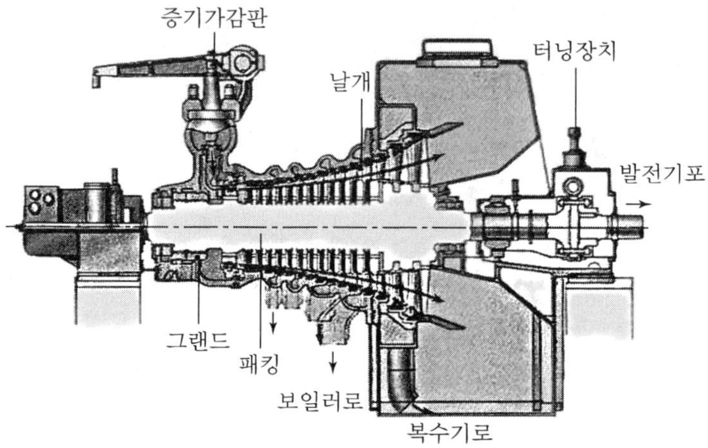

그림 12-16 터빈의 구조

1) 케이싱

터빈 회전체를 덮고 있는 기밀실로서 쉘 및 실린더라고도 한다. 증기가 일을 하기 위한 공간을 제공하며 내부에 다이아프램 및 패킹이 조립되어 있다.

2) 로터

케이싱 내부로 유입된 증기의 작용으로 증기의 열에너지를 기계적 에너지(회전력)로 변환시켜 발전기에 전달하는 부분이다. 로터는 축과 회전 날개로 구성되며 회전하는 부품 전체를 말한다. 제1단 회전날개는 터빈 부하 및 속도제어와 밀접한 관계를 가지고 있으므로 터빈 조속단(Control Stage)이라고 한다. 축은 회전날개와 더불어 가장 큰 응력이 발생하는 부분으로 충분한 강도를 가지고 무게 중심이 균형되어 진동이 발생되지 않도록 제작되어야 한다.

그림 12-17 케이싱

그림 12-18 로터

3) 고정날개

증기는 고정날개에 의해서 적당한 각도와 속도를 갖고 회전날개로 유입되게 되는데 그 고정날개를 노즐(nozzle)이라고 부른다. 고압터빈 1단의 경우 노즐은 노즐박스에 용접되어 있으며 그 외 다이아프램의 inner ring과 outer ring 사이에 용접되어 있다. 증기의 열에너지를 속도에너지로 바꾸는 작용을 하며 회전날개에서 유출되는 증기의 운동방향을 바꾸어 다음 회전날개로 유효하게 분출시키는 역할을 한다.

그림 12-19 고정날개

4) 회전날개

회전날개는 축에 심어진 비틀림 날개로서 고정날개에서 나온 증기의 속도에너지를 직접 역학적 에너지(회전력)로 변환시키는 부분이다.

그림 12-20 회전날개

5) 베어링

터빈 베어링에는 로터를 지지하는 저널형과 축방향 이동을 막아주는 추력형이 있다. 베어링 본체는 수평으로 2분할되고 링, 케이싱, 라이너로 구성되어 있으며 저널보호를 위해 주석(Sn)이 주성분인 베빗메탈(babbitt metal)이 입혀져 있다.

그림 12-21 베어링

6) 밸브

터빈 밸브의 동작은 고압유에 의해 열리고 스프링의 힘으로 닫힌다. 밸브가 열리는 상태는 조속장치 신호가 파일럿(pilot) 밸브의 스템(stem)을 움직여 유압 구동장치(hydraulic actuator) 내부의 피스톤(piston) 하부에 고압 제어유를 공급함으로써 상부에서 누르고 있는 스프링 힘보다 크게 되어 위로 밀고 올라가게 되며 닫히는 상태에서는 제어유가 배출되어 스프링 힘이 아래로 작용한다.

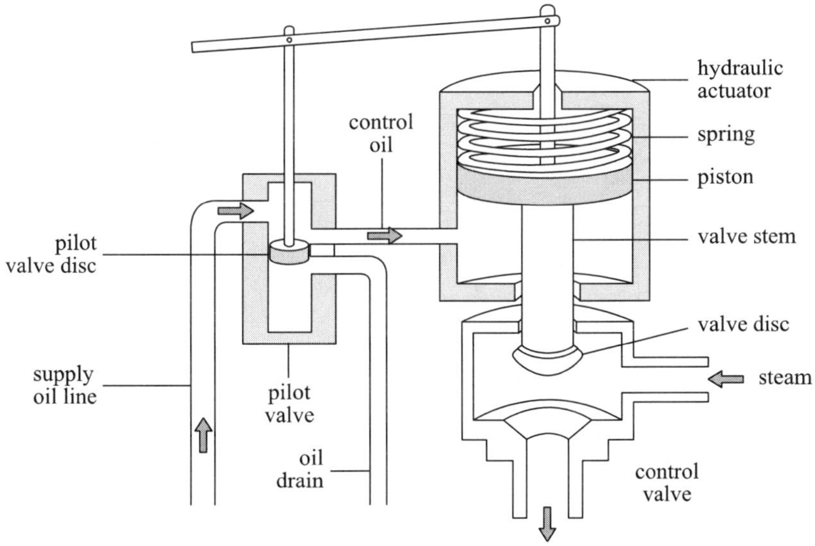

그림 12-22 밸브

7) 터닝기어

로터를 저속으로 회전시키는 기어로 터닝은 기동 전, 정지 후에 로터 각부의 온도차로 인한 변형 발생을 방지하기 위하여 행한다. 회전속도는 대부분 발전소가 2~5 rpm 사이에서 회전하며 일부 발전소는 60~120 rpm으로 회전하는 경우도 있다. 터닝기어 운전 시 공급되는 윤활유 온도는 점도를 고려하여 10도 이상으로 하되, 27~32도가 적당하며 온도가 적당하지 않으면 베어링이 마모되는 경우가 있다.

(3) 발전기

발전기 내의 회전자에 매립된 회전자 코일에 직류전류를 공급하면 회전자가 전자석이 되고 회전자가 회전하면 고정자 코일을 통과하는 자속량이 변화하여 패러데이 법칙(Faraday's Law)에 의해 고정자 코일에 전압이 발생한다. 화력설비에 사용하는 발전기는 코일 도체에 발생하는 저항손(ohmic loss)과 철심(core)에 발생하는 철손(iron loss), 각 부위에서 발생하는 와전류손(eddy-current loss) 등에 의해 열이 발생하여 발전기 내의 온도가 상승한다. 발전기에서는 내부에서 발생하는 열을 냉각하기 위해 수소가스나 물을 냉매로 사용한다.

그림 12-23 발전기 구조

1) 고정자

① 고정자 틀

고정자 틀은 고정자 철심 지지물, 그랜드 밀봉, 베어링 지지대, 단자함, 수소 냉각기 함 등을 지지하며 수소 가스를 수용하는 원통형 격납 용기의 기능이 있다. 틀의 내부는 회전자 축 원주방향으로 여러 개의 원형 링과 스프링 바, 버팀대로 보강되어 갑작스런 부하변동이나 3상 단락 및 수소가스의 폭발에도 견딜 수 있도록 견고하게 제작되어 있다.

② 고정자 철심

고정자 철심은 주 자속의 통로가 되며 또 고정자권선을 지지하는 역할을 한다. 고정자 철심의 제작의 와전류손과 히스테리시스손실을 줄이기 위해 얇은 규소강판(두께 0.35～0.5 mm, 규소함량 2～4%)을 부채꼴로 만들고 슬롯을 파고 찍어낸 후 절연 바니스를 칠해 건조시킨다.

③ 로터

자극이 되는 로터 철심, 여자 전류가 흐르는 로터 코일과 로터 축 및 슬립 링 등으로 구성되어 있으며 크랭크축과 V벨트로 연결되어 회전하는 부분이다. 로터 철심은 4개 또는 6개의 자극을 서로 맞대어 조립한 것으로 8개 또는 12개의 극을 형성하고 있다. 작동 시에는 슬립 링에 접촉된 브러시를 통하여 여자 전류가 흘러서 한쪽 철심은 N극, 다른 한쪽 철심은 S극으로 자화된다.

④ 브러시

2개의 브러시는 브래킷에 고정된 브러시 홀더에 끼운 다음 브러시 스프링으로 눌러서 슬립 링에 접촉시키고 있다. 한쪽 브러시는 여자 전류가 흘러 들어오는 단자에 연결되고 다른 한쪽 브러시는 접지시켜서 계자 회로를 구성하고 있다. 브러시는 로터가 회전할 때에 링과 미끄럼 접촉을 하면서 로터 코일에 여자 전류를 공급하기 때문에 접촉 저항이 작고 내마멸성이 좋은 금속 흑연질의 것이 사용된다.

5 설비관련 규정

화력발전 관련 설비는 주로 보일러, 터빈, 연료연소설비 등으로 구성되어 있으며 상기 설비 기술기준 및 판단기준의 내용 중 안전관련 주요부분만을 요약하면 다음과 같다.

5.1 보일러 및 부속설비

(1) 제11조(보일러 및 부속설비의 구조)

1) 기술기준 제74조에서 "안전한 것"이란 기술 기준의 판단기준 제12조부터 제32조까지 규정한 구조로 되어 있고 제33조의 수압시험에 합격한 것을 말한다.

2) 보일러 및 다른 압력부품의 설계는 아래의 설계요건을 만족하여야 한다.

① 압력을 받는 모든 보일러용 판재의 최소두께는 "전기보일러에 대한 요건"의 규정에 의해 제작되는 전기보일러를 제외하고 6 mm(1/4″) 이상이어야 한다. 원통형 외부 동체 이외에 사용되는 스테이용 판재의 최소두께는 8 mm(5/16″) 이어야 한다.

② 재료규격에서 판두께를 0.3 mm(0.01″)까지 허용한다면 두께계산식으로 계산된 두께보다 0.3 mm(0.01″)까지 얇은 판재는 이 규격에 따른 제작에 사용할 수 있다.

③ 파이프 또는 튜브 재료는 이 규격의 해당 식으로 계산된 두께보다 얇게 주문해서는 아니된다. 주문한 재료는 해당 파이프 또는 튜브의 재료규격에서 ASME Sec II에 주어진 대로 허용된 제조상의 하한 공차를 감안하여야 한다.

3) 각각의 제작방법에 적용되는 규정을 따르고 보일러가 가장 엄격한 요건을 가진 제작방법으로 허용된 사용조건으로 제한된다면, 보일러 및 그 부품은 이 규격에 주어진 제작방법의 조합으로 설계되고 제작할 수 있다. 다만 이 규정은 설계에 있어서 가능한 모든 상세사항 규정을 포함하고 있는 것은 아니다. 상세 규정이 주어지지 않은 경우, 제조자는 규정에 따른 경우와 같은 정도의 안전성을 갖도록 설계에 대한 상세사항을 마련해야 한다.

4) 최대 허용사용압력은 이 기준에서 지정하는 허용응력 값, 설계 규정 및 치수를 적용하여 결정된 압력이다(최대 허용사용압력이라는 용어가 이 규격에서 사용될 때마다, 게이지(gage) 압력 또는 kN/mm^2 단위로 대기압을 초과하는 압력을 말한다)

① 제35조 규정을 만족하는 증기와 물의 경계선이 고정되지 않은 강제유동 증기발생기(관류형 보일러)를 제외하고, 어떤 보일러도 최대 허용사용압력보다 높은 압력으로 작동되어서는 아니된다. 단, 안전밸브나 압력방출밸브 또는 밸브들이 방출하고 있을 때는 예외이며, 이때에는 최대 허용사용 압력에서 6%를 초과하지 않아야 한다.

② 증기 및 수위가 고정되지 않은 강제순환 증기발생기에서, 물－증기 유동 경로를 따라 서로 다른 압력수준으로 압력부품을 설계하는 것이 허용된다. 모든 부품의 최대 허용사용압력은 그 부품이 받게 되는 압력 및 온도의 예상되는 최대 유지조건에 대해 제35조 ④항의 규정에서 요구되는 것 이상이어야 한다.

5) 특별히 언급되지 않는 한 필요 최소두께를 계산할 때 정압수두로 인한 응력을 고려하여야 한다. 작동압력 또는 정압수두 이외의 요인으로 발생된 추가 응력은 허용작동응력의 10%를 초과할 정도로 평균응력을 증가시킬 경우 그 것도 고려하여야 한다. 추가응력의 요인은 기기 및 그 내용물의 무게와 지지 방법 등이 포함된다.

6) ASME Sec II, Part D의 표 1A 및 1B의 최대허용응력값은 압력부품의 필요최소두께 또는 최대 허용사용압력을 계산하기 위해 이 규격의 식에서 사용될 단위 응력이다(ASME Sec II, Part D 참조).

7) 크리프 강도가 증강된 페라이트 합금으로 제조한 압력유지 구성부품의 냉간 성형 부위는 사용에 적절한 열처리를 하여야 한다. 냉간 성형은 705°C(1,300°F) 미만의 온

도에서 수행되어야 하며 냉간성형 후 변형율은 위 ④항 표에 따라 계산하여야 한다.

8) 기술기준 제21조 5항에 따라 보일러 및 부속설비에 대한 내진설계를 하는 경우에는 국토해양부고시 "건축구조기준 0306(지진하중)"을 적용할 수 있다.

(2) 제36조(과열기 및 재열기의 안전밸브)

1) 모든 과열기는 과열기 출구와 첫 번째 스톱밸브 사이의 증기 흐름경로에 한 개 이상의 안전밸브가 있어야 한다. 밸브의 위치는 사용 목적에 적합하여야 하고 필요한 과압 보호를 하여야 한다. 만일 과열기 출구 헤더(header)가 끝에서 끝까지 전 구경 증기 자유통로이고 과열기 튜브와 헤더를 통해 증기가 균일한 흐름이 되도록 헤더의 전 길이에 걸쳐 실제로 같은 간격으로 증기가 공급되도록 구성되어 있다면 안전밸브 또는 다른 밸브는 헤더 길이 내의 어느 곳에 설치하여도 된다.

2) 과열기에 부착되어 있는 안전밸브 또는 다른 밸브의 방출 용량은 보일러에 대한 안전밸브의 수량과 크기를 정하는데 포함하여도 된다. 다만, 과열기 안전밸브와 보일러 사이에 중간 밸브가 없어야 하고, 과열기와는 별도로 보일러에 있는 안전밸브 또는 다른 밸브의 방출용량이 최소한 요구되는 총 밸브 용량의 75% 이상이어야 한다.

3) 보일러로부터 차단되어 화염 압력용기로 될 수 있는 모든 독립 화염식 과열기는, 방출용량이 고온 가스에 노출된 부분에서 측정된 과열기 표면적(m^2) 당/시간당 29 kg의 증기를 방출하는 한 개 이상의 안전밸브가 있어야 한다. 대안으로, 제조자가 결정한 예상최대흡수열 W(Btu/h)을 646(1000)으로 나누어 계산해도 좋으며 설치한 안전밸브의 개수와 총용량은 방출증기용량보다 커야 하며, 분리형 직화식 과열기에 사용되는 안전밸브는 ①항의 규정에 따라 위치를 정하고, 제38조에 따라 설치하여야 한다.

4) 모든 재열기는 총 방출 용량이 재열기 설계 시에 최대 증기 흐름량과 최소한 같도록 한 개 이상의 안전밸브가 있어야 한다. 재열기 안전밸브의 용량은 보일러 및 과열기에 대한 요구 방출 용량을 포함해서는 아니된다. 조합한 방출 용량이 총 요구량의 15% 이상이 되는 한 개 이상의 밸브는 재열기 출구와 첫 번째 스톱밸브사이의 증기 흐름경로를 따라 설치하여야 한다.

5) 수트블로어(soot blower) 연결부는 안전밸브 연결부로 사용되는 과열기나 재열기의 출구와 동일한 출구에 부착하여야 한다.

6) 230°C를 초과하는 온도에서 과열된 증기를 방출하는 과열기와 재열기에 사용되는

모든 안전밸브는 강, 합금강 또는 이와 동등한 내열재료로 제작되어야 하며, 밸브의 입구는 플랜지붙이 연결 또는 맞대기용접 연결로 되어야 한다. 또한 밸브는 적절한 열 침식 및 부식 저항 재료로 된 시트(seat)나 디스크(disk)가 있어야 하고, 스프링은 배출 증기와의 접촉으로부터 보호되도록 밸브 케이싱의 외측으로 완전히 노출되어야 한다.

(3) 제38조(안전밸브의 설치)

1) 한 대의 보일러에 2개 이상의 안전밸브가 사용되는 경우, 그것을 분리하여 설치하거나, Y-형체에 개별 밸브를 설치하여 만든 트윈(twin)밸브 또는 동일한 몸체 케이싱에 2개 밸브가 있는 복식 밸브로 설치하여도 된다. Y-형체에 개별 밸브를 설치하여 만든 트윈밸브나 동일 몸체 케이싱에 2개 밸브가 있는 복식 밸브는 동일한 용량이어야 한다. 크기가 다른 2개의 밸브를 설치하는 경우, 작은 밸브의 방출용량은 큰 밸브 방출용량의 50% 이상이어야 한다.
2) 안전밸브 또는 압력방출밸브는 다른 연결부와는 독립적으로 보일러에 연결하여야 하고, 불필요한 중간 관 또는 관 이음쇠를 거치지 않고 보일러 또는 정상적인 증기 흐름경로에 가능한 한 가깝게 부착하여야 한다. 모든 안전밸브 또는 압력방출밸브는 스핀들(spindle)이 수직이 되도록 연결하여야 한다.
3) 보일러와 안전밸브 또는 압력방출밸브 사이의 연결부 출구면적은 최소한 밸브 입구의 면적과 같아야 한다.
   ① 안전밸브 또는 압력방출밸브와 보일러 사이에 어떤 종류의 밸브도 설치해서는 안되며 또한 안전밸브 또는 압력방출밸브와 대기사이 방출관에도 밸브를 설치해서는 아니된다.
   ② 방출관이 사용되는 경우, 그 단면적은 밸브 출구의 전체면적이나 그 안에서 방출하는 여러 개 밸브 출구의 총 면적 이상이어야 한다.
   ③ 방출관은 가능한 한 짧고 직선이어야 하며, 밸브에 과도한 응력을 주지 않도록 배치하여야 한다.
4) 소음기가 안전밸브 또는 압력방출밸브에 사용된다면, 밸브의 적절한 작동과 방출용량을 방해함으로써 발생하는 배압을 방지하기 위해 소음기의 출구 면적을 충분히 크게 하여야 한다.
   ① 소음기 판 또는 소음기의 다른 장치는 침전물에 의해 증기통과를 제한하지 않도

록 제작하여야 한다.

② 안전밸브 또는 압력방출밸브는 그것의 작동에 영향을 줄 수 있는 옥외형 기기에 노출되는 경우 적절한 덮개로 밸브를 보호하여야 하며, 보호물 또는 덮개는 벤트(vent)가 잘 되고, 밸브의 기능 발휘 및 정상 운전이 잘 되도록 배치하여야 한다.

5) 보일러가 한 개의 연결부에 2개 이상의 안전밸브 또는 압력방출밸브가 연결되는 경우, 이 보일러의 연결부는 그것이 연결되는 모든 안전밸브 또는 압력방출밸브의 입구 연결부의 면적 이상의 단면적을 가져야 한다.

6) 모든 보일러는 다른 외부 증기 연결부와 독립적인 안전밸브 또는 압력방출 밸브를 위한 적절한 출구 연결부가 있어야 하며, 출구면적은 부착되는 모든 안전밸브 또는 압력방출밸브 입구 연결부의 총 면적과 최소한 같아야 한다.

7) 안전밸브가 별개의 증기 드럼 또는 돔(dome)에 부착되는 경우, 보일러 본체 및 증기 드럼 또는 돔 사이의 구멍은 제6항에서 요구되는 것 이상이어야 한다.

5.2 증기터빈 및 부속설비

(1) 제98조(증기터빈 및 부속설비의 구조)

1) 기술기준 제82조 제1항 및 제4항에서 규정하는 "비상조속장치가 작동하였을 때 도달하는 회전속도"란 비상조속장치가 작동한 시점으로부터 관성에 의해 상승하는 경우의 회전속도를 포함하는 것을 말하며, 어떠한 원인으로 증기터빈이 정격회전속도를 초과하여 비상조속장치가 작동하였을 경우 상승한 속도에서도 기계가 손상되지 않아야 한다.

2) 기술기준 제82조 제2항의 "최대의 진동"이란 터빈의 기동 및 정지과정을 포함한 운전 중 발생하는 진동값 중 최대의 것을 말하며, 증기터빈은 기동 및 정지과정을 포함한 모든 운전상태에서 발생하는 진동에 대하여 충분히 기계적으로 강하고 견고하여야 한다.

3) 기술기준 제82조 제3항에서 규정하는 "이상 마모, 변형 및 과열이 생기지 않는 것"이란 다음의 장치를 구비하는 것을 말한다.

① 통상 운전 시에 증기터빈에 급유를 행하기 위한 주 윤활유 펌프

② 주 윤활유 펌프의 출구 압력이 현저하게 저하하였을 경우에 자동적으로 증기터

빈에 급유하기 위한 보조윤활유 펌프

③ 주 윤활유 펌프 및 보조윤활유 펌프가 고장이 발생하는 경우에 증기터빈을 안전하게 정지하기 위한 비상용 윤활유 펌프 또는 수동 보조윤활유 펌프(단 10,000 kW 이하의 증기터빈에는 필요하지 않다)

④ 증기터빈의 정지 중에도 통상 운전 시에 필요한 윤활유를 모아두기 위한 저장 탱크

⑤ 윤활유를 청정하게 유지하기 위한 장치

⑥ 윤활유의 온도를 조정하기 위한 장치

4) 기술기준 제82조 제4항의 "조속장치에 의해 조정할 수 있는 회전속도 중 최소의 것"이란 유도 발전기와 결합하는 증기터빈 이외의 증기터빈에서는 속도조정률로 정해지는 회전속도의 범위 중 최소의 것을 말하며, 유도 발전기와 결합하는 증기터빈에서는 유도 발전기가 접속되는 계통의 주파수로 발전할 수 있는 최소의 회전속도를 말하고, "충분한 대책을 강구하였을 경우"란 2차 이상의 진동모드의 진동에 대하여 회전기계의 위험속도 근처에서 불균형 변화를 하기 쉬운 정도 또는 그 불균형에 대한 진동감도의 평가치에 대해 일반적 지침을 제시하는 KS B 0704(기계적 진동－기계의 불평형변화감도 및 기계진동의 불평형민감도)에 준한 축계 설계로 공진배율을 낮추는 등 충분한 대책이 강구되어 안전성이 실증되어 있는 경우를 말한다.

5) 기술기준 제82조 제5항의 "안전한 것"은 아래에 열거하는 것을 말한다.

① 증기터빈 및 그 부속설비[증기터빈 차실(turbine casing), 밸브본체(valve box), 복수기본체condenser shell) 및 복수기 수실(condenser water box) 제외]에서는 제12조부터 제32조까지(보일러 등과 관련되는 부분을 제외)를 충족시키는 것을 말한다.

② 증기터빈 및 그 부속설비의 "내압시험"은 제80조 또는 제81조를 준용할 수 있다.

6) 기술기준 제21조 5항에 따라 증기터빈 및 부속설비에 대한 내진설계를 하는 경우에는 국토해양부고시 "건축구조기준 0306(지진하중)"을 적용할 수 있다.

6 설비관련 사고사례

1) 당진9호기 터빈 블레이드 파손사고

① 사고내용

2015년 12월 5일, 시험 운전 중이던 당진화력 9호기 터빈에서 화재가 발생하였다.

② 피해규모

인명피해는 없었으나 터빈교체가 불가피하여 복구 작업에 따라 최소 수개월에서 최대 1년가량 일정이 지연되어 약 1,400억 정도의 손실이 있었다.

③ 사고원인

화재 진화 후 터빈을 분해 및 해체하여 확인한 사실은 최대 분당 3,600회(RPM) 속도로 고속회전 하는 수백 톤 중량의 터빈 몸체에서 LSB가 떨어져 나갔다는 것과 이 과정에서 회전체의 원활한 운동을 돕는 윤활장치 밀봉부위가 파손되어 기름이 누출되었고 케이싱에 분사된 윤활유에 불이 붙어 화재로 이어졌다는 것이 사고 원인이다. 사용된 LSB는 일본 MHPS가 새로 개발한 터빈으로 45인치가 보통이던 블레이드의 크기를 50인치로 키웠고 재질도 티타늄보다 무거운 초합금강을 사용했다. 이는 효율을 조금이라도 높이고 가격을 낮추기 위함이였지만 600°C에 달하는 고온 속에 빠르게 회전하는 터빈은 가볍고 크기가 작을수록 안정적인데 무겁고 크기가 큰 블레이드가 회전하면서 압력을 못 견디었을 것이라는 분석이다.

그림 12-24 터빈 블레이드 파손사고

④ 사고 후 조치

양쪽 가장자리의 큰 날개가 LSB로, 터빈 날개 중에서 전체 출력의 10% 이상을 담당하여 가장 많이 증기의 힘을 회전력으로 전환시킨다. 따라서 LSB없이 운영하는 것 자체가 효율적으로 엄청 큰 손해이기 때문에 사고 이후, 동서발전과 터빈제작사인 MHPS 측은 일단 문제가 생긴 LSB를 제거하고 준공 후 임시운영하기로 결정하였다.

2) 보령화력발전소 화재사고

① 사고내용

2012년 3월 15일 저녁, 우리나라 전기발전 중 8%를 담당하는 보령화력발전소 1호기 지하에서부터 화재가 발생해 소방차 30대와 소방인력 등 402명이 진화작업을 벌여 11시간 만에 불길을 잡았다.

② 피해규모

인명피해는 없으나 1호기가 가동 중단되어 국내 전력수급에 차질을 빚었다. 2호기는 정비를 위해 이미 계획 정지된 상태였으며 3, 4호기도 전력공급선이 화재의 영향을 받아 한때 가동이 중단됐으나 곧바로 정상화되었다.

③ 사고원인

화재는 1, 2호기가 있는 지하 1층 터빈실의 배선실에서 발생한 것으로 파악되었다.

그림 12-25 화력발전소 화재사고

배선실 내부에는 발전기에 전기를 공급하는 전력케이블을 비롯한 통신케이블, 제어케이블 등 수십만 가닥의 케이블이 위치해 있는데, 전기실에 있던 플라스틱류의 케이블이 타면서 화재가 발생한 것으로 파악되었다.

④ 사고 후 조치

보령화력의 1호기와 2호기의 가동이 중단되더라도 전력예비율이 20%선을 유지하기 때문에 정전이 발생하거나 산업시설의 전력수급에 차질이 빚어지는 피해는 없을 것이라고 밝혔지만, 복구까지는 3개월이 소요될 것이라고 판단했다.

7 설비 안전현안

7.1 화력발전 현안

화력발전소는 현실적인 측면에서 다양한 장점을 가지고 있다. 화력 발전소는 원자력 발전과 수력 발전과는 다르게 지형적인 요소에 제약받지 않고 건설할 수 있기 때문에 자유로운 입지선정조건에 따라 대도시, 공업단지 대소비지 부근에 건설이 가능하다. 이에 따라서 발전소에서 생산된 전력을 사용자에게 보내는 거리가 짧아 전력 송전비가 절감되어 비용적인 손실을 줄일 수 있다. 다른 발전소에 비해서 빠른 시간 내에 건설이 가능하기 때문에 다른 발전소에 비해 건설비용이 싸다는 것도 장점이다. 10년 정도가 걸리는 원자력 발전소나 수력 발전소의 건설기간에 비하면 절반도 안 되는 기간 내에 건설이 가능하므로, 급격한 전력소비량의 상승이 예상되는 가운데 가장 빨리 대응이 가능한 수단이 바로 화력발전이라고 할 수 있다. 또한 사용하는 연료가 다양하다. 일단 화력 발전소의 본질은 불을 붙여서 물만 끓일 수 있다면 뭐든 사용이 가능한 수준으로, 여러 종류의 발전소를 지어놓고 연료 가격 변동에 따라서 탄력적으로 운영이 가능하다. 화력발전 중 석탄화력의 가장 큰 장점으로는 풍부한 석탄의 매장량을 꼽을 수 있다. 전 세계적으로 묻혀있는 석탄의 매장량은 정확히 알 수 없으나, 지금의 기술수준으로 채굴 가능하고 경제성 있는 양은 8,500억 톤으로 약 133년 이상 이용 가능한 것으로 보고되고 있다. 석탄 생산지역이 각 대륙별로 고루 분포돼 있고, 국내 자본에 의한 해외 탄광 개발이 활발히 이루어져 왔으며 오랜 기간의 수입에 따라 수송체계가 완비돼 있어 연료가격 및 수급상의 많은 장점이 내포되어 있다. 화력발전은 이러한 장점과 더불어 여러 단점이 있다. 연료 가격이 상대적으로 비싸기 때문에 연료 수입으로 인한 무역 적자의 주요 원인이 될 수 있다. 수력 발전소나 원자력 발전소의 연료가격에 비해서 화력발전에 들어가는 연료의 비용은 상당히 비싼 편인데 이는 결국 발전단가의 상승으로 이어지게 된다. 하지만 화력발전의 단점 가운데 화력발전의 가장 큰 현안으로는 환경오염 문제를 꼽을 수 있다.

(1) 이산화탄소 배출

지구온난화의 직접적인 원인은 이산화탄소와 같은 온실기체가 대기 중으로 배출됨으로써 일어나는 온실효과 때문인데 자연계에 존재하는 대표적인 온실효과기체는 수증기와 이산화탄소이다. 지구온난화가 진행됨에 따라 지구 전역에 걸쳐 강수량의 변화가 일어나며 기압과 토양 수분의 변화가 일어난다. 이 때문에 기상재해가 일어날 가능성이 커진다. 기

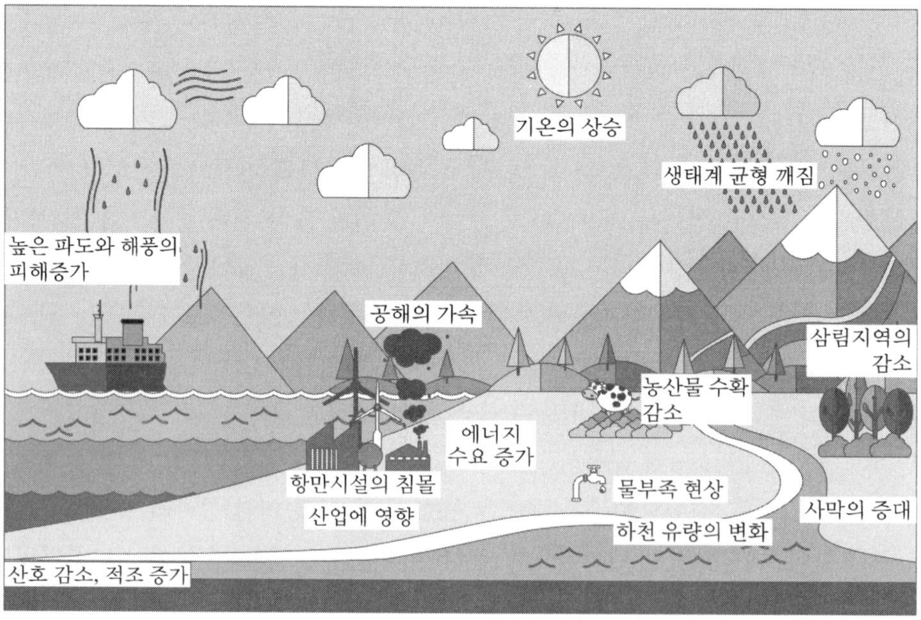

그림 12-26 지구온난화로 인한 악영향

후변화에 따라 재배 작물의 종류와 생산량도 크게 변하고 식물은 종에 따라 생육에 알맞은 온도를 갖고 있어 온도가 맞지 않을 경우 생육이 불가능해지게 된다.

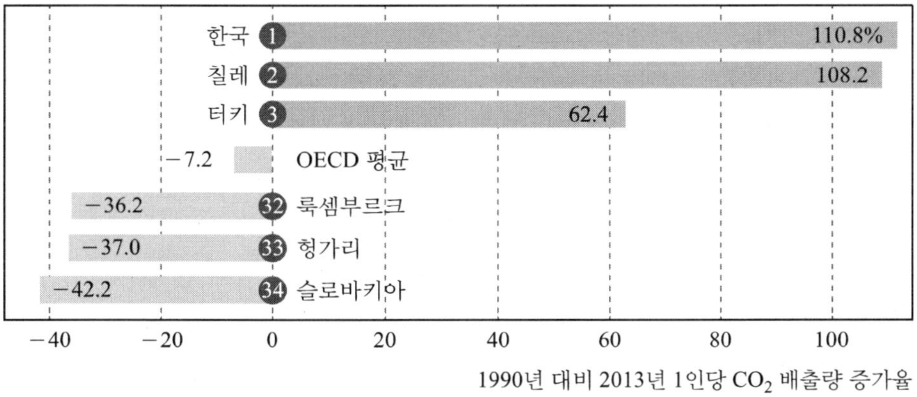

그림 12-27 OECD 주요국 이산화탄소 배출증가율

연료별 이산화탄소 배출량을 보면 석탄과 석유가 배출하는 이산화탄소의 양은 1,773 kwh로 태양광, 원자력, 수력 등의 다른 연료에 비해 압도적으로 많은 양의 이산화탄소를 배출한다는 것을 알 수 있다. 이렇게 화력발전은 지구온난화를 유발하는 이산화탄소의 최대 배출시설로 지구적인 환경재앙을 촉발시키고 장본인이 되고 있으며 화력발전은 탄소배출권에서 상당히 불리한 위치에 있다.

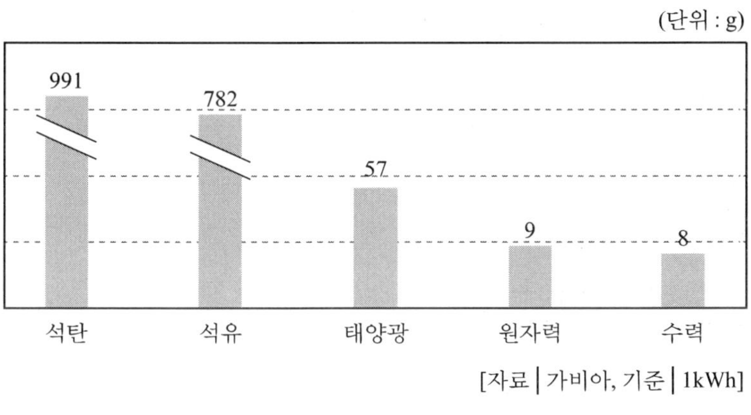

그림 12-28 연료별 이산화탄소 배출량

(2) 초미세먼지 생성

석탄, 쓰레기 등의 고체 연료와 중유 같은 액체 연료를 태우는 경우 보일러 연소실에서 다량의 재가 만들어지는데 발전 시설에서는 이걸 99.9% 이상 거르고 있지만 워낙에 양이 많아서 미세먼지의 주요 발생원으로 지목받고 있다. 초미세먼지는 머리카락 지름의 1/20 ~1/30 정도의 크기를 가진 초미세입자이다. 초미세먼지는 우리 눈에 안 보이는 수준을 넘어서 호흡기뿐만 아니라 피부로도 침투할 수 있는데 너무 작아서 호흡기에서 걸러내지 못할 뿐만 아니라, 바로 폐포에 침투해 빠져나오지 않는다. 또한 피부로 침투하면 모세혈관을 타고 몸 전체를 돌아다니면서 각종 질병을 일으킨다. 현재 한국의 초미세먼지는 대부분 중국에서 이동한 것이라는 오해가 많다. 하지만 2013년 정부 관계부처 합동 미세먼지 종합대책의 자료를 보면 국내 초미세먼지에 대한 중국 영향은 30~50%에 그친다. 즉, 국내 초미세먼지는 50~70%로 절반 이상이 국내에서 발생한다는 말인데 그 주요 배출원은 자동차와 공장, 석탄발전소 등이다.

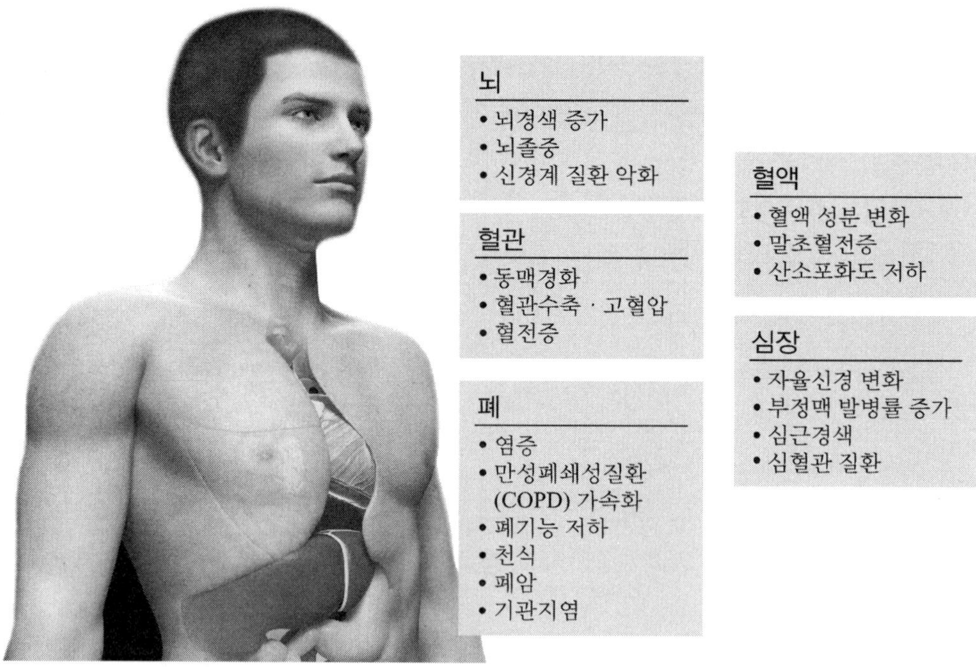

그림 12-29 초미세먼지의 영향

초미세먼지는 주로 자동차나 공장 매연으로부터 발생하는데 '1차 배출 초미세먼지'와 '2차 생성 초미세먼지'로 구별할 수 있다. 1차 배출 초미세먼지는 저감장치 등을 통해 배출되는 양을 줄일 수 있지만 2차 생성 초미세먼지는 그 관리가 어렵다. 다양한 대기오염물질이 공기 중 화학반응으로 결합해 만들어지기 때문이다. 자동차 배기구나 공장 굴뚝에서 직접 배출되는 1차 초미세먼지 못지않게 공기 중의 다양한 대기오염물질, 특히 질산화물(NO_x)과 이산화황(SO_2)이 화학반응을 일으켜 만들어지는 2차 생성 초미세먼지의 양이 상당하다. 대기 중 초미세먼지의 41% 정도가 질산화물(NO_x)과 이산화황(SO_2)이 결합하여 생성하는 2차 생성 초미세먼지인 것이 밝혀졌다. 이 같은 물질은 폐암 등 호흡기 질환, 심장병 등 각종 심장질환, 뇌졸중 등 각종 혈관질환, 저체중아 출산과 조산 그리고 생식기능 약화시킬 수 있으며, 특히 어린이와 임산부, 노약자는 더욱 위험하다.

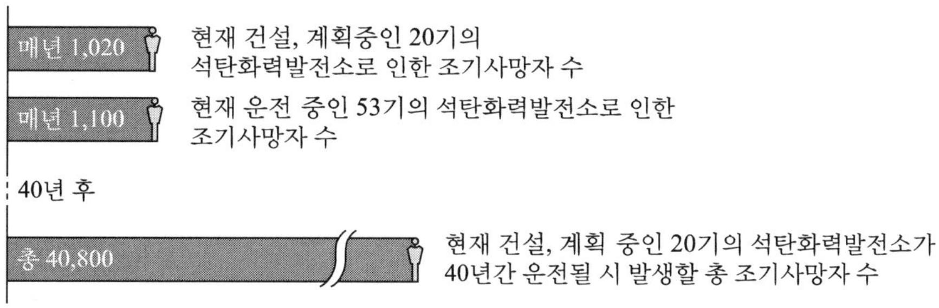

그림 12-30 화력발전소의 영향으로 인한 조기사망자수

7.2 화력발전 개선 방안

향후 친환경적인 풍력, 태양광, 조력 등의 신재생발전을 통해 전기에너지를 풍부하게 얻을 수 있을 것이라고 생각한다. 물론 신재생에너지를 활용하고자 하는 노력은 국내외적으로 계속하고 있으며 많은 발전을 가져오고 있는 것도 사실이다. 그러나 신재생에너지원은 절대적인 생산량은 턱없이 부족하고 생산원가 면에서도 석탄 및 원자력에 비해 수배 이상이 소요되므로 경제성이 떨어지기 때문에 경제적이고 전력수급을 충족시키기 위해서는 원자력, 석탄 및 천연가스에 의한 발전을 고려할 수밖에 없는 상황이다. 화력발전이 환경오염 문제에 큰 비중을 차지하고 있는 상황에서 화력발전의 대안으로 신재생에너지 보급이

지속적으로 확대되고 있지만 화력발전은 석탄과 석유의 비율을 더한 44.6%로 발전 전력량 중 절반을 국내의 전력공급 안정화에 많은 부분을 차지하고 있다. 향후 수십 년간 화력발전의 의존도는 어느 정도 유지될 것으로 판단되며 이러한 상황에서 석탄발전의 문제인 청정성, 효율성 확보를 위한 기술개발이 매우 중요한 상황이다. 이러한 상황에서 석탄발전으로 인한 환경오염을 줄이기 위해 많은 국가들이 청정 화력발전 기술인 IGCC (Integrated Gasification Combined Cycle : 석탄가스화복합발전)를 실천하고 있는데 IGCC는 고온·고압에서 석탄을 가스화 시켜 합성가스를 제조한 후 깨끗하게 정제해 사용하는 공정특성상 황산화물, 질소산화물, 먼지 등을 천연가스 수준으로 감소시킬 수 있으며 고압에서 CO_2를 제거하기 때문에 기존 석탄화력 대비 CCS 기술적용이 유리하다. 이러한 기술 특징 때문에 친환경발전이 가능해 청정석탄이용 기술 중에서 가장 핵심기술로 평가받고 있다.

1. 보일러 전열면을 가열하고 난 연도가스에 의하여 보일러 급수를 가열하는 장치는?

① 드럼 ② 절탄기
③ 노 ④ 재열기

2. 보일러에서 연료를 태워서 얻은 열에너지로 물을 가열하여 증기를 만들고 그 증기로 터빈을 돌려 터빈에 연결된 발전기로 전기를 만드는 발전방식은?

① 기력발전 ② 복합발전
③ 열병합발전 ④ 보일러발전

3. 화력발전설비의 장치구성 중 증기를 노즐로부터 내뿜어 깃에 부딪히게 하여 회전시키는 증기에너지를 이용하는 장치는?

① 보일러 ② 통풍장치
③ 터빈 ④ 발전기

4. 유입된 증기의 작용으로 증기의 열에너지를 기계적 에너지로 변환시켜 발전기에 전달하는 설비는?

① 케이싱 ② 고정날개
③ 밸브 ④ 로터

5. 직경이 작은 튜브가 사용되어 중량이 가볍고, 보일러 수에 포함된 잔유물 배출이 불가능하기 때문에 수질관리를 철저히 해야 한다. 수관이 작고 길어서 물이 순환하는 것이 아니라 곧바로 증기로 변환하기 때문에 드럼이 필요하지 않은 보일러의 명칭은?

6. 로터의 반경방향으로 작용하는 힘을 지지하는 베어링으로, 축의 저널과 접촉되어 있으며 운전 중 축 중심선과 베어링 중심선이 자동적으로 일치하도록 되어 있는 베어링의 명칭은 무엇인가?

문제정답

1. ②
2. ①
3. ③
4. ④
5. 관류보일러
6. 저널형 베어링

Part 13

화학플랜트설비

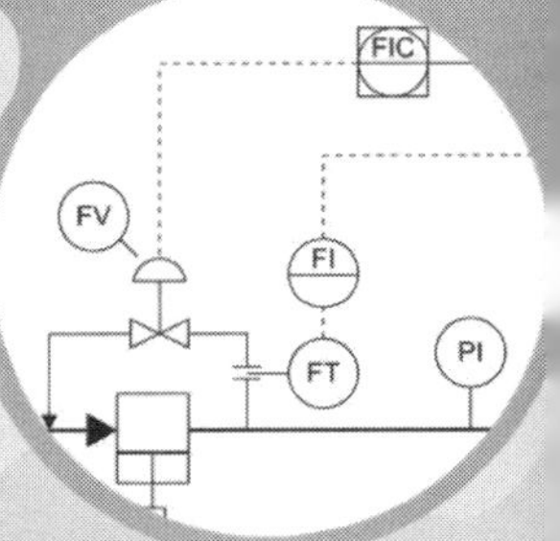

1 설비 개요

플랜트란 기계와 장치를 기술적으로 복합화하여 생산자가 목적으로 하는 원료 또는 중간재, 최종제품을 제조할 수 있는 생산설비로서 오늘날 산업사회에서는 목적하는 특정제품 생산에 필요한 기계 및 장치류를 비롯하여 구조물·건축물까지 포함된 독자적인 생산활동이 가능한 단위공장을 의미한다. 플랜트는 목적에 따라 종류가 다양한데 그 중 화학플랜트는 원료물질에 화학적 및 물리적 처리를 해서 제품물질을 생산하는 목적을 달성하기 위해 설계되고 구성요소로 선정된 많은 공정의 기기가 유기적으로 통합된 통일체(시스템)로 되어 있다. 화학플랜트는 크게 정유플랜트, 가스플랜트, 석유화학플랜트로 나누어져 있으며 화학플랜트의 안전은 구성하는 다수의 공정 기기의 안전성에 의해 성립되어 있다. 이 중에서 유기적인 통합에 있어서 안전성을 확보하기 위해서는 구체적으로 다음과 같은 것이 있다.

① 정상운전 시 각 흐름(stream)이 폭발한계 밖의 조성으로 유지되어 있을 것
② 정상운전 시 있어서 반응의 폭주를 일으키는 요인을 충분히 제어할 수 있을 것 또 반응폭주가 일어났을 경우에는 그것을 정지시키는 조작을 할 수 있을 것
③ 운전개시, 운전정지를 할 때에 일어나는 정상운전조건으로부터 변이를 충분히 검토해 둘 것

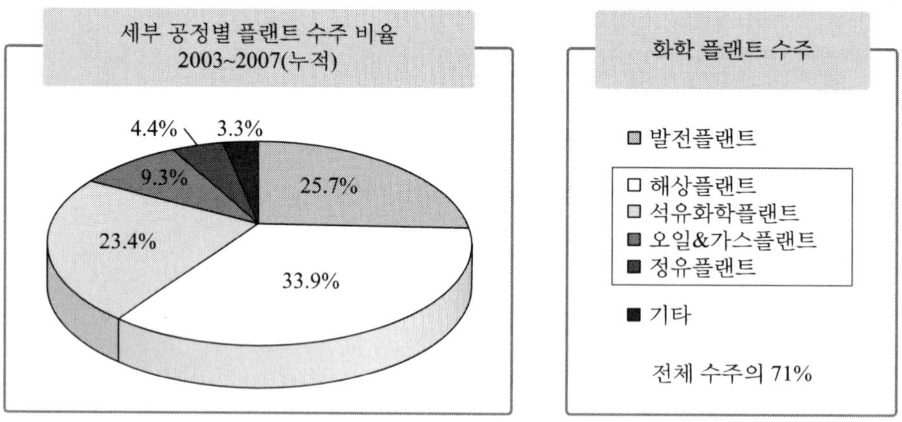

그림 13-1 화학플랜트 수주 현황(출처 : MKE, KOPIA)

④ 이상사태(예를 들면 부식, 마모에 의한 고압부분에서 저압부분으로 누설이나 지진, 화재)에 대한 조치가 검토될 것

통상 공정의 기기 안전화 대책은 상세하게 설계단계에서 확정되지만 앞에서 살펴본 바와 같은 조작조건의 결정이나 반응제어방법 등의 공정안전에 관한 항목은 기본설계의 단계에서 결정된다. 화학 플랜트는 해상 플랜트, 석유화학플랜트, 오일&가스플랜트, 정유플랜트를 포함하며 각각 33.9%, 25.7%, 9.3%, 4.4%를 차지하고 있으며 2003~2007년까지 5년 동안의 누적된 자료를 기준으로 할 때 전체 수주의 71% 가량을 차지했고 현재도 화학플랜트가 전체 수주의 대부분을 차지하고 있다.

2 설비별 장치 구성

(1) 교반기(Agitator)

그림 13-2 교반기

주로 화학공업에서 사용되는 액체와 액체, 액체와 고체 또는 분체 등을 휘저어 섞기 위한 기구로서 교반의 형식에 따라 탱크 교반기와 유동식 교반기로 크게 나뉘고 화학공업이 많이 발전함에 따라 여러 형태의 교반기가 만들어졌으나 현재는 대부분 탱크 교반기를 사용하고 있다. 탱크 교반기는 탱크 속에 교반하기 위한 장치를 넣은 것으로서 교반용 날개의 형식에 따라 프로펠러형, 오어형, 터빈형, 나선축형 등 여러 종류로 분류할 수 있다.

(2) 반응기(Reactor)

석유화학공업이나 메탄올, 암모니아의 합성화학공업 등의 촉매화학 반응용에 사용되는 것을 말한다. 용기(탑)의 내부에서 원료인 액체 등이 유동하는 사이에 교반, 접촉, 가열 등에 의해 반응하며 출구에서 제품으로서 연속적으로 출하된다. 반응기는 조작방법에 따라 회분식 균일상 반응기, 반회분식 반응기, 연속식 반응기로 구분할 수 있으며 구조방식에 따라서는 관형, 탑형, 교반조형, 유동층형으로 구분할 수 있다. 반응기의 운전 및 유지는 반응기의 조작방법이나 구조형식에 의해 최적조건이나 문제점을 제시할 수 있으며 일반적으로 운전의 안전성과 최적화 제어의 두 가지 면이 중요한 사항이다.

그림 13-3 반응기

(3) 탈염기(Desalter)

모든 원유에는 원유의 개발과 수송과정에서 생긴 염, 철산화물, 모래 등의 각종 고체가 녹아 있다. 비록 소량의 염분이라도 장치의 부식을 일으키기 때문에 미리 제거해 주어야 한다. 탈염은 염류가 물에 잘 녹는 성질을 이용하여 물로 씻어낸다. 탈염기는 예열을 위해 열교환기를 순차적으로 거치면서 온도가 약 140도에서 150도 정도까지 올라간 부분에 설치된다.

그림 13-4 탈염기

(4) 열교환기(Exchanger)

습도가 다른 2개의 유체(기체나 액체)를 고체벽을 사이에 두고 접촉하게 하여 양 유체 사이에서 열의 이동을 하게 하는 장치를 일반적으로 열교환기 또는 줄여서 열교라고 한다. 따라서 넓은 의미로는 가열기, 냉각기, 증발기, 응축기 등도 열교환기이지만 보통 좁은 의미로는 폐열의 회수를 목적으로 하는 것이 많으며, 예를 들면 온도가 높은 폐가스의 현열에 의해 유용 유체를 가열한다든지 증발관의 응축수가 가지고 나오는 열량을 회수하여 공급 원액을 가열하여 전체의 열효율을 높이기 위해 사용되는 것 등을 말한다.

그림 13-5 열교환기

(5) 가열로(Heater)

여러 종류의 혼합물인 원유를 석유류 제품별로 상압증류하기 위하여 필요한 온도까지 열을 가하는 장치로서 원유의 증류 또는 제품의 종류에 따라 달라지나 약 340도까지 가열한다.

그림 13-6 가열로

(6) 증류탑(Crude Distillation Unit)

원유를 비등점의 차이에 따라 LPG, 납사, 등유, 경유, 벙커C유 등으로 분리하는 시설이다. 이 시설은 원유를 구성하고 있는 성분들이 일정한 압력과 온도 하에서 기체로 증발되려는 성질이 각각 다른 점을 이용하여 탑 내부의 온도와 압력을 높이에 따라 다르게 함으로써 혼합되어 있는 유분을 각각의 유분으로 분리한다. 상압증류탑은 대기압과 비슷한 상압에서 운전되기 때문에 상압증류탑이라 불리며 내부에 약 40～50여 개의 단으로 구성되어 있고 윗단에서 응축되어 내려오는 액상성분과 아랫단에서 기화하여 올라오는 기상성분의 접촉을 원활히 하여 기·액 평형이 쉽게 이루어지도록 고안되어 있다.

그림 13-7 상압증류탑

(7) 저장 탱크(Storage Tank)

화학플랜트에 사용되는 탱크는 그 사용 목적에 따라 저유 탱크 · 저탕 탱크 등으로 구분하며 종류는 다음과 같다. CRT (Cone Roof Type)는 첫 번째로 정식 지붕 탱크라고도 불리며 물의 혼입이 방지되고 주로 휘발성이 적어 증기압이 높지 않은 중질유, 경유 및 등유 저장용으로 사용되는 가장 일반적인 종류의 탱크이다. 건설비가 저렴하여 유지, 관리가 용이하나 증발손실이 많고 vapor space에는 부식에 의한 손상 우려가 있다. FRT (Floating Roof Type)는 부유식 지붕탱크로 탱크 지붕이 저장하고 있는 유분의 수위에 따라 움직이게 설계된 탱크이다. 휘발성이 강한 제품의 증발 손실을 방지하기 위해 사용되는데 주로 휘발유, 납사 및 원유를 저장하는데 활용된다. 고정식 지붕 아래 부상식 지붕이 설치되어 있는 이중 지붕을 가진 탱크인 IFRT (Internal Floating Roof Type)는 밀폐 효과가 크고 빗물의 유입을 막아주며 휘발성이 큰 유종, 수분에 민감한 항공유와 같은 제품 또는 유독물질을 저장하는 용도이다. DRT (Dome Roof Type)는 저장 유체의 증기압이 대기압보다 높아서 대기 중에 노출 시 유체증기의 다량 누출로 화재 폭발의 유험이 있는 유체를 저장하기 위하여 대기와의 직접적인 접촉이 되지 않도록 완전히 밀폐된 탱크이다. 마지막으로 Ball Tank는 압력을 분산할 수 있게끔 공처럼 만들어져서 프로판이나 부탄과 같이 압력이 높은 제품을 보관할 수 있다. 탱크 두께가 굉장히 두껍고 일정 온도 이상으로 올라갈 경우 탱크 주위에 설치된 주변시설에서 물을 분사하여 온도를 조절한다.

그림 13-8 CRT

그림 13-9 IFRT

그림 13-10 DRT

그림 13-11 Ball tank

3 장치별 구조 및 원리

(1) 교반기

교반기는 구동부, 촉수부, 회전부, 방해판 등으로 구성되어 있는데 이 중 큰 역할을 하는 것이 회전부와 방해판이다. 회전부(impeller) 부분에서 회전에 의한 유동의 난류화가 발생하고 교반기 내부에 설치된 방해판에 의해 이 난류화가 가속되면서 화학물질이 섞이게 되는 것이다.

① 체인 커플링(chain coupling)
구동부와 축을 연결해주는 역할을 한다.

② 서포트 프레임(support frame)
구동부의 흔들림 방지를 위한 지지대 역할을 하며 bearing housing이나 sealing 장치를 부착한다.

③ 플렌지 커플링(flange coupling)
드라이브 샤프트와 믹싱 샤프트를 연결하는 역할을 한다.

④ 회전부(impeller)
액상의 점도와 비중에 따라 디자인이 달라진다.

⑤ 촉수부(foot bearing)
믹싱 샤프트가 장축일 경우 축의 흔들림을 방지하기 위해 사용한다.

⑥ 모터(motor) & 감속기(reducer)
동력발생원으로서 모터의 회전수를 교반목적에 적합한 회전수로 변환하여 회전부에 공급하는 역할을 한다.

⑦ 메카니컬 씰(mechanical seal)
기계적 구조를 갖춘 face seal이 shaft에 수직된 섭동면으로 구성되어 한 면이 회전축과 함께 회전하며 스프링의 장력 혹은 유체의 압력으로 회전부의 밀봉을 지속적으로 유지하는 축 밀봉장치이다.

⑧ 믹싱 샤프트(mixing shaft)
구동부에서 전달받은 회전수를 회전부에 전달하는 역할을 하며 공회전으로 인한 휨이 발생하지 않도록 주의하여야 하고 적절한 교반축의 지름을 결정하는 것이 중요하다.

⑨ 방해판(baffle plate)

유체의 유로 내에 설치하여 유체에 혼란을 주어 열전달 속도나 물질 이동 속도의 증대를 꾀하거나 부유 입자를 그 관성력에 의해 충돌시켜 포집하거나 할 목적으로 사용하는 판을 말한다.

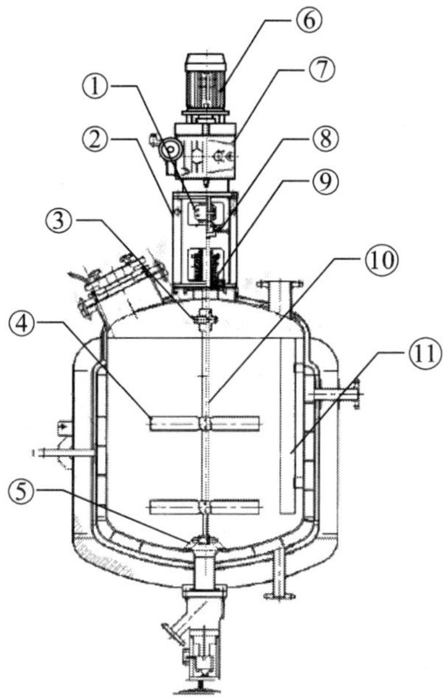

① Chain Coupling:
구동부와 축을 연결해주는 역할을 한다.

② Surport Frame:
구동부의 흔들림방지를 위한 지지대 역할을 하여 Bearing Housing이나 Sealing장치를 부착한다.

③ Flange Coupling:
Driv Shaft와 Mixing Shaft를 연결해준다.

④ Impeller:
액상의 점도와 비중에 따라 디자인이 달라진다. Seal과 더불어 소모품이다.

⑤ Foot Bearing:
장축일 경우 흔들림방지를 위해 반드시 장착해주어야 한다.

⑥ Motor:
교반목적에 따라 용량을 달리 선정하며 필요한 동력을 얻을 수 있다.

⑦ Reducer:
교반목적에 따라 감속을 하며 Geared, Cydo, V-Belt, Variable 방식을 적용할 수 있다.

⑧ Bearing Housing:
축의 흔들림과 회전의 원활함을 위하여 Ball, T.R을 넣어주며 Box와 Cover로 구성된다.

⑨ Mechanical Seal:
Vessel과 액상의 조건에 따라 Gland Parking, Lip Seal, Oil Seal, Water Seal, Reverse Seal 등을 선정하여 장착하며 소모품이므로 주기적인 교환이 필요하다.

⑩ Mixing Shaft:
Impeller로 회전을 전달하며 모터용량, 날개개수, 액상의 점도, 비중 등이 축의 직경을 정하는 요소이다.

⑪ Baffle Flat:
원형탱크에 생기는 소용돌이 현상을 방지하기위해 Cell과 Cell 사이 높이의 80%, 내경의 10%를 기본치수로 하여 설치한다.

그림 13-12 교반기의 구조

(2) 열교환기

열교환기는 종류마다 모양이 약간씩 다르지만 대부분의 열교환기는 관 입·출구, 셸 입·출구와 배플틀로 구성되어 있다. 열교환기는 2개로 칸막이된 용기 내에서 한쪽으로부터 고온의 수증기를 보내고 다른 쪽에서 상온의 공기를 흡입하면 공기는 수증기로부터 열을 빼앗고 상온 이상의 고온 공기압이 되어서 배출되고 반대로 수증기는 원래의 수증기보다 냉각되어 나온다. 이것은 고온유체로부터 저온유체에 열이 이동하기 때문이다.

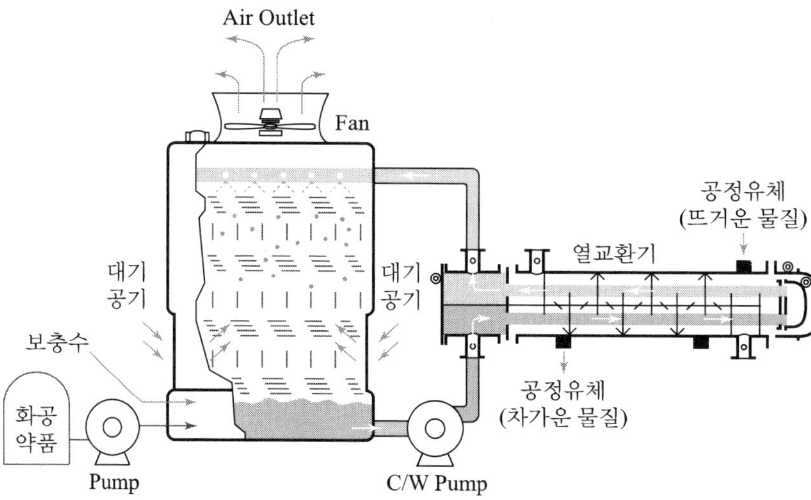

그림 13-13 열교환기 구조

(3) 증류탑

증류탑은 끓는점이 다른 화합물을 가열하여 비점이 낮은 것부터 높은 것을 분리하는 분별증류 과정을 통해 화합물을 분리시킨다. 증류탑에서는 증류를 위해 원료가 탑중앙 또는 상부에서 일정 온도로 유입된다. 탑에 들어간 원료는 부분 기화되면서 탑을 상승하여 각 트레이(tray)에서 액과 혼합되고 그 액과 같은 비점의 성분은 그 단에서 액화되어 하단으로 내려가게 된다. 트레이에서 액화되지 않은 저비점 성분은 가스 상태로 상부의 트레이로 올라가서 그 위의 액과 접촉한다. 이와 같이 기/액 접촉을 반복하면서 최저비점성분은 탑의 최상부에 가스상으로 도달하게 된다. 최상부에서 액화되는 액체를 환류시켜 탑의 열평형과 정류 효과를 높인다. 탑에 공급된 원료 중 액체는 입구부에서 바로 탑 하부에 설치되어 있는 트레이에 낙하되어 아래 방향에서의 가스와 접촉하고 액체 중의 일부 휘발성분은 기화하여 트레이에서 정류되며 상단의 액체는 아래 방향에서의 가스와 접촉하면서 다운코머(downcomer)를 지나 탑의 최하부에 도달하여 탑 저액 배출구를 통해 밖으로 나가게 된다.

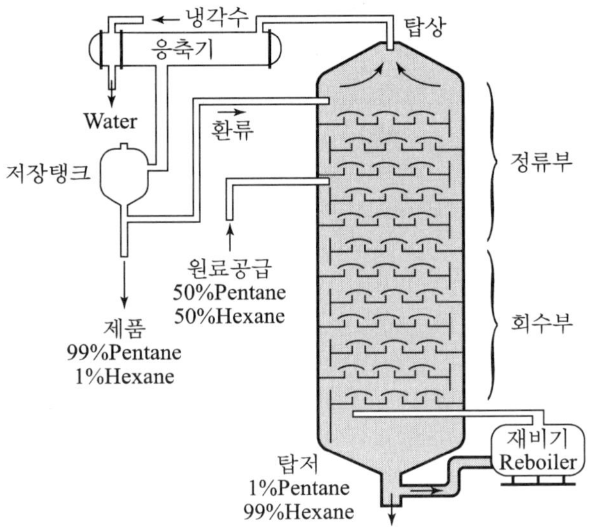

그림 13-14 증류탑 구조

(4) 가열로

내부에서 연료를 연소시켜 연소에 의한 직화 또는 연소가스의 열로써 노(爐) 안쪽의 여러 관(tube)에 있는 유체를 가열하기 위한 장치이다. 가열로 내부에는 연소를 위한 버너와 유체가 흐르는 여러 개의 관이 있으며 연소에 의한 복사와 대류에 의해 관내의 유체가 가열된다. 드래프트(draft) 방식에 따라 자연 드래프트식, 강제 드래프트식 가열로로 구분 하며 자연 드래프트식 가열로의 통풍 형식은 그림 13-15와 같이 ①에서는 공기와 연료가 들어가고 ②에서 점화 및 연소되고 ③은 전도부로 연소가스가 지나가며 ④에서는 냉각된 연소가스가 굴뚝으로 방출된다.

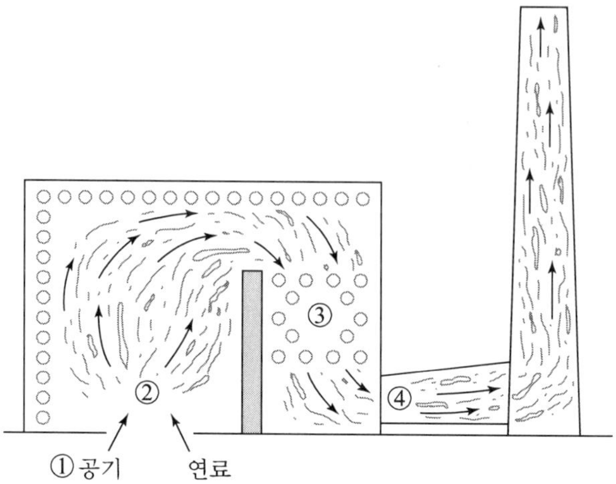

그림 13-15 가열로 구조

(5) 저장탱크

화학공장에서 사용되는 저장탱크는 물질의 고유 특성, 증기압, 상(state, 액체 또는 기체) 및 저장조건에 따라 상압탱크, 압력용기, 구형탱크(ball tank) 등으로 구분된다. 증기압이 낮은 물질들은 상압탱크에 저장하고 휘발유 등 증기압이 높은 물질은 지붕이 액면을 따라 자유로이 움직일 수 있는 부유식 저장탱크에 저장한다. 상온 및 상압에서 가스 성분인 경우는 고압으로 압축하여 압력탱크 또는 구형 탱크에 저장한다.

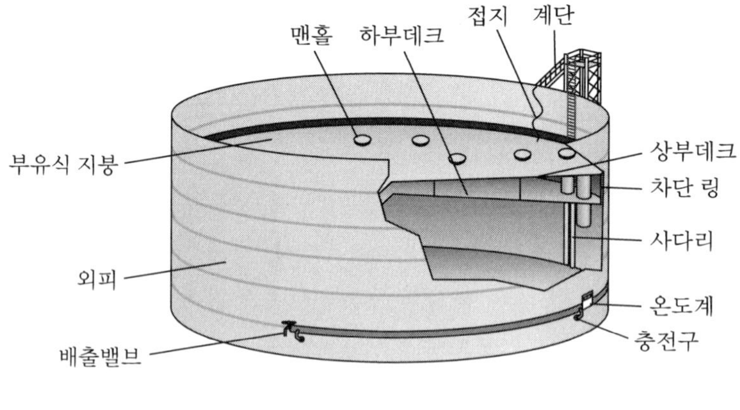

그림 13-16 저장탱크(FRT) 구조

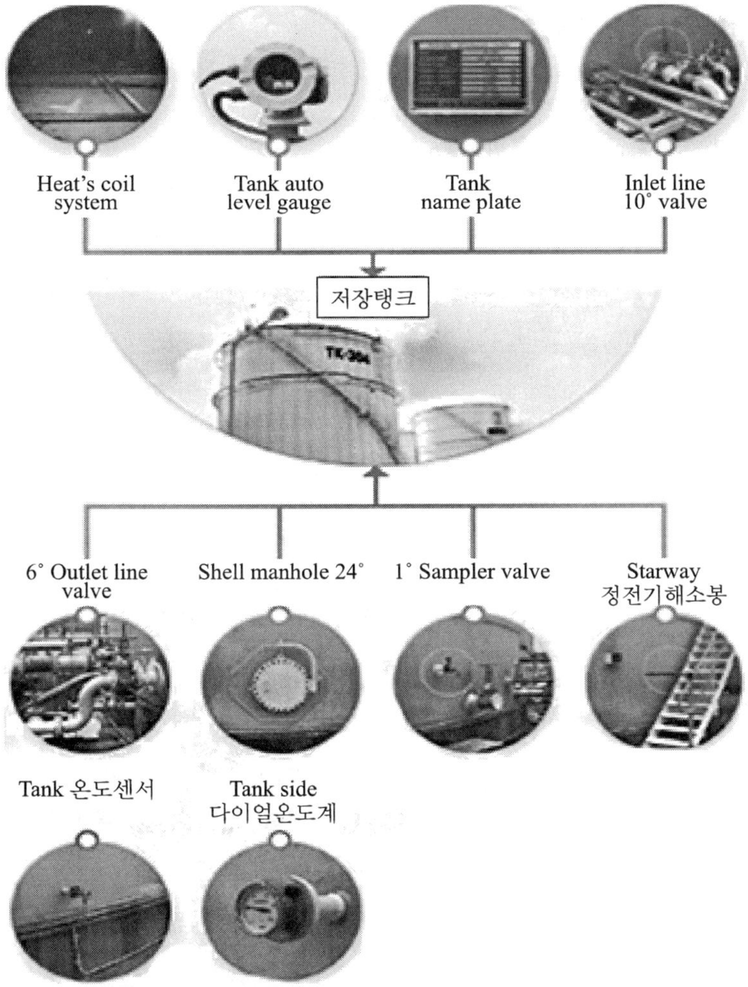

그림 13-17 저장탱크 부속 장치

4 설비관련 사고사례

1) 인도 보팔 가스 누출 사고

① 사고개요

인도 보팔의 약 15년 된 화학공장에서 1984년 12월 3일 23시경 한 직원이 농약 및 살충제 제조에 사용되는 독성 화학물질인 아이소사이안화 메틸(Methyl Iso Cyanate : MIC)을 저장하는 탱크의 온도가 급격히 상승하는 것을 발견했다. 공장 측은 당장 사용 가능한 모든 안전대책을 총동원 하였으나 제대로 작동하지 않았고 시간이 경과함에 따라 MIC는 유출이 시작되어 다음 날 결국 누출되던 탱크의 콘크리트에 균열이 발생하면서 폭발하게 되었다.

② 사고원인

직접적 원인으로 MIC 저장탱크로 1,000~2,000갤런의 물이 유입되었다는 것이 지목되었는데 MIC라는 물질이 대량의 물과 만나면 화학작용을 통해 급격한 온도의 상승을 일으키고 여기에 탱크 내부의 녹이 화학작용을 촉진시키며 탱크의 폭발을 불러일으켰다고 결론지었다. 회사 측에서는 이 물의 유입에 대해서는 직원의 근무태만으로 추청만 할 뿐 증거를 제시하지 못했으나 노조 측에서 MIC 탱크 근처에 있는 처리시설과 관련이 있음을 지적하였고 설계상 존재하지 않는 파이프의 존재에 대한 현지 직원들의 증언을 증거로 제시했다.

그림 13-18 보팔 가스누출 사고

③ 사고피해

직접적인 사망자가 최소 3,787명, 부상자는 50만 명 이상에 달하는 충격적인 인명 피해를 내고 사고는 종결되었다. 사망자와 부상자 중에는 어린이들과 노약자가 많았는데 이는 미처 잠자고 있다가 대피하지 못했기 때문이다. 부상자들 중 상당수는 실명 등의 중상을 입었다.

④ 사고 이후

인도 정부는 유니온 카바이드사와 협상을 통해 보상금으로 4억 7천만 달러를 지급받고 더 이상 어떠한 책임도 묻지 않기로 합의하였고 인도 정부는 부상자들에게 한국돈으로 60만원, 유가족들에게는 240만원을 지급하였다. 이 사고를 계기로 개발도상국에서의 독성물질의 오용과 사고로 인한 누출로부터 사용자들의 건강과 환경을 보호하기 위한 로테르담 협약을 체결했다.

2) 멕시코 석유화학공장 폭발 · 화재사고

① 사고개요

2016년 4월 20일 멕시코만 연안에 있는 한 석유화학공장에서 폭발이 일어나 많은 사망자와 부상자가 발생했다. 이 공장은 파이프 제조 등에 쓰이는 염화비닐을 생산하는 공장으로 이 시설에서는 폭발 · 화재 사고가 자주 일어나는 상황이었다.

그림 13-19 멕시코 화학공장 폭발사고

② 사고원인

당시 근무하던 작업자가 가스저장탱크 하부에 있는 긴급차단밸브를 수리하던 도중 잘못 분리하여 가스가 누출되었고 이 누출된 가스가 인근 알루미늄 성형공장에 착화된 것이 원인이었다.

③ 사고피해

당시 화재로 인해 공장 내의 건물 대부분이 소실되었고 도장 중이던 자동차 5천여 대가 소실되어 약 500만 달러의 금전적인 피해를 입었고 24명이 사망하고 136명이 부상을 입는 인명피해가 있었다.

④ 안전대책

화학공장의 경우는 조그마한 실수가 큰 피해를 야기할 수 있기 때문에 항상 작업 시 시설점검 등 관리감독을 철저히 해야 하고 작업자에 대한 안전교육 실시 및 대량위험물제조공장에 대한 지속적인 정밀 안전진단을 통해 위험을 사전에 예방해야 한다. 또한 초기진압의 중요성을 인식하고 소방대가 자체적으로 훈련을 강화하는 것도 필요하다.

5 설비 안전현안

국내의 석유화학플랜트는 1960년대 이후 약 30년 이상 울산·여천·대산지역에 석유화학 콤플렉스를 형성하여 활발하게 상업운전을 하고 있으나 비교적 작지 않은 사고가 빈번히 발생하여 공공의 관심과 우려를 자아내고 있다. 정유플랜트를 포함한 석유화학플랜트는 대규모의 복잡 다양한 장치산업으로서 다른 플랜트에 비하여 화재·폭발·누출사고를 유발시킬 수 있는 위험요소(Hazard)를 상당수 보유하고 있으며 사고가 발생하게 되면 해당 플랜트는 물론이고 위험 범위 내의 다른 화학플랜트 및 인근의 거주 지역까지 피해를 줄 수 있다. 따라서 다음과 같은 안전대책이 필요하다.

1) 위험요소(Hazard)

석유화학플랜트의 화재・폭발・누출사고를 야기하는 위험요소는 점화원, 과압, 부식, 열복사, 피로, 누설, 마모, 반응폭주, 독극물, 기기고장, 질식, 불순물 등 무수히 많다. 이는 주기적인 HAZOP (Hazard and Operability Review, 위험요소 및 운전성 검토)을 수행하고 이의 개선권고사항을 반영하여 잠재적인 위험요소를 줄일 수 있다. 또한 해당플랜트에서 사용하는 화학물질의 MSDS (Material Safety Data Sheet)를 철저히 관리하고 작성 비치하여 운전요원이 이를 숙지토록 하여야 한다.

2) PSM (Process Safety Management)

공정위험성평가를 포함하는 PSM 시행은 이제 석유화학플랜트의 기본적이고도 필수적인 업무로 자리 잡아야 한다. 이를 위해서는 PSM의 각 구성요소에 대하여 이를 철저히 준수하고 대책을 마련하는 진지한 자세가 요구된다. HAZOP은 이제 중남미 및 아프리카를 포함하여 전 세계에서 수행하고 있으며 특히 신규플랜트에 대하여는 더욱 철저히 시행함으로써 개선권고사항을 설계에 반영하고 있다. 공정위험성평가 못지않게 중요한 PSM 구성요소는 비상조치계획으로서 실질적인 상황을 고려한 시나리오에 대비하여 이를 마련하고 준수하여야 한다.

3) 공정위험관리전략

석유화학플랜트의 공정위험관리전략은 근원적(inherent)인 방법, 수동적(passive)인 방법, 능동적(active)인 방법 및 절차적(procedural)인 방법을 통하여 사고의 빈도를 줄이고 그 피해결과를 최소화 하여야 한다.

4) 근원적 공정안전설계

다음과 같이 설계단계부터 근원적으로 안전설계를 채택한다.

① 효율화(intensification) : 유해・위험성이 있는 물질의 양을 줄인다.

② 대체(substitution) : 유해・위험성이 작은 물질로 바꾼다.

③ 완화(attenuation) : 유해・위험성이 작은 조건 또는 형태로 변경한다.

④ 영향의 제한(limitation of effects) : 유해・위험한 물질 또는 에너지의 누출에 의한 결과가 최소화 되도록 설계한다.

⑤ 단순화/실수허용도(simplification/error tolerance) : 운전상의 실수 또는 오류가 최소화될 수 있도록 설비를 설계한다.

5) 자동제어시스템

석유화학플랜트의 제반설비는 ACS (Advanced Control System)으로 설치하며 특히 온도, 압력, 유량 및 액위가 상호 인터록 시스템(Interlock System)으로 연계되어 운전되어야 한다. 또한 운전상 보조기능이 필요한 경우를 대비한 Back-up System, 사고 시 안전한 방향으로 진행토록 하는 Fail Safe System, 인간과 기계의 오조작의 요인을 제거하기 위한 Man-Machine System, 운전원의 오류를 무시화 하는 Fool Proofing System 등을 설치하여 시스템의 오류나 운전원의 오류에 의한 사고를 방지한다.

6) 정기보수

연차 정기보수를 통하여 보수작업을 시행하는데, 이 기간에 압력용기와 배관라인을 MT, UT, RT, PT와 같은 비파괴검사를 통하여 균열, 부식 등의 여부를 검사한다.

7) 위험장소구분

가연성가스나 인화성증기를 저장 취급하는 장소를 방폭지역으로 구분하여 화재・폭발 위험성을 줄이고 위험분위기를 낮춤으로써 위험장소를 경감시킬 수 있다.

8) 내화시설 및 양압시설

위험물질을 저장・취급하는 위험장소의 pipe rack, support, column, beam, saddle 및 skirt 등을 콘크리트 혹은 내화페인트의 방화시스템을 갖추고 컨트롤 룸, 스위치 룸은 양압설비를 갖추어 인화성증기나 가연성가스의 침입을 방지한다.

9) 소화시설

화재 시 이를 초기에 진압하는 스프링클러 시스템을 비롯한 hydrant, foam, CO_2 시스템을 갖추고 또한 화재를 초기에 감지하는 자동화재 탐지설비를 갖춘다.

10) 법규 및 안전규정

석유화학플랜트의 각종 법규 준수는 물론이고 안전운전을 위한 standard, manual, procedure, guideline을 제정・운영하고 특히 화기작업, 굴착작업 시에는 safety permit를 부여받아 사전 안전조치를 취한 후에 시행토록 제도화한다.

11) 일상점검

정기점검 못지않게 중요한 것은 자주적 일상점검으로서 기기의 정상적 가동상태, 유지관리 및 고장 등을 초기에 발견하여 사고를 사전에 예방한다. 설비 장소별 점검주기 설정, 정확한 기록, 운전원 상호간의 연락 및 인수인계가 중요하며 설비이력의 기초자료로 활용한다. 운전 시 일상점검은 주요 기기류를 대상으로 점검항목 및 방법을 정한다.

12) 안전팀 운영

최근의 석유화학플랜트의 안전업무는 주로 환경안전팀에서 staff 기능의 역할을 수행하는데, 석유화학플랜트의 최우선과제는 생산 및 품질에 앞서 안전조업임을 인식하고 실행하는 것이 매우 중요하다. 이를 위하여 생산팀장을 경유한 선임엔지니어를 환경안전팀장으로 선임하여 플랜트를 운영토록 해야 한다.

1. 화학플랜트의 안전성 확보에 대한 내용으로 옳지 않은 것은?
   ① 정상운전 시 각 흐름(stream)이 폭발한계 밖의 조성으로 유지되어 있어야 한다.
   ② 정상운전 시 있어서 반응의 폭주를 일으키는 요인을 충분히 제어할 수 있어야 한다.
   ③ 운전개시, 운전정지를 할 때에 일어나는 정상운전조건으로부터 변이를 충분히 검토해놓지 않아도 된다.
   ④ 이상사태(예를 들면 부식, 마모에 의한 고압부분에서 저압부분으로 누설이나 지진, 화재)에 대한 조치가 필요하다.

2. 교반기의 구성요소가 아닌 것은?
   ① 회전부 ② 축수부
   ③ 셸 입·출구 ④ 서포트 프레임

3. 교반기의 분류 형식이 다른 것은?
   ① 프로펠러형 교반기 ② 오어형 교반기
   ③ 탱크 교반기 ④ 나선축형 교반기

4. 화학플랜트를 구성하는 장치가 아닌 것은?
   ① 반응기 ② 탈염기
   ③ 열교환기 ④ 보일러

5. 교반기의 구성 장치 중 하나로 기계적 구조를 갖춘 Face Seal이 Shaft에 수직된 섭동면으로 구성되어 한 면이 회전축과 함께 회전하며 스프링의 장력 혹은 유체의 압력으로 회전부의 밀봉을 지속적으로 유지하는 축 밀봉장치의 명칭은?

문제정답

1. ③
2. ③
3. ③
4. ④
5. 메카니컬 씰(Mechanicla Seal)

찾아보기

영문

저 자 : **김 의 수** (金義洙)

- 현)국립 한국교통대학교 안전공학과 교수
- 현)경찰수사연수원 외래강사
- 현)중앙소방학교 외래강사
- 현)산업자원통상부 가스기술기준위원회 분과위원
  가스안전기술심의위원
  국가안전대진단 민관합동점검위원
- 현)고용노동부 중대재해해제심의위원
- 현)행정안전부 안전한국훈련 중앙평가단 위원
  안전정책기동단 전문위원
- 현)대한민국 안전대상 심사위원
- 전)국립과학수사연구원 공업연구관
- 전)미국 조지아텍 방문연구원
- 전)LG디스플레이/LG전자/삼성전자 선임연구원

기계안전설비공학 정가 24,000원

발 행 2018년 7월 20일 초판 1쇄
저 자 김의수
발행인 정우용
발행처 도서출판 **동 화 기 술**
경기도 파주시 광인사길 201(문발동, 파주출판도시)
Tel (031)955-4211~6 donghwapub@nate.com
Fax (031)955-4217 www.donghwapub.co.kr
(등록) 1977년 12월 19일/9-16호

Printed in Korea
ISBN 978-89-425-9180-0